# 현장실무 비파괴검사기술

## 저자 소개

### 유택인

공학박사, 비파괴검사기술사, 용접기술사
한국산업기술대학교 기계공학과 교수

### 정준혁

나우(주) 대표이사
한국산업기술대학교 겸임교수

현장실무 비파괴검사기술

**초판 발행** 2016년 2월 22일
**2쇄 발행** 2022년 9월 16일

**지은이** 유택인, 정준혁
**펴낸이** 최국주
**펴낸곳** 동명사
**출판등록** 1950년 11월 1일(제1-76호)
**주소** (우 10881) 경기도 파주시 회동길 50(문발동)
**전화** 031-955-7200(대표)~2, 7203(편집부), 7204(물류)
**팩스** 031-955-7205
**전자우편** webmaster@dmsbook.com
**홈페이지** www.dmsbook.com

ISBN 978-89-411-8159-0 93550
값 30,000원

# 머리말

오늘날 현대사회를 살아감에 있어서 사람들은 한없는 생활의 편리함을 추구하고 있다. 산업기술의 발전과 더불어 우리 주변의 일상생활에서는 흔히 고부하, 극저온의 상태에서 작동되는 기계시스템이나 구조물들을 쉽게 접할 수 있다. 이러한 것들은 자동차, 항공기, 크루즈선박, 고속철도와 같은 수송기계를 비롯하여 가정용 가스기기, 위험물질 수송용 탱크로리, 초고층의 엘리베이터, 고온의 보일러 설비, 고압가스 저장고 및 가스관, 액화가스 운반용 LNG선, 교량 등 수없이 많다. 이러한 기계, 설비 및 구조물 제작에 있어서 용접공정, 주/단조부품, 소성가공 및 열처리 공정들은 필수적으로 이용된다.

이러한 제조공정에서는 최적의 제조 파라미터가 설정되지 않으면 기공, 이물질 혼입, 균열 등 여러 결함들이 발생하게 된다. 결함은 고온 및 부식 환경에서 부재의 열화촉진이나 반복하중으로 인한 피로현상으로 수명이 더욱 단축된다. 이들 결함들은 취성파괴로 인하여 파손이 급진전하여 대형 사고를 일으키는 원인이 되며, 사고시 막대한 인적 및 물적 피해를 안겨주고 있어 주기적인 검사와 진단이 필요하다. 제조 전 소재에 대한 검사에서 부터 제조공정 중 및 제조 후 검사나 사용 중 검사에 있어서 비파괴검사는 필수적으로 수행되고 있다.

근래 물리학 및 전자기학적 기술이 발달되면서 컴퓨터기술, 마이크로프로세서기술, 계측 및 센서 기술의 발달로 비파괴검사기술과 장비는 크게 발전하였다. 최근 방사선탐상에서 작업자에 대한 방사선 피폭과 관련법규의 시행 및 규제가 엄격히 강화되고 있다. 이로 인하여 현장에서는 고가의 장비임에도 불구하고 TOFD 및 위상정렬(Phased Array)기법의 초음파 장비가 보급되어 사용되고 있다.

방사선과 같은 문명의 이기는 인간에게 이익과 위험을 동시에 주는 양면성이 있어 이용에는 우선적으로 안전에 주의해야 한다. 오늘날 산업기술의 발달로 자동차와 항공기와 같은 편안하고 안전한 수송기계가 개발되어 사용되고 있지만, 매년 이들의 사고로 인하여 많은 인명과 재산 손실이 발생되고 있다.

본 교재는 기존 장비를 바탕으로 최신의 디지털방사선 탐상, 방사선안전관리 및 최신의 초음파탐상기술을 수록하였다. 또한 보일러의 열교환기와 같은 고온에서 고부하를 받는 구조물의 진단기술까지 기술하였다. 아무쪼록 비파괴검사분야에 큰 관심을 갖는 일반 독자 여러분과 학생 및 현장기술자에게 조금이나마 보탬이 되었으면 한다.

마지막으로 본 교재가 잘 출간되도록 힘써주신 동명사 최국주 사장님, 김급태 상무님과 편집부 직원 여러분들께 진심으로 감사드립니다.

2016년 1월

저자 씀

# 차례

## 제1장 비파괴검사 기초



## 제2장 제조와 제조 결함

## 제3장 방사선탐상기술

## 제4장 방사선탐상 작업



## 제5장 방사선탐상 제품의 평가

## 제6장 방사선안전기술

## 제8장 초음파 장비조정 및 탐상



## 제9장 자분탐상기술

# 제10장 침투탐상기술

## 제11장 와전류탐상기술



## 제12장 음향방출탐상기술

# 제1장 비파괴검사 기초

## 1.1 비파괴검사의 개요

### 1.1.1 일반 사항

오늘날 생산제조 기술의 발달은 각종 초고층 빌딩, 대형선박, 대형 플랜트, 고압 파이프라인, 고속철도 등 예전에 상상만 해왔던 기계 시스템과 구조물들이 대형화되고 있다. 또한, 급속히 고속화, 고압화 되는 압력용기, LNG선, 파이프라인 등 내용물은 초저온, 부식성, 방사성, 인화성, 휘발성 등 위험성이 높은 물질이 저장되거나 수송되고 있다. 이러한 현상들은 품질과 규모에 큰 변화를 주었고, 동시에 제조 공정에 있어서도 안정성과 신뢰성에도 큰 관심을 갖게 하였다.

한편, 최근 소재기술과 접합기술의 발달로 인하여 다양한 신소재, 세라믹, 이종금속 접합기술이 사용되고 있다. 이러한 재료나 접합된 소재를 사용할 경우에는 충분한 신뢰성 확보기술이 수반되어야 한다. 안전성 확보를 위해서는 강도, 강성, 인성, 취성 등의 특성파악이 필요하다. 이를 위해서는 보통 시험편에 외적부하를 가하여 부하에 대응한 기계적 특성이 시험과정 및 시험후에 얻어진다. 이와같은 시험과정에서의 시험편은 결국 변형 및 파손되는 일반 재료시험과 소재나 구조물을 손상 없이 검사하는 비파괴시험으로 구분된다.

인간이 만든 구조물은 영구적으로 안전할 수 없으며 안전성 및 신뢰성 확보를 위한 수단으로써 비파괴시험이 수행된다. 비파괴시험(NDT, Non-Destructive Testing)은 소재, 제품, 구조물을 물리현상을 이용한 특수방법으로 원형 및 기능을 변화시키지 않고 상태, 내부구조, 성질을 파악하는 시험방법이다. 여기서 "비파괴시험"과 "비파괴검사"는 구별되며, "시험"은 시험방법에 준하여 실시하고 시험결과를 얻기까지 과정을 의미한다. 한편 "검사"란 시험결과를 기본으로 그의 시험체를 합격 또는 불합격으로 할 것인가를 결정하는 것까지의 과정을 수행하는 것까지를 의미한다.

### 1.1.2 비파괴검사의 방법

현재 가장 많이 이용하는 비파괴시험방법을 분류하면 표 1-1과 같이 결함의 검출과 변형측정으로 크게 나눌 수 있다. 변형 측정은 기계 또는 구조물에 외력이 작용할 경우 각 부분에 생기는 변형의 크기에서 응력분포나 최대응력이 발생하는 위치와 크기를 알 수 있다. 또한, 그 부재 형상, 치수 및 사용재료의 적부를 판단하고 안전하고 제조비용이 적은 경제적 설계가 되도록 하기 위함이다. 한편 응력·변형측정은 전기적 방법(스트레인게이지, 반도체스트레인게이지, 자왜변형 등), X선 응력측정 등 기타 많은 방법이 비파괴적으로 측정되므로 부재를 파

**표 1-1 비파괴검사 방법의 분류**

| | | | | |
|---|---|---|---|---|
| 비파괴검사 | 결함검출 | 발생후 | 내부 | 방사선투과시험 |
| | | | | 초음파탐상시험 |
| | | | 표층부 | 자분탐상시험 |
| | | | | 침투탐상시험 |
| | | | | 전자유도시험 |
| | | 발생중 | 내부/표층부 | 음향방출시험 |
| | 변형측정 | – | 표점간 또는 점 | 기계적 방법 |
| | | | | 전기적 방법 |
| | | | | X선응력측정법 |
| | | | 응력분포 | 관탄성실험 |
| | | | | 관탄성피막법 |
| | | | | 응력도료법 |
| | | | | 모아레법 |
| | | | | 강 도금법 |

괴하지 않고 그의 파괴하중을 추정하고 파괴를 예방할 수 있어 비파괴검사로써 중요한 분야이다. 따라서 일반적인 비파괴검사에 있어서 응력·변형측정도 연구조사의 대상의 하나로써 취급되고 있다.

결함의 검출은 분류하면 주로 내부결함을 대상으로 시험방법과 표층부 결함을 대상으로 하는 시험방법으로 분류된다. 이들 방법은 모두 결함이 이미 발생한 후의 시험방법이며, 이에 대해 결함의 발생 중에 검출하는 음향방출(AE)시험으로써 결함 후에는 검출할 수 없다.

건전한 제품생산을 위해서는 비파괴시험의 정보는 앞의 공정에 피드백 되어야 하며, 결함의 검출 정보는 주로 제조부분에 변형측정의 정보가 계획·설계부분에 피드백 되어야 한다. 물론 설계가 적절하지 않아 결함이 발생할 수 있어 결함검출의 정보는 계획·설계부분에도 피드백 할 필요가 있다. 또한 제조과정이 적절하지 않음으로써 과대한 변형이 생길 수 있어 변형측정의 정보는 제조부분에도 반드시 피드백 할 필요가 있다.

### 1.1.3 검사물의 비파괴평가

비파괴평가는 피검체가 받는 외적조건에 대해 결함(缺陷)과 강도(强度)의 관계를 정량적으로 이해하기 위해 사용된다. 최근의 제품품질에 대한 엄격한 요구와 제조자의 제품에 대한 책임성 요구로 제조물책임(PL, Products Liability)법의 시행으로 생산자가 제품의 품질을 한층 강화하고 보증할 것을 요구받고 있다. 비파괴평가는 단순한 결함의 검출수법보다는 물리적 원리에 기초한 다양한 시험을 통하여 시험결과를 바탕으로 사용 가능성에 대한 판정까지를 포함한다. 따라서 소재나 제품의 제조공정 중에 발생하는 조직변화로 생긴 이상과 결함검출은 설계 및 제조과정을 개선하기 위한 방안으로도 사용된다. 또한 비파괴평가는 사용재료의 부하조건, 환경조건을 이해하고 균열에 대한 파괴 역학적 지식을 활용하여 재료의 안전율과 수명예측을 통하여 건전성 평가의 수법으로 재료 및 구조체 기능, 신뢰성을 종합적으로 판단하는 요소기술이다.

### 1.1.4 기계시스템의 이상검출

기계시스템의 이상여부를 판단하기 위하여 사용되는 비파괴검사 방법은 보통 시스템에 센서를 부착하여 가동시 이상상태를 검출하는 수동적 방법과 시스템을 정지시켜 검사하는 능동적

검사 방법으로 구분한다. 기계시스템의 이상검출·예측은 운전중에 하는 것이 바람직하고, 온라인을 이용한 시스템의 이상 검출법인 능동적 방법은 더욱 지능화되어 가고 있다. 보통 비파괴검사는 검사대상에 외부에서 에너지나 자극을 주어 시스템의 상태량 변화를 센서로 검출하고 이상검출·예측하는 것이다. 보통 외부자극은 역학적 충격, 초음파 펄스, 전자파, 전기신호 등의 물리적 자극과 방사능 추적, 화학약품 등의 화학적 자극이 있다. 대표적 방법으로 초음파 펄스의 전달·반사에 의한 초음파탐상, 시험신호 인가에 의한 전자회로의 이상검사이다.

외부자극과 검출량의 종류에는 검출하려는 이상의 종류, 크기, 성질, 장소에서 가장 감도 좋은 이상 징후의 검출을 선택해야 한다. 진동·음향감시에 의한 이상검출법에는 주목하는 주파수 대역이 낮을수록 큰 이상이 검출되고, 주파수대역이 높을수록 미세한 이상검출을 검지할 수 있다. 초음파의 영역이 되면 재료내부의 미소균열이나 재료열화를 검지할 수 있으며 이상예측도 가능하게 된다. 이러한 검출하려는 이상의 종류, 크기, 성질 등에서 검출 상태량의 종류, 센서종류와 성능, 감시주파수대역 등이 이상 상태를 가장 감도 좋게 검출할 수 있도록 선택해야 한다.

### 1.1.5 비파괴검사의 의미

각종 기계구조물과 플랜트 및 설비들은 재질과 형상이 다양하며, 제작공정도 각각 다르다. 이러한 설비들은 비파괴검사를 통하여 안전검사의 신뢰도에 따라 사용 적정성 평가와 안전가동의 기준이 된다. 또한, 검사방법과 사용 여부의 평가기준은 사고방지의 수단인 동시에 불필요한 개보수를 없앰으로써 경제적 손실을 줄이는 것이 목적이다.

비파괴시험은 여러 물리현상을 이용하여 내부조직, 조직구조, 내부결함 등을 조사하는 것이

**표 1-2** 파의 이용한 비파괴검사방법

| 파동 종류 | | 광파 | 전자파 | 초음파 |
|---|---|---|---|---|
| 파동 본성 | | 전자파 | 전자파 | 탄성파 |
| 원리적 방법 | 투과법 | 투시시험<br>(투명체에 통과시켜 내부 관찰) | 방사선 투과시험 | 투과식 초음파탐상 |
| | 간섭법 | 광탄성 | 고도계 | 공진식 초음파 두께계측 |
| | 펄스 반사법 | 레이저에 의한 거리계측 | 반응에 의한 위치표정 | 음향에 의한 위치표정, 펄스반사식 초음파탐상 |

며, 비파괴시험에 있어서 이용되는 물리현상은 방사선, 광, 열, 전자기, 음파, 초음파, 침투액, 미립자 등이 있다. 보통 비파괴검사법으로써는 육안검사, 방사선탐상, 초음파탐상, 자분탐상, 액체침투탐상, 와류탐상이 있다. 시험방법의 선택은 각각의 방법이 장·단점을 가지고 있어 검사목적에 따라 적절한 시험법, 시험조건을 선택해야 한다. 이들 중 전자기 또는 탄성파를 이용하여 물체의 내부 또는 원격부를 조사하는 방법을 원리적으로 정리하면 표 1-2와 같다.

### 1.1.6 비파괴검사의 적용

비파괴검사는 소재검사, 기기검사, 결함검사, 계측검사, 두께, 변형측정에 많이 이용되고, 재료 및 기기계측 검사에는 변형량, 부식량을 측정하여 사용가부를 결정하는데 적용된다.

#### (1) 구조물 검사

근래 미국에서 발생한 140여개 대형사고 중 41%가 기계적 손상에서 발생되고 있으며, 배관장치의 파손에 의한 손실이 가장 큰 비중을 차지하고 있다. 전체적으로 보면 경제적손실의 80%이상이 압력장치 및 용기의 파손에서 발생한다. 이와 같이 구조물 사용시 재질열화의 상태, 조립구조물의 내부상태와 같이 분해 후 재조립이 곤란한 제품의 내부 조사, 이상 유무에 적용한다.

#### (2) 제조결함 파악

용접구조물, 주단조제품의 제조공정중 또는 제조 후 사용 중 발생 가능한 다양한 결함을 파악하는 것이다. 결함검사는 소재 및 용접제품, 주단조제품의 품질평가에 관련되는 사항이 많다. 검출결함에 대해서는 결함 종류, 형상, 위치, 방향, 크기를 파악하여 수명평가에 이용되기도 한다.

#### (3) 표면상태 검사

비파괴검사는 제품내부 뿐만 아니라 표면에 인접한 내부 또는 표면에 미세하게 개구된 결함을 검사한다. 또한 내부식성이 요구되는 제품의 표면처리 오류로 인한 경화 깊이, 도금두께, 침탄 및 질화처리 된 재질두께 측정에 이용된다. 초음파를 이용한 두께측정은 구조물의 부식량 측정에 많이 이용된다.

#### (4) 재료 및 재질검사

제품제조에 사용되는 기본소재의 재료검사는 물론 기기부품에 사용된 재질의 변형량, 부식량, 열화 상태를 파악하여 사용 여부의 판단자료로 활용된다. 부식 환경하에 사용되는 각종 구조물의 부식량, 원자로 핵연료 제어봉의 변형량 측정, 제트엔진 블레이드의 피로 균열, 변형량 측정 등이다.

#### (5) 기타

조사 분야로써 수화물 조사(밀수/총기류)와 전기부품의 배선에 이용되며, 시험 및 연구 분야로써는 재료, 용접제품, 주조제품의 시험연구에 이용된다.

### 1.1.7 비파괴검사의 목적

#### (1) 제조기술의 개선

제품제조에 있어 적절성 판단을 위해서는 계획하는 제조법으로 제작된 시제품을 파괴 및 비파괴시험으로 시험하고 있다. 용접제품 제작에 있어 일정조건으로 제작된 시험편을 방사선탐상, 초음파탐상을 통하여 용접부 건전상태를 파악해 가면서 최적의 용접조건을 결정하는 것이다. 주조제품에 있어서도 기포, 이물질 혼입이 없는 제품생산에 적절한 주조방안 결정에 비파괴검사가 이용되고 있듯이 타당한 제조기술 향상을 위해 제조조건·공정 수정 및 보완에 이용된다.

#### (2) 안전성의 확보

기계부품 및 구조물 제조중 또는 완성품의 사용중 발생되는 결함과 결함성장이 수명에 영향을 미치게 된다. 특히, 압력용기 및 대형구조물에 있어서는 수명이 영구적이거나 안전성의 유지가 불가하다. 따라서 완전하게 제작된 구조물이라도 안전하게 사용하기 위해서는 사용 후 일정 주기마다 결함검사를 실시하여 사용 여부를 추정해야 한다. 일정 조건하에서 새로 발생한 결함여부, 종류, 발생개소, 크기 등을 파악해야 한다. 평가기준은 결함발생 원인에 따라 달라지므로 품질 평가시 판정기준의 표시는 어렵게 된다.

#### (3) 원가 절감

소재검사를 통하여 불량품의 조기발견 및 조치를 취하여 공정수와 시간절약과 구조물의 수명예측으로 보수 및 파손방지를 할 수 있다. 비파괴검사를 통하여 검사비용 부담을 생각할 수 있으나, 제조공정중 적절한 시기에 효과적인 검사를 통하여 차후공정에 대한 낭비요소를 제거함으로써 공정에 따르는 생산원가의 절감을 오히려 도모할 수 있다.

#### (4) 신뢰성의 증대

일반 공산품의 품질관리 및 품질보증이 매우 중요하며, 제품과 사용목적에 따라 신뢰성의 정의를 달리할 수 있다. 그러나 규정된 사용조건에서 기대되는 수명기간 중 제품의 일부 또는 전체적으로 고장 없이 일정성능을 만족시키는 기간의 기대 수명기간에 대한 비율을 신뢰성 척도로 이용한다. 또한, 구조물의 대형화, 고압화, 고속화에 따른 안전성 확보가 매우 중요한 관건이 된다.

### 1.1.8 비파괴검사의 적용

#### (1) 검사 원리

비파괴검사는 재료의 물리적 성질을 제품에 적용하여 검사체에 이상 유무를 파악하는 것으로 시험후에 재료, 제품 및 구조물에 손상을 주지 않아야 한다. 즉, 제품을 파괴하지 않고 내부 상태 및 기계적, 화학적 특성을 파악하는 것이다. 비파괴검사는 제품에 에너지 적용 후 변환자를 이용하여 변화량을 측정하는 순서로 진행된다. 비파괴검사에 적용되는 에너지는 방사선, 열, 빛, 음파, 전자기, 침투액, 미립자 등이 있다. 비파괴시험의 원리에 따라 동일 범주에 속하는 것에 따라 구분하면 다음과 같다.

① 광학, 색체학 원리(표면결함탐상) : 육안검사(VT), 침투탐상(PT)
② 전자기 원리(표면/표면직하탐상) : 자분탐상(MT), 와전류탐상(ECT)
③ 방사선투과원리(내부결함탐상) : 방사선탐상(RT), 컴퓨터토모그래픽(CT)
④ 음향전파원리(내부결함탐상) : 초음파탐상(UT), 음향방출탐상(AE)
⑤ 열역학적 원리 : 서모그래피시험
⑥ 누설원리 : 공기, 가스, 물

#### (2) 검사 시기

제품을 열처리하여 열처리로 인하여 품질의 변화가 고려될 경우에는 열처리 공정 전후에 비파괴검사를 결정해야 한다. 열처리전 비파괴검사는 품질평가를 통해 제조공정을 관리하고 열처리후 시험은 열처리 작업관리를 통하여 품질관리를 수행하므로 품질평가를 실시시기에 따라 시험법을 이용하기도 한다. 보통 소재의 건전성을 확보한 후 시험 시기는 제조공정 과정에서 차후 공정에 결함발생에 영향을 주는 시점전후의 품질평가가 가능한 시점을 선정해야 한다.

산업설비 및 구조물은 일정기간 사용 후 일정주기로 정기점검을 하거나 시스템 및 구조물의 이상발생시 수시점검에 있어 비파괴검사가 수행한다. 열화정도나 손상량 평가를 통하여 안전성 진단 및 사용 수명평가가 이루어진다. 제품의 손상정도를 가지고 기기, 재료, 부하조건, 온도조건에 따른 손상량 평가와 수명예측은 매우 어렵다. 단시간의 열변형과 부하작용에 있어 균열의 발생과 전파, 장시간 크리프 부하를 받는 재료는 기공생성, $\sigma$상 석출이 관건이 된다. 열피로가 주요 부하일 때 누적변형과 미시표면균열, 거시균열이 주된 손상의 요인이 되고, 크리프피로는 손상과 피로손상이 중첩된 손상형태가 발생되므로 비파괴검사를 통하여 탐상해야 한다.

비파괴검사는 적용시기에 따라 설비제작 중, 설비 사용전, 설비의 사용개시 후 일정기간을 두고 수행하는 검사 등 크게 세 가지로 구분된다. 상세한 내용을 원자력 발전설비의 예를 들어 설명하면 다음과 같다.

① 제조공정중 검사 : 설비 및 부품제작 시에 수행되며 관련규격 및 코드에 따라 검사가 이루어진다.

② 사용전 검사(PSI, Pre-Service Inspection) : 제작된 설비가 규격 또는 사양을 만족하고 있는지 여부를 확인하는 검사이다.

- 원자력발전소의 경우 PSI는 원자력발전소 건설완료 후 상업운전 착수 전에 원자력발전소 안전성에 영향을 미치는 기기인 ASME Class 1, 2, 3기기에 대해 ASME Sec. XI 요건에 따라 비파괴검사를 수행하는 검사이다. 보통 기기의 건전성 상태를 진단하고 향후 수행될 가동 중 검사결과와 비교, 분석하는데 필요한 기초자료를 취득하기 위한 검사이다.

③ 가동중 검사(ISI, In-Service Inspection) : 설비검사 후 다음검사 시까지의 기간에 안전하게 사용할 수 있는지 여부를 평가하는 검사이다.

- 원자력발전소의 경우 가동중검사는 원자력발전소의 상업운전 착수이후 발전소 안전성 및 신뢰성을 확보하기 위해 ASME Sec. XI 요건 및 PSI 결과 등에 따라 가동전 검사시

적용된 동일한 비파괴검사방법으로 매 발전소 계획예방정비 기간 중에 검사를 수행하여 PSI때 취득한 자료와 비교함으로써 각 기기의 건전성 상태를 진단하는 검사이다.

### (3) 검사 과정

① 에너지 적용 : 에너지 선택과 적용 방법

② 에너지 반응 : 결함, 조직변화와 상호작용

③ 에너지 변환 : 센서나 변환자로 에너지 변환 검출

④ 변환신호 추출 : 해석 및 평가에 유용하게 표시

⑤ 해석 및 판정 : 추출정보에서 해석 및 판정

### (4) 검사 성질

① 소재 및 제품의 결함검사 : 표면 및 내부결함

② 검사체의 구조 : 조직, 입도, 조성, 접착상태 등

③ 크기 및 형상 : 시험체의 두께, 밀도, 형상, 결함의 크기 및 방향, 위치

④ 소재 및 제품의 성질 : 기계적 성질(인장강도, 경도), 물리적 성질(열, 전기, 자기성질)

⑤ 화학분석 및 조성 : 시험체의 원소, 불순물, 물리화학적 상태

⑥ 응력에 따른 반응 : 강도, 응력, 피로, 기계적 손상, 화학적 손상으로 인한 결함발생 및 전파, 소성변형, 크리프, 진동

⑦ 기타 성질 : 동위원소, 전자기장의 분포상태

이제까지는 비파괴시험의 현황을 보면 비파괴검사 대상품의 90%가 용접제품이며, 방사선검사가 대부분 차지해 왔다. 그러나 최근에는 방사선의 안전성 문제로 다양한 초음파탐상기술이 한층 발전되어 이용이 널리 확대되어 가고 있다.

## 1.1.9 비파괴검사의 종류

다양한 비파괴검사 방법중 표면결함에는 자분탐상 및 침투탐상이 적용되고 있으며, 자분탐상은 선상결함 검출에 우수하고 침투탐상은 비자성체 검출이 가능하며 상호 검출능력의 판정비교가 사실상 불가능하다. 방사선탐상은 파이프, 블로우홀, 슬랙 개재와 같은 체적결함의

검출에 양호하다. 특히, 균열, 용입부족, 융합불량에서 면상결함은 조사방향과 결함방향이 평행할 때 가능하다. 또한 초음파탐상은 초음파 진행방향에 수직인 면상결함 검출에 우수하나 블로홀과 같은 체적 결함은 방사선투과시험에 비하여 검출 능력이 저조하다.

① 방사선투과검사(RT, Radiographic Testing) : 조사방향과 평행한 결함 검출에 유리, 결함 종류 및 형상판별이 쉽고, 기록 보존성이 높으며 조사방향에 기울어진 균열검출은 불리하다.

② 초음파투과검사(UT, Ultrasonic Testing) : 인체에 장해가 없고, 면상(균열) 결함검출이 용이하다.

③ 침투탐상검사(PT, Liquid Penetrant Testing) : 표면 개구결함 탐상이 용이하며, 금속 및 비금속에 적용한다.

④ 자분탐상검사(MT, Magnetic Particle Testing) : 강자성 재료에 적용하며 개구 및 표면하 결함검출만 가능하고 강자성체 표면결함 탐상에는 침투탐상보다 우수하다

⑤ 와전류탐상시험(ECT, Eddy Current Testing) : 도체의 표층부를 비접촉 및 고속으로 탐상. 봉, 관의 자동탐상에 유용하다.

⑥ 누설검사(LT, Leak Testing) : 시험체 내외부의 압력차로 유체의 유출부를 감지(압력용기, 배관제품)한다.

⑦ 스트레인 측정(Strain Measurement) : 구조물에 하중을 작용시켜 응력을 구한다.

⑧ 육안검사(VT, Visual Inspection Testing) : 확대경, 거울, 내시경 등의 보조기구를 사용한 검사방법으로 검사품 표면의 상태를 파악한다.

육안검사는 용접표면의 균열, 다공성, 절삭, 용입불량 또는 냉간겹침(Cold Lapping), 크레이터 균열(Creator Crack) 등을 검사할 수 있다. 보통 게이지로 필렛 용접부의 크기 및 표면모양은 필렛용접 게이지로 검사한다.

루트비드의 적정성 여부, 용접비드(Weld Cap/Crown)의 높이, 용접부 거칠기 표면상태, 비드 폭, 베벨각도, 루트비드형상, 필렛 크기, 파이프 및 피팅 두께가 검사 대상이 된다. 한편 용접검사는 용접제품의 품질측정을 위해 생산 후 또는 시공중에 수행하며 다음의 사항이 해당된다.

- 용접제품의 도면 및 규정치수 확인

- 불완전용융, 이음부 침투부족, 절삭손실, 균열, 표면불규칙, 다공성, 슬랙 및 텅스텐혼입
- 제품 및 소재성질

피검사체의 기계적 성질(인장강도, 연성, 탄성, 경도, 피로강도)과 화학적 성질(부식, 산화) 및 기타 물리적 성질(열전도율, 열팽창, 용융점)을 대상으로 검사한다. 용접부의 합부판정은 용접전·중 및 용접후에 적용되는 검사(육안검사, 치수검사, 방사선투과검사, 파괴검사)를 통하여 결정된다.

## 1.2 파괴검사의 대상

### 1.2.1 결함 형태

#### (1) 치수상 결함

① 변형 : 횡 수축, 종 수축, 횡 회전변형, 필렛변형, 각도변형, 종 방향변형

② 치수불량 : 덧붙이, 비드 폭의 과부족, 필렛 다리길이, 목두께 부분 등(검사 – 맞대기 용접게이지, 필릿용접 게이지)

③ 형상불량 : 오버랩(Over Lap), 언더컷(Under Cut) 현상(검사 – 게이지, 외관검사, 침투검사)

#### (2) 구조상 결함

① 기공(Blowhole) 및 피트(Pit) : 용접금속의 응고 있어서 가스가 내부에 존재하는 것이 기공이고, 피트는 큰 거품으로 주위가 먼저 응고된 경우이다.

② 은점(Fish Eye) : 단면의 중심부에 비금속개재물을 포함하는 은백색 결함으로 비금속개재물 주위의 수소가 모여 취화를 일으켜 외력에 의해 파단되며, 크기는 0.5~5mm 정도이고 500~600℃로써 후열처리로 방지한다.

③ 용착금속에 슬랙 또는 불순물혼입 : 이들의 방지를 위해 용접봉의 비딩과 접합부 청정, 용접전류의 주의가 필요하다.

### 1.2.2 결함별 검사의 대상

① 표면균열, 다공성, 절삭, 용입불량, 냉간겹침(Cold Lapping), 크레이터 슬랙혼입, 내부균열 같은 내부결함 불가, 일반 게이지이용 검사

② 필렛용접부 크기, 표면모양, 필렛용접 게이지 이용

③ 용접검사 : 용접제품 품질측정 위해 생산 및 시공중에 수행, 용접도면 및 규정치수 확인, 불완전용융, 용입부족, 절삭손실, 균열, 표면불규칙, 다공성, 이물질 혼입

④ 제품 및 소재 성질

- 기계적 성질(인장강도, 연성, 탄성, 경도, 피로강도)
- 화학적 성질(부식, 산화)
- 모재 성질(열전도율, 열팽창, 용융점)

### 1.2.3 파괴의 손상양식

#### (1) 강도와 파괴

금속은 소성변형능이 커서 연성파괴에 큰 에너지가 요구된다. 파손(Failure)은 소성변형으로 인한 균열발생, 균열진전으로 분리되는 파괴를 의미하며, 재료결함과 강도에 영향을 받는다. 특히, 응력집중, 노치 저부는 공칭응력보다 큰 응력작용을 받는다.

응력집중계수 = 노치저부 응력/노치저부 공칭응력

노치계수 = 노치재 강도/평활재 강도

(가) 연성 파괴

큰 소성변형을 수반하는 파괴로써 파단면이 컵형과 원뿔모양으로 형성되며, 파면 중앙부가 부하방향에 직각이다.

(나) 취성파괴

탄성변형 없이 파괴가 수반되며, 피로파괴, 응력부식파괴, 벽개파괴저항의 대소의 연구에는 선형파괴역학이 이용된다. 일반금속은 온도 저하시 항복점, 인장강도, 피로강도가 증가하나

소성변형능이 작아져 흡수에너지가 감소된다. 연성이 풍부한 재료로 제작된 구조물이라도 저온, 부하응력 상승상태에서는 취성파괴가 발생하기 쉽다.

(a) 강 구조물의 취성파괴 특성

① 항복점 이하의 평균응력에서도 발생하는 저응력 파괴

② 온도가 저온일수록 발생 용이

③ 형상 불연속부, 응력, 스트레인 집중부, 열에 의한 취화부가 파괴 기점

④ 크랙전파는 100~2,000m/s로 고속전파

⑤ 단면 형상은 표면에 직각인 은백색 광택, 산맥모양

(b) 파괴인성 평가

- 천이온도 평가와 파괴역학적 평가
- 고인성 갖는 소재 선정

(c) 충격시험 이용 인성평가

- 재료연성, 인성, 연성 – 취성 천이온도 결정에 사용
- 응력부식 균열 – 부식과 정적 인장응력 작용시 복합적인 영향으로 취성파괴 발생

(다) 피로 파괴 – 반복하중으로 반복응력 발생

- 플랜트, 용기, 배관 – 운전중 큰 내압작용, 정지시 대기압까지 반복하중 반복
- 피로하중 받는 부재에 결함 존재시 결함기점 – 균열발생–성장–파단 도달
- 피로 균열 – 응력의 반복회수 증가와 크기 변화

(라) 크리프 파괴 – 일정응력에서 소성변형이 시간적 증가하여 파괴되는 현상

- 제1기(초기 크리프) : 크리프 속도가 시간에 따라 감소
- 제2기(전이 크리프) : 크리프 속도가 일정
- 제3기(가속 크리프) : 크리프 속도가 시간에 따라 점차 증가
- 고온에서 파괴까지 시간이 짧고, 저온에서 파괴까지 시간이 길다.

### (2) 파괴 및 손상 양식

(가) 기계적 조건

- 정적강도, 구조물 변형능력, 취성파괴, 피로파괴

• 블로우홀 : 성능상 다른 결함보다 영향 적음, 결함 잠재 여부만 판단

• 균열, 용입부족, 융합불량 : 강도에 악 영향

(나) 환경 조건

• 부식, 응력부식　　　　　• 결함영향 : 형상 급변부, 표면부 결함일수록 영향 큼

**(3) 충격시험(재료저항, 인성)**

충격력에 대한 재료 저항력 조사시험, 재료 인성, 취성여부 판단

(a) 부하 후 $10^{-2}$~$10^{-3}$초 이내 파단

(b) 부하 후 항복시간까지 $10^{-3}$~$10^{-5}$초 이내 고속파단

- 기계류 안전설계 자료
- 고속 소성가공에서 가공성 판단
- 변형기구 해명

## 1.3 파괴검사의 수행

### 1.3.1 검사 계획

**(1) 시험방법 선택**

(가) 검사 절차서

① 적용 법률에서 제시　　　　② 검사작업 환경

③ 검출부 형상, 결함 위치 및 종류 파악

(나) 복수검사 적용

• 다양한 결함 검출을 위해 복수의 비파괴시험 적용

(다) 결함 검출

### (2) 검사 준비

(가) 시험전 준비

① 시험에 필요한 소요자재 준비 – 검사시간 단축, 경제적 손실이 감소됨

② 시험결과가 다를 경우를 대비하여 처리방법을 당사자 간 결정함

③ 규격결정은 시험대상물을 상정하여 최소한의 규정만을 결정함

(나) 비파괴검사의 사양서(발주자가 제시)

① 검사대상물

② 적용규격, 적용법, 기준

③ 검사 실시 범위

④ 검사방법

⑤ 합부판정 기준

⑥ 검사공정

⑦ 기타 특이사항

(다) 사양에 만족하는 검사절차서 제시(검사자)

① 사양서의 적정성 여부

② 발생 예측 결함

③ 검사방법

④ 장치 및 재료

⑤ 현장의 작업 상황

⑥ 공정내의 검사완료 가능성

(라) 검사요원 숙지사항

① 육안검사, 치수검사, 비파괴검사 및 파괴검사에 대한 관리규정 및 코드의 합부 판정기준

② 관련규정 및 코드의 절차서

③ 방사선 투과 검사방법 및 안전규정

④ 용접재료, 소재두께, 이음형상 및 용접공정

⑤ 용접부의 치수규정(오차 허용값, 표면거칠기 허용값)

⑥ 장치의 사용조건(압력용기, 온도, 압력, 환경 등)

⑦ 용접공 허가시 적용되는 파괴 및 비파괴규정 및 판정기준

⑧ 방사선 투과검사시 필요한 사전지식

- 방사선원 위치
- 사용된 필름의 등급 및 형식
- 노출시간, 에너지, 필름현상 방법
- 코드 적용범위
- 농도계, 필름 관찰기, 결함크기 및 장치 사용법

(바) 기타 검사관련 사항

① 초음파 두께측정 및 라미네이션, 부분 부식검사

② 델타 페라이트 함유(오스테나이트 스테인리스강재, 이중접합판재 용접시 발생)

③ 자기탐상, 형광침투를 이용한 응력부식 균열검사

④ 보일러 튜브의 햄머 시험

⑤ 압력용기의 기공검사

⑥ 용접 예열 및 후열처리 적정성 여부검사

⑦ 모재 및 용접봉의 재료 보증검사

### 1.3.2 검사 및 평가

(가) 검사원의 중요성 인식

① 지시를 먼저 관찰, 결함지시에 익숙하고 적용되는 조건 변동에 대처

② 신뢰성 부여, 업무 중요성 인식

③ 평소 보다 지시모양 발생 빈도가 변화하면 원인 규명

④ 정상상태와 검사기법 편차여부의 확인(장비, 시험품, 검사기법 점검)

(나) 검사자의 확인 사항

① 적합한 검사기법 적용

② 검사자의 지식 및 기능 정도

③ 시험 환경

④ 결함 위치의 방향성

⑤ 시험체 기하학적 특성

⑥ 재료 특성(이방성, 비균질성)

⑦ 검사시 접근의 용이성

(다) 검사 장비 확인

각종 기계구조물과 플랜트 및 설비들은 재질과 형상과 다양하며, 제작공정도 달라 검사 장비도 다르다. 이러한 설비들은 안전검사의 신뢰도에 따라 사용의 적정성 평가와 안전가동의 기준이 된다. 따라서 검사장비의 선정, 검사방법과 사용 여부 등 평가기준을 정하며, 결함을 최대한 탐상할 수 있는 장비를 선정하고 장비의 상태를 확인해야 한다.

① 검사게이지 종류 : 캘리퍼스, 마이크로미터, 용접게이지, 밀도계, 햄머, 피트게이지, 자석, 페라이트게이지, 확대경 등

② 전류계 : 자장 지시계, 가우스미터 등

③ 초음파 두께측정기 등

④ 검출 시스템 : 성능, 교정, 센서 특성 파악

(라) 평가 순서

구조물의 품질보증을 위한 비파괴평가는 다음과 같다.

① 재료 및 구조물 내부의 결함유무 검출

② 결함이 존재할 경우 그의 위치 파악

③ 각 결함의 종류 파악으로 등급 결정

④ 개개의 결함크기 파악으로 결함점수 부과

⑤ 결함 형상을 명확히 파악

⑥ 사용 환경, 부하상태 고려하여 파괴양식에 기초하여 파괴기구 규명

⑦ 파괴 역학적 지식과 취급으로 결함 유해도의 판정

⑧ 판정에 근거한 최종합부 결정 및 안전율과 수명평가 실시

상기의 결함검출 단계에서 비파괴검사(①–⑤)단계와 비파괴평가(⑥–⑧)단계로 구분된다.

(마) 평가 기술의 정도 파악

비파괴검사기술의 정밀도 향상을 위해서는 단일검사법 보다는 복수의 검사법를 통하여 수행되고 있으며, 제조공정을 익혀 다음 사항에 대해서도 항상 고려해야 한다.

① 검사장비의 검출 불능의 결함

② 특정화 불가능한 결함 존재

③ 검출결함(성장균열)과 파괴기점(초기결함)에 대한 대응

④ 파괴모델(미시결함생성, 성장, 합체과정)의 해명

⑤ 시험법에 대한 결과의 통계적 분산문제 고려

(바) 시험오차의 감소 방안

비파괴검사는 결함상태가 간접 지시모양으로 나타나므로 유용한 정보파악을 위해 정확한 판독이 우선이다.

(a) 판독에 필요한 경험

- 검사과정 정확성, 재질/제조공정/연속공정 파악

(b) 평가에 요구되는 경험

- 유사 결함발생시 처리– 제품 사용시 영향 파악(인장력과 90도 방향 갖는 결함, 고응력 받는 부재– 불합격 처리 등)

(사) 결함의 유해도 판정

① 재료의 건전성 종합적 평가

② 비파괴시험의 원리 이해, 시험법 숙지

③ 응력이 구조물에 작용 상태, 예지, 파괴과정 이해 : 결함(Defect)은 불연속부, 흠, 불균질부, 이상부로 표현

④ 동일 결함도 크기, 형상, 부하에 따라 유해성 차이 파악

⑤ 부하종류, 크기, 부하와 흠의 위치 관계

- 흠 중 크기, 형상, 방향, 위치, 성질 결여가 규격/시방서에 규정 이상인 것
- 소재 : 완전무결한 소재 불가

- 제품 : 제조조건, 사용조건상 문제 – 관리측면에서 대책

  *결함 발생시점에 따른 구분
- 기계가공, 열처리 공정중 표면결함
- 제조공정 중의 내부결함
- 사용중 주변 환경에 의한 결함

(아) 평가기준 검토사항

① 결함위치 및 방향

② 결함부의 판 두께

③ 재료/접합부에 부가되는 응력 및 분위기

④ 결함부의 잔류응력

⑤ 제조과정에서 성질 변화

⑥ 재료/접합부의 기계적 성질

기타 추가적인 검토사항으로는 기계적(인장, 굽힘, 비틀림) 피로강도, 크리프 강도, 파괴인성, 내식성 및 정적강도 등이 있다. 피로강도와 파괴인성은 대형사고의 원인이 되며, 부식 및 응력부식 균열 발생시 노치로 진전되어 취성파괴나 피로파괴의 원인이 된다.

# 제2장 제조와 제조 결함

## 2.1 공업 제품의 제조

공업제품 생산에 필요한 주조, 단조, 용접, 금형, 소성가공 및 열처리기술 등의 기술은 중요한 생산기반 기술로써 기계공업의 근간을 이룬다. 이들 분야는 기계제품 생산에 있어서 건전한

**표 2-1** 각종 기계 제조법의 특징

| 제조방법 | 장점 | 단점 |
|---|---|---|
| 소성가공 | – 기계적 성질에 대한 신뢰성 높은 부품생산<br>– 대량생산에 있어서 생산성이 높음<br>– 치수정도가 높음 | – 가공설비가 고가<br>– 대상재료에 재질상 제약 있음<br>– 가공부품의 형상에 제약 있음 |
| 주조 | – 복잡한 형상부품의 제조 가능<br>– 큰 결함 없는 부품의 생산<br>– 대상재료의 재질상 제약 적음 | – 균일한 두께를 갖는 큰 제품제조 곤란<br>– 제품중량이 크게 됨<br>– 안전성, 재질성, 신뢰성 측면에 문제 |
| 용접 | – 주형, 주조형과 같은 금형 불필요<br>– 이종재료의 조합시킨 부품제조 가능<br>– 두께의 제한이 없음<br>– 단품의 제품제조 가능 | – 부분적으로 다른 열이력에 의한 재질변화, 용접변형 및 잔류응력 발생<br>– 수동 용접인 경우 이음 성능이 기량에 좌우 |
| 분말야금 | – 고 융점재료, 복합재 이용/부품제조 용이<br>– 생산성 높고, 가공시 원료에 대한 제품비용 절감, 다량생산 적절<br>– 치수정도 높음. 최종형상에 근접한 제품생산, 절삭가공 생략가능 | – 가공설비, 원료 분말이 비교적 고가<br>– 가공부품의 형상에 제약<br>– 재질이 약간 불안정 |

소재 확보는 물론 생산 공정에서 다양한 제조기술이 요구된다. 고품질의 제품생산과 높은 신뢰성을 갖는 제품생산, 제품의 건전성을 파악하는 비파괴검사는 제조공정중 또는 사용중 발생되는 예상결함에 대한 지식이 필요하다. 검사원의 탐상에 대한 폭 넓은 지식과 더불어 제조공정을 이해하고 탐상기술 및 지시의 판독기술을 갖추었다면 신뢰할 수 있는 검사가 이루어질 것이다. 특히 용접, 주조, 단조공정은 작업중 짧은 시간에 최적의 파라미터 적용과 공정기술을 이해해야 한다. 또한 공정관리를 통하여 결함발생의 최소화가 가능한 설계 및 제조단계에서 결함발생을 배제해야 한다.

## 2.2 용접제품

### 2.2.1 용접 공정

용접이음은 이음효율이 우수하나 열에 의해 모재 및 용가재가 액상이 된 후 냉각과정을 거친다. 강의 경우 용융온도는 1530℃전후까지 단시간에 용융-응고과정에서 급열, 급랭상태가 된다. 이 과정에서 야금적인 화학반응과 팽창, 수축의 물리적인 변화로 인하여 결함과 잔류응력, 뒤틀림, 수축이 발생된다.

#### (1) 가스 용접

연소가스로써 산소-아세틸렌가스를 주로 사용하며, 가열온도 약 3,000℃ 정도로써 주로 저온으로 모재를 용융시키지 않고 은납, 황동계의 용가재를 용융시켜 접합시키는 브레이징(Brazing) 열원으로 이용한다. 열집중의 불량, 용접속도가 저속으로 광범위한 가열범위가 넓어 변형과 결함이 쉽게 발생된다. 특히 접합부 청결, 시공기술, 플럭스 사용으로 인한 결함발생을 최소화해야 한다.

#### (2) 아크 용접

아크 발생부에는 아크스트라이크에 의해 결함이 발생되기 쉽다. 수동용접으로 심선에 피복재를 입혀 사용하는 피복아크용접(SMAW)과 가스텅스텐아크용접(GTAW), 탄산가스용접의 용접열원으로써 아크열을 이용한다. 용접중 공기중의 산소, 질소 등 유해원소의 침입과 용접부의 열화방지를 위해 중성가스, 또는 불활성가스로써 대기로부터 용접부를 차단해야 한다. 용접중 아크열에 의해 피복재가 연소되면서 발생된 가스가 용접부를 보호하게 된다. 보호가스를 직접 아크주위에 공급하는 방식으로 불활성가스(Ar, He)와 탄산가스($CO_2$)가 이용된다. 피복제인 플럭스가 용접시 연소되면서 발생되는 가스에 의해 용착부를 보호하는 피복아크 용접법, 분말플럭스 속에서 아크를 발생시켜 열효율을 높여 후판용접에 이용하는 서브머지드아크용접이 있다.

MIG용접은 직류역극성으로 어느 임계 전류값 이상의 높은 전류밀도를 유지하는 한 아크는 안정되며, 강력한 지향성을 가져 양호한 비드의 형성과 고능률적인 접합이 수행된다. 탄산가스 아크용접은 실드가스로 탄산가스($CO_2$) 또는 탄산가스를 혼합한 가스가 사용되며, 고온에서 $O_2$를 발생시켜 산화성분위기를 생성한다. 용융강의 산화과정에서 일부 산화철 FeO는 강중의 C와 화합하여 융융 강중에 다량의 $CO_2$가스를 발생시켜 용접금속에서 다공성을 유발한다. 적절한 Mn, Si, Al, Ti 등의 탈산제를 첨가시켜 탈산반응의 결과로 생성된 탈산 생성물인 MnO, $SiO_2$ 등의 슬랙을 제거해야 한다.

### (3) 용접부 유해원소

수소(H), 산소(O), 질소(N)성분은 기공 및 균열생성의 인자로써 직간접으로 작용한다. 이들은 용접소재나 피복재, 플럭스에 흡습되어 용접시공 중 용착강에 결합으로 남는다. 수소는 아크열로 원자상으로 해리하여 용융강으로 흡수하여 취화, 연성저하, 지연균열, 단면수축률의 변화, 비드하균열, 루트균열 유발 등 용접금속에 악영향을 주는 성분이다. 수소취성을 방지하기 위해 수소방출 시간을 길게 함으로써 용해량을 작게 한다. 아크용접에서 입열을 크게 하여 용융금속의 고온정대 시간을 길게 하여 수소를 방출시키며, 수소균열을 일으키기 쉬운 마르텐사이트 조직의 석출을 저지한다. 용접전후의 예열과 후열로써 이와 같은 효과를 얻을 수 있다. 용접후열처리(PWHT)는 용접잔류의 응력저감, 용접부 파괴인성의 변화, 용접열영향부 경화조직의 연화, 잔류수소방출 효과가 있다.

### (4) 용접 열영향부(HAZ, Heat Affected Zone)

용접부는 용접중 가열되어 용접금속에 접하는 모재의 각 점은 용착금속으로 부터 거리에 따라 여러 온도로 급열 급랭되게 된다. 용융 용접시 용접금속부는 급열되어 용융상태까지 이른 후 수 초 정도의 짧은 시간 동안에 응고하여 급속히 냉각된다. 이때 용접금속에 인접된 모재의 일부는 변태온도 이상으로 가열된 후 급랭되므로 모재와는 다른 현미경조직을 갖는 열영향부가 존재한다. 이 부분은 결정립이 조대상태에서 미세상태까지 존재하며 기계적 성질이 변화함으로써 결함이 발생되기 쉽다. 용접부에서는 강도증가의 목적으로 석출시킨 각종 탄화물, 질화물 등이 용접시 열 사이클을 받아 용해되어 소멸 또는 조대화현상이 일어난다. 소멸, 조대화 현상은 용접열영향부에서 결정성장 거동에 큰 영향을 주며, 입자의 소멸, 조대화 거동은 입열량에 따른 가열속도와 밀접한 관계를 갖는다.

열영향부의 크기는 재료의 성분, 크기, 물리적 성질, 용접방법 및 용접속도에 따라 달라지고, 또한 그 특성은 가스유입, 경화능 및 열처리상태 등에 따라 달라진다. 열영향부에 가장 중요한 원소는 수소이며, 오스테나이트 중의 용해도는 높지만 마르텐사이트와 페라이트중의 용해도는 극히 적다. 따라서 용접중 오스테나이트 조직인 용착금속으로 부터 수소는 분리되어 나와 열영향부로 확산하여 들어가게 된다.

### 2.2.2 용접 결함

#### (1) 용접결함의 특성상 분류

용접부는 열영향에 의해 변형, 수축이 생겨 내부응력이 발생하여 균열발생의 위험이 있으며, 균열발생시 균열전파로 인하여 전체가 파손될 우려가 있다. 용접부는 응력집중에 민감하고 구조용 강재는 저온 취성파괴의 위험성이 크며, 야금학적 측면에 있어서 재질변화, 잔류응력, 변형에 문제를 갖고 있다.

(가) 치수상 결함

용접부는 부분적으로 큰 온도구배를 가져 열의 팽창과 수축이 장소와 시간에 따라 달라져 변형과 잔류응력이 존재하므로, 이를 최소로 하기 위해 용접설계와 용접시공에 대한 연구가 필요하다.

**표 2-2 용접결함의 분류**

| | | |
|---|---|---|
| 용접 결함 | (1) 치수상 결함 | ① 변형 ② 치수불량 ③ 형상불량 |
| | (2) 구조상 결함 | ① 기공 ② 슬랙혼입 ③ 융합불량 ④ 용입부족<br>⑤ 언더컷, 오버랩 ⑥ 용접균열 ⑦ 표면결함 ⑧ 선상조직, 은점 |
| | (3) 성질상 결함 | ① 기계적 성질불량 ② 화학적 성질불량 |

(나) 구조상 결함

용접제품의 안전성을 저해하는 인자로 결함발생 장소(용착강, 열영향부, 모재), 아크발생 온도(고온, 저온), 균열크기(마크로크랙, 마이크로크랙)가 있다.

(다) 성질상 결함

대체로 기계적, 물리적 및 화학적 성질을 만족시키지 못함으로써 생기는 결함이다.

### (2) 결함발생 위치상의 분류

피용접물에 열을 가해 접합하며, 완전접합을 위해 피용접재에 국부가열, 용융금속첨가 및 압력을 가하는 과정에서 불완전한 결함이 발생되기 쉽다. 특히, 고온가열 후 용융 및 응고공정에서 재질변형, 잔류응력이 발생됨으로써 구조물의 변형 및 결함의 발생기구가 매우 복잡하다. 용접부에서 결함이 존재하는 위치에 따라 다음과 같이 분류된다.

(가) 표면결함

용접부 표면에 형성된 면상결함으로 균열(Crack), 언더컷(Under Cut), 오버랩(Overlap)이 있고, 원형상의 체적결함으로 핀홀(Pin Hole)이 있다.

(나) 내부결함

용접부 내부에 면상결함의 형태결함은 균열(Crack), 용입부족(Incomplete Penetration), 융합불량(Lack of Fusion)이 있고 체적결함으로는 슬랙혼입(Slag Inclusion), 파이프(Pipe), 블로홀(Blow Hole)이 있다.

### (3) 용접부의 형상 불량

용접구조물의 형상불량은 오버랩, 언더컷, 크레이터, 비드형상 불량이 있으며, 강도부족, 응력집중에 의한 파괴원인이 된다.

(가) 언더컷(Under Cut)

용접모재의 측면에 용접에 의한 측면 홈이 발생되거나 용착시에 용접 선단부에서 두께가 감소된 선상 홈이 형성된다. 용접전류의 과다, 용접속도 및 아크길이의 부적절이 원인이 되므로 용접풀에 대한 용적과 빠른 위빙을 금지함으로써 예방할 수 있다.

(나) 오버랩(Overlap)

용융금속이 모재와 융합되지 못하고 표면에 덮어진 상태로써 발생원인은 용접전류의 부족, 용접속도의 저속 및 용접조건의 부적절로 인하여 발생된다. 언더컷 및 오버랩은 이음표면의 노치상태를 형성하여 응력집중으로 인한 균열발생이 쉬우므로 발견되면 반드시 보수해야 한다.

(다) 크레이터(Creater)

비드 끝단부에서 용융풀이 응고 수축할 때 발생되는 오목한 부분으로 균열 발생의 원인이 된다. 용접종료 시에 빨리 아크를 끊지 말고 운봉을 멈춘 채로 이 부분을 채워주며, 이음시작에 있어서 크레이터부와 떨어진 부분에서 아크를 발생시키거나 크레이터부를 채운 다음 진행한다.

(라) 기타, 형상불량

기타 결함으로써 필렛용접에서 목두께의 부적당, 2단비드 및 비드형상 불량 등의 외관결함이 있다. 필렛용접의 목두께 부분을 제외하고 강도저하에 크게 영향을 주지 않는다. 용접부의 미관상 좋지 못하고 용접전류, 운봉속도, 용접봉 건조, 용접봉의 선택, 용접조건의 부적절이 발생 원인이 된다.

### (4) 용접부 균열

용접구조물의 직접파괴와 관련되는 치명적인 결함으로 발생원인은 용접열 사이클과 석출물로 생성되는 조직으로 야금학적 요인과 잔류응력, 구속응력과 관련되는 역학적인 요인이 있다. 균열형태는 균열 발생위치에 따라 용착금속균열 또는 모재균열로 구분된다. 용착금속균열은 방향성에 따라 횡균열, 종균열, 용접 끝단부에서 발생되는 용융지균열이 있다. 모재균열은 용접방향과 평행하게 생기는 종균열이 많으나 횡균열도 발생이 가능하다.

모재 종균열은 주로 열영향부에서 발생되며, 열영향부 경화가 쉬운 재료에서 자주 볼 수 있다. 탄소강이나 저합금강 경우에는 냉각속도에 따라 균열여부가 판단된다. 종류에는 비드균열, 크레이터균열, 루트균열과 같은 용착금속균열과 루트균열, 비드하균열, 라미네이션 같은 열영향부균열로 구분되며, 이들은 등외 판정되는 최저급의 용접결함이므로 발생 원인을 규명하여 대책을 수립해야 한다.

(가) 라미네이션 크랙(Lamination Crack)

모재의 재질결함으로 강괴에서 기포가 압연되어 생기는 라미네이션은 층상으로 편재되어 노치를 형성한다. 다량의 불순물과 수소원소가 포함되어 대전류로 용접하면 열응력과 수소의 영향으로 그 가장자리에서 균열된다.

(나) 크레이터 균열(Creator Crack)

용접비드 종점의 크레이터에서 나타나는 고온균열로써 고장력강이나 합금원소가 많은 강에서 발생된다. 균열형태는 함금원소의 양 및 용접방법에 따라 다르나 아크 발생점을 중심으로 금속의 수축력에 기인한다.

(다) 설퍼 균열(Sulfur Crack)

강에 황이 존재하여 설퍼 밴드가 형성되며, 모재를 서브머지드 아크용접에서 볼 수 있는 고온균열이며, 설퍼밴드부에서 용접금속 내부를 향해 균열이 진행한다. 최근에는 소재 및 제강기술 발달로 문제되지 않으며, 황이 적은 와이어, 플럭스 및 저수소계 용접봉을 사용해야 한다.

(라) 용착비드 균열(Welded Bead Crack)

용접비드 단면에 생기는 고온균열로써 주상정에서 저융점 불순물이 편석되어 균열이 발생된다. 용입이 깊은 용접법인 경우에 발생되며, 강판의 회전균열과 복합되어 발생된다.

(마) 루트 균열(Root Crack)

저온균열로써 맞대기 용접의 가접 또는 초층용접 루트 근방의 열영향부에서 발생한다. 세로방향의 균열로써 잘 나타나지 않고 열영향부에서 발생하여 비드 속으로 성장한다. 발생원인은 열영향부의 조직, 용접부에 함유된 수소량, 작용응력과 관련된다.

(바) 힐 크랙(Heel Crack)

필렛용접의 루트부에 생기는 저온균열로써 모재의 열팽창수축에 의한 뒤틀림이 원인이다. 50kg/mm$^2$급 강의 필렛이음에서 볼 수 있으며, 방지대책은 수소량의 감소와 예열이 효과가 있다. 또한 용접금속의 강도를 낮추거나 용접입열을 적게 하여 균열발생을 줄인다.

(사) 토우 균열(Toe Crack)

맞대기 이음, 필렛이음에서 비드표면과 모재와 경계부에 발생하며 부재의 회전변형을 무리하게 구속하거나 용접 후 가변형을 주면 발생한다. 언더컷에 의한 응력집중이 원인이므로 언더컷 발생을 억제해야 한다.

(아) 라멜라테어(층상 균열)

T이음, 모서리이음에서 강의 내부에 강판표면과 평행하게 층상으로 발생되는 균열로써 균열의 위치, 형상이 비드하균열과 차이가 있다. 방지대책은 모재에 비금속개재물을 없애고, 예열, 수소량 억제, 부재의 회전변형의 구속 및 패스 수를 줄인다.

(자) 비드하 균열(Under Bead Crack)

비드아래 용접선의 근처에서 용접선과 평행으로 모재 열영향부에 생기는 균열이다. 고탄소강이나 저합금강같은 담금질 경화성이 강한 재료를 용접할 때 나타난다. 급랭에 의한 열영향부의 경화, 마르텐사이트의 생성에 따른 변태응력, 용착금속 중의 수소, 용접응력 등이 관련된다. 방지책은 용접부 급랭방지, 예열 및 후열을 통한 마르텐사이트의 생성을 방지한다.

### (5) 기공(Porosity)

용접·접합시 화학반응에 의해 혹은 기체 용해도 차이에 의해 발생된 기체들이 용접부 내부에 갇혀 있는 형태이다. 기포의 발생은 용강속의 수소, 산소에 기인하므로 방지하려면 용접금속의 수소, 산소를 줄여야 한다. 직접적인 원인으로는 공기중의 산소, 용접봉 플럭스속의 유기물 및 습기, 홈 표면의 녹, 기름때와 냉각속도가 영향을 준다. 보통 블로홀(Blow Hole)과 피트(Pit)는 모두 용접금속에 생기는 기포이며, 내부에 존재하는 것을 블로홀, 비드표면에 개구되어 있는 것을 피트라고 한다. 크기에 따라서 작은 기공을 핀홀(Pin Hole), 핀홀이 모여 생긴 블로홀(Blower Hole), 블로홀이 응집되어 벌레모양의 웜홀(Worm Hole)로 구분한다. 용접부 전반에 걸쳐 분포되는 기공의 형태는 다음과 같다.

① 일반기공(Uniformly Scattered Porosity) : 용접부 전체에 걸쳐 균일하게 분포된 기공의 형태이다.

② 응집기공(Cluster Porosity) : 기공들이 한 부분에 집중되어 있는 형태로 용접조건의 변화

로써 초기 및 종료상태에서 흔히 볼 수 있다.

③ 선형분포기공(Linear Porosity) : 용접루트 부분에 용접선 방향으로 나열된 기공이다.

### (6) 이물질 혼입(Slag Inclusion)

용접시 용접피복, 플럭스 등에서 발생되는 산화물들이 용접금속 내부에 갇혀진 형태이다. 가스용접에서는 산화성 용접분위기에서 발생되기 쉬우므로 가스용접시 중성염을 이용해야 한다. 슬랙은 용착금속보다 비중이 작아 용융시 위로 떠서 응고되면 제거가 가능하나 시공이 부적절한 용접에서는 용착금속 내부에 갇혀 응고되어 결함이 형성된다.

(가) 슬랙(Slag)

용접시 용접피복, 플럭스의 산화물이 용접금속에 내재된 것으로 용착금속보다 비중이 작아 용융시 위로 뜨면 제거가 가능하나 부적절한 용접조건시에 슬랙들이 용착금속중에 응고된다.

(나) 루트부 슬랙(Root Slag)

용접 조인트 설계 부적절, 루트간격의 부적절, 용접아크의 불림으로 인하여 용착이 불균일함으로써 루트부에 생긴 슬랙이다.

(다) 접착선 슬랙(Bond Line Slag)

용접 패스간 슬랙제거의 불완전, 용착부 코너 틈새에 슬랙이 잔존하는 것으로 플럭스코드 아크용접에서 자주 나타난다.

(라) 분산 슬랙(Scattered Slag)

용착 표면부의 슬랙을 완전히 제거하지 않고 그 위에 용접할 경우에는 유기 화합물로 이루어진 슬랙부에서 아크형성이 잘 되지 않아 슬랙을 완전 용융시키지 못하여 용접부 내부에 슬랙이 파상적으로 존재한다.

(마) 텅스텐 혼입(Tungsten Inclusion)

TIG 용접시 전극의 과열로 전극인 텅스텐 봉이 녹아들어가 재질의 파손 또는 균열의 원인이

**표 2-3 용접결함의 발생요인과 대책**

| 결함부 | 발생 요인 | 대책 |
|---|---|---|
| 용착강 균열 | ① 이음강성이 과대<br>② 모재 홈 불규칙<br>③ 작고 좁은 비드 형성<br>④ 용접부 인장변화로 각변화<br>⑤ 용착강 결함<br>⑥ 용접봉 불완전<br>⑦ 모재의 과잉탄소 및 합금원소<br>⑧ 재료 중에 황(S) 함유량 과다 | ① 용접순서 변경, 비드 단면적 증대<br>② 좁힘, 홈 표면 살붙임 처리<br>③ 비드 단면적 증대, 용접봉 교환<br>④ 표면과 이면의 평행유지, 피닝법<br>⑤ 기공, 슬랙혼입 방지<br>⑥ 습기제거, 용접봉 교환, 심선불량 제거<br>⑦ 저전류 사용, 저속의 용입속도 시공<br>⑧ 저수소계 용접봉 사용 |
| 모재 균열 | ① 모재의 담금질성이 클 경우<br>② 용접분위기 중의 수소<br>③ 모재 이방성 | ① 예열, 용입열 증대, 후열<br>② 예열, 저수소계용접, 불활성가스 용접<br>③ 판 교환(필렛용접에서 편석) |
| 기공 | ① 분위기 과잉수소, 산소, 질소<br>② 모재중 다량의 황 함유량<br>③ 용접부의 급속한 응고<br>④ 용접부의 기름, 페인트, 녹<br>⑤ 전류, 아크길이 부적당<br>⑥ 이음면과 용접봉의 습기 다량 | ① 용접봉 교환, 용접염 조절<br>② 저수소계 용접봉 사용<br>③ 예열 및 용입열 증가<br>④ 이음면 청결<br>⑤ 규정 전압에서 보다 긴 아크나 용접법<br>⑥ 건조된 용접봉과 모재 사용 |
| 슬랙 혼입 | ① 산화성 용접분위기<br>② 다층 용접시 슬랙제거 불완전<br>③ 이음설계 부적당 | ① 중성염 이용<br>② 전층의 비드 표면 청결<br>③ 아크길이, 조작조절 |
| 용착강 연성 저하, 노치 취성 악화 | ① 부적당한 용접봉<br>② 급속한 냉각 속도<br>③ 모재 탄소, 용입, 합금원소 과다 | ① 연성, 노치 취성 우수한 용접봉 사용<br>② 예열, 용접열 증대, 후열<br>③ 전류, 운봉속도 낮추고 용입 저감 |
| 모재, HAZ 연성, 노치 취성 악화 | ① 급속한 냉각 속도<br>② 모재의 경화 증대<br>③ 모재의 스트레인 시효 | ① 예열, 용접열 증대, 후열처리<br>② 예열, 용접열 증대, 후열처리<br>③ 후열처리 |

된다. 이 현상은 X선검사로 검사가 가능하며, 토륨(Thoriated) 용접봉을 사용하거나 또는 고주파 아크발생 기구를 이용하여 최소화시켜야 킨다.

### (7) 기타 결함

#### (가) 용입 및 융합불량

용입불량은 슬랙혼입과 같이 용접봉이 지나치게 굵거나 전류가 낮을 때 발생하나 홈의 형상이나 루트간격이 너무 좁을 때도 생긴다. 용접 도중에 홈의 밑바닥에서 쇳물이 흘러 들어가는데 용융상태를 외부에서 관찰할 수 없어 지나치기 쉽다. 슬랙혼입과 달라 어느 길이만큼 결함이 연속적으로 생기는 경우가 많다. 홈의 형상, 봉의 지름, 기타 용접조건을 적당히 선택함으로써 방지할 수 있으나 보통 일면용접에서 용입불량에 주의해야 한다. 양면용접에서는 뒷면파기, 뒷면 용접을 실시하면 그 염려가 없어진다. 슬랙혼입이나 용입불량 또는 융합불량은 외관검사로 알 수 없으나 용접부의 강도를 저하시키며, 또한 내부노치로써 균열발생의 원인이 된다.

(나) 선상조직

용접금속의 파단면에서 나타나는 겨울철 서릿발 형태의 조직으로 부서지기 쉬운 파단면의 일종이다. 선상조직은 비드시점, 크레이터, 용착량이 적은 초층, 보통 급랭된 부분에서 나타나기 쉬우며, 그 방지책으로는 급랭을 막기 위한 예열 및 후열처리와 건조처리된 저수소계용접봉을 사용해야 한다.

(다) 은점(Fish Eye)

은점은 용접금속의 인장파단면에 나타나는 물고기 눈 모양과 같이 생긴 은백색 파면으로 그 원인은 수소의 집적이다. 용접후 풀림처리나 장시간 방치해 두면 은점이 보이지 않으며, 다른 용접결함과 차이가 있다. 저수소계 용접봉을 사용하고 예열을 하면 잘 나타나지 않는다.

### (8) 보수 용접시 발생결함

용접구조물은 사용 환경이 강재의 종류에 따라 부식이 발생하며, 발생 형태는 외관 및 현미경 조직상으로 분류하면 전면부식, 공식, 입계부식, 응력부식 균열, 간격부식, 부식피로, 고온부식, 에로젼(Erosion) 등이 있다. 부식환경은 해수, 대기, 지중매설, 미주전류, 산류, 아크릴류, 무기염류, 유산화합물, 유기화합물, 유황 등이 있다. 내식성이 강한 스테인리스강도 강종에 따라 페라이트 스테인리스강은 응력부식 균열은 거의 없으며, 마르텐사이트 스테인리스강에는 유화물 응력부식 균열이 우려된다. 오스테나이트 스테인리스강은 염화물 응력부식 균열, 유화물 응력부식 균열, 알카리 취화발생도 가능하며, 입계부식이 가장 문제되는 것은 오스테나이트 스테인리스강이다.

(가) 응력부식 균열

저장액 또는 대기중의 부식매체 중에 있는 용접구조물의 표면에 높은 인장응력을 받고 있는 상태에서 발생되는 결함이다.

(나) 피로 균열(Fatigue Crack)

반복하중을 받는 용접구조물에서 파괴발생에 불충분한 응력이 반복하여 작용할 경우의 균열로써 접촉응력 피로 균열, 열응력피로 균열, 부식피로 균열 등이 있다.

(다) 케비테이션 침식(Cavitation Erosion)

용접구조물에 접촉하는 액체중 발생된 기포가 제거되면서 접촉하는 구조물 표면에 충격을 주면 발생하는 침식이다.

(라) 플렛팅 응착(Fretting Corrosion)

용접 구조물이 미소 진동하면서 마찰하는 표면의 미소부위가 응착과 박리(剝離)를 반복하면서 화학반응을 일으켜 발생하는 것으로 보통 미세파편과 미분말이 공존상태에 있을 때 발생한다.

(마) 열응력 균열(Thermal Stress Crack)

열기관 및 열교환기에서 가열과 냉각의 일회의 싸이클 또는 저 싸이클의 열응력으로 발생하여 균열이 발생되는 형식이다.

## 2.3 주조제품

### 2.3.1 주조 공정

#### (1) 개요

주조공정은 용탕(Molten Metal)이 주형에 주입되면서 주형 안에 금속이 응고되어 주형 모양대로 제조된다. 복잡한 제품, 내부 공동을 갖는 제품도 쉽게 제작이 가능하며, 구멍이 있는 제품도 경제적으로 제조가 가능하다. 주조공정에서 중요한 인자는 용탕이 주형으로 응고, 용융상태에서 금속의 응고, 주형에서 금속응고, 냉각과정에서 열전달, 주형재료가 큰 영향을 준다. 금속이나 합금이 응고과정에서의 조직은 금속의 조성, 열전달율, 응고중 액체금속의 유동성에 따라 차이가 있다.

주형 벽은 대기와 접촉하여 대기온도로써 금속이 급속히 냉각되므로 주물에는 미세한 등축결정립으로 된 응고표면의 셸이 형성된다. 결정립은 주형에서 열전달과 반대방향으로 성장하며 주상정(柱狀晶)을 형성한다. 수지상정(樹枝狀晶)은 가지사이에 액상금속이 존재하며, 이 부분에서 미세기공이 형성되기도 한다. 수지상정은 구조는 복잡하나 조성의 불균일, 편석, 미세기공과 연관된다. 용탕은 용탕받이를 통해 주입되며, 탕구와 탕도를 통해 주형으로 들어간다. 라이저는 수축시 필요한 용탕을 공급하며, 탕구계는 적절한 설계와 금속유동을 보장할 수 있는 응고과정의 조절이 필요하다.

#### (2) 주조 종류

(가) 소모성 주조

주형이 모래를 이용하는 사형주조(Sand Casting), 모형을 철강, 알루미늄재로 175~370℃로 가열, 이형재로 코팅하여 열경화성수지 결합재를 섞어 미세한 모래상자에서 체결하는 셸주조(Shell Molding)가 있다. 또한 주형을 석고를 이용하는 석고주형주조, 모형은 왁스나 폴리스틸렌 같은 고분자 플라스틱으로 제작되며, 금형에 사출하는 인베스트먼트주조(Investment Casting)가 있다.

(나) 영구성 주조

응고표면이 시간에 따라 두꺼워져 얇은 벽을 갖는 공동부가 있는 주조제품은 영구주형 주조로 제작한다. 용탕이 금형에 주입되어 원하는 두께의 응고표면을 얻은 후 주형을 거꾸로 하여 잔존하는 금속을 쏟아 붓고 반쪽의 주형을 열어 주조제품을 분리하는 슬러시주조(Slush Casting)가 있다. 한편 용탕을 가스압력에 의해 위로 가압하여 흑연주형이나 금형을 충전시키는 가압주조 등이 있다. 또한 용탕을 0.7~700 $MPa$의 압력으로 다이공동부 속으로 주입하는 다이캐스팅(Die Casting), 회전에 의한 관성력을 이용하여 용탕을 주형으로 주입하는 원심주조, 용탕이 고압하에서 응고되므로 주조와 단조의 조합인 스퀴즈캐스팅(Squeeze Casting)이 있다.

### 2.3.2 주조 결함

(가) 기공(Cavities)

직경 2~3mm정도의 미세기공인 핀홀, 미세기공이 응집된 블로홀이 있다. 용해중에 금속에 포함된 가스가 외부로 방출되지 못하고 제품에 남아 있는 상태이다. 주조시 수축, 가스 등에 의하여 형성되며, 연성과 표면정도에 나쁜 영향을 주고, 블로홀, 핀홀, 웜홀, 수축기공 등이 주물내부 또는 외부에 존재한다.

(나) 용융금속의 유동불량

용융금속이 주형에 부어질 때 부적절한 주입온도로 인하여 주형내에 잘 들어가지 못하고 주물표면에 쇳물이 겹쳐 경계면이 생긴다. 보통 쇳물 경계면 또는 용융쇳물이 흐름을 방해받아 쇳물유동불량이라고 한다.

(다) 균열(Crack)

재질 및 형상의 부적절로 응고시 발생하는 수축응력이 작용하여 발생하는 터짐으로 고온에서 발생하는 고온균열, 저온에서 발생하면 저온균열로 구분된다.

(라) 체플렛(Chaplet)

주조상자, 코어지지 및 응고속도를 증대시키기 위해 사용되는 냉각용 금속봉 또는 셸이 주물속에 남아 부착된 결함이다.

(마) 표면결함

표면흠(Scar), 표면접힘(Surface Fold), 겹침(Lap), 스케일(Scale) 및 산화물이 있다.

(바) 개재물

용해, 응고, 조형과정에서 혼입되어 응력 집중원이 되고 주물강도를 감소시킨다. 용해시 분위기나 도가니 재료와의 반응으로 형성되며, 용탕의 처리과정에서 여과된다. 용탕원소간, 주형재료, 코어표면 파편의 화학반응물이나 슬랙, 외부물질이 용탕에 갇혀 형성되기도 한다.

(사) 금속 돌출

플래시(Flash), 부풀음(Swell), 얇은 핀(Fin), 거친면 같은 전면적인 돌출부를 형성한다.

(아) 불연속부

균열은 저온 및 고온균열로써 구분되며, 모두 응고금속의 수축이 구속되면 발생된다. 특히 조대입자의 결정립계를 따라 존재하는 저융점 편석이 균열경향을 증가시킨다. 주입온도가 낮거나 주입속도가 늦을 때 불완전한 주물이 형성되어 콜드셧(Cold Shut)이 형성된다. 서로 다른 탕구에서 주입된 용탕과 만나 경계에서 완전히 결합되지 않음으로써 발생된다.

(자) 치수/형상 불량

모형의 설치오차, 불규칙 수축, 모형 변형, 주물 뒤틀림, 부적절한 수축여유로 인하여 발생하며, 급속한 응고로 미스런(Missrun), 용탕부족, 주입후의 용탕손실로 인한 런아웃(Run-Out) 등이 불완전한 주물을 만든다.

## 2.4 단조제품

### 2.4.1 단조 공정

단조는 다양한 금형 및 공구를 이용하여 소재에 압축하중을 가하여 성형하는 제조공정이다. 여러 금속을 다양한 크기와 형상의 제품가공에 이용하며, 전통방식의 햄머와 앤빌로 제작되기도 하나 보통 금형세트와 프레스를 사용한다. 가공온도에 따라서는 상온에서 가공되는 냉간단조와 고온에서 가공하는 열간단조가 있다. 작업방식에 따라 자유단조, 형단조, 폐쇄단조로 구분된다. 단조공정으로 속이 찬 원주형 소재를 두 개의 평금형에 놓고 압축하여 높이를 감소시키는 자유단조(Open-Die Forging), 소재가 두 금형에 압축되면서 금형공동부의 형상으로 제작되는 형단조(Closed-Die Forging)가 있다.

자유단조에서는 이상적 조건에서 원주형 소재가 균질하게 변형될 때 체적이 일정하게 유지되므로 소재높이가 감소하면 직경이 늘어난다. 이들 단조는 열간단조에서 나타나는 미세조직의 변화나 소재에서 발생하는 결함은 유한요소법에 의해 예측 가능하여 금형설계를 수정하는데 이용된다. 기타 동전, 메달 제작에 사용되는 제조방법으로써 고정도 치수정도, 표면정도를 높이는데 사용되는 코이닝(Coining)이 있다. 이 제조법은 소재가 밀폐된 금형 공동부내에서 변형되며, 최종형상으로 제작되는데 소재의 유동응력보다 5~6배 고압력이 필요하다. 또한 둥근봉, 스크류, 볼트, 리벳제조로써 업셋팅하는 헤딩(Heading)작업이 있다.

소재의 구속되지 않은 부분의 길이가 길 경우 좌굴변형이 발생되기 쉽다. 소재표면에 펀치를 압입시켜 공동부나 압입된 형상을 만드는 천공(Piercing)이 있으며, 천공하중은 펀치 단면적 및 끝부분의 형상, 재료의 유동응력, 접촉면에서의 마찰에 따라 다르다. 천공압력은 재료 유동응력의 3~5배 정도이다.

### 2.4.2 단조 결함

단조결함은 단조중 표면균열, 금형 내에서 소재유동의 부적절로 인하여 다른 종류의 결함이 발생된다. 재료가 웨브에서 재료가 과다하면 단조 중에 좌굴이 생겨 겹침으로 잔존하나, 반대로 너무 두꺼우면 여분의 재료가 이미 단조된 부분으로 유동되어 단조제품 내부의 결함이 될 수 있다. 따라서 재료를 적절히 분해 또는 금형공동부에서 최적의 유동조절로 결함발생을 최소화해야 한다.

금형공동부의 반경은 결함생성에 주요 인자로써 코너 반경이 클 때 잘 유동하며, 반경이 작으면 소재가 겹쳐 겹침 결함인 콜드셧(Cold Shut)이 생긴다. 단조결함은 제품 사용시 피로파괴를 야기하거나 부식 및 마모의 문제를 야기하므로 결함발생을 최소화해야 한다.

(가) 오버랩(Over Lap)

단조시 소재가 겹쳐 발생되는 결함으로 단조작업, 단조방안의 부적절, 가열상태의 부적당으로 인하여 발생된 결함이다.

(나) 백점

용강속 수소, 단조 중의 변형응력이 남아 열간작업 후에 생긴 변태응력과 열응력에 의해 발생한 미세한 결함이다.

(다) 연마균열

균열형상이 거북등 모양으로 미세하고 얕게 생긴 결함으로써 담금질한 강을 연마제로 연마했을 때 발생하는 결함이다.

(라) 열균열

형상은 단순하나 열이 급격하게 작용할 때 발생되는 것으로 재질불량, 담금질조작의 불량으로 인하여 생기며, 급열균열과 급랭균열로 구분된다.

(마) 귀갑 균열

단조강 표면에 거북등 모양의 표면결함으로 소재성분의 부적당, 소재표면의 불량, 가열온도 및 가열시간의 부적당으로 발생된다.

(바) 비금속개재물

제강시 정련 및 조괴불량으로 인하여 유화물, 산화물의 비금속개재물 또는 내화재료가 혼입된 것이다.

(사) 모래 혼입

조괴시 슬랙, 내화물, 개재물의 증대로 모래가 잔류한 것이다.

(아) 이물질 혼입

조괴중 부주의로 인하여 이물질이 혼입된 결함이다.

(자) 파이프 결함

조괴시 라이저의 제거불량, 주조조건의 불량에 의해 발생한 파이프가 단착되지 못하고 남아 있는 현상이다.

(차) 표면 터짐

재질 불량, 담금질 불량, 급열 및 급랭으로 초래되는 표면이 열려 있는 개구(開口)된 결함이다.

(카) 연마 터짐

일정 형태로 가늘고 얇게 생긴 결함으로 담금질 강을 연마할 때 연마재 사용시 발생된 것이다.

(파) 주름

단조시 소재가 겹쳐져 생긴 것으로 단조방안, 단조 작업시 부적절한 공정에서 초래된 것이다. 기타, 용강중의 수소, 단련중의 변형응력이 열간공정 후의 변태응력과 열응력에 의해 형성된 미세 터짐이 있다.

## 2.5 압연제품

### 2.5.1 압연 공정

압연(Rolling)은 한 쌍의 로울러 사이에 소재를 통과시켜 두께나 단면적을 감소시키거나 일정한 형상을 제작하는 작업으로 테이퍼 축, 겹판스프링, 수공구 등의 최종제품을 제조한다.

(가) 형 압연
길이가 긴 평판, 판재, 박판을 고속으로 가공하며, 냉간가공인 경우 표면정도가 우수하다.

(나) 형상 압연
I빔과 같이 각종 구조형상물을 생산, 나사전조가 이에 해당되며, 고가의 장비가 필요하다.

### 2.5.2 압연 결함

**(1) 강판 결함**
(가) 층상균열
단면이 압연방향으로 두 장이 분리된 현상으로 강괴속의 기공, 수축공, 파이프, 슬랙, 내화물 잔류물들의 압착불량에 의해 발생된 선상결함이다.

(나) 이물질 혼입
강괴(Ingot) 제조시 슬랙, 탈산생성물인 $Al_2O_3$, MnO, $SiO_2$, MnS 등 단면에서 불순물, 슬랙, 내화물이 존재한 것으로 조괴시 슬랙과 내화물, 기타 불순물이 포함된 것이다.

(다) 균열

강괴 또는 강판에 내재한 균열이 남아 압연방향으로 나타난 선상균열로써 세로방향으로 터진 세로균열과 가로방향으로 터진 가로균열이 있다.

(라) 부풀음

표면이 부풀어 내부에 공동이 발생한 것으로 강괴의 파이프, 블로홀이 압착되지 못하여 발생한 결함이다.

(마) 잔주름 균열

강괴에 표면기공이 많거나 가열조건의 부적절, 강속에 구리같은 가열포성의 원소가 함유함으로써 발생된다.

(바) 선상 결함

강괴 표층의 블로홀이 압연될 때 압연방향으로 얕고 짧은 선상의 흠이다.

(사) 터짐

강괴, 강판에 있는 터짐이 압연방향으로 터지는 세로터짐, 가로방향으로 터지는 가로터짐이 있다.

(아) 말림

압연 로울러의 조정불량, 공정불량, 가이드의 조정불량에서 파단된 소재가 겹쳐져 말린 결함

(자) 벽돌흠

조괴, 가열시 벽돌이 재료 표면에 부착 또는 내부로 혼입된 결함

(차) 파이프

강괴중의 파이프가 압연공정시 압연방향으로 표면상의 선상 흠

(카) 주름

재질이 압연공정 부적절로 인하여 자유 압축면에 생긴 물결모양의 표면 흠

(2) 강관 결함

(가) 표면 겹침

소재중의 불순물이 환형표면에 삽입된 흠 또는 터짐으로 인하여 구멍가공시 발생되는 결함

(나) 열처리 터짐

열처리 불량 또는 주입불량으로 발생되는 결함

(다) 긁힘

가공시 다이의 형상불량으로 생기는 표면결함

(라) 가로흠

강의 성분이 많거나 압연조건이 엄격하고, 고열 및 냉간가공도가 과도할 때 발생하는 결함

(마) 세로터짐

가열 및 열처리 불량, 가공불량으로 기인되는 결함

## 2.6 섬유강화 복합재

### 2.6.1 성형 공정

복합재는 비강도, 비강성이 등방성재료에 비하여 우수하며 적층방법에 따라 특성이 변함으로 효율적인 설계방법에 대하여 많은 연구가 진행되고 있다. 이러한 재료를 구조부재로써 효율적으로 사용할 수 있도록 설계하기 위해서는 응력 및 안정성 해석, 진동특성 해석 및 비파괴검사가 수행되어야만 한다.

복합재는 1930년대 레이더에 감지되지 않는 전투기 제작에 사용된 이래 섬유소재 및 기지재의 개발과 성형공정기술의 발달로 대형 항공기 및 우주 구조물, 미사일 동체, 로켓 모터 케이스, 압력용기, 탄두체 등의 경량화가 요구되는 구조물에 이용되고 있다.

### 2.6.2 성형 결함

고강성, 고품질의 제품은 오토클레이브(Autoclave)에서 프리프레그(Pre–Preg)를 사용하여 제작한다. 즉, 복합재는 한 방향성 탄소섬유에 수지를 입혀 만든 프리프레그를 재단작업, 적층작업, 성형공정, 절단 및 마무리 가공작업을 통하여 제품이 완성된다. 성형공정에서 수지가 성형공정중 발생하는 가스배출이 불충분하면 기공이 형성되거나 층간 박리현상의 결함이 나타난다. 따라서 복합재는 불균질 이방성재료이며, 비자성 재료로써 기공, 공공, 박리 등의 결함에 대해 섬유와 수지의 탄성파, 방사선, 자기파 등의 투과 반사에 있어 물성차가 작다. 수지중의 섬유와 충진제는 결함과의 식별이 어렵다. CFRP적층재에서 보통 허용결함의 크기는 공공율로써 약 0.5%, 층간박리 약 1mm정도이다.

# 제3장 방사선탐상기술

## 3.1 방사선 이론

### 3.1.1 일반 사항

핵반응에 의해 생성되는 핵에너지는 아인슈타인(A. Einstein)의 특수상대성 이론에 관계되며, 화학반응에서는 원자핵 주위의 전자들만 반응에 관여하나 핵반응에서는 원자핵들이 분열 또는 결합하여 다른 핵종으로 변환된다. 그 과정에서 감소되는 질량이 특수상대성 이론식 $E=mc^2$에 따라 에너지로 방출된다. 방사성 물질이 방사선을 방출하는 현상도 핵반응이며, 핵반응으로 얻는 에너지의 크기가 대용량 발전소로 이용하기 어려워 원자로는 핵분열 또는 핵융합 반응을 인위적으로 일으킨다. 즉, 핵분열은 특정한 종류의 원자핵이 중성자와 충돌한 후 불안정하여 가벼운 원자핵으로 분열하면서 질량 감소와 에너지를 얻는 핵반응이며, 대표적인 핵연료 물질인 $^{235}U$의 핵분열은 다음과 같다.

$$^{235}U + n \rightarrow {}^{236}U^* \rightarrow X + Y + vn + \text{에너지(약 200MeV)}$$

여기서 n은 중성자, $^{236}U^*$은 불안정한 상태의 $^{236}U$이며, X, Y는 핵분열 결과 생성되는 가벼운 핵종 즉, 핵분열 조각이다. $v$는 핵분열 과정에서 방출되는 핵분열 중성자 개수로써 평균

2~3개이다. 하나의 핵분열 반응에서 약 200MeV($10^6$eV=$1.602 \times 10^{-13}$J)의 에너지가 생성되며, 그 대부분은 핵분열 조각들의 운동에너지 형태로 나타난다. 중성자와 반응하여 핵분열을 일으키는 핵종들은 질량수가 높아 매우 제한적이며, 이를 핵연료 물질이라 한다. 우라늄 233, 우라늄 235, 플루토늄 239, 플루토늄 241이 여기에 속하고, 우라늄 235는 자연계에 존재하고 나머지는 인공적으로 만들어진다. 중성자에 의한 우라늄이나 플로토늄의 핵분열은 다음의 두 가지 특성이 있어 가능하다.

- 핵 분열당 약 200MeV($3.2 \times 10^{-11}$J)의 이용 가능한 에너지가 생성
- 핵 분열당 평균 2~3개의 핵분열 중성자가 방출되고 그 중 1개 이상이 다른 핵분열 일으키는 연쇄반응을 함

중성자 손실이 최소화되도록 설계하여 순간 막대한 에너지를 얻는 것이 원자폭탄이며, 연쇄반응이 겨우 유지되도록 설계하여 일정수준의 출력을 지속 발생시키는 것이 원자로이다.

### (1) 방사선 분야의 발전

BC 460년 그리스 철학자 데모크리투스(Democritus)는 모든 물질은 미립자로 구성되었다고 주장한 이래 방사선과 관련된 다양한 물질이 발견되었다. 1895년 독일의 물리학자 뢴트겐(Wilheim Roentgen, 1845–1924)이 음극선관에서 전자가 양극에 부딪친 후 방사선이 발생함을 발견하였다. 1896년 프랑스의 베크렐(Henri Becquerel, 1852–1908)이 우라늄염에서 X선과 유사한 방사선을 발견하였다. 1898년 폴란드 태생의 프랑스 여성 물리학자인 마리퀴리(Marie Curie, 1867–1934)는 라듐에서 우라늄보다 100만배 강한 방사선을 발견하였다. 또한 캐나다

뢴트겐(Roentgen) 베크렐(Becquerel) 큐리(Curie) 부부

그림 3-1 방사선 분야를 발전시킨 물리학자

맥길대학의 러더포드는 라듐이 들어있는 용기에 사진건판을 붙여 알파선, 베타선, 감마선을 발견하였다. 다음은 원자력 관련의 연구 및 사용에 관한 연대표이다.

- 1895년 Roentgen : 음극선관 중에서 X선 발견
- 1898년 Curie 부부 : 역청 유라늄 광석에서 라듐 추출, 최초의 방사능 발견
- 1900년 Villard : 방사선 동위원소에서 감마선 발견
- 1913년 Niels Bohr : 원자구조 제시
- 1919년 Rutherford : 최초의 인공 핵반응을 실현하고 양성자 확인
- 1932년 Chadwick : 중성자 발견
- 1939년 Hahn과 Strassman : 우라늄 핵분열의 실험적 확인
- 1942년 Fermi와 동료들 : 최초 연쇄 핵분열 성공

### (2) 방사선과 방사성 핵종

(가) 방사선

X선관(음극선관)은 음극과 양극을 가진 진공관으로 음극의 텅스텐 필라멘트에 전류를 흘리면 가열되어 백열상태가 되고, 발생되는 열전자가 양극에 충돌되면 X선이 발생된다. 음극과 양극간에 전압이 높을수록 열전자는 보다 가속되며, X선의 실효에너지도 높아져 투과력이 강한 X선이 된다. 공업용 X선장치에서는 인가전압에 제한으로 400kVp 이하에서 사용되나 에너지가 큰 X선 발생을 위해서는 가속기를 이용해야 한다. 방사선탐상에는 1~2MeV급의 반데그라프, 10MeV급의 라이낙, 15MeV급의 베타트론이 있다.

(나) 제동방사선

음극에서 발생된 열전자가 양극의 금속원자 핵 주위에 형성된 전장 내를 통과할 때 억제(제동)를 받아 운동에너지의 일부가 상실되며, 이 상실된 에너지가 X선으로 방출된다. 이때 제동의 크기가 일정하지 않아 방출되는 X선의 에너지가 다양하다. X선의 에너지 스펙트럼은 연속스펙트럼이 되고, 연속스펙트럼을 가진 X선을 백색 X선이라고 한다. 연속 X선은 고속의 전자와 원자핵과의 상호작용으로 발생되고, 넓은 범위의 파장영역에서 높은 에너지를 갖는다. X선파장이 표적물질과 충돌한 전자에너지에 의해 결정되며 전압이 증가하면 파장이 짧은 X선이 발생된다.

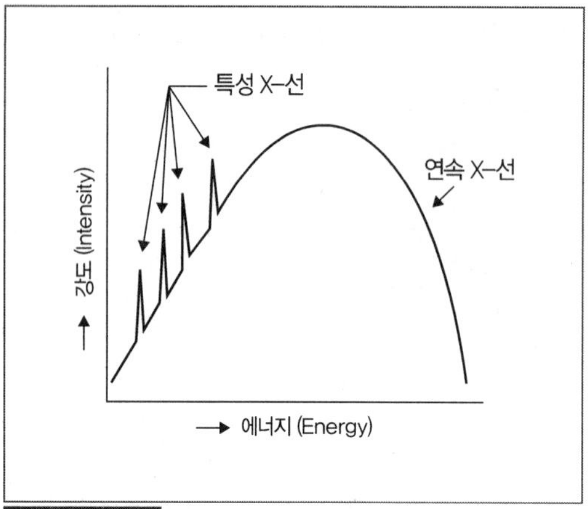


그림 3-2 연속 X과 특성 X선

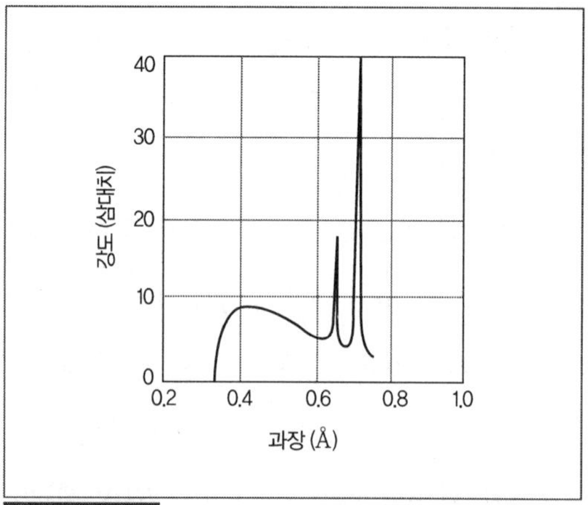


그림 3-3 양극 Mo, 관전압 30kV때 파장

X선 강도는 X선의 초점에서 일정거리의 조사선량률로 연속적인 파장분포를 갖는 백색 X선이 있으며, 다양한 종류의 에너지로써 여러 파장을 갖는다. 관전압이 높을수록 X선의 강도는 커지고, 강도의 크기는 관전압의 제곱에 거의 비례한다.

(다) 특성 X선

그림 3-3은 양극에 몰리브덴(Mo)을 사용해 발생시킨 X선의 에너지 스펙트럼으로 파장이 긴 부분에 두 피크점이 확인된다. 이 피크에 해당하는 X선은 Mo원소가 갖는 고유한 일정에너지(파장)을 갖는 단일에너지로써 특성 X선이라 한다. X선관 음극에서 전자가 발생하여 양극의 표적부로 이동하는 고속전자가 양극금속 핵 주위의 궤도전자와 충돌할 때 궤도전자가 원자에서 이탈하여 외부의 궤도전자가 안으로 이동하여 이탈한 빈자리를 채운다. 원자의 왜

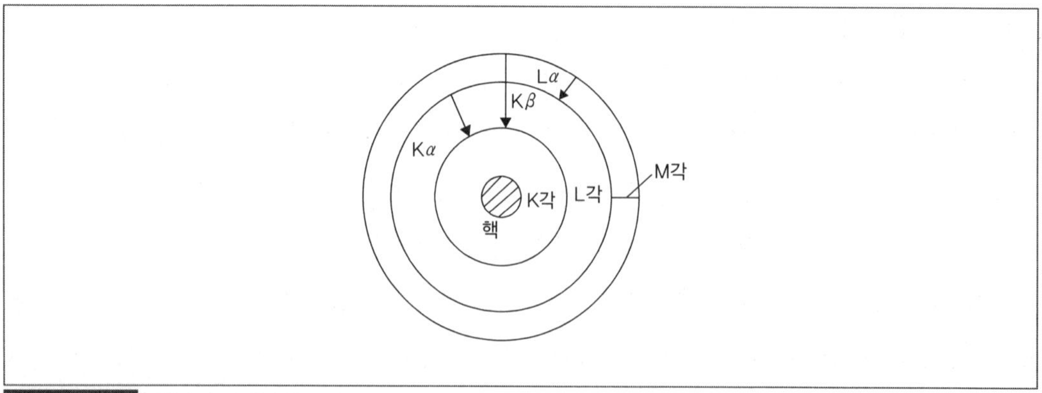


그림 3-4 원자내 전자천이와 특성 X선

곡전자의 에너지 상태는 원소에 따라 정해져 있어 원소의 종류에 따라 발생되는 K, L, M각 등의 특성 X선의 에너지는 이들 원소의 각각 고유값을 갖는다. 특성 X선은 X선 회절법으로 금속 결정구조의 연구에 이용되고, 형광 X선 분석법에서는 시료에 X선을 입사시켜, 시료중의 각 원소에서 방출되는 특성 X선을 측정하여 물질의 분석에 이용된다.

X선관에서 발생한 X선 스펙트럼은 스펙트럼이 연속된 연속스펙트럼과 $K\alpha$, $K\beta$와 같이 파장범위가 극히 좁고, 강도가 큰 선스펙트럼으로 구분된다. 파장범위가 좁고 세기가 큰 특성 X선은 매우 낮은 에너지를 가져 방사선 투과시험에 사용되지 않으며, 표적물질에 의해 결정되는 특수한 파장을 갖는다. 관전압을 올리면 파장이 짧고 선질이 경하여 공업용 비파괴검사에 사용되며, 연한 X선은 생물 조직의 관찰, 유전자 조작에 사용된다.

(라) 방사성 핵종

지구상의 일반원소는 안정하여 상태 변화가 없으나 방사성 물질과 같은 몇몇 원소는 불안정하여 작은 입자 또는 전자파를 발생 후 안정한 원소로 변화한다. 방사성 물질에는 우라늄($^{235}$U), 라듐($^{226}$Ra)와 같이 자연계에 존재하는 것과 코발트($^{60}$Co)와 같이 인공적으로 생성되는 것이 있다. 방사성물질에서 발생하는 알파($\alpha$)입자, 베타($\beta$)입자, 감마선($\gamma$), 및 원자로에서 $^{235}$U가 핵분열 시 얻어지는 중성자가 있다. 감마($\gamma$)선은 방사성 동위원소의 원자핵 붕괴나 원자핵 반응에서 발생된다.

(마) 감마($\gamma$)선

$\gamma$선은 원자핵에서 방출되는 전자파로 방사성 동위원소 원자핵의 붕괴나 원자핵 반응에 따라 방출된다. 코발트 $^{60}$Co 방사성 동위원소의 원자는 자연적으로 붕괴하여 에너지 준위가 안정된 원자로 변하며, 이 붕괴에서는 $\beta^-$입자를 방출($\beta^-$붕괴)하여 $^{60}$Ni원자로 바뀐다. $\beta^-$붕괴할 때 남은 에너지가 전자파 감마선의 형태로 방출된다. 세슘($^{137}$Cs), 이리듐($^{192}$Ir), 토륨($^{170}$Tm) 등도 $\beta^-$붕괴할 때 남은 에너지가 전자파 감마선의 형태로 방출하는 방사성 동위원소이다. 이들 방사성 물질의 동위원소마다 특정의 에너지만을 방출하며, 선원의 크기를 2배로 하면 방출 방사능은 2배로 되지만 에너지는 동일하다.

X선과 감마선 모두 파장이 짧은 전자파이면서 에너지가 높은 전리전자파이며, 전자기 방사선으로써 무게나 질량이 없는 에너지 파형으로 육안, 감각으로 탐지가 불가능하다. 방사선은 매우 짧은 파장과 매우 높은 주파수를 가지며, 에너지는 KeV, MeV로 측정되고 침투능력을

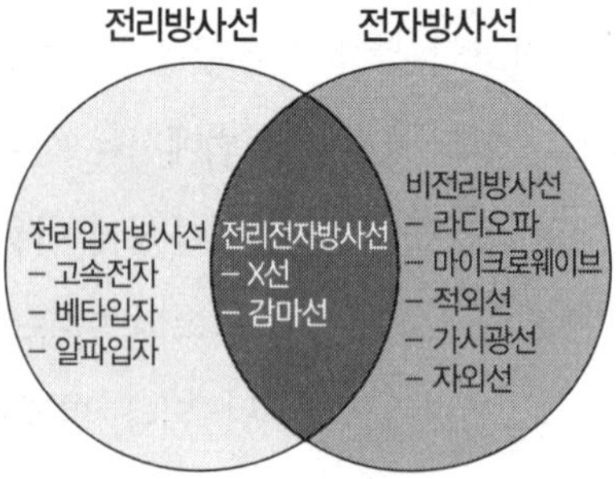


**그림 3-5** 방사선의 영역

결정한다. X선관에서 발생하는 방사선과 방사성 물질에서 방출되는 감마선은 동일한 물리적 성질을 가지며, 발생되는 방사선의 양을 방사능이라 한다. 방사능 세기는 시간에 따라 감소하며, 그 세기가 반으로 감소하는데 소요시간을 반감기라고 한다.

방사성 동위원소(핵종)의 반감기는 방사성 동위원소에 따라 수 천분의 1초에서 수억 년까지 다양하다. 반감기가 긴 물질일수록 방출되는 방사선량은 적으나 장시간 보존해야 하며, 200여 종의 핵종 중 원자력 발전에 관련되는 핵종은 요드($^{131}$I, 8년) 코발트($^{60}$Co, 5.3년), 세슘($^{137}$Cs, 30.2년)이고, 비파괴검사용 $\gamma$선은 이리듐($^{192}$Ir, 74.5일), 코발트($^{60}$Co, 5.3년), 세슘($^{137}$Cs, 30.2년), 토륨($^{170}$Tm, 127일), 라듐($^{226}$Ra, 1620년)이 있다. 또한 의료용 및 유전자 개발에 사용되는 핵종은 몰리브덴($^{99}$Mo, 66시간) 등 80여종이 있다.

### (3) 방사선의 성질

(가) 전리작용

전리작용은 기체에 방사선을 쪼이면 전기적 중성이던 기체의 원자 및 분자가 이온화되는 현상이다. 전리작용에 의해 전리되는 기체분자의 수는 조사된 방사선량에 비례한다. 즉, 공기 중에 두 전극을 설치하여 전압을 걸어 두고 방사선을 통과시키면 전리량에 비례하는 전류가 흐르므로 전류의 크기를 측정하여 조사선량을 측정하는 방사선 피폭장비의 원리로 이용된다. 또한, 생명체에서 일어날 경우 세포를 파괴하거나 죽여 돌연변이를 일으킨다.

(나) 방사선의 사진작용

사진필름에 방사선을 조사하면 일반적인 빛을 조사하는 것과 동일하게 필름 유제중의 할로겐화은을 현상시켜 잠상이 형성되는 사진작용이 있다. 필름을 현상 및 정착처리를 하면 잠상부분이 흑화 되며, 방사선에 의한 사진작용은 빛에 의한 경우보다 작다.

(다) 방사선의 형광작용

형광물질에 방사선을 쪼이면 형광물질은 방사선의 에너지를 흡수하여 여기 되며, 안정 상태로 될 때까지 청색, 황색을 발광한다. 방사선은 전자기 방사선으로써 무게나 질량이 없는 에너지파형으로 인간의 감각으로는 파악되지 않으며, 다음과 같은 특성을 갖는다.

① 파장이 $1.0\times10^{-8}$~$1.0\times10^{-12}$m 정도로 투과력이 강하다.

② 전기장, 자기장에서 휘어지지 않는다.

③ 전리작용, 화학작용, 형광작용, 생리작용이 있다.

④ 사진효과, 광전효과가 있고 결정체에 조사하면 간섭, 회절로써 특유무늬가 나타난다.

### (4) 전자파

X선이나 $\gamma$선은 빛과 같은 성질을 갖는 전자파이며, 하전입자에 비해 전자파는 물체를 투과하는 힘이 커서 방사선투과시험에서 X선, 감마선의 투과를 이용한다. 전자파 중에서 원자의 왜곡전자에서 방출되는 것을 X선과 원자핵 내에서 방출되는 감마선을 구별한다. 에너지($E$)와 파장($\lambda$)과의 관계는 다음과 같다.

$$E = hv = \frac{h \cdot C}{\lambda}$$

$h$는 프랑크 정수($6.624\times10^{-34}\ J \cdot S$), $C$는 진공 중에서 전자파는 광속도의 진행 속도를 갖는다.

### (5) 방사선의 이용

방사선투과시험은 X선, $\gamma$선, 중성자선이 이용되고, 방사선의 흡수가 재질 및 두께에 따라 차이가 남을 이용한다. X선의 투과력은 X선관에 적용되는 전압에 좌우되며, X선의 선량은 X선관에 적용되는 전류량에 비례한다. 방사선은 투과물질의 원자번호와 밀도가 클수록 흡수가 많아 방사선 투과가 어렵게 된다. 그러나 중성자선은 X선 및 $\gamma$선과는 달리 물질의 원자번호 크기와 관계없이 원자번호가 작은 수소, 붕소, 리튬 등 특정원소에 대해서 큰 흡수를 보이나 텅스텐, 납과 같은 중원소에는 흡수가 작아 투과시험에 유리하다. 방사선은 조사방향과 평행한 결함검출에 유리하고, 결함의 종류 및 형상의 판별이 용이한 특징이 있으나 작업 종사자에게 장해를 주므로 안전규칙의 준수와 개인방호 장비를 갖추어야 한다.

(가) 산업적 이용

(a) 비파괴검사, 계측분야

재료의 두께 측정, 송수 및 송유관과 같이 지하에 매설된 관에서 누수 및 누유부의 탐상에 이용된다. 송유관에서 기름이 누유시 방사성원소를 관의 입구에 투입하여 이것이 방출하는 방사선을 추적하면 누유부분을 찾을 수 있다. 또한 관속을 흐르는 유체측정에는 관 근처에 두 개의 방사선 측정기를 일정 거리에 위치시키고, 여기서 나오는 신호를 받아 오실로스코프나 컴퓨터에 입력하여 방사성 원소가 지나가는 시간을 측정할 수 있다.

(b) 농수축산 분야

$\gamma$선을 이용하여 식품의 장기간 보존에 이용하고 농수축산 분야에서 품종개량에도 활용된다. $^{32}P$를 사용하여 식물성장에 필요한 인산염의 흡수정도를 조사하거나 $\gamma$선을 이용하여 식품의 멸균 소독에도 이용된다. 또한 적당량의 $\gamma$선를 이용하여 유전자를 변화시켜 품종개량에도 사용된다.

(c) 연구, 조사 분야

고고학이나 지질학에서 연대측정에 사용되며, 기타 다음의 분야에 다양하게 이용된다.

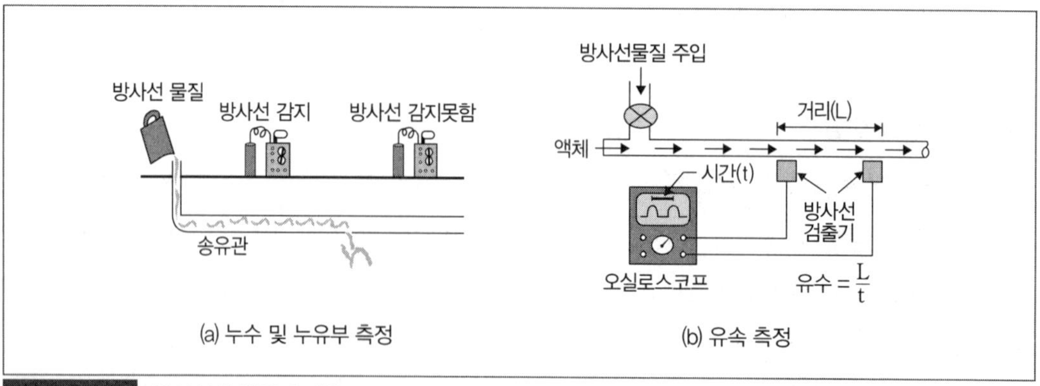


그림 3-6 방사선의 산업적 이용

(나) 의학적 이용

(a) 진단, 치료 및 멸균

방사선의 의료분야에서 이용은 오래전부터 X선이 진단에 이용되어 왔고, 기타 치료, 의료기기의 소독에 사용된다. 요드 $^{131}$I은 환자에게 투여시켜 갑상선의 검진에 사용한다. $^{60}$Co는 매우 강한 $\gamma$선을 방출하므로 암치료, 주사기, 압박붕대 및 수술기구의 멸균소독에 이용된다.

(b) 핵의학 및 핵의학 영상

핵의학은 방사성 의약품을 이용한 질병의 진단이나 치료하는 의료분야로써 감마선카메라, 초음파, CT, 자기공명장치와 같은 핵의학 영상진단기와 체외 계측기를 이용한 영상검사, 혈액검사 등 체외검사에 이용된다.

방사성 의약품은 약 80여종이 의학과 연구에 이용되며, 사용목적에 따라 치료용과 진단용, 체내사용과 체외사용으로 구별된다. 방사성 의약품은 물리적 반감기가 적당하며 조작이 쉽고, 유효반감기가 짧아 장해가 적어야 한다. 기타 방사선의 응용분야는 다음과 같다.

① 계측제어(흡수산란) : 자동제어, 밀도계, 수분계, 측후계

② 물질개선(조사) : 염색성 향상, 타이어의 가류화 개선

③ 화학반응(조사) : 염소화, 산화, 중합

④ 살균보관(조사) : 식품, 의약품

⑤ 정전기 제어(전리, 여과) : 정전기 제거

⑥ 물리적(추적자) : 누수, 용광로 감손량

⑦ 화학적(추적자) : 마모, 염색 착료, 도장 두께 측정

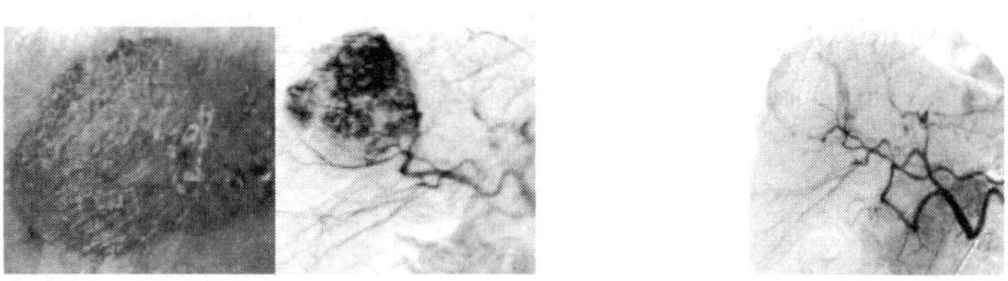

(a) 사람 두피부 피부암 부위의 혈관 손상 (b) 치료 후의 혈관상태

그림 3-7 핵의학을 이용한 암 치료

## 3.1.2 물질의 구성

### (1) 원자

물질구성의 최소단위인 원자(Atom)는 중심에 양성자(Proton)와 중성자(Neutron)로 구성되는 핵(Nucleus)과 핵 주위를 선회하는 전자(Electron)로 구성된다. 전자들의 회전반경에 따라 원자크기가 정해지며, 보통 원자반경은 $\sim 10^{-10}$m 정도로써 원자의 무게는 핵이 99.9%를 차지한다. 양성자는 전기적으로 양전기(+)를 띠고 전자는 음전기(−)를 띠며 중성자는 전기적으로 중성이다.

전자의 전하($-e$)는 $-1.602177 \times 10^{-19}$쿨롱($C$)이며, 양성자의 전하($+e$)는 $+1.602177 \times 10^{-19}$쿨롱($C$)이다. 핵에 속하는 양성자의 수와 전자의 수가 동일하여 전자(음전하)와 양성자(양전하)가 결합하여 원자는 전체적으로 중성을 나타낸다. 원자표시에 있어 양성자 수를 $Z$(원자번호), 중성자의 수를 $N$(중성자번호), 양성자와 중성자 합의 수를 $A$(질량수)라 한다.

원자번호($Z$) = 양성자수

중성자번호($N$) = 중성자수

질량수($A$) =양성자수($Z$) + 중성자수($N$)

원소의 화학기호에 원자번호($Z$)와 질량수($A$)를 동시에 표시할 때 우라늄 $^{235}_{92}U$와 같이 화학기호 좌측상단에 질량수, 좌측하단에 원자번호를 나타내며, 중성자번호는 $^{235}_{92}U_{143}$ 화학기호 우측하단에 나타낸다. 한편, $^{235}_{92}U$와 $^{238}_{92}U$와 같이 동일한 원소이면서 질량수가 다른 원소를 동위원소(Isotope)라고 한다.

### (2) 원자의 결합에너지

원자력에서 핵에너지는 핵반응에 의해 생성되는 에너지로써 아인슈타인(A. Einstein)이 1905년 발표한 특수상대성 이론에 따르면, 물질과 에너지가 서로 변환이 가능하고 둘 사이에는 다음 식이 성립한다.

$$E = mc^2 \tag{3.1}$$

에너지 $E$는 정지상태의 질량($m$)과 빛의 속도($c$)의 관계에서 물질의 질량이 감소하면서,

에너지는 생성되거나 반대로 에너지가 소멸되면서 물질이 만들어 진다.

### (3) 파동과 입자

X선, $\gamma$선, 래디오파, 광 등은 전자기파의 파동 속성을 가지며, 이들은 서로 다른 파장 또는 진동수를 나타낸다. 전자기의 에너지 입자의 흐름으로 생각할 수 있으며, 이 에너지 입자를 광자(光子)라 한다. X선 및 $\gamma$선은 전자파의 일종으로 파장이 매우 짧은 "파"이나 광양자 측면에서는 "입자"로써의 파동성과 입자성의 이중성을 갖는다.

X선의 광양자는 질량을 갖지 않지만 에너지와 운동량을 가지며, 투과시험의 경우 X선을 광양자의 흐름으로 설명되는 경우가 많다. 전자기파의 진동수를 $f$라 하면 광자의 에너지는 $E$는 $E=h\times f$ 의 관계를 갖는다. 여기서 $h$는 프랑크(Plank) 상수 $h=6.626075\times10-34$ J·S이다. 또한, 광양자의 입자적인 성질에서 $E=mc^2$의 성질을 갖는다. $E$는 에너지, $m$은 질량, $C$는 빛의 속도($3\times10^{10}$cm/sec)이다.

## 3.1.3 방사선의 종류

방사선은 전리방사선(Ionizing Radiation)으로써 높은 운동에너지를 갖는 입자방사선(이온, 전자, 중성자, 양성자)과 고에너지 전자기파(감마선, X선)를 모두 의미한다. 불안정한 여기상태에서 안정된 기저상태로 변할 때는 반드시 방사선을 방출한다. 방사선에는 $\alpha$선, $\beta$선, $\gamma$선, 중성자선, 양성자선, 중하전입자선이 있다. 하전입자는 물질을 통과하면서 전기적인 인력, 반발력에 의해 매질원자 중의 전자위치를 교란하거나 전자를 뚫고 들어가 원자핵과 충돌하여 원자핵의 위치를 이탈시켜 물질을 이온화시킨다.

### (1) $\alpha$선

$^4_2He$은 양성자 2개와 중성자 2개로 구성되며, 이는 알파입자의 흐름을 가리킨다. 양전기를 가져 전기장 및 자기장에서 굴절하며, 무거운 하전입자로써 이온화 방사선이 이온화 능력을 상실할 때까지 진행하는 비정거리가 매우 짧다. 5MeV의 운동에너지를 갖는 $\alpha$입자의 비정거리는 공기 중에서 3~4cm, 생물조직에서 0.1mm, 알루미늄에서 0.02mm이므로 종이로도 차폐가 가능하다. 따라서 외부피폭은 큰 문제가 되지 않지만 $\alpha$선이 방출되는 동위원소를 인체 내부에 흡입하는 경우에는 내부피폭에 심각한 생물학적 영향을 초래할 수 있다.

### (2) β선

베타입자인 전자의 흐름이며 음전자($\beta^-$)와 양전자($\beta^+$)의 흐름을 나타내나 음전자의 흐름으로 볼 수 있다. 알파입자보다 가벼워 전·자기장에서 굴절은 심하며 비정거리가 길다. 비정거리는 운동에너지가 클수록 길어지며, 공기 중에서 보통 10m이내 생물조직에서는 수 cm로써 얇은 금속판으로 차폐가 가능하다.

### (3) γ선

여기된 원자핵에서 방출되는 매우 짧은 파장의 전자기파로써 에너지는 10keV~10MeV이다. 감마선은 물질과 상호작용하여 광전효과(Photoelectric Effect), 컴프턴산란(Compton Scattering), 전자쌍생성(Pair Production)을 일으킨다. 감마선은 에너지에 따라 일전한 비정거리를 갖는 하전입자와는 달리 물질을 통과하면서 그 세기만이 감쇠된다. 감마선이 투과력이 강하므로 충분한 차폐를 위하여 비중이 큰 납, 콘크리트를 이용한다.

### (4) X선

여기 된 전자가 에너지를 상실하면서 방출하는 전자기파로써 감마선과 성질은 같고 에너지는 100keV 이하이다. 물질이 방사선을 방출하는 성질이나 세기를 방사능(Radioactivity)하며, 방사능을 지닌 물질을 방사성물질(Radioactive Materials)이라 한다. 방사성 핵종(Radio-Nuclide) 또는 방사성 동위원소(RI, Radio Isotope)는 방사능을 지닌 특정한 핵종을 말하며, 모든 방사성물질에는 반드시 방사성 핵종들이 있다. 방사성 핵종이 방사선을 방출하면서

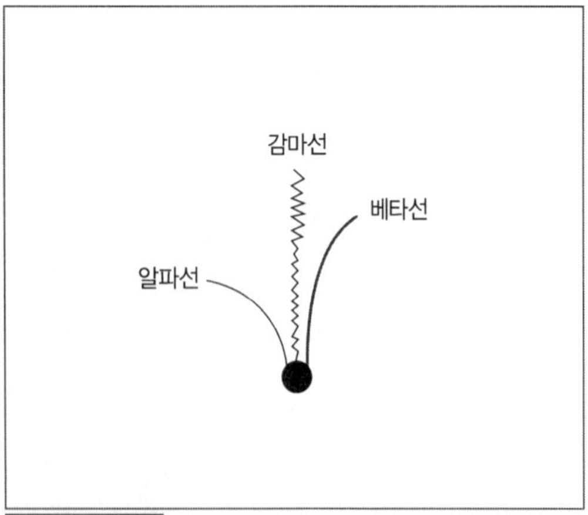


그림 3-8 감마선, 알파선, 베타선의 경로

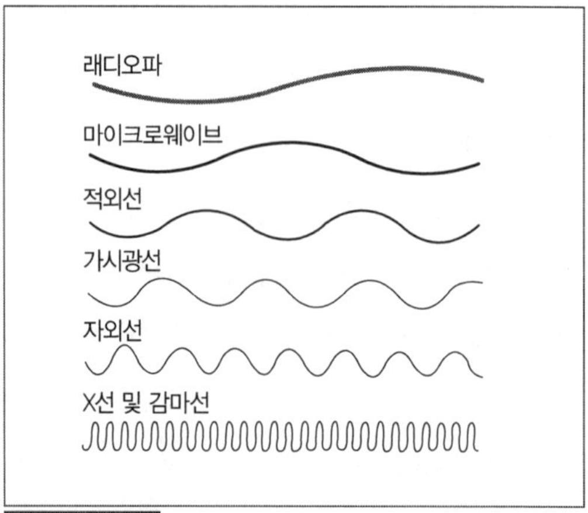


그림 3-9 파동방사선의 형태

다른 핵종으로 변환하는 과정이 방사성붕괴(Radioactive Decay)이며, 원자핵의 방사성붕괴는 매우 불규칙하게 이루어진다. 단위시간당 붕괴율이나 원자핵 수의 감소율은 확률 및 통계적으로 정확히 계산된다. 방사성 동위원소별로 고유한 특성인 붕괴상수, 반감기 및 반가층이 있다.

① 붕괴상수(Decay Constant) : 한 원자핵이 단위시간당 붕괴할 확률로 정의된다.
② 반감기(Half Life) : 어떤 특정 방사선핵종의 원자수가 방사성 붕괴에 의해서 원래의 수의 반으로 줄어드는데 걸리는 시간이다.
③ 반가층(Half Value Layer) : 어떤 물질에 방사선을 투과시켜 그의 강도가 반으로 감해졌을 때 그 물질의 두께를 말한다.

$\alpha$선은 얇은 종이로도 막을 수 있으며, $\beta$선은 수 mm 두께의 구리나 알루미늄 판으로 막을 수 있고, $\gamma$선은 매우 두꺼운 납판에 의해서만 막을 수 있다.

### 3.1.4 비파괴검사에 적용

방사선 투과검사에 사용되는 X선은 고전압 전자관에서 만들어지며, $\gamma$선은 방사성물질이 핵분열 및 핵 붕괴시에 발생한다. 비파괴검사용은 주로 $\gamma$선으로 $^{192}$Ir(반감기 74.5일, 76mm 강판투과), $^{60}$Co(반감기 5.3년, 230mm 강판투과), $^{137}$Cs(반감기 30.2년, 90mm 강판투과), $^{170}$Tm(반감기 127일, 12.7mm 강판투과), $^{226}$Ra(반감기 1620년, 127mm 강판투과) 등이 있다.

### 3.1.5 방사선투과시험의 원리

X선 및 감마선이 물체에 조사되면 대부분은 투과되고 일부는 물질과 상호작용에 의해 흡수되거나, 또는 산란 X선이나 형광 X선으로 변화한다. 방사선이 투과하는 정도는 원소, 두께 차이에 따르며, 투과전의 최초 방사선의 강도는 $I_0$, 시험체에 투과후의 방사선 강도를 $I_1$, $I_2$라 하면 다음의 식이 성립한다.

$$I_1 = I_0 e^{-\mu x} \tag{3.2}$$

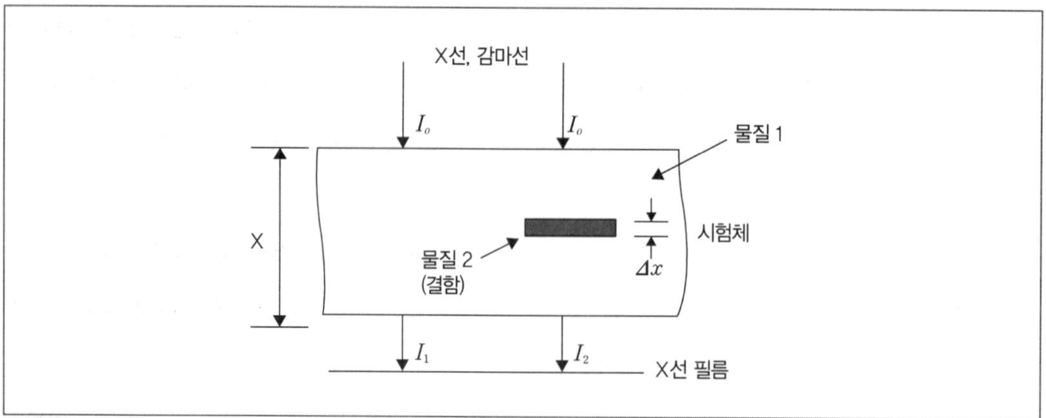


**그림 3-10** 방사선의 강도

$$I_2 = I_0 e^{-\mu(x-\Delta x)} e^{-\mu' \Delta x} = I_0 e^{-\mu x + (\mu - \mu')\Delta x} \tag{3.3}$$

$$\frac{I_2}{I_1} = e^{(\mu - \mu')\Delta x} \tag{3.4}$$

여기서 $I_0$는 시험체 두께가 0인 경우 조사선의 강도, $\mu$ 및 $\mu'$는 각각 물질 1 및 물질 2의 선흡수계수로 방사선의 흡수정도를 나타내며, 대부분 원자번호가 클수록 크게 나타난다. 시험체중 두께 $\Delta x$의 이종재료인 결함이 있으면 시험체를 투과한 방사선의 강도는 달라진다.

즉, 흡수를 나타내는 $I_1$과 내부결함이나 시험편 두께 차이로 인한 투과후의 강도 $I_2$를 비교해 보면 $I_2$는 $I_1$보다 강도가 커진다. 즉, 결함부위는 X선 필름상에서 다른 부분보다 검게 되어 사진농도가 더 커진다. 한편, 일정에너지를 갖는 선질에서는 시험체의 재질에 따라 흡수계수 $\mu$ 값이 변화한다. 예를 들면 동일한 두께의 알루미늄($_{13}$Al, 원자번호 13)과 철강($_{26}$Fe, 원자번호 26)에 방사선을 투과시킬 경우를 보면, Fe보다 Al가 방사선에 대한 흡수계수가 작아 투과 후의 강도가 커진다.

선흡수계수는 원자번호가 큰 금속일수록 커서 방사선의 투과하는데 더 많은 에너지가 소요된다. 시험체가 두꺼워 단위시간당의 투과선량률이 작을 때는 노출시간을 길게 하여 노출선량을 일정하게 할 수 있다. 두꺼운 시험체를 짧은 시간에 촬영하기 위해서는 투과선량률이 커지도록 선원의 강도를 크게 하거나, 선흡수계수 $\mu$가 작도록 에너지가 큰 X선이나 $\gamma$선을 이용한다.

40cm 두께의 정도로 후판의 강제 시험편을 시험하기 위한 공업용 X선장치에는 가속기

로 전자를 가속시킨 고에너지의 X선을 이용한다. γ선원의 경우에도 두께가 얇으면 $^{192}Ir$이나 $^{170}Tm$을 사용하고 두꺼운 시험체에는 $^{60}Co$이나 $^{137}Cs$을 이용한다.

### 3.1.6 방사선 투과시험의 방법

여러 종류의 방사선은 물체를 투과하는 성질이 있지만 알파입자, 베타입자와 같은 입자선에 비해 X선이나 γ선은 투과력이 크고 사진작용, 형광작용이 있다. 이러한 현상을 이용하여 물체를 투과한 X선, γ선에 의해 가시광을 만들어 물체를 검사하는 것이 방사선투과시험의 원리이다. 따라서 이와 같은 원리를 이용하여 비파괴검사에 사용되는 방법에는 다음의 세 가지가 있다.

(가) 직접촬영

X선, 감마선의 투과상을 직접 X선 필름에 촬영한다.

(나) 간접촬영

X선, 감마선의 투과상을 형광판을 이용하여 가시광으로 바꾸어 카메라 등을 사용하여 간접적으로 필름에 촬영한다.

(다) 투과법

X선, 감마선의 투과상을 직접 X선 필름에 형광판 또는 형광증배관(Image Intensifier)에

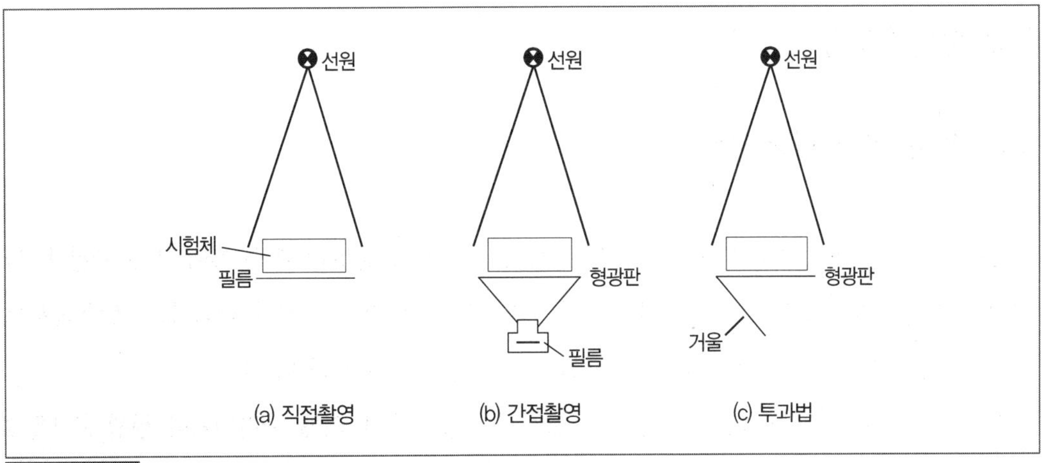


그림 3-11 방사선 투과시험의 방법

의해 가시광으로 바꾸어 이 상을 육안으로 관찰하거나 TV카메라로 관찰한다.

X선이나 감마선이 시험체에 투과할 때 광전효과나 컴프턴산란 등에 의해 흡수, 산란을 받으면 그 선량이 감소된다. 두께가 일정하지 않은 시험체나 시험체 내부에 결함이 있으면, 장소에 따라 투과두께가 달라 투과선량이 달라진다.

### 3.1.7 방사선 투과시험의 종류

#### (1) 직접 투과법

보통 방사선 투과사진에서 필름상에 기공 등의 결함부를 투과한 부분에는 건전부의 직접 투과선의 강도보다 강하거나 약한 투과선이 조사된다. 결함부에서는 사용한 X선 필름특성에 따라 X선 강도의 차에 비례한 필름의 흑화도 차(농도차)를 형성한다. 이와 같이 직접투과선의 강도의 차를 시험체 배후에서 배치한 필름의 농도차로 검출하는 것을 직접촬영법이라 한다.

#### (2) 간접촬영법

X선 필름대신에 방사선에 의한 형광작용을 이용하여 투과상을 형광체에서 사람 눈으로 관찰할 수 있는 가시상으로 바꾸고, 이러한 상을 카메라로 촬영하는 방법을 간접촬영법이라 한다. 이러한 투과상은 다양한 변환소자와 광학계를 이용하여 화상화 하고, 그의 상을 TV모니터를 통하여 관찰하는 방법이 실용화되고 있다.

## 3.2 방사선의 특성

### 3.2.1 방사선의 산란과 감쇠

X선, $\gamma$선이 물체에 부딪칠 때 대부분은 물체에 투과되고 일부는 흡수, 일부가 산란된다. 물체에 투과되는 투과선의 강도는 상호작용에 의한 흡수, 산란으로 점차 감쇠하고, 상호작용으로 일어나는 정도는 방사선의 에너지, 물질의 종류 및 두께에 따라 다르다.

산란에는 최초의 입사 X선을 1차 X선, 물질과 상호작용에 의해 산란되거나 형광 X선을 2차 X선이라 한다. 2차 X선은 한 방향으로 방출되는 1차 X선과는 달리 모든 방향으로 방출된

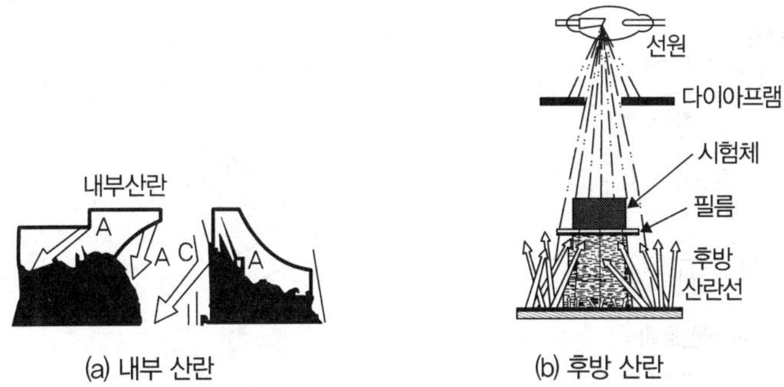


그림 3-12 산란방사선

다. 파장길이는 1차 X선과 같거나 컴프턴산란으로 1차 X선보다 긴 파장으로 변화한다.

산란할 때 전자는 빛과 같이 전 방향으로 산란되며, 산란에 의해 발생되는 방사선은 파장이 증가되고 최초 방사선에 비해 약하고 침투력도 크게 낮다.

### 3.2.2 X선과 물질의 상호작용

물질에 X선이 조사되면 어떠한 변화가 일어나고 물질에 의해 흡수, 또는 산란되어 방향이 변경되는 현상을 물질의 상호작용이라 한다. 상호작용은 원자핵 주위의 전자와 작용하고 원자핵과는 작용하지 않으며 광전효과, 컴프턴 산란, 전자쌍생성 등이 있다.

#### (1) 광전 효과(Photo Elect Effect)

X선의 광양자가 물질에 침투시 최내각 궤도의 전자와 충돌과정에서 궤도전자를 추출하여 광자를 흡수하는 현상으로 저에너지 방사선을 방출한다. 0.1MeV이하 광자에너지가 이온화 쌍생성과정을 거치면서 모든 전자는 동일한 결합에너지를 갖는다.

#### (2) 컴프턴 산란(Compton Scattering)

물질에 X선이 입사하여 산란하면 X선 광양자 에너지가 감소하는 현상으로 모든 광자에너지는 전자에 의해 흡수되지 않고 여분의 에너지를 보유하며, 최초 광자보다 긴 파장을 갖는 낮은 에너지로써 새로운 노정으로 산란한다. 최외각 전자에 의해 광자가 산란하고 입사에너지 보다 낮은 감마선을 방출한다. 즉, 중간 정도의 에너지를 갖는 전자기 방사선을 방출한다.

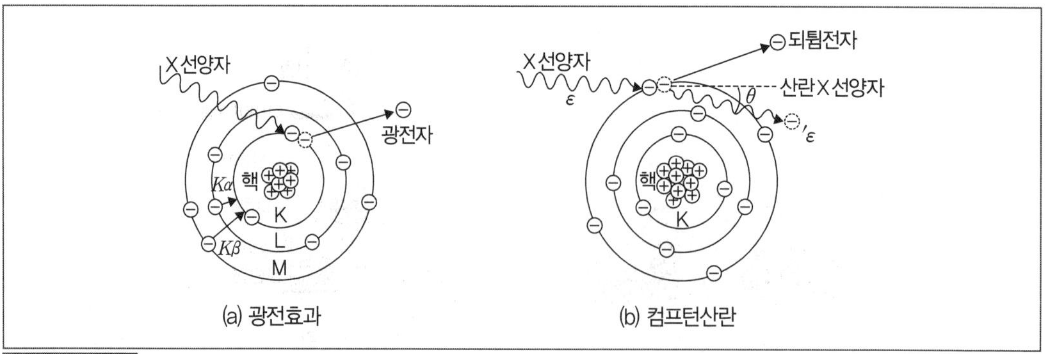


그림 3-13 X선과 피검사체 전자와 충돌

#### (3) 전자쌍 생성(Pair Production)

높은 에너지 X선의 광양자가 원자핵 부근 강한 쿨롱(Coulomb)장을 통과할 때 광양자가 쿨롱장에 흡수되어 소멸하고, 음전자와 양전자를 방출하는 현상이다. 즉, 광양자 에너지를 방출하는 것으로 고에너지 전자기 방사선을 방출한다.

### 3.2.3 X선장치의 종류

#### (1) X선 투과장치

공업적으로 많이 이용하고 있으며 X선 투과사진을 촬영하기 위하여 사용되고, 또한 간접촬영, 형광 증배관을 이용한 투시법에도 이용된다.

#### (2) X선 회절장치

X선이 결정체로 부터 회절하는 현상을 이용하여 물질의 고유구조에 조사시켜 물질의 동태, 금속조직의 결정, 응력측정에 이용된다.

#### (3) 형광 X선 분석장치

파장이 짧은 백색 X선을 시료에 조사하여 광전효과에 의한 특성 X선이 발생시키며, 이를 결정체에서 분광시킴으로써 물질분석에 이용된다.

#### (4) X선 분석기(X-Ray Micro-Analyser)

매우 가늘게 좁혀진 입자 속을 금속의 미소부분에 닿게 한 후, 발생하는 특성 X선을 분광시켜 형광분석과 동일한 원리로써 국부적인 미소부분의 원소분석에 이용된다.

## 3.3 X선 발생장치

### 3.3.1 저에너지 X선장치

X선을 발생시키는 장치에는 일반적인 X선관을 사용한 저에너지 X선장치와 입자가속기를 사용한 고에너지 X선장치로 구별한다. 저에너지 X선 발생장치는 대표적인 것으로 고전압변압기 방식으로 관전압 400kVp 이하로써, 일정장소에 고정해 두고 사용하는 거치식과 장치를 옮기면서 사용하는 휴대식 X선장치로 나눈다.

### 3.3.2 X선 장비

#### (1) X선 발생장치의 구성

X선 발생장치는 2극 진공관으로 음극의 필라멘트에 전류가 흐르면 음극이 가열되어 열전자가 진공 속으로 방출되어 양극으로 이동하여 X선이 발생된다. X선장치는 X선관 튜브, 고전압원의 제어시스템으로 구성된다. X선관 튜브의 음극은 필라멘트와 집속컵(Focusing Cup)이 있고, 양극(Anode)에는 고용융점을 갖는 텅스텐 표적이 있다. 양 극사이에 전압을 증가시켜

(a) X선관

(b) 제어장치

그림 3-14 X선 발생장치

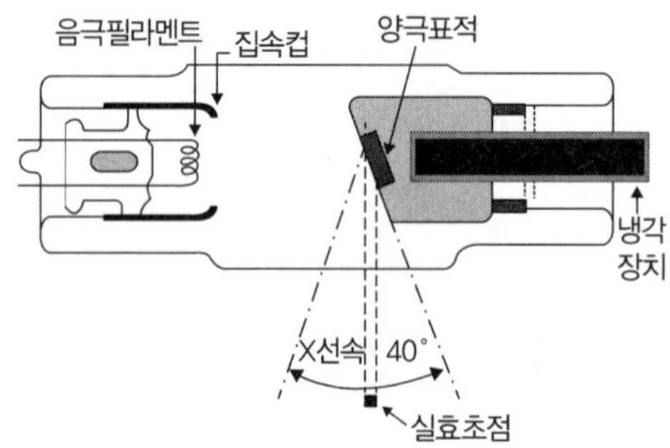


그림 3-15 X선관의 구조

고전압 상태가 되면 전자의 이동속도가 빨라져 고속의 전자가 양극의 표적에 충돌하여 X선이 발생된다. 음극의 전자흐름을 관전류(mA)라 하고, 관전류를 증가하면 전자 방출량이 많아져 방사선의 양이 많게 된다. 방사선 강도는 양 극의 전압(kV)을 증가시키면 전자의 이동속도가 빨라져 투과력을 나타내는 방사선의 질이 결정된다. X선관의 양극(+극)은 고온으로 공냉, 수냉, 유냉 방식의 냉각이 필요하다.

(가) X선관 용기(Tube Envelope)

유리나 금속세라믹스로 제작되며 X선 발생 시 전기적인 힘, 압력, 온도에 견딜 수 있도록 그 외부에 기름, 가스와 같은 절연물질이 채워진다. 고속도의 전자가 공기 중에서 이온화하여 에너지의 손실방지, 필라멘트의 산화 및 연소를 방지하고 전극간의 전기적 절연방지를 위해 관 싸개 속을 진공으로 한다.

(나) 음극(Cathode)

가속될 열전자를 방출하는 텅스텐 필라멘트와 순철과 니켈로 된 집속컵(Focusing Cup)은 방출된 전자를 똑바로 이동하도록 정전기적 렌즈의 기능을 갖는다.

(다) 양극(Anode)

전자가 표적에 충돌할 때 열이 발생하며 이 열을 조절하지 못하면 표적표면이 급속히 침식되어 초점의 명료도가 감소한다. 텅스텐, 금, 구리 전극봉 안에 텅스텐을 사용한다. X선관 양극에 고전압을 가하면 필라멘트에서 방출된 열전자가 가속되어 양극의 텅스텐 표적에 충돌하면, 이때 전자의 운동에너지가 없어지고 대부분 열로 바뀌며 일부 에너지가 X선이 되어 방사된다.

(라) 초점(Focal Spot)

초점의 형상이나 크기는 결함의 선명도와 식별도에 직접적으로 관련된다. 예를 들면 전자가 충돌하는 표적의 초점부위에서 생기는 면적이 작을수록 사진 섬세도를 증가시켜 사진의 질을 좋게 한다.

(마) 후드(Hood)

구리를 텅스텐에 부착하여 제작한 후드는 중심축에서 이탈된 방사선을 제거하고, 또한 텅스텐 표적에서 산란 및 광전효과로 인하여 전자로 형성되어 축적된 전하로부터 튜브의 절연부분을 전기적으로 차폐하는 효과를 얻기 위한 것이다.

(바) X선 튜브창(X-Ray Tube Window)

모든 조건이 최적으로 되어 최적의 X선이 만들어져 외부로 방출할 때 최소한으로 X선 흡수를 줄이고, 튜브의 물리적강도와 진공에 손상을 주지 않도록 베릴륨 금속으로 제작되어 있다.

### (2) X선장치의 전기회로

(가) 고전압회로

고전압 변압기를 사용하여 전원전압을 조절하고 X선관의 음극에 고전압을 공급하는 회로이다.

(나) 역전압감지회로

역전압감지회로는 자기정류회로의 X선장치에서는 회로를 고압변압기의 1차측에 접속하여 과대한 역전압을 떨어뜨리는 역할을 한다.

(다) 관전압 측정

관전압 측정은 관전압의 파고치(kVp)로 표시하며, 회로의 고전압 변압기 1차측에 전압계를 연결하여 1차전압을 측정하고, 전압환산을 통하여 관전압을 읽는다. 또는 고전압 변압기의 2차측의 일부 전압의 파고치를 계산하여 읽는다.

(라) 안전 장치

장비를 장시간 사용하여 온도가 상승하면 온도릴레이 회로를 이용하여 안전한 온도이하에서 사용할 수 있도록 일정온도 이상이 되면 자동적으로 고전압 회로를 차단시킨다.

### 3.3.3 고에너지 X선장치

가속전압 1MeV 이상의 장치로 발생시킨 X선을 고에너지 X선이라 하며, 베타트론, 라이낙, 반데그라프 등의 입자가속기가 이에 해당된다. X선의 에너지가 클수록 흡수계수 $\mu$가 작아져 투과력이 증가하며, $\mu$는 에너지 1MeV정도에서도 최소가 된다. X선 에너지가 그 이상이 되면 전자쌍생성에 의한 흡수가 커져 흡수계수 $\mu$가 증가한다. 가속기는 진공 중에서 10~15MeV 전압으로 가속된 고에너지 전자를 백금과 같은 중금속 표적에 충돌시켜 연속스펙트럼을 갖는 X선속을 발생시킨다.

#### (1) 베타트론

자극 간에 둥근 진공관과 내부에 전자총에서 방출된 전자는 자속의 증가와 더불어 가속되어 궤도상을 회전하며, 자속변화에 따라 에너지가 증가된다. 에너지가 증가될 때 궤도에서

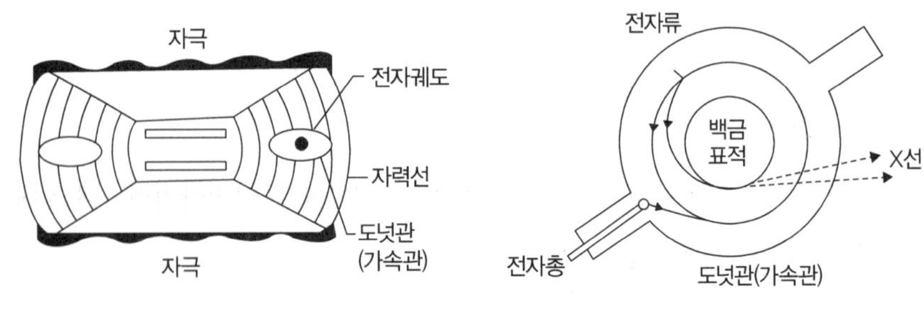


(a) 자극과 가속관 구조 (b) 전자의 에너지 증가 원리

그림 3-16 베타트론

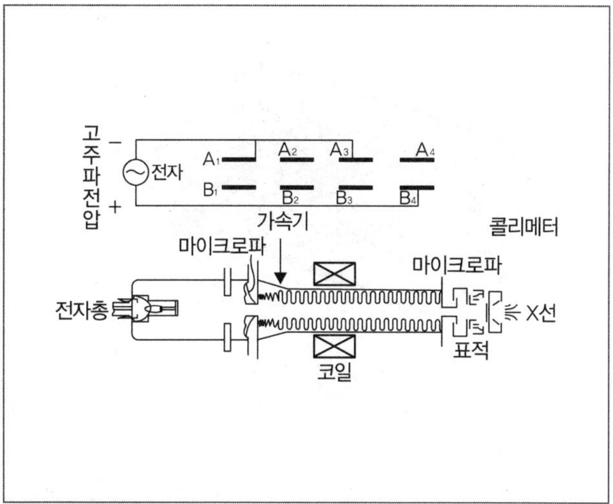


그림 3-17 선형 가속기

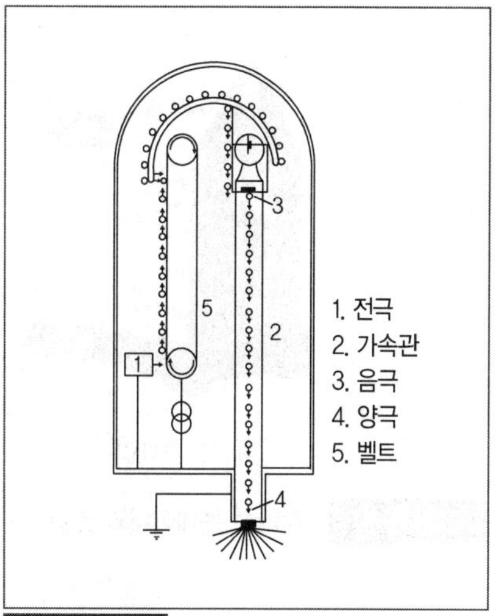


그림 3-18 반데그라프형 가속기

전자가 이탈되어 백금에 맞추면 전방으로 X선이 방사된다.

#### (2) 선형 가속기(LINAC, Linear Accelerator)

전자의 가속이 직선방향으로 이루어져 선형가속기라고 하며, 전자의 가속부분은 고주파가 통하는 관이다. 전자는 수만 볼트로 보내져 고주파에 의해 생기는 전계이동과 함께 가속되어 고속으로 표적에 충돌함으로써 고에너지 X선이 얻어진다.

#### (3) 반데그라프형 가속기

반데그라프형 가속기는 벨트(Belt) 기전기의 원리를 이용한 정전형 가속기로써 초점이 매우 작아 상질이 우수한 방사선 투과사진을 얻을 수 있다.

### 3.3.4 $\gamma$선 투과장치

$\gamma$선장치는 전원이 필요 없고, 작고 경량으로써 취급이 간단하여 이동하면서 사용하기에 편리하다. $\gamma$선장치는 $\gamma$선원 저장용기, 선원조작 및 전송장치, 방사성 동위원소 제어기로 구성된다. 저장용기는 $\gamma$선 누출의 최소화를 위해 $\gamma$선 흡수가 큰 소재로써 텅스텐합금, 납, 우라늄합금이 사용된다. 수납용기에서 시험부까지 $\gamma$선원을 보내기 위해 5~10m의 연결케이블을 이용한다.

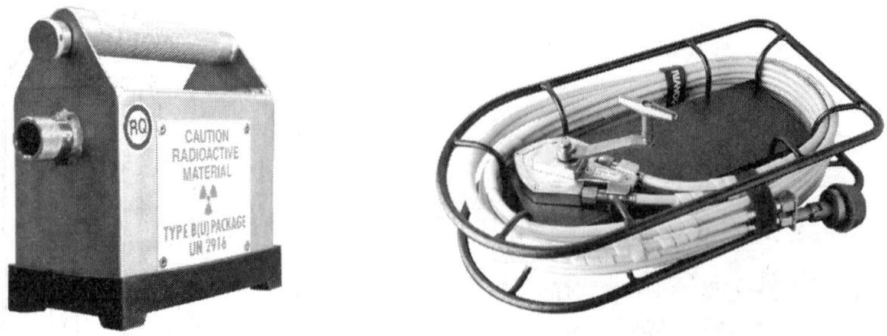


(a) γ선 콘테이너　　　(b) γ선원 연결케이블

그림 3-19　감마선 콘테이너와 연결케이블

### 3.3.5 γ선의 발생

광석의 천연코발트(Co)는 질량수 59, 양성자수 27, 중성자수 32인 $^{59}_{27}Co$로 원자로에서 중성자를 흡수시키면 $^{60}Co$가 된다. 이 물질은 불안정하여 β선을 방출하면서 1개의 중성자가 양성자로 되어 Ni이 1차 여기상태 후, 다시 2차 여기상태로 될 때 1.17MeV의 감마선을 방출한다. 최종 안정상태로 될 때는 1.33MeV의 감마선을 방출한다. 즉, 1개의 $^{60}Co$가 붕괴하면 1.17MeV, 1.33MeV인 2개의 감마선 광양자가 방사된다. 방사성 동위원소 선원의 강도는 시간 경과와 더불어 약해지며, 방사선의 세기가 최초의 1/2되는 시간이 반감기이다. 산업현장에서 사용하는 γ선원은 이리듐($^{192}Ir$), 토륨($^{170}Tm$), 코발트($^{60}Co$) 및 세슘($^{133}Cs$)이며, 이들도 $\beta^-$붕괴할 때 감마선을 방출하는 동위원소이다.

### 3.3.6 감마선 장치의 구조

#### (1) 감마선원의 제조

비파괴검사용 동위원소 $^{60}Co$ 및 $^{192}Ir$의 제조는 Co금속 및 Ir 금속을 원자로 중에서 열중성자를 조사하여 방사성 원자가 만들어 진다. $^{137}Cs$는 CsCl 화합물이나 $^{137}Cs$ 산화물을 함유하는 초자, $^{170}Tm$은 $Tm_2O_3$ 화합물로 되어 있다.

#### (2) 감마선의 사용

비파괴검사용 감마선원은 스테인리스강재로 된 캡슐 중에 선원이 밀봉되며, 밀봉되지 않은 상태라면 사용중 방사선의 비산, 부식으로 인하여 환경이 오염된다. 선원사용은 납과 같은 차폐체로 된 컨테이너에 격납되고, 사용할 때는 셔터를 열어 선원캡슐을 연결케이블로 조작하여 외부로 나오게 하여 사용한다.

## 3.4 디지털방사선 탐상

### 3.4.1 디지털방사선 탐상의 특성

탐상부에 방사선을 조사하여 정상부와 결함부에서 선흡수계수의 차로 필름에서 잠상을 얻고 현상하여 결함여부를 확인하는 기존의 방사선탐상은 작업자에 대한 피폭, 많은 작업시간과 고비용의 문제가 따른다. 이를 대체할 디지털방사선 탐상은 의료, 수의학분야에서 사용이 확대되고 있다. 비파괴검사 등 공업적 적용에는 의료분야보다 훨씬 높은 에너지가 필요하다. 따라서 기존 필름방사선 탐상보다 검사 절차의 간소화, 조사시간 단축으로 이용이 확대되고 있다. 또한 실시간 검사, 결함의 정량적 평가, 필름소모와 현상까지 소모재가 필요 없어 검사비용이 절감된다. 그러나 공업분야에서의 적용을 위해 적용기준 및 표준제정이 요구된다.

필름방사선에서 탐상되지 않은 미세결함을 디지털방사선 투과검사를 통하여 결함을 정량적으로 검출할 수 있다. 디지털 프로파일 기법과 그레이값의 미분을 이용하여 결함의 정량적 및 부가적 정보를 통하여 검사의 재현성, 판독 오류를 크게 줄일 수 있다. 그리고 디지털방사선 탐상은 필름방사선 투과탐상에서 X선 발생장치 및 방사성 동위원소를 그대로 사용할 수 있다.

### 3.4.2 디지털방사선 탐상의 원리

#### (1) 디지털방사선 장비의 구조

디지털방사선은 영상의 취득방법에 따라 그림 3-20과 같이 방사선 센서에 의해 중간과정 없이 변환된 직접식 디지털방사선(DDR, Directed Digital Radiography)과 컴퓨터를 이용하여 단계적 변환을 거친 간접식 디지털방사선(CR, Computed Radiography)으로 구분된다. 직접식 디지털방사선(DDR)과 간접식 디지털방사선(CR)은 모두 기존 X선 장비를 사용할 수 있다.

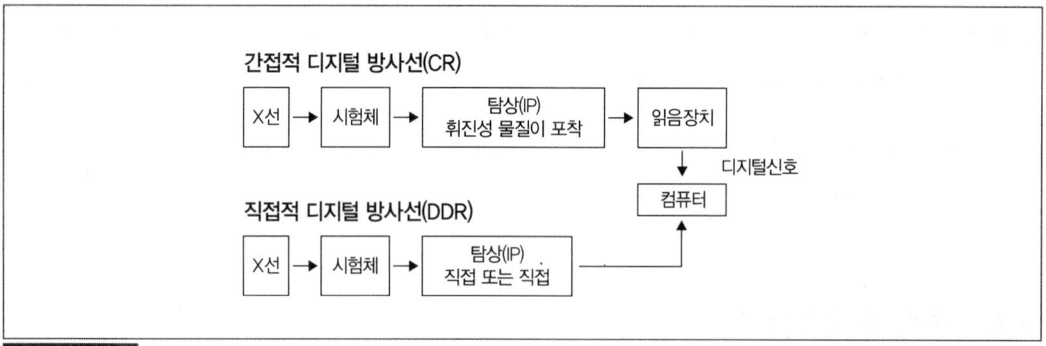


**그림 3-20** 디지털방사선의 개념

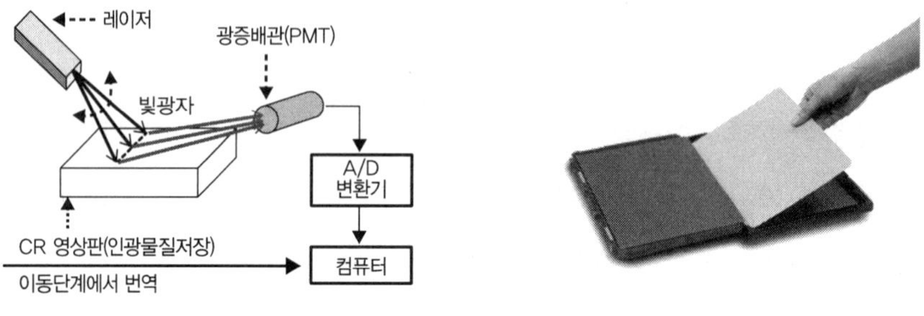


(a) 리더기의 개략도 (b) 영상판(IP)

**그림 3-21** 리더기 작동기구 및 영상판(IP)

### (2) 직접식 디지털방사선(DDR, Directed Digital Radiography)

직접식은 Ar–Si, Ar–Se, CMOS와 같은 반도체형 미소센서에 의해 투과영상을 얻는 방식으로 디지털방사선 센서의 평면상에 투과되어 2D 구조를 갖는다. 신틸레이터(Scintillator)는 방사선이 센서에 조사되면 방사선을 빛으로 변환시키는 CsI물질로 2차원평면에 행렬(Matrix) 구조의 미소반도체 센서로써 빛을 전기신호로 변환시킨다. 시험체 투과 후의 검사정보인 잠상은 **그림 3-21**과 같이 영상판의 인광물질에 저장하여 레이저나 가시광에 노출시켜 리더기로 읽는다. 빛은 광증배관으로 모아 전기신호로 되어 아나로그에서 디지털로 변환되어 컴퓨터로 보내진다. 이 전기신호를 증폭한 후 A/D변환기를 거쳐 디지털 투과영상으로 나타낸다.

### (3) 간접식 디지털방사선(CR, Computed Radiography)

간접식은 방사선이 사진증강 발광 형광물질, 즉 방사선이 조사되면 광자극성 인광물질에 축적되고 발산되는 원리이다. 간접식 디지털방사선은 필름대신에 5~10$\mu$m의 인광화합물인

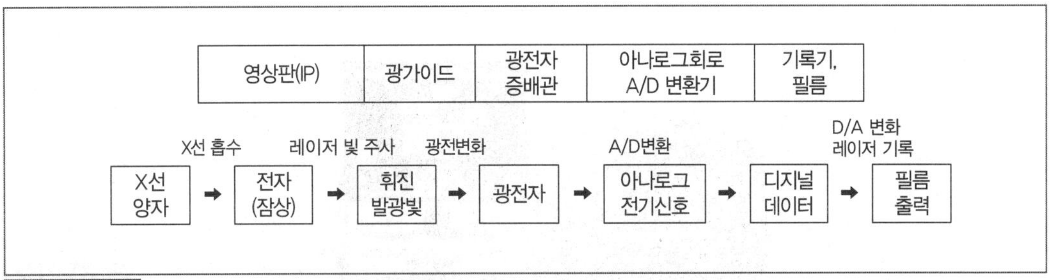


그림 3-22 CR 시스템에서 리더기의 기본 배치

바륨프로라이드([Ba,Eu]FX)가 부착된 1mm 정도의 유연성을 갖는 영상판(IP, Imaging Plate)으로써 방사선 에너지를 빛으로 발광하여 발산한다. 영상판에 방사선이 조사되면, $Eu^{2+}$ 전자가 여기되어 $Eu^{3+}$가 된다.

여기된 전자는 인광물질 결정격자에 포집되어 일부가 방사선 노출의 정도에 비례하여 포획된 전자와 정공의 준안정 상태로 존재한다. 축적된 방사선 에너지는 680nm 파장의 적색레이저에 노출되면 축적량에 비례한 세기의 형광 빛을 발산하며, 포획전자를 방출시켜 $Eu^{3+}$를 $Eu^{2+}$로 환원시킨다. 이때 영상판에서 약 300~500nm의 녹색광이 발생되며, 이 빛이 광증배관에서 전기신호로 변환되고 A/D변환기에서 디지털신호화 하여 영상정보로 기록된다.

### 3.4.3 방사선의 입체촬영법

방사선탐상은 기공, 슬랙 및 텅스텐혼입과 같이 투과방향에 대해 두께 차를 갖는 결함은 검출이 쉬우나 균열과 같이 투과두께 차가 없는 결함은 검출이 어렵다.

1회의 투과사진으로 결함크기, 위치 및 방향파악이 어려운 경우 조사방향을 바꾸어 두 장의 촬영으로 입체촬영 하여 결함정보를 정확히 파악할 수 있다. 일반 RT 사진은 검사체를

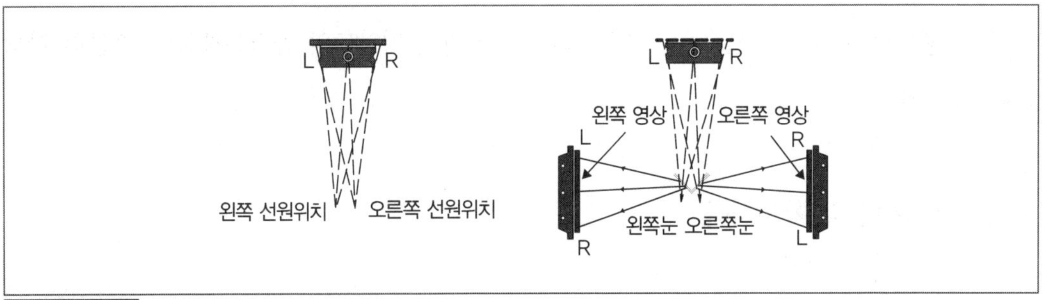


그림 3-23 방사선의 입체촬영법

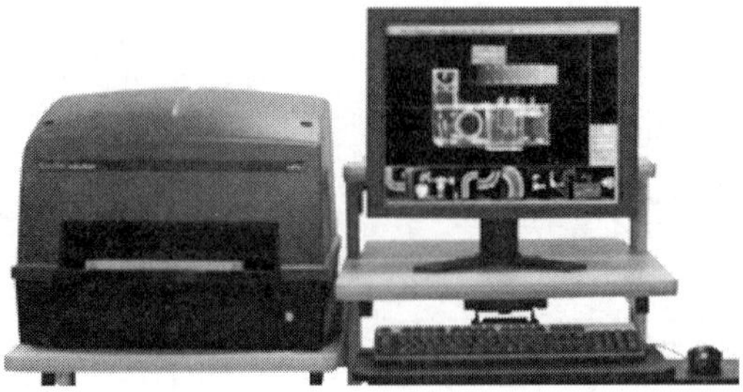

그림 3-24 디지털 화상처리 장치

투과한 방사선 강도차이가 사진의 농도차로 식별된다. 투과사진의 강도변화는 필름유제의 은입자에 결함정보가 저장되며, 식별범위의 한정으로 미식별 부분이 존재한다. 미식별 부분은 촬영조건의 변화 및 부분적인 농도변화를 통해 명암도를 높여 재촬영해야 한다.

### 3.4.4 디지털방사선 탐상의 노이즈

방사선투과영상은 반도체형 미소센서나 고분자 기판에 10$\mu$m의 휘진성 물질이 도포된 1mm 두께의 영상판(IP판)을 이용한다. CR시스템은 시험체를 촬영하면 X선 영상정보를 휘진성 형광체가 적층된 영상판에 아나로그 형태로 축적된다. 휘진성에 의존하여 형성된 영상판의 잠상은 수 일간은 안정적이나 빠른 공정처리가 요구된다. CR시스템에서 X선 조사선량에 의존하지 않는 고정 노이즈는 영상판 구조의 노이즈, 레이저의 노이즈, 아나로그 회로계의 노이즈, A/D변환기에서 양자화 노이즈, 필름구조 노이즈가 있다. 또한 영상판의 재사용을 위하여 소거광을 조사함에 있어서 잔류잠상 제거 노이즈의 영향으로 영상 품질이 저하된다. 이와 같이 디지털방사선탐상은 다양한 노이즈로 인하여, 기존 필름방사선 탐상에 비하여 현저히 낮은 공간분해능을 나타낼 수 있다. 따라서 영상판의 명암도와 공간분해능이 충분히 확보되어야만 한다.

### 3.4.5 투과사진과 화상처리

X선 필름에 저장된 정보는 일종의 아날로그 정보로써 다양한 화상처리를 위해 디지털장치를

**표 3-1 디지털방사선의 영상 정밀도**

| 구분 | 요소 수 | 해당 불선명도(mm) | 선경과 간격 d(mm) | 선경과 간격의 공차 (mm) |
|---|---|---|---|---|
| Pt[B] | 13 | 0.10 | 0.05 | ±0.005 |
| Pt | 12 | 0.13 | 0.063 | |
| Pt | 11 | 0.16 | 0.08 | |
| Pt | 10 | 0.20 | 0.10 | |
| Pt | 9 | 0.26 | 0.13 | |
| Pt | 8 | 0.32 | 0.16 | ±0.01 |
| Pt | 7 | 0.40 | 0.20 | |
| Pt | 6 | 0.50 | 0.25 | |
| Pt | 5 | 0.64 | 0.32 | |
| Pt | 4 | 0.80 | 0.40 | |
| W[c] | 3 | 1.00 | 0.50 | ±0.02 |
| W | 2 | 1.26 | 0.63 | |
| W | 1 | 1.60 | 0.80 | |

• [A] 이 표는 EN 462-5에 근거
• [B] Pt=플레티늄 [C]W=텅스텐

이용하여 디지털정보로 전환한다. 화상처리를 통하여 명암도, 상의 윤곽, 선명도 등의 강화와 평활화, 연산처리를 할 수 있다. 화상처리를 통하여 판의 두께 차, 피사체의 명암도가 큰 시험체 또는 명암도를 얻기 어려운 시험체에 대하여 적절한 화상을 얻을 수 있다. 간접 디지털방사선 시스템으로 촬영된 영상의 정밀도 확인을 위하여 ASTM E 2002에서 규정된 이중선상질계를 사용한다. 이중선상질계는 두 선이 1조로 구성되어 불선명도와 공간분해능의 측정에 사용되며, 측정방법은 ASTM E 2446에서 규정한다. 방사선투과 영상의 그레이스케일(Gray Scale)에서 두선을 구분하는 골의 높이가 20% 이상 즉, 표 3-1에서 번호를 찾아 그 번호에 해당하는 불선명도와 공간분해능을 읽는다.

그림 3-25는 이중선상질계에 대해 간접방사선 투과영상으로 그레이스케일에서 10번 선이 확인되었으며, 표 3-1에서 불선명도는 0.20mm, 공간분해능은 0.10mm로써 5.0 라인페어(Line Pair)로 평가되었다. 그림 3-26은 표준용접 시험편(PL 17575)의 디지털 촬영 이미지와 프로파일 분석 결과를 나타낸 것이다. 한편 그림 3-27은 디지털방사선 촬영에 사용되는 투과도계 및 계조계의 사진을 나타냈다.

표 3-2는 영국의 Sonaspection사에서 제작한 각종 표준용접시험편을 디지털방사선의 촬영 조건으로 촬영한 디지털 이미지와 엠보싱 처리한 것을 그림 3-28에 나타냈다.

엠보싱 처리를 통하여 결함의 판독 능력을 증가시키고 약간의 입체적으로 보이는 효과를

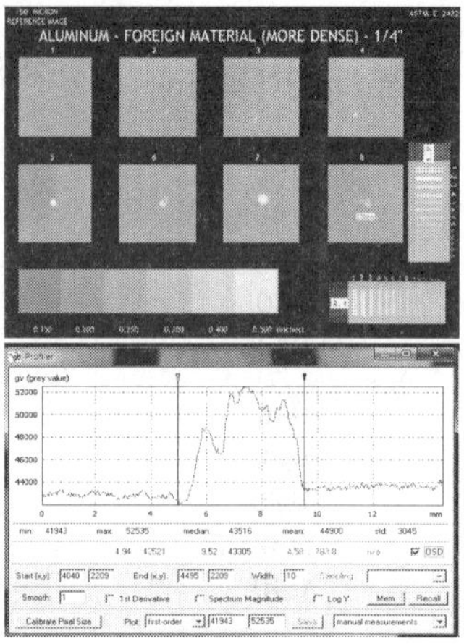


(a) 이물질 혼입의 정량적 길이 측정

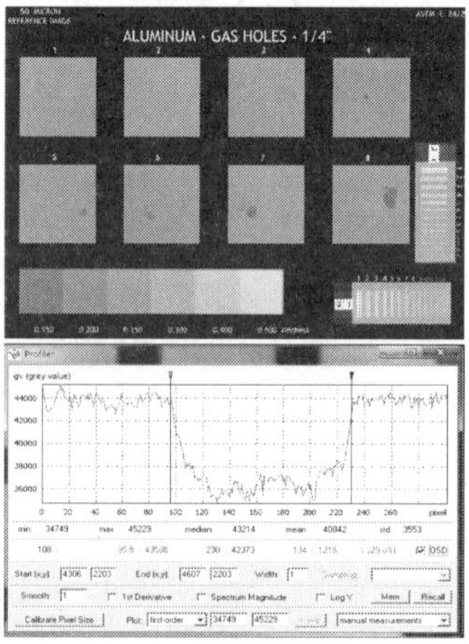


(b) 기공의 정량적 길이 측정

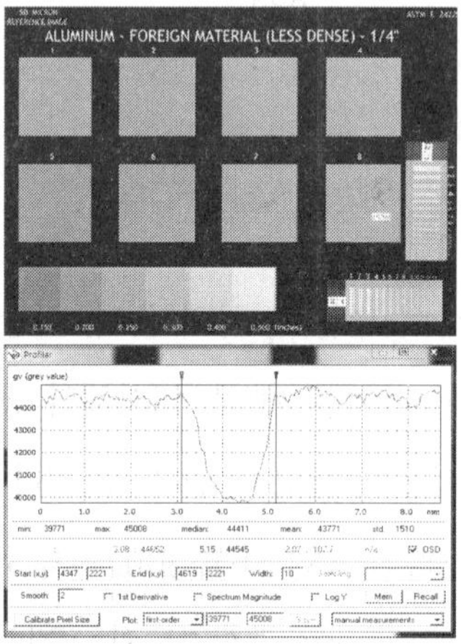


(c) 이물질 결함의 정량적 길이 측정

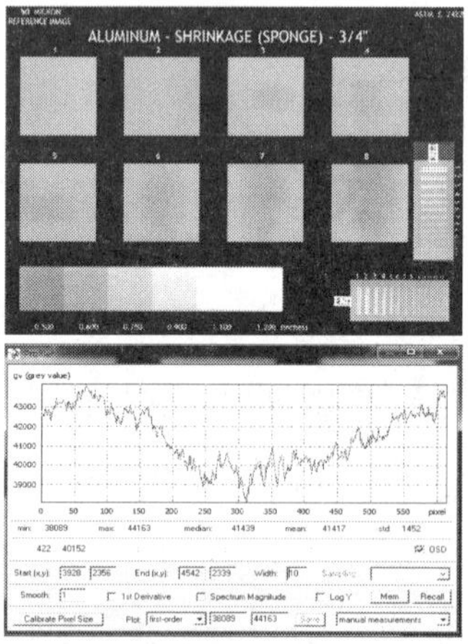


(d) 수축 결함의 정량적 길이 측정

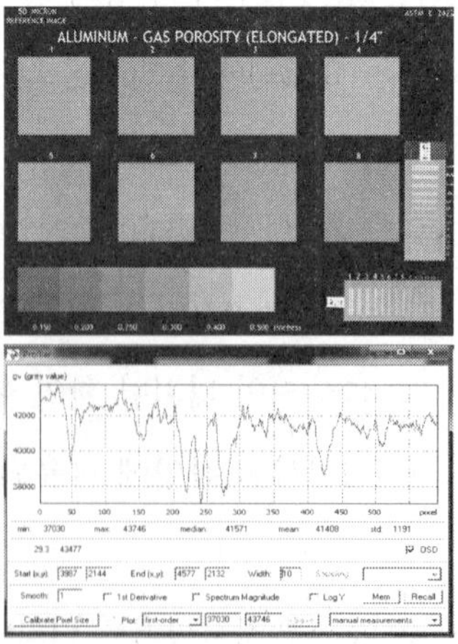


(e) 다공 기포성 결함의 프로파일 분석

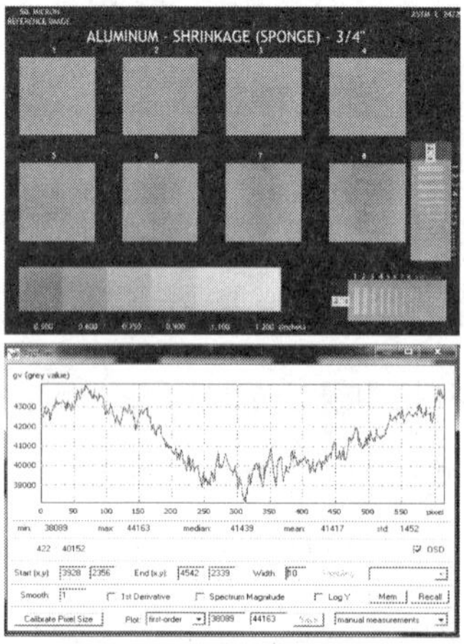


(f) 수축 결함의 프로파일 분석

**그림 3-25** ASTM E 2442 알루미늄 표준결함 시험편의 디지털방사선 측정

통해 결함의 공간적 분해능을 증대하였다. 한편 결함의 종류에 따라 디지털 이미지 처리를 다르게 하여 결함 형상 또는 방향에 따라 결함의 식별 능력을 높일 수 있다.

**표 3-2 표준용접시험편 및 촬영 조건**

| 구분 | 결함 종류 및 크기(mm) | | 촬영 조건 | SNR |
|---|---|---|---|---|
| PL17571 | 루트부 파임 | 18 | 250kV, 5mA, 90sec | 15.2 |
| | 기공 | 27 | | |
| PL17572 | 루트부 융합불량 | 23 | 〃 | 11.1 |
| | 루트부 균열 | 22 | | |
| PL17573 | 중심선 균열 | 15 | “ | 10.9 |
| | 언더컷 | 15 | | |
| PL17575 | 횡방향 균열 | 24 | 250kV, 5mA, 80sec | 8.6 |
| PL17577 | 융합 불량 | 100 | “ | 8.5 |
| | 루트부 용입 불량 | 25 | | |

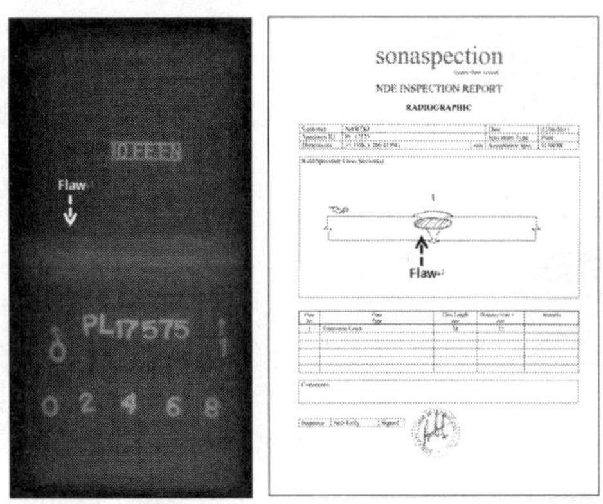


(a) 디지털 촬영 이미지와 표준결함 시험편 성적서

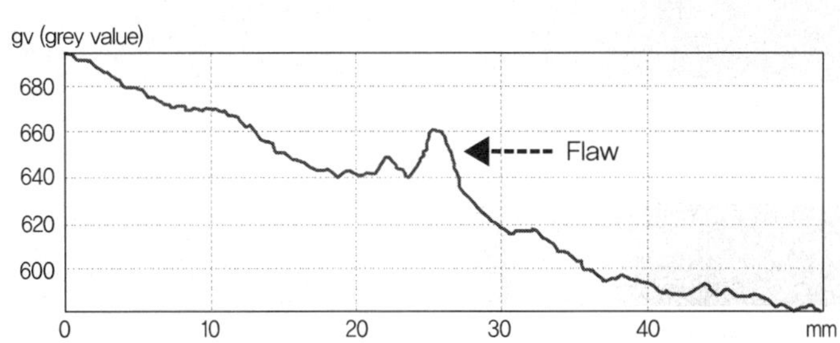


(b) 균열의 프로파일 분석 결과

**그림 3-26 표준용접시험편(PL 17575 횡방향 균열) 프로파일 분석**

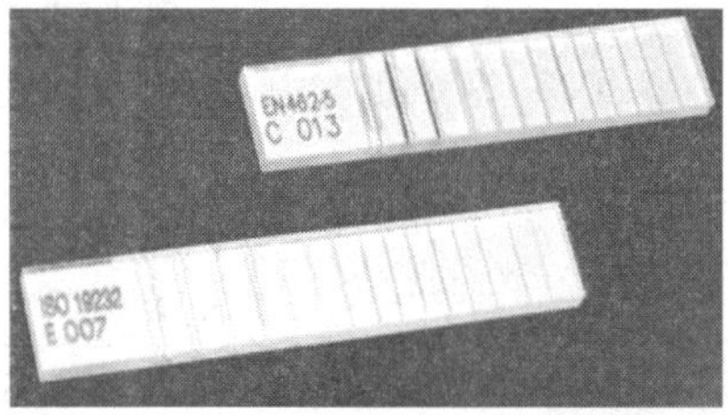


Duplex Wire Type IQI(EN 13068, EN 14784 및 ISO 13671, ISO 17636-2 ASTM E 2597)

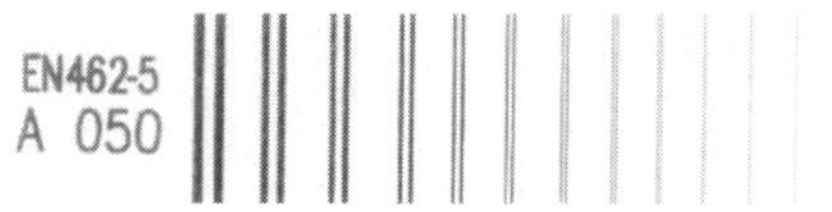


**그림 3-27** 디지털방사선 촬영용 투과도계

(가)디지털 이미지 (나)엠보싱 처리

(a) 표준용접시험편(PL 17571, 루트부 파임, 기공)

(가)디지털 이미지 (나)엠보싱 처리

(b) 표준용접시험편(PL 17572, 루트부 용합 불량, 루트부 균열)

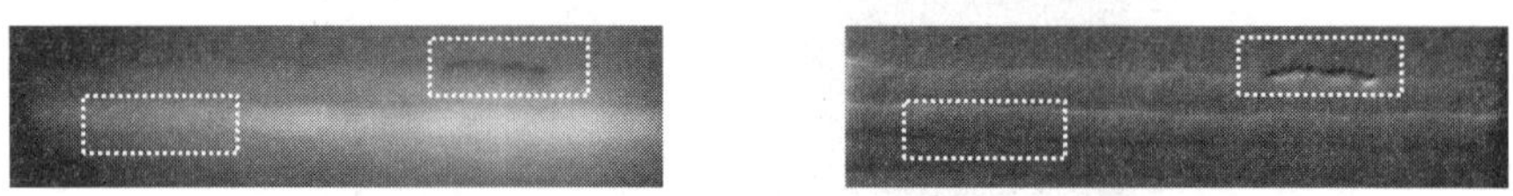

(가)디지털 이미지 (나)엠보싱 처리

(c) 표준용접시험편(PL 17573, 중심선 균열, 언더컷)

(가)디지털 이미지 (나)엠보싱 처리

(d) 표준용접시험편(PL 17575, 횡방향 균열)

(가)디지털 이미지 (나)엠보싱 처리

(e) 표준용접시험편(PL 17577, 융합 및 루트부 용입 불량)

**그림 3-28** 각종 표준시험편의 디지털 이미지와 엠보싱 처리

# 제4장 방사선탐상 작업

## 4.1 탐상 장비

방사선투과 작업을 위해서는 사전에 작업구역을 설정하고 외부인을 통제하는 안전요원의 배치와 방사선구역 표지판, 안전줄을 설치하여 안전한 작업구역을 확보해야 한다. 따라서 완전한 탐상작업을 위해서는 다양한 장비와 개인보호 장구 등이 필요하며, 이들은 크게 네 가지로 분류된다.

① 탐상 장비 : X선장치(제어장치, 케이블), 감마선 선원장치
② 보조 장비 : 필름, 증감지, 투과도계, 계조계, 카세트, 납글자, 콜리미터, 다이어프램 및 필터
③ 보호 장구 : TLD, 필름뱃지, 포켓도시미터, 알람도시미터, 개인경보기, 서베이미터, 납치마, 납장갑, 작업화
④ 통제 도구 : 방사선구역 표지판, 경고등, 야간 신호전등, 안전줄, 후레시, 휴대용 확성기, 호각 등

### 4.1.1 탐상 장비 결정

방사선 투과탐상의 장비는 요구하는 투과사진의 품질, 작업 및 취급에 편리성, 경제성 등을

고려해야 한다. 투과장비는 우선 시험편 두께 또는 재료에 따라 결정하며, 에너지 크기에 따라 X선 발생장치를 선택한다. 감마선원은 작은 직경에서도 전 원주방향으로 조사되어 초점-필름거리가 짧을 때 용이하며, X선보다 투과 능력은 크나 선명도가 떨어진다.

### 4.1.2 X선장치

#### (1) 구조적 특성

X선장치는 감마선원보다 고가이고 운전비용이 많이 들며 현장에서 이동성이 불편하여 제한을 받으나 감마선 투과사진보다 선명도 및 명암도가 우수하다. X선장치의 성능은 장치의 구조상 투과사진에 영향을 주는 요소로써 초점크기, 관전압, 관전류가 있으며, 인가전압을 변화시켜 실효에너지를 변화시킬 수 있다.

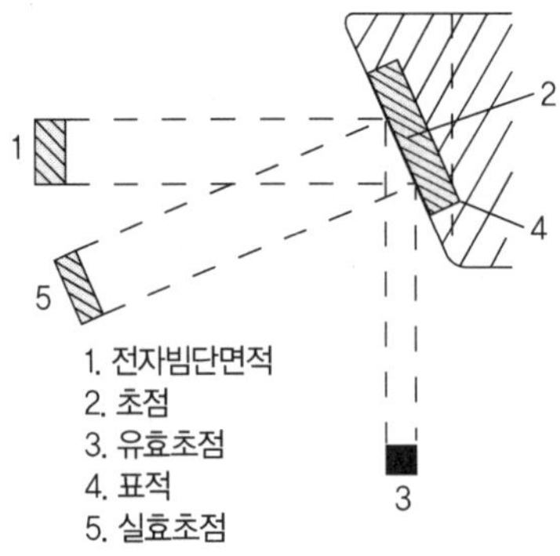


그림 4-1 유효 초점

(가) 초점 크기

초점크기는 결함 식별도에 큰 영향을 주며, 제작사는 초점크기가 2×2mm, 2.5×2.5mm 등으로 표시하나 형상 및 강도분포는 명시하지 않으므로 초점사진을 촬영하여 파악해 둘 필요가 있다. 보통 사용 설명서에서는 실효초점을 표시하며, 이것은 X선 조사면 중심의 초점크기를 의미한다.

실제 전 조사면내의 크기를 파악하기 위해서는 그림 4-2와 같이 다수의 핀·홀판에 의한 초점상을 촬영해야 한다. 조사면 전면에 걸친 범위로 종횡 등간격의 수행수열의 핀홀이 가공된 납판이 초점 X선이고, 필름간 거리의 1/2의 위치에서 촬영하면 각 조사방향의 실물 크기의

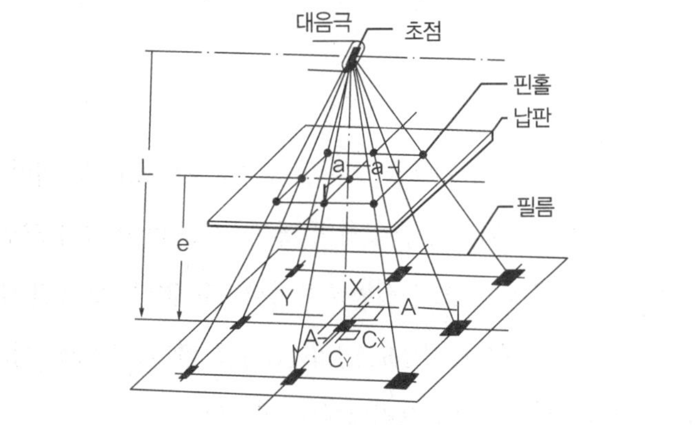


그림 4-2 다수 핀 홀(Pin Hole)판에 의한 초점의 촬영

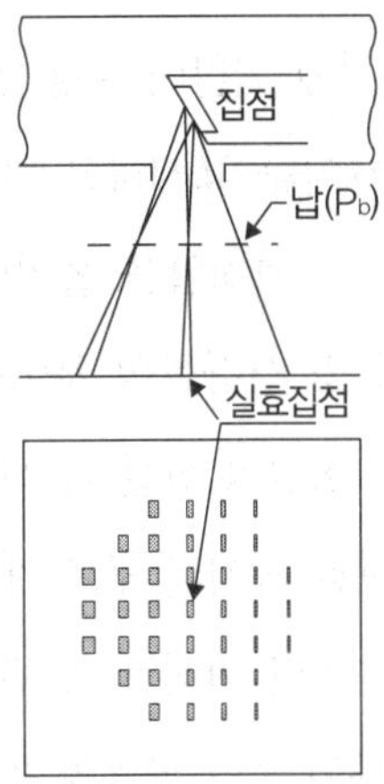


그림 4-3 조사면에서 초점 크기와 형상의 변화

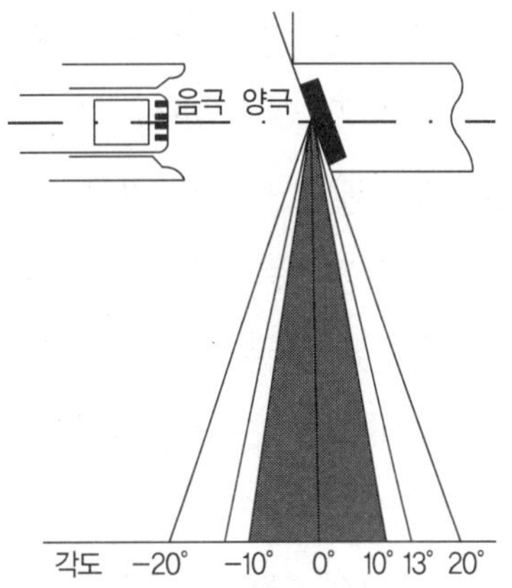


그림 4-4 경사 효과(Heel Effect)

초점사진이 찍힌다. 그 결과를 실측하면 여러 방향의 초점크기와 형상의 변화를 알 수 있다. 보통 0.3mm 납판에 직경 0.1mm의 핀 홀을 뚫어 사용하며, 관전압이 변화할 때 초점크기에는 큰 변화가 없으나 초점상의 농도분포가 달라진다. 감마선원 ($^{60}$Co, $^{137}$Cs)은 고에너지로써 투과력이 강하여 핀홀 판에 초점사진이 잘 찍히지 않아 제조사가 제시하는 선원크기를 적용해야 한다.

(나) 방사구

보통 휴대용 X선장치의 방사구는 구조상 X선관의 중앙 또는 한쪽에 치우쳐 있다. 이들은 작업조건, 시험 대상물의 형상, 사용 목적에 맞는 것을 선택하여 사용한다.

(다) 강도 분포

휴대형은 초점거리 600mm거리에 X선의 조사면은 400±50mm가 되며, 그 조사면내에서 X선 강도분포가 균일하지 않으나 되도록 균일하면 좋다. 분포의 변화가 크면 촬영사진의 농도가 불균일해지고 어떤 부분에서는 소요의 식별도를 얻을 수 없다. 조사면 내의 강도분포는 각도에 따라 차이가 있으며, 이를 경사효과(Heel Effect)라고 한다. 감마선 장치에서 경사효과와 같은 강도분포의 차이는 인지될 수 없어 고려대상이 아니다.

### (2) X선의 선질 표시

선질의 표시는 반가층, 파장, 에너지, 흡수계수 등이 사용되며, 선질 및 선량률을 수치적으로 표시하기 위해서는 실효전압 $kV_{eff}$ 및 R/min이 사용되나 측정에 귀찮아 실용상 관전압(kV) 및 관전류(mA)를 기준으로 한다. 즉, 관전압의 차이로 선질 차이를 표시하고 관전류의 차이로 선량률의 차이를 표시하게 된다. 그러나 관전류가 일정하여도 관전압을 올리면 선질이 변함과 동시에 선량률이 증가한다. 따라서 관전압의 변화는 선질 및 선량률의 차이를 나타낸다. 또한 관전압, 관전류 및 측정위치가 동일해도 X선장치가 다르면 X선의 선질 및 선량률이 달라진다. 이것은 X선장치의 고전압 발생법 차이로써 X선관 및 X선관 장치의 구조 재질에 의해 X선이 방사구에서 나올 때까지 흡수되는 방식의 차이 때문이다. 또한 관전압 및 관전류의 측정에 의한 오차도 그의 원인이 된다. 이와 같이 관전압 및 관전류와 X선 필름의 농도와의 관계는 매우 복잡하다. 경사효과(Heel Effect)는 방사선의 강도가 초점 표적면이 20도의 각도에서 최대효과를 나타낸다.

(가) 파장

일정 관전압에서 X선 발생될 때 다양한 파장이 동시에 발생되고, 이것은 파장에 연속적으로 변화하는 X선 집합체로 이를 백색 X선이라고 한다. 일정한 관전압에서 발생한 X선의 파장과 강도의 관계는 **그림 4-5**와 같다. 일정파장보다 짧은 파장의 X선은 존재하지 않으며, 그 파장을 최단파장이라고 한다. 그때 백색 X선의 강도는 관전류의 크기에 비례하여 X선 강도가 증가한다. 동일한 관전압에서는 관전류가 변화해도 최단파장은 변화하지 않으나 관전류를 일정하게 고정하고 관전압을 변화시키면 X선의 강도는 커지나 파장분포도 짧은 쪽으로 이동한다.

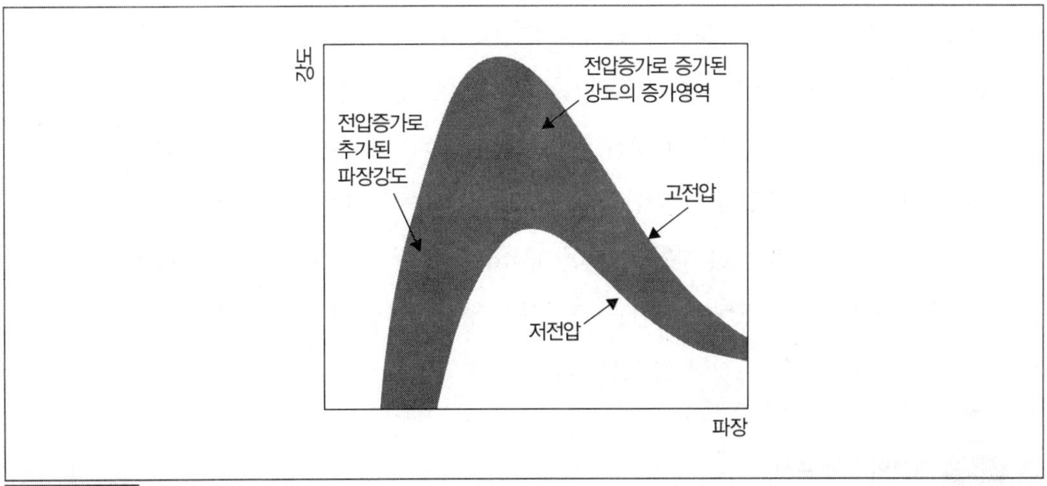


**그림 4-5** 관전압에 따른 X선 빔의 투과력 및 강도의 변화

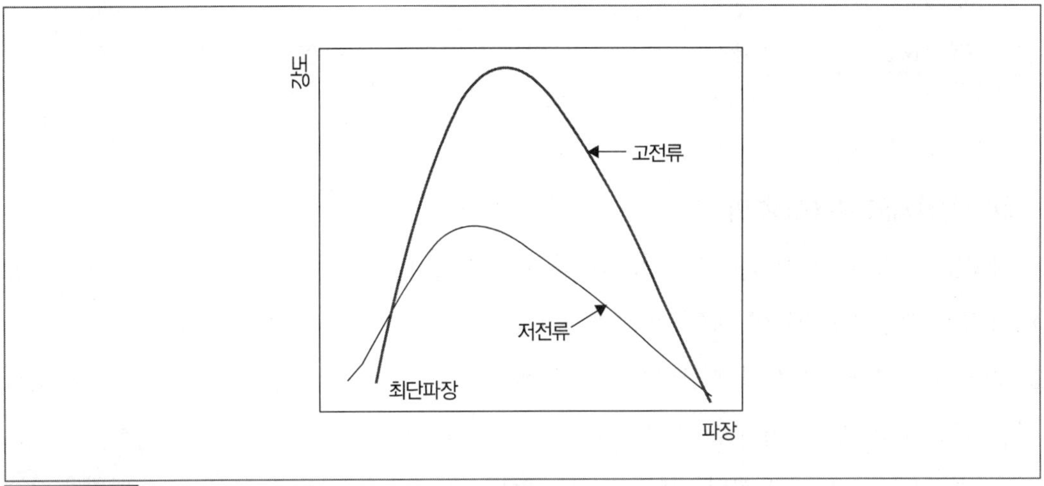


**그림 4-6** X선 빔강도에 대한 백색 X선 파장의 변화(고전류가 저전류의 2배)

그림 4-6은 두 가지 다른 전류로 작동되는 X선관의 X선 방출곡선으로 상부곡선이 하부곡선에 비해 전류가 2배 높은 경우로써, 각 파장에서의 강도는 전류가 높은 쪽이 2배가 된다. 한쪽 빔에서 존재하지 않은 파장은 다른 쪽에서도 전혀 존재하지 않아 X선 선질 또는 투과력에는 변화가 없다. X선관에 적용되는 전압은 선질 및 빔 강도에 영향을 주며, 전압이 높을수록 단파장의 X선이 생성되어 투과력이 증가한다. 고전압에서는 저전압에서 나타나지 않은 단파장이 존재한다.

(나) 투과력

그림 4-6에서 두 개의 스펙트럼을 비교해 보면 X선의 강도분포는 관전류에 비례하여 각

파장의 강도가 변화하나 파장분포는 변화하지 않아 이때 선질은 동일하다고 할 수 있다. 이와 같이 관전압이 다르면 X선의 선질은 달라지고, 관전압이 동일할 때 판 두께의 증가에 따라 전 강도가 저하하고 감쇠하며 파장이 짧은 쪽으로 옮겨간다. 이것은 각 파장이 긴 부분은 짧은 부분 보다 에너지가 적어 흡수되기 쉽기 때문이다. 따라서 X선이 물질에 투과하는 난이를 정성적으로 표시하며, 투과가 쉬우면 "경 X선"(Hard X-Ray) 어려우면 "연 X선"(Soft X-Ray)라고 한다. 즉, 어떤 두께의 물체에 X선을 조사시켜 투과되었을 때, 현저히 약화되는 것이 연한 X선이고, 잘 약화되지 않는 것이 경 X선이다.

표 4-1 X선의 선질 표시

| 구분 | 파장 | 투과력 | 반가층 | 에너지 |
|---|---|---|---|---|
| 연한 X선 | 길다 | 약함 | 얇다 | 낮다 |
| 경한 X선 | 짧다 | 강함 | 두껍다 | 높다 |

### (3) X선장치의 운용상 주의

장치는 콘센트나 플러그를 항상 청결히 유지하며, 접지를 확실히 해야 한다. 사용전원의 상태에 주의하여 전압변동이 심할 경우 계기의 감시를 철저히 해야 한다. 휴즈가 단선될 경우 소정의 휴즈 이상을 사용하지 말아야 하며, 장치 사용에 있어서는 제작사 카다로그에서 제시하는 최초 소요 관전압까지 곧 바로 올리지 않고 단계적으로 승압하여 소정의 관전압까지 올리는 예열(Aging)을 해야 한다. 최근 디지털 장비들은 별도의 가능을 두어 예열시 바로 승압이 가능하게 할 수 있다. X선 발생장치의 운반은 장치에 충격을 주지 않도록 주의해야 한다.

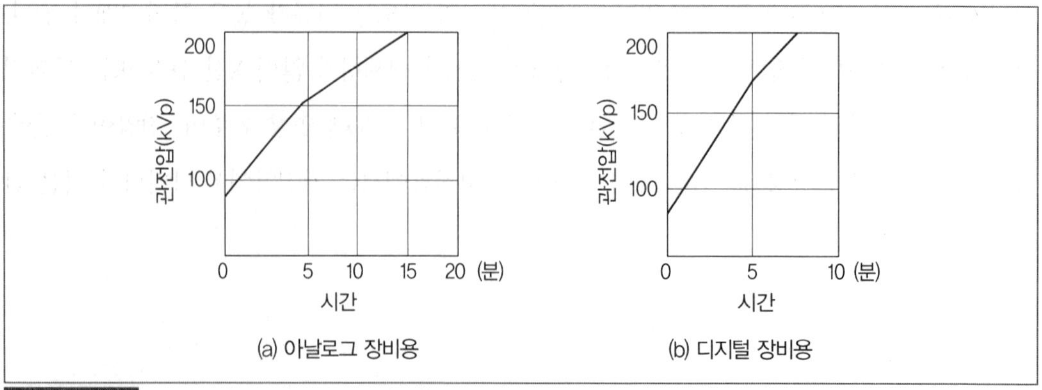


그림 4-7 200kVp의 X선장치의 사용전 예열 조건

### 4.1.3 감마선 선원

외부 전원이 없는 장소에서 사용이 가능하므로 현장에서 많이 사용되며, 작은 직경에서도 360도로 투사가 가능하다. 또한 장비의 취급 및 보수가 간단하고 초점-필름거리가 짧은 경우에 적당하며 안전관리를 철저히 해야 한다. 감마선은 에너지를 변화시킬 수 없어 필요에 따라 적절한 에너지의 감마선원을 선택해야 한다. 즉, 투과 능력은 사용하는 동위원소에 따라 다르고 반감기가 짧은 동위원소는 교환하는데 가격이 비싼편이다. 비파괴검사용으로 많이 사용되고 있는 감마선원에 특성에 대해서는 표 4-2와 같다.

**표 4-2** 비파괴검사용 감마선원의 특성

| 동위 원소 | 특 성 | | | | |
|---|---|---|---|---|---|
| | 화학식 | 반감기 | 감마선(MeV) | R/hr-m/Ci | 강판 투과능력(mm) |
| 이리듐($^{192}Ir$) | Ir | 74.5일 | 0.31, 0.47, 0.60 | 0.55(125) | 76 |
| 코발트($^{60}Co$) | Co | 5.3년 | 1.33, 1.17 | 1.35(310) | 230 |
| 세슘($^{137}Cs$) | CsCl | 30.2년 | 0.66 | 0.34(80) | 90 |
| 토륨($^{170}Tm$) | $Tm_2O_3$ | 127일 | 0.084, 0.052 | 0.003(0.7) | 13 |

* Rhm : 1Ci의 선원에서 1m 떨어진 곳에 1시간당 선량률로써 작업시 피폭선량 확정, 차폐체의 차폐효과 산출 위해 사용

## 4.2 촬영 재료

방사선 사진촬영에 있어서 다양한 크기의 필름과 각 필름크기에 따른 카세트, 증감지가 기본적으로 사용된다. 기타 필름상에 기록하기 위한 납글자가 사용된다. 또한, 방사선 투과사진 상질의 요구조건의 만족여부를 확인하기 위해 선 및 유공형태의 투과도계, 계단상 두께 차가 있는 계조계와 정사각형 형태의 계조계가 사용된다. 또한, 산란방사선을 필름에 대해 차단하고 필름감도를 높이기 위해 증감지를 사용한다.

### 4.2.1 필름(Film)

#### (1) X선 필름 특성

방사선 투과검사에 사용되는 필름은 고분자 셀룰로이즈 및 폴리에스테르 기지에 도포된

할로겐화은이 빛에 노출되면 검게 되는 일반 사진필름과 유사하다. 일반 필름이 빛이 쪼이면 할로겐화은(AgBr)이 미립자상의 은으로 환원되며, X선은 유제중의 원자에 충돌하고 거기서 발생하는 전자가 빛과 같은 작용을 하여 잠상을 만든다. 빛과 달리 방사선은 유제에 흡수되기 어려워 빛 보다 감도가 저하되므로 일반사진의 필름은 유제가 기지의 한 면에만 도포되어 있으나, 방사선 사진필름은 양면이 두껍게 도포되어 있다. 또한 최근에는 감도를 높이기 위해 한 면에만 도포된 필름도 시판되고 있다.

### (2) 필름의 로딩작업

필름은 빛이나 방사선에 의해 노출되지 않고 외적인 힘, 마찰, 정전기에 인하여 변화 될 수 있으므로 주의해야 한다. 우선 필름통에서 꺼내 카세트에 증감지와 함께 넣는 로딩(Loading) 작업을 하는데 있어 건조된 손으로 취급하고 필름의 모서리를 잡고 작업해야 한다. 필름을 필름통에서 꺼내거나 촬영 후, 카세트에서 꺼낼 경우 너무 빨리 빼내면 정전기가 발생하여 그로 인한 새 발자국 모양의 정전기 무늬가 나타날 수 있다.

### (3) 필름 관리

필름을 촬영할 때는 로딩된 카세트에 구부러짐, 압축 및 충격이 일어나지 않게 하며, 방사선에 노출되지 않도록 방사선원과 멀리 두거나 차폐하여 감광되는 것을 방지해야 한다.

방사선의 감광작용은 가시광선보다 미약하여 필름감도의 향상을 위해 필름 기지의 양면에 사진유제를 도포한다. 실제 방사선 사진촬영에 있어서 필름양면에 증감지를 사용하여 감도를 높인다. 공업용 필름은 금속박막 증감지용 필름과 형광증감지용 필름으로 구분된다. 공업용 필름의 금속박막 증감지용 필름은 감도와 입상정도에 따라 표 4-3과 같이 구분된다.

한편, 형광증감지용 필름은 별도로 사용되고 있다. X선 필름특성은 감도가 낮은 필름 일수록 입상성은 세밀하고 감도가 높아질수록 입상성은 거칠게 된다.

**표 4-3** 감도 및 입자에 따른 필름의 구분

| 분류 | Fuji | Agfa | Carestream |
|---|---|---|---|
| 저감도용, 초미립자 필름 | $I_x$150, $I_x$80 | D4, D5 | MX125, T200 |
| 중감도용, 미립자 필름 | $I_x$100 | D7 | AA400 |
| 고감도용, 조립자 필름 | $I_x$150 | D8 | HR800 |

### (1) 사진 농도

필름의 투과농도는 필름의 검은 정도를 나타내는 것으로 필름에 빛이 쪼이면 필름이 검게 되며 필름이 검을수록 투과도가 약해진다. 사진농도는 X선 필름에 입사광의 광량 $L_0$에 대해 필름투과후의 빛의 광량 $L$과의 비를 나타낸다. 이것은 X선 필름에 조사된 X선량과 사진농도의 관계로써 이들의 관계에서 투과농도 $D$는 다음과 같다.

$$D = \log_{10}\left(\frac{L_0}{L}\right) \tag{4.1}$$

상용대수는 밑을 10으로 하는 대수로써 어떤 수가 10의 몇 승에 상당하는 몇승이 그 수의 상용대수이다. 만일 투과광이 입사광의 1/10로 약화되었다면, $L_0/L=10$가 되어 다음과 같이 표시되며 농도가 1이 된다.

$$D = \log\left(\frac{L_0}{L}\right) = \log_{10}(10) = 1.0 \tag{4.2}$$

### (2) X선 필름의 성질

(가) 특성곡선

X선 필름특성을 나타내는 곡선으로 **그림 4-8**과 같은 필름특성곡선이 있으며, 투과농도 $D$와 노출량 대수($\log\ E$)의 관계를 갖는다. 특성곡선은 감도, 명암도 등을 나타내기 위하여 사용되며, 촬영조건의 결정을 위해 노출선도의 작성, 노출조건의 변경에도 사용된다.

특성곡선은 필름의 종류에 따라 다르고 스크린을 사용하지 않는 필름과 스크린용 필름으로 구분된다.

(나) 감도

특성곡선의 일정한 농도에서 X선량을 R로 할 때 그의 역수 1/R을 구하면, 그 농도에 대한 감도를 얻을 수 있다. X선의 경우 실용적으로 선량의 상대치를 사용하는 경우가 많고 감도도 상대 비 감도로 표시한다. 노출량, 현상처리를 동일조건에서 수행한 여러 종류의 필름중 한 종류의 필름을 기준으로 하여 감도를 표시한다.

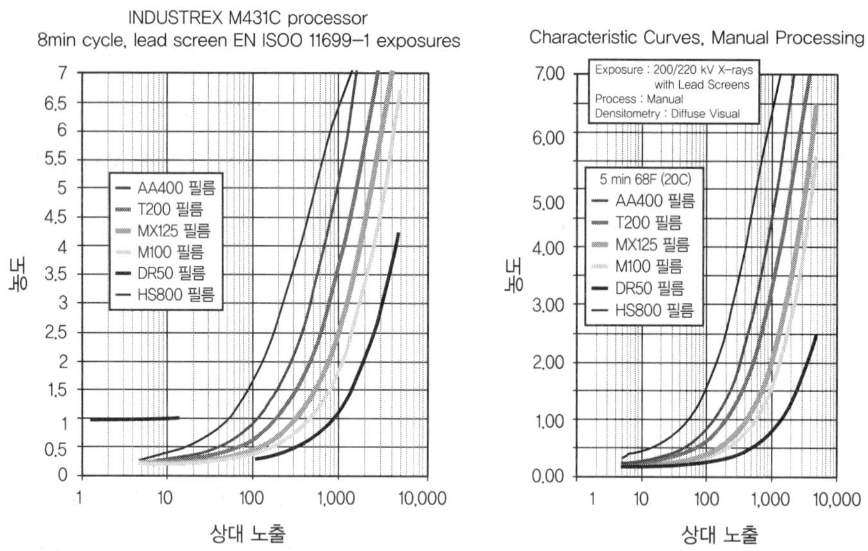


(a) 자동현상용 특성곡선 (b) 수동현상용 특성곡선

**그림 4-8** 필름의 특성곡선

(다) 필름명암도

그림 4-9의 특성곡선에서 어떤 농도 $D_1$ 및 $D_2$를 잇는 직선을 긋고, 그 직선의 구배 $\tan\alpha'$를 $\bar{\gamma}$로 표시하면 다음과 같으며, $D_1$ 및 $D_2$간의 평균필름의 명암도를 표시할 수 있다.

$$\bar{\gamma} = \tan\alpha' = \frac{D_2 - D_1}{\log E_2 - \log E_1} \tag{4.3}$$

농도 $D_1$에 관계하는 특성곡선의 접선구배를 구하여 그것을 $\gamma$로 표시하고 농도 $D_1$에서의

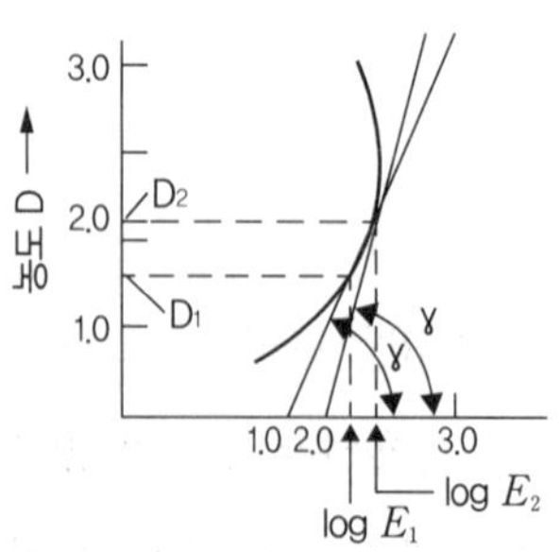


**그림 4-9** 필름명암도

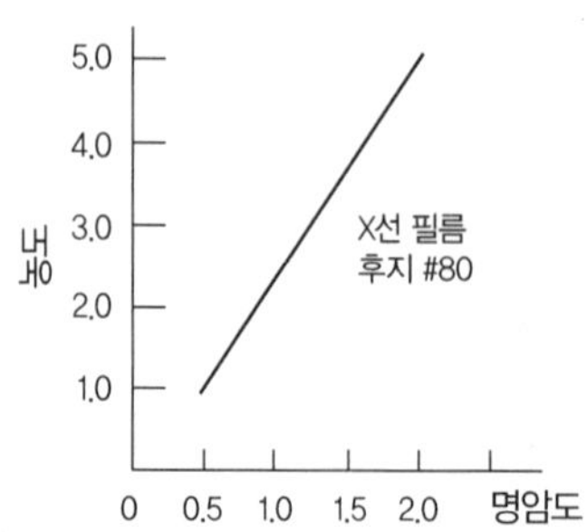


**그림 4-10** 농도와 필름명암도의 관계

필름명암도로 한다.

$$\gamma = \tan \alpha \tag{4.4}$$

여기서 투과사진에서 필름의 농도차를 명암도와 구별하기 위해 필름 특성을 표시할 경우 $\gamma$를 필름명암도라고 한다.

(라) 필름의 입상성

X선 사진상은 매우 작은 현상은(現象銀) 입자로 구성되어 있으나 이것은 육안으로 볼 수 없고 광학현미경으로 관찰된다.

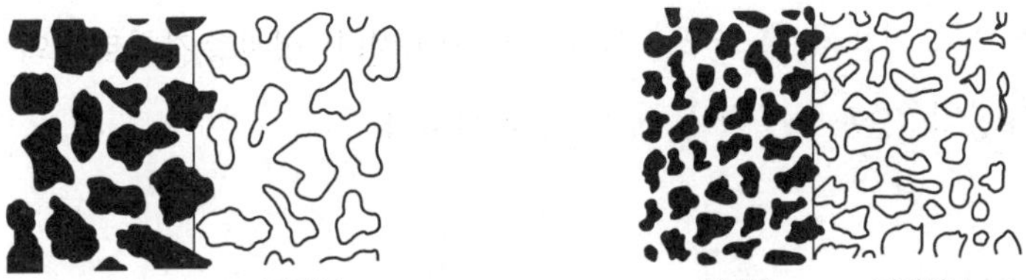


그림 4-11 필름의 입도

표 4-4 필름의 입상성(ASTM 기준)

| 필름 종류 | 감광 속도 | 명암도 | 입상성 |
|---|---|---|---|
| TYPE Ⅰ | 느림 | 매우 높음 | 매우 낮음 |
| TYPE Ⅱ | 중간 | 높음 | 낮음 |
| TYPE Ⅲ | 빠름 | 중간 | 높음 |
| TYPE Ⅳ | * 매우 빠름(형광스크린 사용시) | * 매우 높음(형광스크린 사용시) | – |

### 4.2.2 증감지

방사선 투과사진을 촬영할 때 필름만을 사용하면 능률이 떨어지고 장시간의 노출, 또는 고전압의 X선 사용이 필요하다. 증감지는 X선 필름의 감도 향상을 위해 사용되며, 금속박 증감지로써 원자번호가 높은 중금속이 이용될 수 있으나 보통 납 박막이 사용된다. 방사선 촬영할 때 바닥, 측면을 부딪친 후 산란되는 2차 산란방사선의 사진작용을 차단하기 위해

0.03~0.3mm의 얇은 납 박막이 사용된다.

방사선 에너지에 따라 증감지의 사용두께를 선택해야 하며, 300kV 이하의 X선은 0.03mm가 사용된다. 따라서 증감지를 필름의 양측에 밀착시켜 사용하고 방사선 에너지를 유효하게 이용하도록 활용해야 하며, 증감지의 종류에는 형광증감지, 금속박증감지, 금속형광증감지가 있다.

### (1) 형광증감지

형광증감지는 기지재에 텅스텐칼슘($CaWO_4$)과 같은 형광물질을 도포하여 형광체의 발광에 의한 증감을 충분히 이용하거나, 형광체가 방사선에너지를 흡수하여 가시광선으로 변환시킨다. 또한 소용량의 X선장치로 두꺼운 시험체의 검사가 가능하고 작업능률을 향상시키며, 검사비용의 절감목적으로 이용되기도 하나 식별도가 떨어진다. 형광증감지로써의 성능은 감도, 명암도, 입자성, 해상력, 잔광내구성 등에 의해 결정한다.

### (2) 금속박증감지

금속박증감지는 주로 기지재에 얇은 납 박막을 입힌 것으로 산란선의 저감효과가 우수하여 고정도 검사에 사용된다. 방사선에 의해 금속박에서 발생되는 2차전자에 의한 증감작용을 이용한 것으로 0.03~0.3mm의 납판이다.

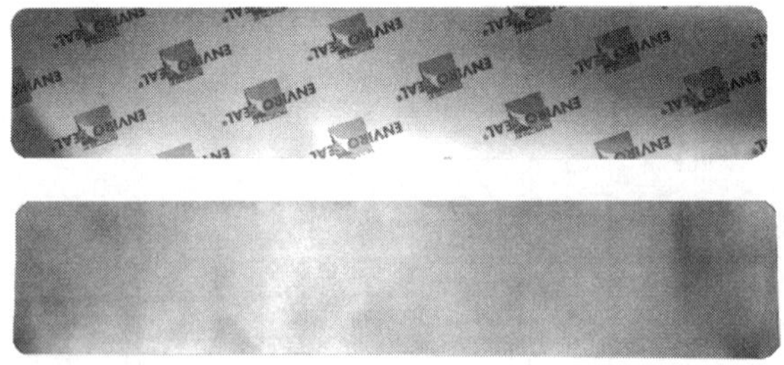

그림 4-12 금속박증감지

### (3) 금속형광증감지

기지재의 형광물질 사이에 금속박이 들어가서 형광증감지의 높은 증감율과 금속박증감지에 의한 산란선의 저감효과를 동시에 얻는 목적으로 사용된다. 얇은 것에서 두꺼운 것까지

**표 4-5** 방사선 투과검사에 사용되는 연박증감지의 두께

| X선장치 및 감마선원 | 에너지 | 연박증감지의 두께(mm) | |
|---|---|---|---|
| | | 전면 | 후면 |
| 400kVp 이하 공업용 X선장치 | 400kVp이하 | 0.03mm | 0.03mm |
| 1000kVp 공진변압기형 X선장치 | 1000kVp | 0.03~0.3mm | 0.03~0.3mm |
| 공업용 라이낙, 베타트론 | 3MeV | 0.5~1.0mm | 0.5~1.0mm |
| $^{192}Ir$ | 0.31~0.06MeV | 0.03mm | 0.03mm |
| $^{137}Cs$ | 0.66MeV | 0.1mm | 0.1~0.3mm |
| $^{60}Co$ | 1.17~1.33MeV | 0.1~0.3mm | 0.1~0.3mm |

용접부, 두께 차가 큰 주물제품 등 광범위하게 시험체 촬영에 사용된다.

### 4.2.3 투과도계(IQI, Penetrameter)

투과도계는 원칙적으로 시험체와 동일한 재질로 제작된 것을 원칙으로 하며, 시험물 위에 배치하여 투과사진 상질의 만족여부를 판단하기 위하여 계조계와 함께 사용된다. 투과도계는 형상에 따라 선형(Wire Type)과 유공형(Hole Type)이 있다.

투과사진 상질의 필요조건은 촬영한 시험체의 모재 두께를 식별해야 하는 최소 선직경이 각각 규격으로 규정되어 있다. 선형은 직경이 다른 7개의 선이 선흡수계수가 작은 플라스틱과 같은 재질에 선의 직경 굵기는 굵은 것부터 1.25($\sqrt[10]{10}$)배의 비율로 순서대로 나열되어 있다. 그림 4-13(a)의 04F는 선의 재질(F : 철, A : 알루미늄, S : 스테인리스강)이고, 04는 최대의

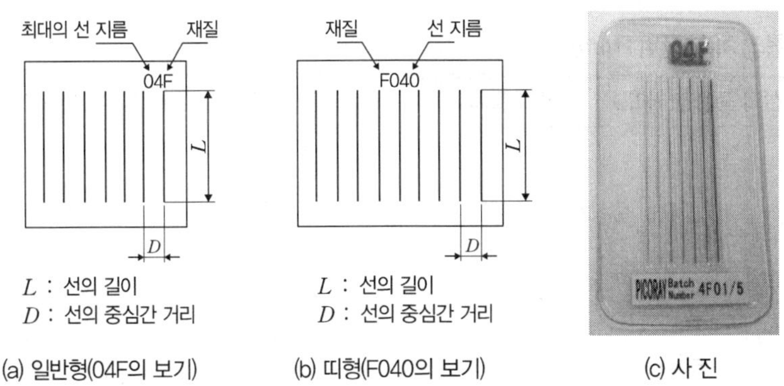

(a) 일반형(04F의 보기) (b) 띠형(F040의 보기) (c) 사 진

**그림 4-13** 선형 투과도계

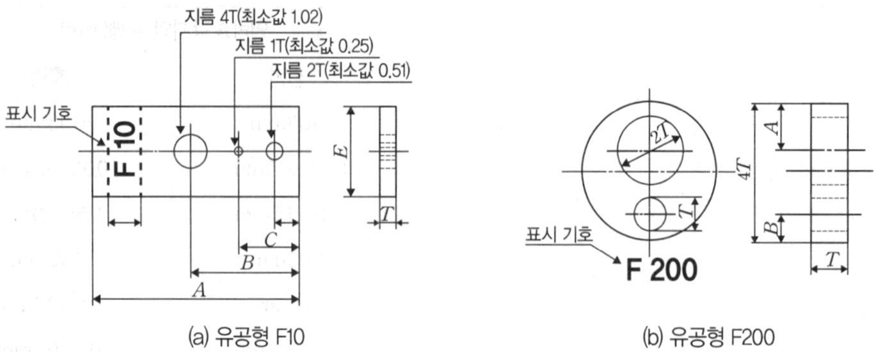


그림 4-14 유공형 투과도계

표 4-6 일반형 투과도계(단위 : mm)

| 호칭번호(1) | 선지름 및 선지름의 계열 | 선의 중심간 거리 | 선의 길이 |
|---|---|---|---|
| 02X | 0.05 0.063 0.08 0.10 0.125 0.16 0.20 | 3 | 25 이상 |
| 04X | 0.10 0.125 0.16 0.20 0.25 0.32 0.40 | 3 | |
| 08X | 0.20 0.25 0.32 0.40 0.50 0.63 0.80 | 4 | |
| 16X | 0.40 0.50 0.63 0.80 1.0 1.25 1.6 | 6 | |
| 32X | 0.80 1.0 1.25 1.6 2.0 2.5 3.2 | 10 | |
| 63X | 1.6 2.0 2.5 3.2 4.0 5.0 6.3 | 15 | |

표 4-7 띠형의 호칭번호 및 선 지름(단위 : mm)

| 호칭 번호 | X005 | X006 | X008 | X010 | X012 | X016 | X020 |
|---|---|---|---|---|---|---|---|
| 선지름 | 0.05 | 0.063 | 0.08 | 0.10 | 0.125 | 0.16 | 0.20 |
| 호칭 번호 | X025 | X032 | X040 | X050 | X063 | X080 | X100 |
| 선지름 | 0.25 | 0.32 | 0.40 | 0.50 | 0.63 | 0.80 | 1.00 |

표 4-8 띠형의 치수(단위 : mm)

| 호칭번호 | 선의 중심간 거리D | 선의 길이L |
|---|---|---|
| X005 | 2.5 | 25 이상 |
| X006 | | |
| X008 | | |
| X010 | 5 | |
| X012 | | |
| X016 | | |
| X020 | | |

| 호칭번호 | 선의 중심간 거리D | 선의 길이L |
|---|---|---|
| X025 | 5 | 25 이상 |
| X032 | | |
| X040 | | |
| X050 | | |
| X063 | | |
| X080 | | |
| X100 | | |

선 직경(0.4mm)을 나타낸다. 기타 알루미늄 시험재, 스테인리스강 시험재, 주강제품에 대해서도 규정되어 있으나 재질만 다르고 선지름의 계열, 사용재료의 두께범위 등은 공통이다.

보통 시험체 두께의 2%에 상당하는 투과도계 부분으로 식별되면 좋은 것으로 보며, 특히 중요한 구조물은 1.4% 또는 1%로 한다. 일본은 강구조물에서에서 규격(JIS Z3104)은 중요한 구조물에 대해서만 적용되는 특급의 상질을 규정하고, 재질 100mm 이하는 1.5%이하, 100mm 이상은 1.3% 이하를 요구하고 있다.

### 4.2.4 계조계(Contrastmeter)

계조계는 투과사진의 상질을 관리하고 규정하는데 원래 투과도계만 사용하였으나, 투과도계 식별은 관찰자 및 관찰조건에 따른 개인차가 커서 불충분하여 투과사진의 명암도를 규정하고, 투과사진의 상질관리를 확실히 하기위해 사용된다.

계조계는 1단형 판상과 계단형 계단상이 있으며 KS B 0845(강 용접), KS D 0242(알루미늄)에 규정되어 있다. 계조계는 용접선을 따라 모재면 위에 놓고 촬영하며, 계조계의 평가는

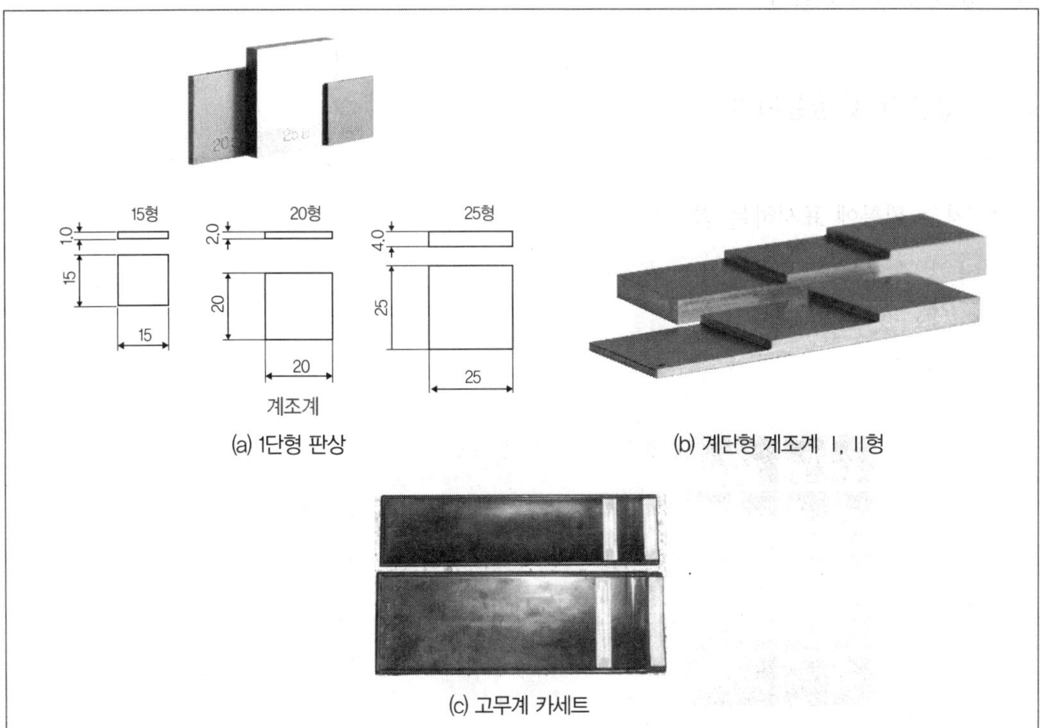


그림 4-15 계조계 및 고무계 카세트

농도계의 측정치로 산출하므로 개인차에 의한 영향이 없고 객관적인 평가가 가능하다. 촬영한 투과사진에서 1단형은 계조계의 중심부 농도 및 부근의 모재부 농도를 측정하여 농도차를 구한다. 계단형은 각 단의 중심부 농도를 측정하고 농도차를 구한다. 이들 농도값을 이용하여 투과사진의 상질을 평가한다. 일본 규격(JIS Z 3104)에서 규정하는 모양은 Ⅰ형 및 Ⅱ형이 있고 강재 시험에서는 일반 구조용 압연강재를 사용하며, 그의 형태는 **그림 4-15(b)**와 같다. 치수 허용차는 두께에 대해서는 ±0.02mm, 폭 및 길이에 대해서는 ±0.5mm이다.

### 4.2.5 카세트(Cassette)

필름과 증감지를 넣어 사진촬영에 사용하는 것으로 X선 필름은 빛에도 감광되므로 촬영할 때 빛에 감광되지 않고, X선만 감광되도록 만든 필름 주머니이다. 종류에는 선원측에 에보나이트와 같은 선흡수계수가 작은 재료로써, 주머니는 경합금으로 만들어진 금속카세트와 곡면상의 시험체 형상에 밀착이 용이하도록 되어 있는 고무계의 플렉시블 카세트가 있다. 플렉시블 카세트는 필름과 증감지의 밀착이 잘 되지 않거나 부주의 하면 압력마크가 생기기 쉬우므로 사용시 주의해야 한다.

### 4.2.6 납글자 및 필름마커

납글자는 필름에 표시하는 촬영제품, 촬영일자, 기타 표시하고자 하는데 사용되는 납재료로 된 문자 및 숫자이다. 필름마커는 촬영된 투과사진이 제품의 위치를 판별하기 위해 촬영할 때 필름에 찍어 넣을 필요가 있다. 투과력이 큰 감마선 $^{60}Co$에는 필름마커의 납재는 3mm 이상이

그림 4-16 납 글자

**표 4-9** X-선원과 감마선원의 적용상 상호 비교

| 항목 | X-선원 | 감마선원 |
|---|---|---|
| 투과력 | 낮음 | 높음 |
| 감도 | 우수 | 낮음 |
| 분해능 | 우수 | 낮음 |
| 노출시간조절 | 용이 | 불편(수시조정) |
| 이동성 | 불편 | 편리 |
| 전원 | 필요 | 불필요 |
| 안전관리 | 용이 | 곤란 |

되어야 한다. 마커에 집어 넣을 내용은 공사번호, 시험체의 기호, 시험부위의 표시 기호번호, 시험체 두께, 현물위치를 파악하는 화살표 및 유효범위, 촬영일자, 필름의 일련번호 등이다.

### 4.2.7 산란선 방지의 장비

#### (1) 콜리미터

콜리미터(Collimator)은 다이어프램(Diaphram), 콘(Cone) 등이 있으며, 이들은 방사선을 필요한 방향으로만 조사하고 나머지 부분은 차폐하여 산란방사선을 줄이는데 사용된다.

#### (2) 마스크

마스크(Mask)는 시험체 주위에서 발생하는 모든 산란선을 흡수하기 위해 구리, 철가루, 납판 등을 시험체 주위에 쌓아 두는 것을 말한다.

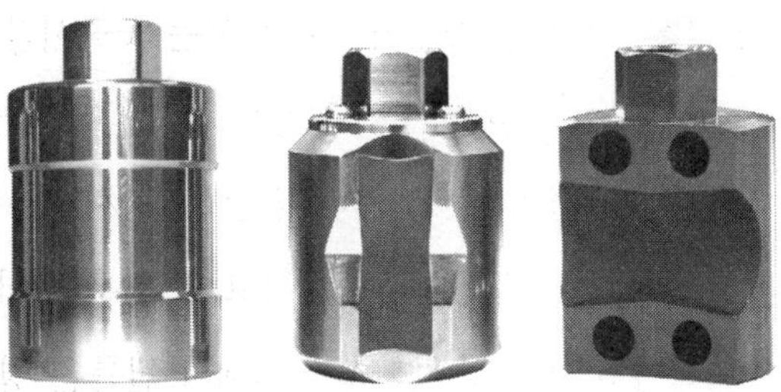

(a) 360° (b) 60° (c) 90°

**그림 4-17** 각종 콜리미터

### (3) 필터

필터(Filter)는 수 mm정도의 구리, 납을 선원과 시험체 사이에 배치하여 에너지가 낮은 방사선이 산란을 일으키기 쉬운 연(軟)방사선을 차단하는 역할을 한다.

### 4.2.8 마그네틱 척

현장에서 시험체의 형상에 따라 카세트를 일정 위치에 설치해야 할 경우가 있으며, 그 때 카세트를 장착하기 위해 만들어진 도구이다. 영구자석을 이용하고 지지부에는 레버를 부착하여 필름에 누른 자국이 생기지 않도록 제작되어 있다.

그림 4-18 마그네틱 척

## 4.3 탐상 작업

### 4.3.1 최적의 사진

선원, X선 필름 및 시험체와의 거리를 결정하기 위해서는 노출시간 및 투과사진의 흐림 정도 등 다양한 인자가 영향을 주므로 일률적으로 결정하기에는 어렵다. 흐려짐에 영향을 주는 요소는 기하학적 조건에 의한 반영의 영향, 필름의 입상성, 반사선의 에너지 및 산란선의 영향이 있다. 선명한 상을 얻기 위하여 광원의 크기는 작고, 선원은 멀어져야 하며, 필름은 물체와 밀착하고, 선원은 필름과 수직방향을 유지하고 시험체와 필름은 평행이어야 한다.

방사선 사진의 상질(Image Quality)에 영향을 주는 인자로는 상의 휨(Distortion), 선명도(Definition), 명암도(Contrast), 농도(Density)가 관련된다. 우수한 상질을 얻기 위해 방사선

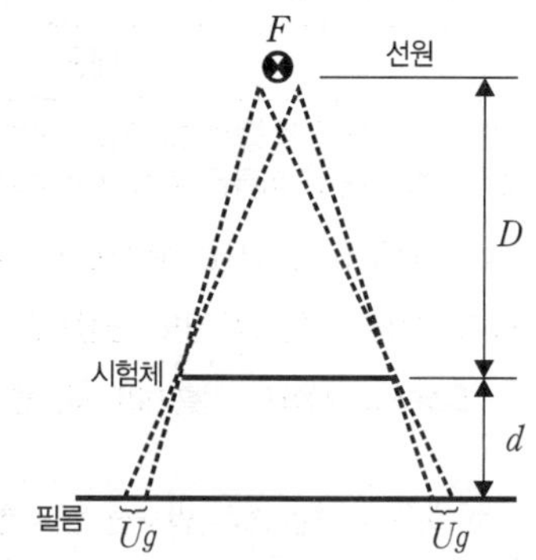


그림 4-19 기하학적 불선명도

선원의 선택, 노출조건의 결정, 증감지의 선택, 현상조건, 최상의 사진품질을 얻을 수 있는 적당한 장비를 사용해야 한다. 양호한 방사선 사진은 상의 휨 량이 작고 시험물 내부결함이 그대로 나타나야 한다. 선원과 필름은 수직으로 위치하고 물체와 필름은 평행을 유지하며, 선원이 작을수록 기하학적 불선명도가 감소한다. **그림 4-19**에서 그림자가 흐릿한 반음영대 부분이 기하학적 불선명도($U_g$)로써 선원과 시험체의 거리($D$), 시험체와 필름거리($d$), 선원의 크기($F$)와의 관계는 다음과 같다.

$$U_g = Fd/D \tag{4.5}$$

사진의 선명도에 영향을 주는 요인은 고유불선명도, 산란방사선, 기하학적 불선명도, 필름입도가 관련된다.

(가) 고유불선명도

X선, $\gamma$선이 어떤 물질을 통과할 때 광전효과, 컴프턴산란, 전자쌍생성 등과 같이 상호작용에 따라 이온화 과정에 의하여 에너지가 흡수된다. X선이 필름을 통과할 때 동일한 효과가 필름내부에서 일어나며, 이때 생성되는 자유전자로 인하여 영상이 불선명한 것을 고유불선명도라고 한다.

(나) 산란방사선

산란방사선은 시험편, 벽, 마루 등이 방사선을 받게 되면 발생되며, 내부산란, 측면산란,

**표 4-10** 방사선 상질(Image Quality)에 영향을 주는 인자

| 구분 | | 내용 |
|---|---|---|
| 상의 휨 | | 작은 선원의 사용으로 기하학적 불선명도 감소, 선원 크기 최소, 선원과 필름거리는 멀게, 필름과 시험체는 밀착. 선원과 필름은 수직, 시험체와 필름은 평행, 시험체와 선원은 수직 |
| 명암도 | 시험물 명암도 | 시험물의 두께차, 시험물 밀도, 방사선 에너지, 산란방사선 |
| | 필름명암도 | 필름 종류, 필름의 영상농도, 현상액 강도, 현상시간·온도·교반, 증감지 종류 |
| 선명도 | 기하학적 인자 | 선원크기, 선원-필름거리, 시험체-필름거리, 시험물 배치, 시험물 두께 차, 스크린-필름 접촉상태 |
| | 필름입도 | 필림 종류, 증감지 종류, 스크린 종류, 방사선 선질, 현상작업 조건 |
| 산란방사선 | | 내부산란, 측면산란, 후방산란 |

후방산란으로 구분된다. 산란방사선은 영상을 흐리게 하는 요인이 되므로 후면스크린, 마스크, 필터, 콜리미터, 납증감지를 사용하여 차단해야 한다.

## 4.3.2 노출 인자

### (1) 노출시간 계산

투과사진 촬영방법과 촬영배치가 완료되면 적정한 노출시간을 설정해야 한다. 노출시간의 계산은 방사선원의 종류에 따라 계산방법이 달라지며, X선을 사용할 경우 시험체 두께, mA, kV 및 선원-필름간 거리에 따라 다르다. 감마선을 사용할 경우 시험체의 두께, 방사선원의 종류, 방사능의 세기 및 선원-필름간 거리에 따라 노출시간이 달라진다.

X선 필름에 도달되는 X선량은 관전압, 초점, 필름간 거리가 일정할 경우 관전류는 X선노출시간에 비례한다. 노출시간이 일정하면 X선량은 관전류에 비례한다. 초점-필름간 거리가 변

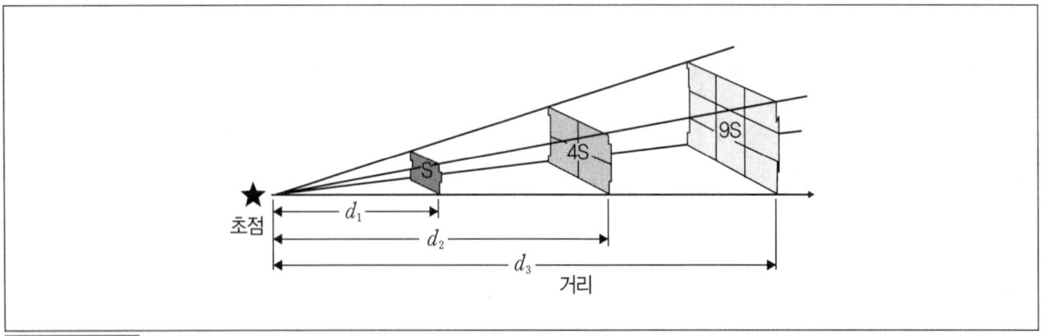


**그림 4-20** 거리의 역자승 법칙

**표 4-11 노출인자(Exposure Factor)**

| 구분 | 내용 |
|---|---|
| 선원의 강도 | – X선 : X선장치의 전압 조정기로 조정하여 변화<br>– $\gamma$선 : 방사성 동위원소 마다 일정한 강도 |
| 노출시간 | 피검체가 방사선에 노출되는 시간 |
| 선원-필름 거리 | 측정 요소 |
| 관전압 | 장비 제조시 X선장치를 교정하고 노출표 작성 |
| 전류-시간 | 상호법칙 적용-전압, 거리 등 주어진 조건에서 동일한 사진효과를 얻기 위해서는 전류와 시간의 곱은 일정 $M_1T_1=M_2T_2$=일정 |
| 선원의 강도-거리 | 방사선 강도는 그 거리의 제곱에 반비례하여 변화 |
| 시간-거리 | 주어진 동일한 필름농도를 갖는 방사선 사진을 얻기 위해서는 요구되는 노출시간은 선원과 필름간의 거리의 제곱에 비례 $T_1 : T_2=D_1^2 : D_2^2$ |
| 시간-거리-전류 | 이미 촬영된 사진의 노출조건 중 시간, 거리, 전류 중 한 가지 조건을 변경하여 동일사진을 얻고자 할 때 사용했던 노출조건에 의해 새로운 노출조건 계산 가능<br>$\frac{mA_1 \times T_1}{D_1^2} = \frac{mA_2 \times T_2}{D_2^2}$ |

경되었을 경우 필름에 대한 X선량은 다음과 같은 사항을 고려할 수 있다.

그림 4-20과 같이 하나의 광원에서 나온 광원이 거리 $d_1$의 위치를 비출 때와 거리 $2d_1$비추었을 때 각각의 비추는 면적을 비교해 보면 $2d_1$의 면적은 $d_1$의 4배의 면적이 된다. 이것은 광량의 빛이 거리가 2배가 되면 4배의 면적을 비추므로 밝기는 1/4이 되어 어둡다. 즉, 빛의 강도는 거리의 2승에 반비례함을 의미하고, 이것을 거리의 역자승법칙이라 하며, 관계식은 다음과 같다.

$$\frac{I_1}{I_2} = \frac{d_2^2}{d_1^2} \tag{4.6}$$

여기서 $I_1$ 및 $I_2$는 거리 $d_1$ 및 $d_2$에서의 X선 강도이다. X선장치에서 나오는 X선량을 직접표시하는 것은 어렵지만 일정조건하에서 노출조건을 구할 때, X선량을 표시하는 하나의 척도로써 역자승법칙과 관전류, 노출시간과의 관계를 합하여 노출인자로 나타낼 수 있다.

$$\text{노출인자} = \frac{[\text{관전류}] \times [\text{노출시간}]}{[\text{거리}]^2} = \frac{mA \times min}{cm^2} \tag{4.7}$$

$$\text{노출인자} = \frac{[\text{선원의 강도}] \times [\text{노출시간}]}{[\text{거리}]^2} = \frac{mCi \times min}{cm^2} \tag{4.8}$$

실제 투과사진을 촬영할 때 노출조건을 결정하는데 편리한 것이 노출선도이다. 시험체의 어떤 판 두께에 대하여 소정의 농도를 얻을 수 있는 관전압, 관전류, 노출시간을 구할 수 있다. X선용의 노출선도는 횡축을 판 두께로 잡고, 종축에는 $mA \times min$ 또는 노출인자를 잡아 관전압을 파라미터로 한 것과 횡축은 판 두께, 종축은 관전압을 잡아 $mA \times min$을 파라미터로 한 것이 있다. 감마선의 에너지는 일정하므로 종축을 판 두께, 횡축에 노출인자를 표시한 노출선도가 사용된다.

### 4.3.3 재료두께 변화가 심한 시험편의 촬영

후방 산란선을 제거하는데 사용하는 철판은 2~3mm가 사용되며, 필름의 뒷면이 넓은 공간인 경우에는 연판을 놓아둘 필요가 없다

#### (1) 두께차의 보상법

제품의 두께가 크게 다를 경우 촬영조건을 판 두께의 얇은 쪽에 맞추면 두꺼운 쪽은 거의 검게 되지 않고, 반대로 두꺼운 쪽에 촬영조건을 맞추면 얇은 쪽은 너무 검게 되어 보이지 않게 된다. 얇은 쪽을 통해 나오는 X선은 두꺼운 쪽을 통해 나오는 X선의 강도보다 매우 강하므로, 그 X선에서 발생하는 산란선이 두꺼운 부분의 필름에 흐려짐을 나타내 두께의 경계부분은 흐려져 보이지 않는다. 얇은 쪽에 판 두께가 두꺼운 쪽과 거의 같은 동질의 재료나 X선의 흡수가 같은 정도의 재료의 보충재를 놓고 촬영하면, 전체를 균일한 농도로 할 수 있어 판정하기 쉬운 사진을 얻을 수 있다.

#### (2) 필터 이용

X선의 방사구 앞에 필터 역할을 하는 흡수재를 배치하여 X선 선질을 연화시켜 촬영한다. 필터설치로 연한 X선이 흡수되어 투과력이 감소되고 선질이 연화되는 결과, 흡수계수 $\mu$가 작아져 판 두께에 의한 농도차를 작게 한다. 그러나 명암도를 조절하려면 한계가 있어 선질 연화로 필터로부터 전방 산란선으로 식별도가 저하될 수 있어 사용에 유효한 방법은 아니다.

#### (3) X선차폐액 또는 차폐체 이용

두께차가 큰 제품도 형상이 간단하면 보조재를 이용하는 것은 어렵지 않으나, 주조제품의

경우는 곤란하다. 이때 시험체와 유사한 흡수계수를 갖는 액체를 X선의 흡수가 작은 용기에 시험체를 넣고, 시험두께와 거의 같은 깊이로 차폐액을 넣고 촬영한다. 차폐액에는 얇은 철강에는 옥화아연($ZnI_2$), 후판의 철강에는 옥화메티렌($CH_2I_2$)가 있고 경금속용도 개발되어 있다.

### (4) 고에너지 방사선 이용

$^{137}$Cs, $^{60}$Co, 베타트론, 라이낙 등과 같은 고에너지 방사선을 이용하면 일반 방사선보다 흡수계수가 작아지고 투과사진의 명암도도 작아진다. 따라서 큰 두께차를 갖는 시험체도 한 장의 필름으로 일정한 농도범위로 촬영할 수 있다.

### (5) 필름 중첩법

두 장 또는 그 이상의 필름을 겹쳐 카세트에 넣어 동시에 촬영하는 방법으로써, 각각의 필름에 두께가 다른 부분을 적합한 농도로 촬영할 수 있다.

#### (가) 동일 종류의 필름 매수와 연박을 겹쳐 촬영하는 방법

한 개의 카세트에 여러 장의 필름을 넣어 필름과 필름간에 적당한 연박을 끼워놓고 가장 두꺼운 부분에 필름 1매를 넣을 때의 노출조건에 맞추어 촬영한다. 이것은 가장 선원측에 근접한 필름은 두께가 가장 두꺼운 부분에 대해서도 적당한 농도가 된다. 한편, 그 이하의 필름은 점차 두께가 작은 부분에 대하여 적당한 농도가 된다.

#### (나) 감도가 다른 필름을 겹쳐 놓고 촬영하는 방법

감도가 다른 필름을 적당히 선택하여 겹쳐놓고 동시에 촬영하면 두께가 두꺼운 부분은 감도가 높은 쪽의 필름의 두께가 된다. 또한 얇은 부분은 감도가 얕은 쪽 필름이 적절한 농도가 됨으로써 두께가 두꺼운 부분에 대해서도 각각 다른 필름으로 관찰할 수 있다.

### (6) 각종 피사체에 적용

실제 방사선 투과시험에서는 시험체 재질, 재료 두께, 형상, 크기가 달라도 촬영의 기본 개념은 동일하다. 피사체 상황에 따라 기본방식에 맞는 방법을 적용하는 것이 중요하므로 다음의 사항을 파악해 둘 필요가 있다. 평판 용접부는 가장 기본적인 촬영법이므로 숙달해야 하며, 그 시험체의 투과시험에 적용되는 규격에 맞추는 것이 공통사항이므로 다음의 사항을 확인해야 한다.

① 적절한 투과도계의 선택

② 투과도계의 배치

③ 재료두께 20mm 이하인 경우 계조계의 바른 위치

④ 선원−투과도계 거리($L_1$)와 투과도계−필름간 거리($L_2$)

⑤ 필름, 증감지의 적절한 선택

⑥ 용접부에 대한 카세트 밀착

⑦ 카세트 뒷면에 연판 및 철판 부착

⑧ 올바른 방사관구의 방향

⑨ 노출조건 선택의 적합성

## 4.4 촬영 배치

### 4.4.1 투과도계 및 계조계

방사선투과사진은 방사선인 X선 또는 감마선이 시험체를 투과한 후 필름에 도달되며 방사선에 노출되면, 육안식별이 안 되는 잠상변화가 필름의 감광유제에 나타난다. 따라서 촬영대상의

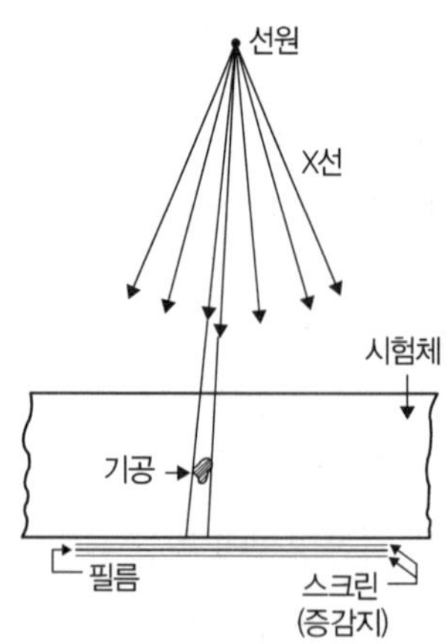


그림 4-21 방사선투과촬영의 원리

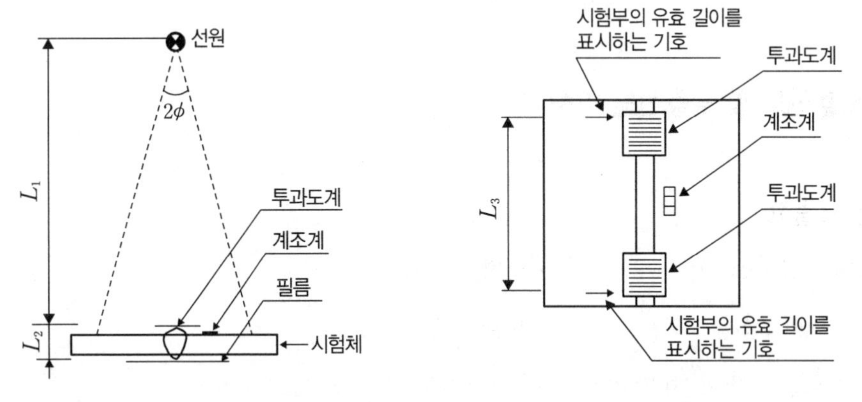


(a) 촬영 배치와 선원–필름간의 거리($L_1+L_2$)

(b) 용접선상의 유효길이($L_3$)

**그림 4–22 촬영 배치**

시험부는 결함이 잘 검출되도록 배치해야 하며, 투과도계, 계조계, 필름의 위치가 규격에 명시되어 있다.

### (1) 선원/투과도계간 거리 및 투과도계/X선 필름간 거리

촬영배치는 선원/투과도계간 거리 $L_1$, 투과도계/필름간 거리 $L_2$라면 선원/필름간 거리($L_1+L_2$)가 $L_2$의 m배 이상 또는 2f/d 값중 큰 값으로 규정한다. $f$는 선원크기의 치수, $d$는 식별해야 할 투과도계의 선경이다. 이것은 그림 4–22(a)와 같이 결함 및 투과도계의 투과상은 선원치수 $f$의 크기, $L_1$과 $L_2$에 의한 기하학적 배치로 상은 확대되고 반영상에 의해 상 주변은 흐려지나, 상 중심부와 주변의 농도차가 저하되지 않게 규정된 것이다. 따라서 관전압 m 값이 작아질수록 더욱 흐려지고, 한층 명암이 저하되어 결함 및 투과도계의 식별이 불가능하게 된다.

### (2) 방사선의 조사방향과 시험부의 유효길이

방사선을 시험부로 조사하는 방향은 시험부에서 방사선이 투과하는 두께가 최소방향으로 조사되는 것이 바람직하며, 평면상의 시험체이면 면에 수직한 방향으로 조사하면 된다. 그림 4–22(b)와 같이 1회 촬영의 용접선상 시험범위를 $L_3$(유효길이)라면 중심부는 방사선의 조사방향에서 면에 수직이지만, $L_3$의 양단은 수직선 방향에 대해 조사각 Φ가 된다. 만약 $L_3$ 양단 용접부에 가로균열이 존재하면 균열검출도의 향상을 위해 조사각 Φ를 되도록 작게 해야 한다. 따라서 $L_1$은 $L_3$의 $n$배 이상으로 규정하고 있다. KS B 0845는 $n$의 값을 A급은 2 이상, B급은

3 이상으로 규정하여, 조사각 $\phi$는 $n$=2에서 약 15°, $n$=3에서 약 10°이다.

### 4.4.2 노출선도 및 노출선도 인자

#### (1) X선 노출표

- 시험체 : 강재(Steel)
- 흑화도 : 2.0
- 필름 : Fuji Ix100
- 현상 : 20℃ 5분
- 선원-필름간 거리 : 600mm
- 증감지 : 연박(두께 0.03mm)
- 관전류 : 5mA

촬영배치가 결정되면 시험체 재질, 두께에 대한 적절한 농도의 투과사진을 얻을 수 있는 노출조건을 결정하는 것이 필요하다. 노출조건을 구하기 위해서는 보통 노출선도가 사용된다.

강의 노출선도의 예를 그림 4-23에 나타냈으며, 시험체에 적용하는 관전압(kV), 노출량($mV \times min$)을 구할 수 있다. 여기서 $mA$는 관전류, $min$은 노출시간(분)을 표시한다. X선장치 및 X선 필름이 다르면 각각에 대한 노출선도를 작성해야 한다.

노출인자(Exposure Factor)는 전류(X선장치 조정), 선원의 강도($\gamma$선은 동위원소마다 일정), 노출시간, 거리(선원-필름거리), 관전압(제조시 X선장치), 전류-시간(상호법칙적용), 선원의

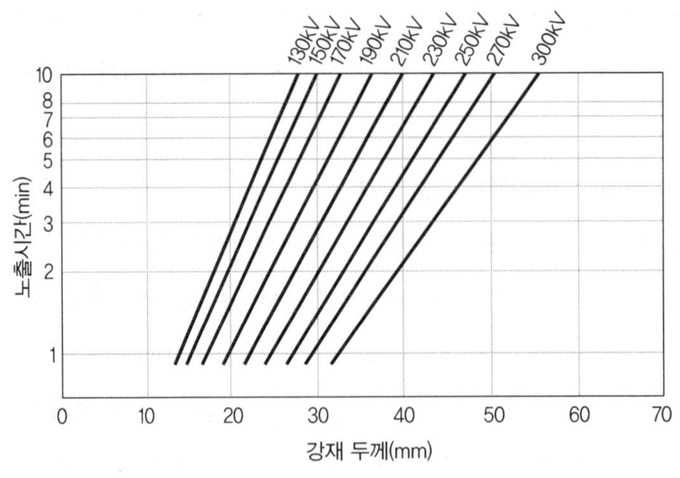


그림 4-23 X선 노출표

강도–거리, 시간–거리, 시간–거리–전류가 관련된다.

### (2) 동일한 X선 강도분포곡선 선택

앞서 기술한 바와 같이 X선관 조사면에서는 경사효과(Heel Effect)로 X선의 강도분포가 동일하지 않으므로, 동일한 강도분포범위 내에서 촬영하기 위해서는 초점–투과도계간 거리 $L_1$, 필름의 판정에 필요한 유효길이(시험부분의 유효길이)를 $L_3$라면, 실용적으로 $L_1$은 $L_3$의 2배 이상 되어야 한다. 고정도일 경우 3배 이상으로 할 필요가 있다.(JIS Z 3105)

### (3) 감마선의 방출

감마선원에서 노출되는 방사선의 총량은 선원강도 및 노출시간에 따라 결정되며, 특정의 방사성 동위원소에서 방사선 강도는 선원의 강도에 비례한다.

### (4) 전류, 거리 및 시간의 관계

일정전압의 X선 또는 특정 방사성동위원소 선원으로부터 감마선의 노출을 지배하는 3가지 인자는 전류(선원강도), 시간, 선원–필름간거리이다. 이 세 가지 인자의 상호관계를 X선 기준으로 표시될 수 있으며, 식에서 전류를 Ci(또는 Bq)로 바꾸면 감마선에도 적용 가능하다. 초점–필름간거리($D$), 전류($M$) 및 시간($T$)과의 관계이며, 전압변화에 의해서는 직접 계산이 불가능하고 각 장치의 노출표를 이용해야 한다.

#### (가) 전류–거리관계

일정노출에 대해 필요한 전류($M$)는 초점–필름거리($D$)의 제곱에 비례한다.

$$M_1 : M_2 = D_1^2 : D_2^2 \quad \text{또는} \quad M_1/M_2 = D_1^2/D_2^2 \tag{4.9}$$

#### (나) 시간–거리관계

일정노출에 대해 필요한 노출시간($T$)는 초점–필름간거리($D$)의 제곱에 비례한다.

$$T_1 : T_2 = D_1^2 : D_2^2 \quad \text{또는} \quad T_1/T_2 = D_1^2/D_2^2 \tag{4.10}$$

(다) 전류-시간관계

일정노출에 대해 필요한 전류($M$)는 시간($T$)에 반비례한다.

$$M_1 : M_2 = T_2 : T_1 \quad \text{또는} \quad M_1/M_2 = T_2/T_1 \tag{4.11}$$

다른 방법으로 나타내면 전압, 거리 등 주어진 조건에서 동일한 사진효과를 얻기 위한 전류와 시간의 곱은 일정하며, 이를 상호법칙(Reciprocity Law)이라 한다.

$$M_1T_1 = M_2T_2 = M_3T_3 = C(\text{일정}) \tag{4.12}$$

(라) 노출인자(Exposure Factor)

노출인자는 전류(X선) 또는 선원강도(감마선), 시간, 거리를 조합한 량으로 식으로 표시하면 다음과 같다.

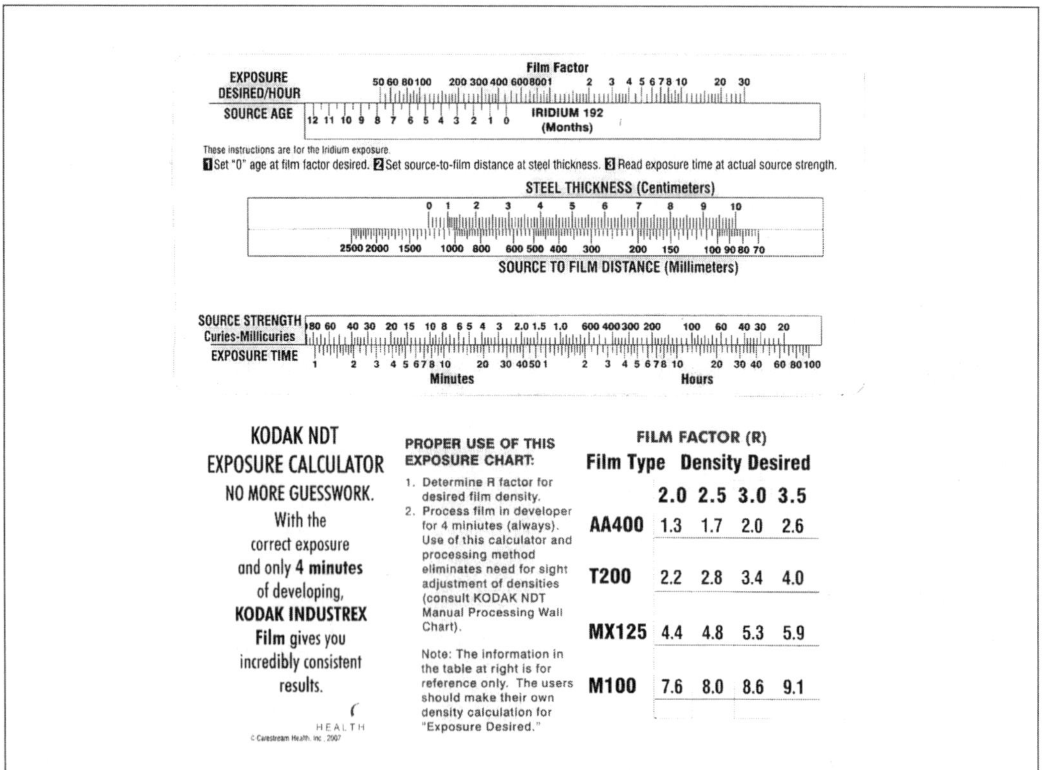


그림 4-24 감마선 노출계산자

$$\frac{mA \times min}{D^2} = X\text{선 노출인자} \tag{4.13}$$

$$\frac{Ci \times min}{D^2} = \text{감마선 노출인자} \tag{4.14}$$

방사선투과검사에서 전압과 노출인자 또는 방사성동위원소와 노출인자로써 실제 촬영할 때 사용된다. 따라서 $mA-min$이나 $Ci-min$을 얻기 위해 단지 노출인자에 거리의 제곱값을 곱해 주면 된다.

### 4.4.3 투과사진의 명암

시험체에 결함이 존재할 때 크기에 따라서 결함부와 건전부 사이에는 투과선의 강도 차 $\Delta I$가 발생하고, 투과사진 상에는 $\Delta I$에 비례한 사진의 농도차가 생기며, 이를 투과사진의 명암($\Delta D$)라 한다. 명암 $\Delta D$의 크기가 클수록 식별이 쉬우며, 작으면 식별 불가능할 경우까지 생긴다. 시험체에 크기 $\Delta T$의 기공이 존재하면 기공의 투과사진의 명암 $\Delta D$과의 관계는 다음과 같다.

$$\Delta D = \frac{0.434\gamma\mu\sigma\Delta T}{1+n} \tag{4.15}$$

$\gamma$는 필름명암, $\mu$는 선흡수계수, $\sigma$는 기하학적 보정계수, $n$은 산란비 이며, 높은 영암을 얻기 위해서는 $\gamma$, $\mu$ 및 $\sigma$의 값을 가능한 크게 하고, $(1+n)$는 가능한 작도록 촬영조건을 선택해야 한다.

#### (1) 필름 명암($\gamma$)

$\gamma$를 향상하기 위해서 $\gamma$가 큰 특성을 갖는 X선 필름을 선택해야 한다. $\gamma$값은 농도에 비례하므로 농도가 높을수록 $\gamma$는 크게 된다. 그러나 실제 관찰기의 밝기에 한계가 있어 농도가 어떤 값을 초과하면 투과광이 작아지므로 $\Delta D$를 크게 해도 식별하기 어렵게 된다. 사진농도가 균일한 경우 표준 관찰조건의 농도 $D$는 2.5정도가 가장 적당한 농도이다.

#### (2) 선흡수계수($\mu$)

선흡수계수를 $\mu$를 크게 하기 위해서는 에너지가 낮은 X선 및 감마선을 사용해야 한다.

X선의 경우는 관전압이 낮은 X선 일수록 에너지가 낮은 X선이 된다. 그러나 에너지가 낮은 X선 일수록 투과력이 작아지므로 시험체가 두꺼워지면 노출시간이 길게 된다. 따라서 실제 작업에 있어서는 작업능률이나 장치 사용상의 제한을 받는 경우도 있어, 이를 고려하여 적당한 조건을 선택할 필요가 있다.

#### (3) 기하학적 보정계수($\sigma$)

$\sigma$는 방사선원의 크기, 즉 X선은 초점치수, $\gamma$선인 경우는 선원크기와 결함의 치수, 촬영배치에서 결정되는 치수로 최적값은 1이다. 각 규정을 만족하는 촬영배치를 설정하면, $\sigma$은 1에 근접한 값을 얻는다. 그러나 높은 검출도로써 작은 결함의 검출을 필요로 하는 정밀시험에는 $(L_1+L_2)/L_2$ 즉, $m$값을 규정값 보다 크게 할 필요가 있다.

#### (4) 산란비($n$)

촬영에서 산란비는 작을수록 좋으나 산란비 $n$과 촬영조건과의 관계는 복잡하며, $n$을 작게 하기 위해 다양한 검토가 필요하다. 시험체의 조사범위를 작게 함으로써 산란선을 조사범위 촬영법으로 하고 정밀시험의 경우에 이용된다.

### 4.4.4 검사의 적용 요소

#### (1) 조사방향의 선정

결함검출에 있어 조사방향에 따라 결함이 검출되지 않거나 상이 왜곡될 수 있다. 방사선투과사진의 음영대는 시험체의 방사선 흡수특성에 따라 방사선이 작용한다. 구형결함에서 크기를 평가하는 것은 어렵고, 구형결함의 두께는 결함의 중심부에서 가장 크고 외주방향으로 갈수록 감소한다. 결함이 필름으로부터 멀리 떨어질수록 상이 실제 결함보다 커지고 윤곽이 명확하지 않으며 왜곡되기 쉽다.

#### (2) 평판 맞대기 접합부의 촬영특성

(가) 시험부의 유효길이 및 유효 폭

그림 4-25에서와 같이 평판 맞대기용접부의 유효길이는 다음의 사항을 고려하여 결정하게 된다.

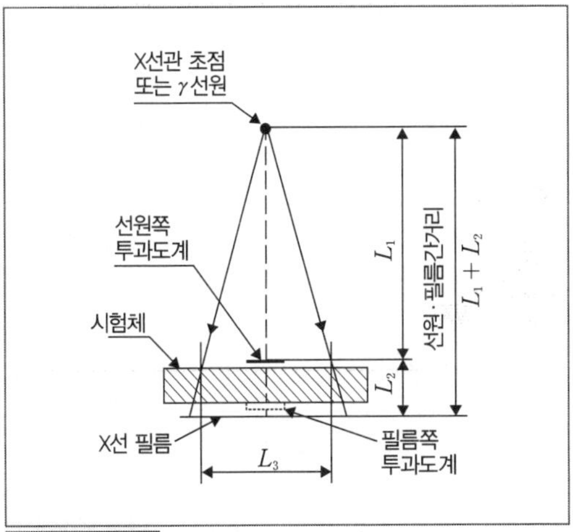


그림 4-25 시험부의 유효길이($L_3$)

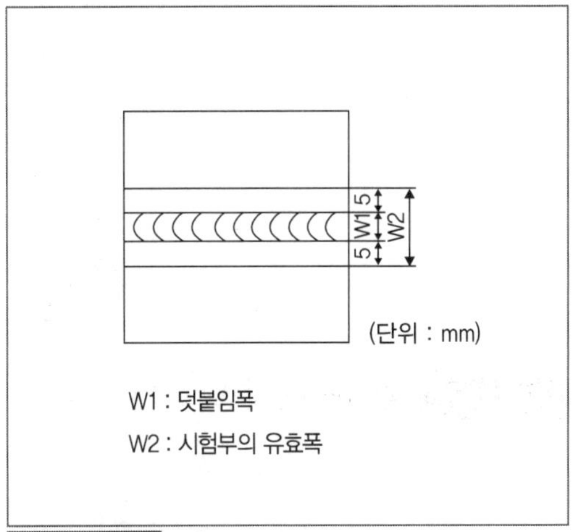


그림 4-26 시험부의 유효 폭

① 용접선 전 길이를 균등 분할한 경우의 길이

② X선 필름의 길이

③ 선원-필름(투과도계)간 거리

시험부 유효길이는 투과사진 상에는 확대되므로 용접선 전 길이를 균등 분할하여 시험부의 유효길이를 결정하는 경우에는, X선 필름길이 이내에 들어가도록 분할해야 한다. 또한 선원-필름간 거리가 노출시간, 주위상태에 따라 제한될 경우, 시험부 유효길이는 규격에서 정한 값($L_1 \geq nL_3$)을 만족해야 한다. 시험부의 유효 폭은 접합부 시험에서 덧붙임의 끝에서 모재 쪽으로 약 5mm, 그림 4-26과 것과 같이 덧붙임의 폭보다 10mm 정도 크게 고려해야 한다.

(나) 선원-필름간 거리

선원과 투과도계간 거리($L_1$)는 투과도계와 필름간거리($L_2$)와 시험부의 유효길이($L_3$)에 의해, 즉 KS B 0845-1997에 의하면 $(L_1+L_2)=mL_2$(계수 $m$은 A급에서 $\frac{2f}{d}$ 또는 6중 큰 쪽 값으로 하고, B급에서 $\frac{3f}{d}$ 또는 7중 큰 쪽 값, 여기서 $f$는 초점크기, $d$는 부속서 1에서 규정하는 투과도계의 식별 최소선 지름(mm) 및 $L_1 \geq nL_3$(A급에서 $n=2$, B급에서 $n=3$)로 규정한다.

선원과 필름간 거리($L_1+L_2$)는 A급에서는 시험부의 선원측 표면과 필름간 거리 $L_2$의 6배 이상으로 하고, B급에서 7배 이상으로 한 것은 점 초점을 사용할 경우에 촬영된 결함상의 치수가

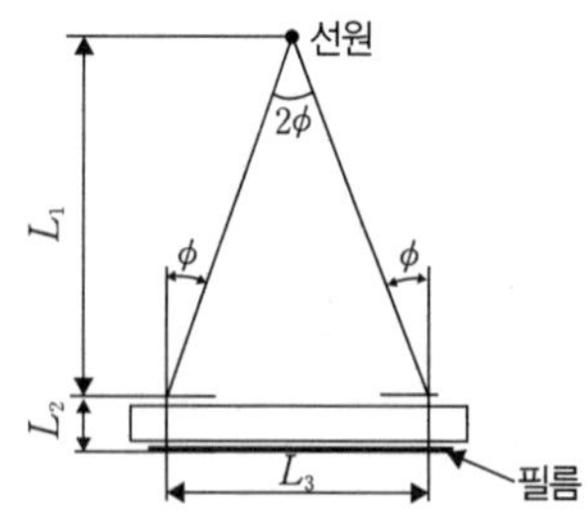


**그림 4-27** 횡 균열과 방사선이 이루는 각($\phi$)

실제치수의 약 1.20 및 1.17배 이상으로 확대되지 않도록 규정하기 위해서이다.

투과사진에서 식별 가능한 투과도계의 선경은 선원치수, 선원과 투과도계간의 거리 및 투과도계와 필름간 거리에 영향을 받는다. 선원과 투과도계간 거리($L_1$)를 시험부의 유효길이($L_3$)의 $n$배 이상으로 한 것은 X선의 강도가 시험시야에서 달라 가능한 강도가 균일한 범위를 이용하기 위한 것이다. 한편, 균열은 방사선과 각도에 따라 검출정도가 차이 남으로 유효길이의 양끝부분에서 횡 균열의 검출이 저하되지 않도록 한 것이다. 즉, A급은 각도를 약 14°, B급은 약 9.4°가 되도록 규정한 것이다.

그림 4-27과 같이 용접부에 용접선과 직각이며 모재두께 방향으로 횡 균열일 경우, 횡 균열과 조사각도를 $2\phi$라면 유효길이의 끝에서 최대가 되며 다음과 같이 나타낸다.

$$\tan\varphi = \frac{L_3/2}{L_1} \tag{4.16}$$

$$\text{즉, } \varphi = \tan^{-1}\left(\frac{L_3/2}{L_1}\right) \tag{4.17}$$

A급에서는 $L_1 \geq 2L_3$ 이므로 $\varphi = tan^{-1}\left(\frac{1}{4}\right) \fallingdotseq 14°$가 된다.

그림 4-28은 균열에 대한 방사선 조사각도를 다양하게 변경시켜 균열의 식별정도를 실험적으로 구한 것이다. 조사각도 약 10° 이하는 균열 식별상황이 별로 변하지 않으나, 조사각도 15° 초과하면 조사각도가 크게 되므로 균열이 검출되지 않을 경우가 많아, 균열검출도가 크게 저하된다.

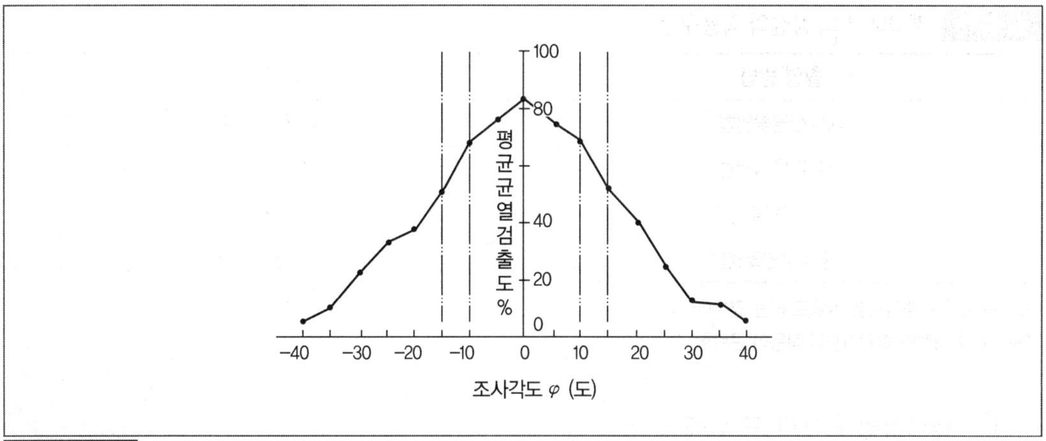


그림 4-28 조사각도와 평균 균열검출도

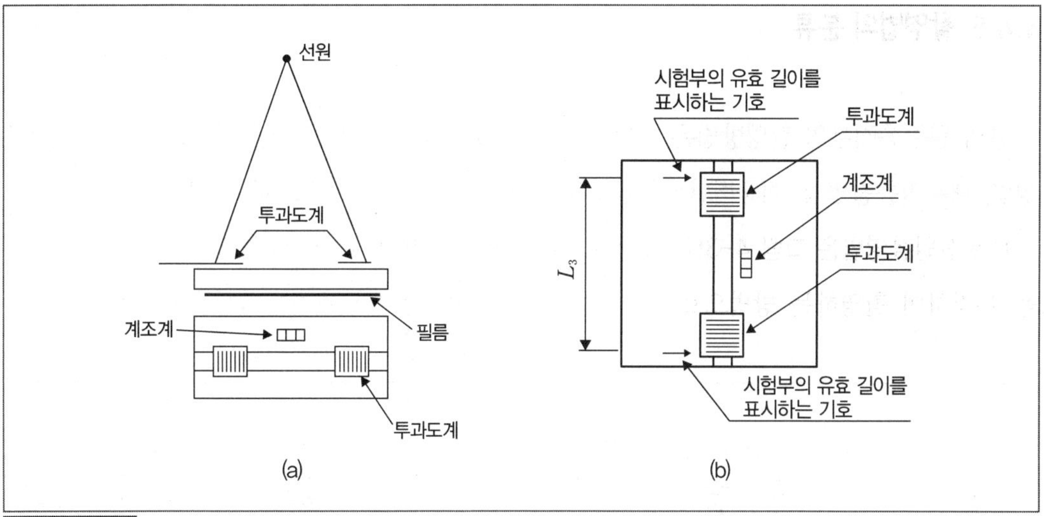


그림 4-29 투과도계와 계조계의 배치

### (3) 투과도계 및 계조계의 배치

동일형상, 동일크기의 결함이 선원측과 필름측에서 재질의 두께방향으로 위치가 다를 때, 산란선의 영향으로 필름측에 있는 것이 선원 쪽에 있는 것보다도 식별하기 쉽다. 따라서 두께방향 결함의 양호한 상질의 평가를 위해서는, 투과도계는 시험부의 선원측 표면에 위치해야 하며, 투과도계는 가는 선을 외부로 가도록 위치시킨다.

### (4) 강관의 원주이음 용접부의 촬영

(가) 강관의 원주이음 접합부 촬영에 대한 상질

강관의 원주이음부의 촬영은 KS B 0845-1997 부속서 2에 의하며, 투과사진 상질의 적용

**표 4-12** 투과사진의 상질의 적용구분

| 촬영 방법 | 상질의 종류 |
|---|---|
| 내부선원촬영법 | A급 B급* P1급** |
| 내부필름촬영법 | A급 B급* P1급** |
| 이중벽단면촬영법 | A급* P1급 P2급** |
| 이중벽양면촬영법 | P1급* P2급 |

*표시는 높은 검출감도를 필요로 하는 경우에 적용
**표시는 통상적인 촬영기술의 적용이 곤란한 경우에 적용

구분은 촬영방법에 따라 표 4-12에 의한다.

### 4.4.5 촬영법의 분류

관의 원주용접부의 촬영방법은 기본적으로 재질에 구별 없이 단벽단상촬영법, 내부선원촬영법, 내부필름촬영법, 이중벽단상촬영법, 이중벽이중상촬영법으로 분류한다.

내부선원촬영법은 그림 4-31과 같이 선원을 관의 내부에 위치시키고 관의 바깥쪽에 필름을 부착하여 촬영하는 방법으로 전 원주를 분할하여 촬영하는 방법과 선원을 관의 중심에

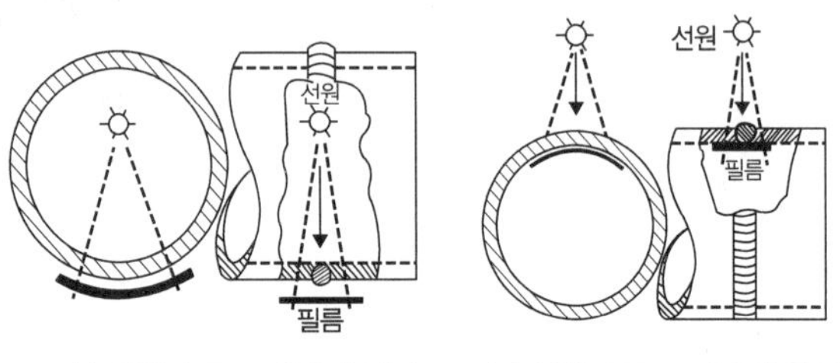


**그림 4-30** 단벽단상촬영법

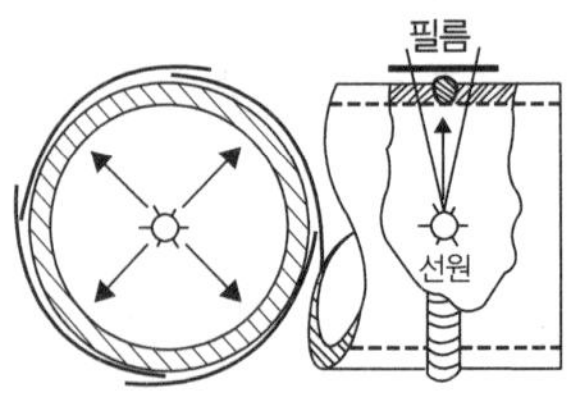


**그림 4-31** 내부선원촬영법

놓고 전 원주를 동시에 촬영하는 방법이다. 내부필름촬영법은 선원을 관의 외부에 위치시키고 관의 안쪽에 필름을 부착하고 촬영하는 방법이다.

이중벽단상촬영법은 관의 내부에 선원 또는 필름을 놓고 촬영이 불가능한 경우에 사용하며, **그림 4-32**와 같이 선원 및 필름을 배치한다. 용접선을 포함한 평면에 대해 경사방향에서 방사선을 조사하여 관 벽을 이중으로 투과하여 촬영하며, 필름을 부착한 쪽의 용접부만을 시험대상으로 한다.

이중벽양면촬영법은 관의 직경이 작고 선원을 내부에 위치시키는 것이 불가능할 경우에 사용한다. 용접선을 포함한 평면에 대해 경사방향에서 조사하여 관 벽을 이중투과시켜 촬영하며, 필름측의 용접부와 선원측 접합부 양쪽의 용접부를 시험대상으로 한다.

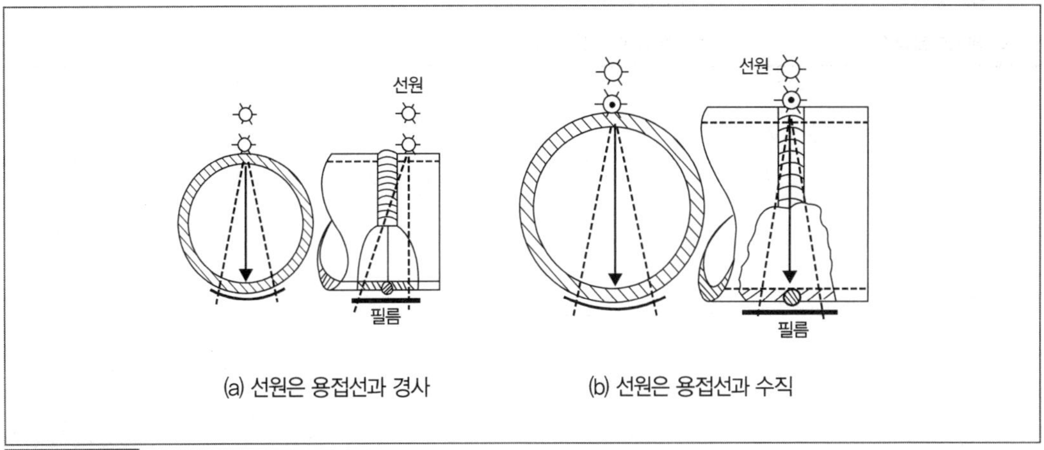


**그림 4-32** 이중벽단상촬영법

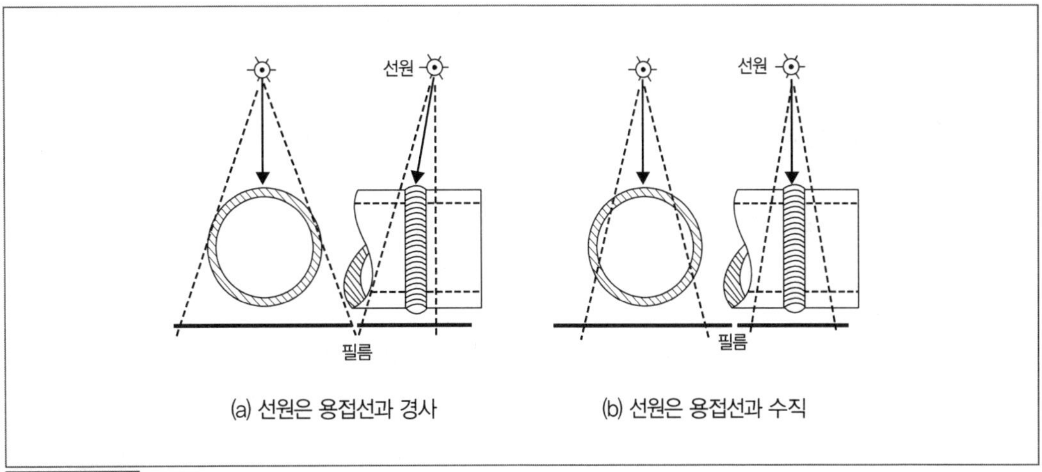


**그림 4-33** 이중벽양면촬영법

### 4.4.6 시험부의 유효길이

1회의 촬영에서 시험부의 유효길이 $L_3$는 투과도계의 식별 최소선 지름, 투과사진의 농도 범위 및 계조계 값의 규정을 만족하는 범위로 한다. 단, 시험부에서 횡 균열의 검출을 필요할 경우는 투과도계의 식별 최소지름, 투과사진의 농도범위 및 계조계 값의 규정을 만족하고, 표 4-13의 제한을 만족하는 범위로 한다.

**표 4-13** 시험부의 유효길이($L_3$)

| 촬영 방법 | 시험부의 유효길이 |
|---|---|
| 내부선원 촬영법(분할촬영) | 선원과 시험부의 선원쪽 표면사이 거리 $L_1$의 1/2 이하 |
| 내부필름 촬영법 | 관의 원둘레길이의 1/12 이하 |
| 이중벽단면 촬영법 | 관의 원둘레길이의 1/6 이하 |

# 제5장 방사선탐상 제품의 평가

## 5.1 방사선탐상의 개요

투과사진의 평가는 방사선탐상의 최종단계로써 모든 재료, 제품이 요구되는 품질 수준에서 만족된다면 판독은 용이하다. 불연속부를 찾아 결함점수를 산정하고 허용 여부만을 결정하면 된다. 평가는 발주자가 비파괴검사 사양서와 함께 제시되는 설계 시방서에 따른 검사 대상물에 대하여 설정된 방사선 투과시험에 대한 품질 지침에 따라 허용범위에 대하여 판단한다. 따라서 판독자는 시험제품에 대한 방사선 투과사진 판독에 고도의 기술이 요구된다.

고도의 전문화된 기술은 오랜 경험과 훈련을 통해서 얻어지며, 용접제품에 대해서는 용접재료, 시공방법, 용접부 형상, 시공조건에 따라 불연속의 발생 기구에 대한 지식이 요구된다. 한편, 완전한 평가를 위해서는 촬영된 투과사진의 현상과 만족스러운 필름을 바탕으로 이루어져야 한다. 보통 불연속은 균일하지 않고 불균일한 상태의 결함이며, 부적합 결함은 크기나 종류가 검사규격에 적용할 때 불합격으로 처리되는 불연속을 말한다. 즉, 형상불연속은 모든 결함을 말하며 결함이란 불합격으로 판정되는 불연속만을 한다.

### 5.1.1 투과사진의 현상

필름은 현상 전후의 특성이 매우 달라 취급과정에 따라서도 현저한 차이를 나타낸다. 촬영된

(a) 현상탱크 (b) 필름건조기 (c) 타이머 (d) 암실등 (e) 행거

그림 5-1 필름 현상 및 건조에 필요한 장비

필름은 방사선에 노출되어 감광된 상태로써 유연하여 가벼운 마찰, 누름에 의해서도 쉽게 흔적이 남으므로 주의해야 한다. 필름의 로딩, 현상, 정지, 정착, 세척 및 건조과정이 이루어지는 암실은 광선이 차단되어야 한다. 암실에 설치되는 장비는 현상탱크, 필름 건조 장치 등 다음과 같은 장비가 있다.

① 현상 탱크 : 스테인리스 강재 탱크
② 건조 장비 : 필터가 부착된 통풍장치와 가열장치
③ 관찰 장비 : 필름 관찰기(Viewer), 농도계(Densitometer)
④ 기타 장비 : 작업대, 암실등, 온도계, 타이머, 필름 절단기 등

### (1) 현상 탱크

현상탱크 안쪽에 칸막이로 구분되어 있어 현상, 정지 및 정착작업을 할 수 있다. 일반 강재보다도 내식성이 우수한 스테인리스강 제품이 많이 사용된다. 세척조에 물을 공급하고 배수할 수 있는 배관시설과 현상액의 온도 조절이 가능하도록 가열 및 냉각장치가 구비되어 있다.

### (2) 건조 장치

필름을 신속하게 건조시키기 위해 더운 공기가 필름에 접촉되게 한다. 공기 흡입부는 필터가 있어 불순물이 혼입되지 않게 하는 통풍장치 및 공기를 가열하는 가열장치가 있다.

### (3) 암실등

암실에서 필름 현상함에 있어 현상정도를 확인하고 필름을 걸어두는 행거작업을 하거나 필름

로딩을 위해 필요한 장비이다. 15W(와트)정도에서는 1m 떨어진 곳에서 1분 이상 작업하게 되면 안개와 같은 흐림현상(Fogging)이 나타날 수 있다.

### 5.1.2 방사선 사진처리

촬영된 필름을 노출시켜 현상하면 일정량의 입도를 갖게 되며, 입도가 적을수록 우수한 선명도를 얻는다. 사진의 명암도는 시험물의 명암도와 필름의 명암도 의해 영향을 받는다. 시험물의 명암도는 투과된 방사선의 강도에 따라 결정되며, 필름의 명암도는 필름자체의 명암도의 특성을 말한다. 명암도는 산란방사선의 영향에도 크게 영향을 받으며, 두께가 불균일한 시험물이나 밀도가 다른 시험편에서는 명암도가 차이가 있다. 시험물의 명암도는 사용된 방사선의 에너지, 시편의 두께 차, 시편의 밀도 차에 영향을 받는다. 필름명암도는 방사선이 필름에 노출되어 주어진 에너지에 대한 농도의 차이를 나타내는 필름 자체의 특성이다. 사진이 너무 검거나 밝으면 결함을 찾을 수 있는 충분한 명암도를 얻을 수 없으므로, 적절한 검은 정도를 갖는 농도를 가져야 한다.

조사부위는 필름이 현상액에서 검게 되며, 검은 정도는 노출량에 따라 달라진다. 현상 후 필름을 세척하여 정지시키며, 정착액에 담가 감광유제 내의 검게 되지 않은 부분을 용해시킨다. 필름을 세척하여 정착액을 제거하고, 판독 및 취급보관이 용이하도록 건조시켜야 한다.

## 5.2 촬영된 필름의 현상

현상처리는 필름이 방사선에 노출되어 형성된 잠상을 현상처리를 통하여 눈으로 관찰할 수 있는 영구적인 상으로 나타내는 과정이다. 현상전의 필름은 계속 빛에 노출되면 감광되므로 암실에서 수행되며, 과정은 현상, 정지, 정착, 세척 및 건조과정으로 이루어진다. 현상의 방법에는 전 공정을 수동으로 수행하는 수동현상과 자동으로 수행하는 자동현상의 방법이 있다.

#### (1) 수동 현상

(가) 현상(Development) 처리

방사선에 감광된 필름을 필름카세트에서 꺼내 알카리성 현상용액에 넣으면 감광부위는 할로겐화은이 금속은(金屬銀)으로 변화된다. 현상작용을 계속하면 더 많은 은(銀)을 형성하며, 잠상이 검은 영상으로부터 나타나기 시작한다.

(a) 현상온도 및 시간

현상액의 온도는 용액의 화학적 농도에 영향을 미치므로 현상에 있어 현상온도는 매우 중요하다. 현상온도가 높으면 현상 속도가 빨라지고 현상온도가 낮으면 현상 속도가 늦어진다. 이상적인 조건은 현상온도 20℃에서 현상시간 5분을 기준으로 한다. 만일 16℃ 이하에서는 현상액의 화학적 반응이 크게 둔화되므로 잘 현상되지 않고, 25℃ 이상에서는 투과사진에 안개현상이 나타난다. 따라서 투과사진의 상질을 저하시키고 감광유제가 필름 기판에서 늘어져 영구적으로 손상될 수 있다.

**표 5-1 현상온도에 따른 현상시간**

| 현상 온도 | 현상 시간 |
|---|---|
| 16℃ | 8 |
| 18℃ | 6 |
| 20℃ | 5 |
| 21℃ | 4분 30초 |
| 24℃ | 3분 20초 |

(b) 현상 중 교반(Agitation)

교반은 현상 중 필름을 흔들어 주는 것으로 필름 전체가 균일한 현상이 되게 한다. 교반을 하면 필름에 붙은 이미 화학반응으로 소모된 현상제(現像劑)를 없애고, 새로운 현상제가 필름주위에 다시 모아져 현상시간 동안 균일하게 현상되도록 한다. 교반 없이 현상된다면 현상작용으로 인하여 생성된 반응물질의 대부분이 현상제보다 비중이 커서 필름표면을 따라 흘러내리며, 이로 인한 자국으로 불균일한 줄무늬가 생긴다. 교반은 행거를 두세 번 두드리거나 행거를 탱크에서 빼내 2~3초 동안 배액 시킨 후 다시 침적시킨다.

(c) 현상액의 농도

현상액은 사용함에 따라 현상 작용물이 필름의 유제 중에 감광된 은화물을 금속은으로 변화시키는데 소모된다. 따라서 현상작용으로 생성된 반응물질에 의하여 현상작용이 억제되어 현상능력은 감소된다. 현상능력의 감소량은 현상한 양에 따라 다르며, 현상하지 않아도 현상작용물이 공기 중에서 산화되어 점점 감소된다. 현상능력이 저하된 경우에는 현상 보충액을 첨가시켜 보상하며 보충방법은 별도의 용액을 공급하거나 원래 현상제와 농도를 다르게 하여 보충하기도 한다. 보통 1회 보충하는 양은 탱크 안의 현상액의 2~3%가 적당하다.

(나) 정지(Stopping) 처리

현상처리 후 필름을 초산 정지액이나 깨끗한 물로 헹구어 필름유제에 남은 현상재에 의한 현상작용을 정지시켜야 한다. 만일 정지처리를 하지 않을 경우, 정착에서도 잠시나마 현상작용이 계속되어 투과사진에 줄무늬 또는 흑화도가 불균일한 상태가 된다. 또한 알칼리성 현상액에 의한 산성의 정착액이 중화되어 정착액의 성능이 크게 감소된다. 정지액은 물 1리터당 농도 28%의 초산 125cc를 혼합하여 사용하거나, 빙초산을 사용할 경우에는 리터당 35cc정도를 물에 혼합하여 사용한다. 정지액의 온도는 20℃를 기준으로 30~60초정도 교반시킨 후 정착액으로 옮긴다. 한편, 정지액을 사용하지 않고 흐르는 물에 정지시킬 경우, 최소한 2분 정도를 헹군 후 정착액으로 옮긴다.

(다) 정착(Fixing) 처리

정착처리는 필름의 감광유제에서 현상이 안 된 은 입자를 제거하고, 현상된 은 입자를 영구적인 상으로 남게 한다. 필름의 젤라틴을 경화시켜 열에 잘 견디게 하고, 건조 후 필름관찰시 필름을 손으로 접촉해도 끈적거림을 없게 한다. 정착처리를 하면 필름에서 우유 빛깔이 점차 없어지며, 완전 없어질 때 까지 소요시간을 선명화시간(Clearing Time)이라 한다. 이 시간동안 감광유제 중에 현상되지 않은 할로겐화합물이 용해되며, 용해된 은 입자가 감광유제를 벗어나 확산되면서 젤라틴을 경화시키는데 다시 선명화시간 정도의 시간이 더 소요되므로 결국 완전한 정착처리를 위해서는 선명화시간의 2배 정도로 정착처리해야 한다. 새로운 정착액을 사용할 경우 정착처리에 15분을 초과하지 않게 하며, 필름을 정착하면서 교반해야 균일한 정착처리가 된다. 정착액도 사용에 따라 화학적 농도가 낮아져 정착처리 시간이 길어지게 되며, 정착액도 보충제를 사용하여 정착능력이 낮아지는 것을 보상해 주어야 한다.

(라) 수세(Washing) 처리

정착처리 후 필름에 묻은 정착액의 제거를 위하여 흐르는 물에 수세처리 한다. 수세시 물은 충분히 흐르게 하며, 필름에 묻어 있는 정착액이 빨리 제거되도록 수세탱크에서 흐르는 물의 양은 시간당 탱크용량의 4~8배가 되게 한다. 수세시 물의 온도는 16~21℃로 하며, 필름에 따라 20~30분 수세를 한다. 세척으로 인한 물방울 무늬가 건조에 있어 나타남을 방지하기 위해 세척 후 수적방지액 즉, 전착제(Wetting Agent)에 잠시 담근 후 건조하면, 물방울 무늬와 같은 얼룩을 방지할 수 있다.

(마) 건조(Drying) 처리

수세처리 후 필름을 건조시키는데 건조는 대기 중에서 직사광선이 쪼이지 않는 장소에서 자연 건조하는 경우와 필름 건조기를 사용하여 신속하게 건조하는 경우가 있다. 건조기에서는 더운 공기를 일정하게 공급하여 필름을 건조시키는데 건조온도는 50℃이하로 하고, 건조시간은 30~45분 정도가 이상적이다.

**(2) 자동 현상**

자동현상은 특수하게 배합된 현상제를 사용하여 필름현상에 필요한 전 공정에 있어서, 필름을 운반하는 롤러를 이용하여 진행속도 및 현상조건 등이 정확하게 조절되는 현상기에 의해 현상되는 방법으로써 특징은 다음과 같다.

(가) 신속한 현상 속도

자동현상으로는 5~15분 소요되므로 수동현상에 있어 소요되는 시간을 필름 매당 45분으로 보면, 비교될 수 있을 정도로 빠르다.

(나) 투과사진의 상질이 균일

자동현상기는 용액의 온도와 현상시간을 정확하게 조절되고, 용액의 보충도 정확한 양으로 자동적으로 이루어져, 노출조건이 일정한 투과사진일 경우 상질이 일정하게 유지된다.

(다) 협소한 공간에서 작업 가능

현상탱크와 필름건조기 등이 별도로 필요하지 않아 현상실의 크기가 수동현상시와 비교할 때 작업 공간이 좁아도 가능하다.

## 5.3 사진의 관찰 조건

### 5.3.1 흑화도 측정

방사선 투과사진을 판독할 때 투과사진 흑화도의 적절성을 측정해야 하며, 필름의 흑화도

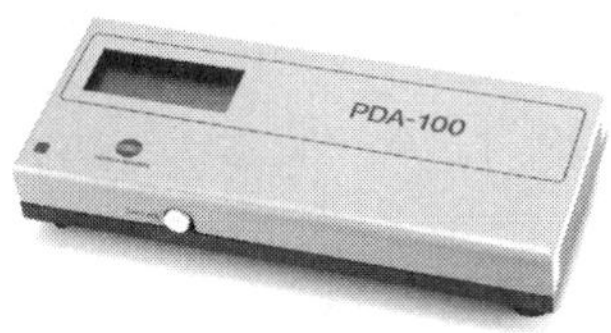


(a) 흑화도계

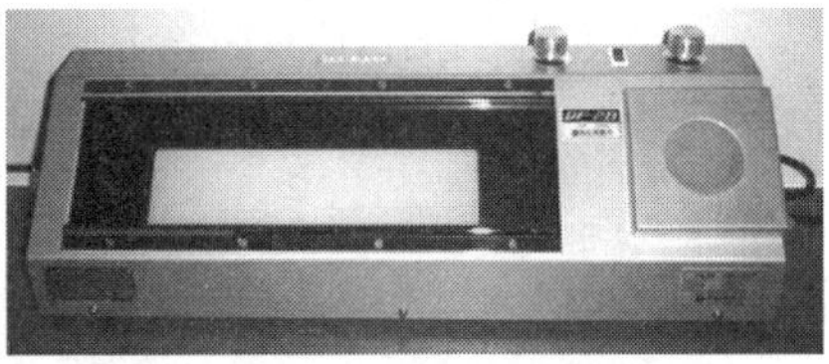

(b) 필름 관찰기(viewer)

그림 5-2 필름 판독에 필요한 장비

표 5-2 흑화도가 불량한 경우의 해결방안

| 흑화도 상태 | 요 인 | 개선 방안 |
|---|---|---|
| 너무 높음 | 노출 과도 | 촬영시 노출 감소, 관찰시 관찰기 밝기 높임 |
| | 과잉 현상 | 현상온도 및 현상시간 감소 |
| | 안개 현상 | 안개 현상 제거 |
| 너무 낮음 | 노출 부족 | 촬영시 노출 증가 |
| | 현상 부족 | 현상온도 및 현상시간 증가 |
| | 증감지와 필름간 이물질 | 이물질 제거 |

는 흑화도계(Densitometer)를 사용한다. 흑화도계는 항상 일정한 기준을 유지해야 하므로 표준대비 필름을 이용하여 교정해야 한다.

## 5.3.2 필름 관찰

### (1) 관찰 조건

결함부를 적절한 촬영조건으로 필요한 조건을 만족하는 투과사진을 얻었다 해도, 투과사진 관찰단계에서 관찰조건이 부적절하면 검출된 결함을 식별할 수 없게 된다. 따라서 방사선 투과사진을 잘 해석하기 위해서 관찰자는 최상의 명암도와 편안한 조건에서 조사되어야 한다. 관찰장비는 인체에 유해한 섬광이 감소된 배경조명과 환기시설이 잘 되는 실내에 설치해야 한다.

필름 관찰기(Viewer)는 열이 발생되지 않는 인공 형광등에 필름을 위치시켜 필름의 뒤틀림이나 변형이 없도록 해야 한다. 배경 필름농도가 크게 변하지 않는 맞대기 이음부의 투과사진의 관찰에서 단일강도의 조명기는 고농도 음영부의 관찰에 다양하게 적용될 수 있다. 투과사진은 관찰자의 눈높이에 위치시켜 편안하게 판독해야 한다. 고농도의 필름을 관찰할 경우는 실내 밝기와 고정마스크의 영향을 받기 쉽고, 투과사진의 겉보기 명암도를 작게 하지 않으려면 투과광 이하의 강도가 되도록 조절해야 한다.

### (2) 식별한계의 명암

투과사진에서 결함 또는 투과도계의 표시를 확인할 수 있는지 가부는 투과사진 상에서 결함상의 농도 $D_2$와 건전부의 농도 $D_1$과의 농도차 $D_2-D_1$이다. 즉, 투과사진의 명암 $\Delta D_{min}$ 보다 큰가 또는 작은가에 의해서 결정된다. 여기서 $\Delta D_{min}$을 식별한계명암이라 하며, 투과사진의 명암 $\Delta D$가 식별한계명암 $\Delta D_{min}$보다 큰 조건인 $|\Delta D| \geq |\Delta D_{min}|$의 식을 만족하는 경우는 결함을 식별할 수 있다. 그러나 $|\Delta D| \leq |\Delta D_{min}|$인 경우는 결함을 식별할 수 없게 된다.

**표 5-3** 명암도가 불량한 경우의 해결방안

| 명암도 상태 | 요 인 | 개선 방안 |
|---|---|---|
| 너무 높음 | 높은 피사체 명암도 | X선 관전압 증가 |
| | 높은 필름명암도 | 명암도 특성이 낮은 필름선택 |
| 너무 낮음 | 낮은 피사체 명암도 | X선 관전압 감소 |
| | 높은 필름명암도 | 명암도 특성이 높은 필름 선택 |
| | 현상 부족 | 현상온도 및 현상시간 증가, 성능 저하된 현상액 교체 |

### (3) 관찰기(Viewer)

관찰에는 필름 뒤에서 균일한 빛을 비추어 그 투과광을 육안으로 관찰한다. 관찰기는 보통 형광등에 빛을 확산시키기 위한 반투명플라스틱 판으로 제작되어 있으며, 농도에 따라 밝기를 조절할 수 있도록 되어 있다. 방사선 투과사진을 판독할 경우 충분한 밝기를 가지며, 밝기 조절이 가능한 관찰기이어야 한다. 관찰기의 밝기는 촬영된 투과사진의 흑화도를 충분히 투과할 수 있는 정도의 성능을 갖추어야 한다.

### (4) 관찰 방법

일정 크기의 상에 대한 식별한계 명암은 관찰조건에 의하여 변하지만, 어두운 곳에서 투과사진의 농도에 적합한 밝기의 관찰기를 사용한 경우가 가장 좋은 관찰조건이 되고, 명암은 가장 작게 된다. 이때 투과사진을 직접 투과한 빛 이외의 관찰기의 광원이 직접 눈에 들어가지

**표 5-4** 선명도 및 안개현상의 해결방안

| 상태 | 요 인 | 개선 방안 |
|---|---|---|
| 선명도 불량 | 시험체–필름간 밀착불량 | 시험체–필름간 거리 밀착, 밀착 불가능한 경우 선원–필름간 거리 증가 |
| | 선원–필름거리 거리 짧음 | 선원–필름간 거리 증가 |
| | 초점 크기 큼 | 작은 선원사용, 선원–필름간 거리 증가 |
| 안개현상 (Fogging) | 증감지–필름의 밀착불량 | 증감지–필름 밀착 |
| | 필름의 입상이 너무 큼 | 미세 입상의 필름사용 |
| | 암실내 빛 통과 | 암실점검 후 완전한 차광유지 |
| | 암실등의 과도한 노출 | 암실등출력 줄임, 적정 필터사용 |
| | 필름이 방사선에 노출 | 필름보관시 철저한 방사선 차폐 |
| | 필름의 열, 습기에 노출 | 서늘 건조한 곳에 필름 보관 |
| | 과잉 현상 | 현상시간 또는 현상온도 낮춤 |
| | 현상액 오염 | 현상액 교체 |

않도록 투과사진의 치수에 적합한 크기의 마스크를 사용하여 관찰해야 한다. 그러나 실제 관찰에 있어서 밝은 곳에서 관찰하거나 적절한 마스크를 사용하지 않을 경우, 투과사진에서 투과광 이외의 빛이 눈에 들어가지 않음으로써, 적절한 관찰조건에서 벗어나 명암이 저하되어 식별 가능한 결함도 식별할 수 없게 된다.

### 5.3.3 결함 관찰

#### (1) 필름의 인공결함

인공결함은 시험되는 가공제품 또는 용접제품 등에서 결함과 관계없이 필름에 나타나는 지시들을 말한다. 이것은 노출 중 야기되거나 함부로 필름을 취급하거나 또는 현상 중에 발생되며, 주요 요인은 다음과 같다.

① 납스크린이 오염되어 있고, 긁힘(Scratch), 절단 또는 스크린 사이에 이물질이 존재하면 현상할 때 상에 결함이 재생될 수 있다.

② 필름 처리중 정전기 발생으로 필름에 빛이 노출되면 현상된 필름에서 식별되는 예리한 점선의 형태를 야기한다.

③ 전처리된 필름에 국부적 압력이 가해지면 필름을 처리할 때 전형적인 압력자국을 나타낸다.

**표 5-5 각종 요인에 의한 불량발생 및 해결방안**

| 상태 | 요 인 | 개선 방안 |
|---|---|---|
| 미세 반점 | 필름 유효기간 초과 | 새로운 필름 사용 |
| 노란 얼룩 | 불충분한 정지처리 | 흐르는 물에 충분히 정지처리 |
| | 정착액 성능 감소 | 정착액 교체 |
| 새발 모양 얼룩 | 정전기 방전 | 필름 취급시 필름간 접촉방지 |
| 흰 초생달 모양 흔적 | 노출전 필름 꺾임 | 필름 취급 주의 |
| 물방울 모양 흰점 | 현상전 필름이 물에 접촉 | 필름에 정착액, 물 접촉 주의 |
| 그물 모양 | 현상액 온도 변화 | 현상액의 일정 온도 유지 |
| 필름 느슨 상태 | 정착액 고온 | 정착액의 적정한 온도 유지 |
| | 정착액 성능 감소 | 정착액 교체 |

④ 결함으로 현상과 고착 용액 사이의 부적당한 정지욕조를 사용함으로써 착색얼룩 또는 기포나 줄무늬는 현상 중 부적당한 교반 과정에서 나타난다. 취급 부주의로 인한 결함의 요인은 다음과 같다.

- 흐림 현상(Fogging) : 고착 전 광원의 과다 노출 또는 오래된 필름을 사용함으로써 발생한다.
- 얼룩 : 부적절하게 혼합된 용액 또는 오래 사용한 용액에 의하여 초래되고, 물자국 부분은 건조된 필름의 취급 부주의에 의하여 나타난다.
- 손자국 : 부주의한 필름 취급에 의하여 야기된다.
- 스크래치(Scratch) : 필름처리중 감광유제가 연성일 때 거친 취급으로 발생된다.
- 화학적 흐림(Fog) : 과다한 약품혼합으로 일어난다.

자동 필름처리 장치를 적절히 사용하면 이러한 결함들은 크게 줄일 수 있으나, 또 다른 결함을 야기할 수 있으며, 장치의 롤러에 의한 자국도 포함된다. 따라서 검사자는 필름 판독에 영향을 주는 인공결함을 식별하고 평가할 수 있어야 하고, 보증될 때까지 재 방사선 투과시험을 요구할 수 있어야 한다.

### (2) 필름 판독에 있어 모순

보통 방사선 투과사진의 평가에 있어서 다음 사항 중의 한 가지에 포함된다.

① 허용 가능한 결함(Acceptable Defect)

② 허용 안 되는 결함(Rejectable Defect)

③ 경계 선상에 있는 결함

방사선 투과사진 판독에는 여러 경계선이 있으며, 이들의 범주는 의견 차이로 명료한 증거로써 해결해야 된다. 예를 들면 대부분의 표준들은 어느 정도 슬랙개재를 허용하나 어떤 표준은 융합불량을 허용하지 않아 두 가지는 완전히 구별하기 어렵다. 검사자는 방사선 투과사진이 허용될 수 없는 융합불량인지 또는 허용되는 개재물인지를 결정해야 한다. 검사자는 주조제품과 조립제품의 용접부 보수도 판단해야 하나 주조표준과 용접표준이 다르다. 주조 불연속의 어떤 지시는 허용될 수 있으나, 용접 불연속으로 판독된다면 이것은 허용되지 않는다. 검사자가 중점을 두어 고려해야 할 사항은 제품의 안전과 사용 가능성을 염두에 두고, 적용 가능한 표준에 따라 동일하게 판단해야 한다.

## 5.4 방사선 투과사진 허용표준과 코드

### 5.4.1 허용조건

대부분의 산업용 방사선 투과시험은 규격 또는 상호 동의된 조건에 따라 수행된다. 이 규칙들과 조건들은 방사선 투과시험의 기술조건, 촬영조건, 허용기준과 방사선 투과시험의 절차승인 등을 포함한다. 제어기준은 대개 특수 성질과 부품제조에 대해 제조 시방서, 규격 또는 표준을 포함한다.

#### (1) 기술조건

대부분의 시방서와 규격은 최소한 방사선 투과사진의 상질을 제어하는 요구 조건들을 명기하고 있다. 제어는 대개 투과도계의 크기, 필름 농도의 요구조건, 선원-필름 초점거리, 방사선 에너지 범위와 노출기법 배열의 요구조건들로 구성된다. 이들은 또한 스폿 또는 위치마커의 위치 등의 용접부 촬영보증을 위한 기법을 명기하고 있다. 시방서의 규격들은 선택 표준 또는 실습을 언급하고 요구조건에 일치하는 기준들을 채택해야 한다.

### (2) 촬영 요구 조건

시방서와 규격은 조립품의 어떤 단면 또는 부품이 방사선 투과시험에 요구되는지를 명기하고 있다. 또한 이들은 방사선 투과시험이 허용되는 조건하에서 조건들과 100% 촬영이 요구되는지를 기술해야 한다. 초기 방사선 투과시험의 결함 위치를 파악한 후, 추종검사에 대한 것도 기술해야 된다. 시방서와 규격은 방사선 투과시험 대신 다른 비파괴시험법에 대한 선택을 할 수 있도록 한다. 다수의 경우 촬영 요구조건은 시방서, 규격 또는 소비자와 밀접하게 일하는 엔지니어 또는 설계사에 의해 관장되며, 이 경우 촬영조건은 제조 작업장의 현장 도면에 명기되기도 한다.

## 5.4.2 허용 기준

### (1) 허용 기준 사항

대부분의 시방서 또는 규격에서 필수적인 사항은 필름 판독에 사용될 특수허용 시방서이다. 허용표준은 기록된 규칙, 공식, 그림, 도표, 그래프 및 대비 방사선의 투과사진으로 나타낸다. 어떤 경우에 있어서는 이것은 사용상 편리성의 문제로써 많은 응용과 규칙들이 있으나, 허용기준을 상세히 할 수도 있다. 용접 검사자는 작업분야에서 특수 시방서 또는 규격에 친숙해야 하고, 작업성을 평가할 수 있어야 한다.

### (2) 절차 승인

일부 시방서와 규격은 방사선 투과시험 기술과 절차에 대한 자격을 요구하며, 대개 제품 사용과 비파괴시험법의 능력에 대하여 주로 강조된다. 방사선 투과시험에서 이러한 자격은 대개 기본 시방서 또는 규격에 포함된 기술적 요소들을 이용하여, 이미 알려진 결함을 갖는 시험편의 방사선 투과시험을 포함한다. 방사선 투과시험 기술의 자격에서 대부분의 기술은 명시된 수준의 상질을 보이는 투과도계 및 지시계를 요구하므로 방사선 투과시험 기술능력을 초과하는 사항이다.

# 5.5 투과사진의 구비조건 확인

필름 판독에 앞서 방사선 투과사진이 검사 목적에 달성할 수 있는 수준의 상질이 구비되어 있는지 확인해야 한다. 방사선 투과사진이 구비해야 할 조건은 검사규격에 따라 다르게 명시되어 있으므로, 판독자는 이를 확인해야 하며, 보통 다음과 같은 사항이 포함된다.

#### (1) 투과 사진의 표식확인

검사 절차서 또는 검사 규격에서 요구되는 부품 번호, 촬영 일자, 시험체 두께 등이 투과 사진상에 적절하게 나타나 있는지 확인한다.

#### (2) 투과도계의 사용 및 감도

시험체의 두께에 따라 적절한 투과도계를 선정하여 사용했는지 확인해야 한다. 즉, 투과 사진상에 투과도계의 고유번호가 나타나지 않은 경우는 재촬영하도록 해야 하며, 검사규격에서 요구되는 사용 투과두께 범위의 투과도계를 선정하여 촬영했는지 여부를 확인해야 한다. 이때 검사규격에서 요구하는 투과도계보다 작은 투과도계(사용투과도계 범위가 시험체 두께보다 얇은 경우)를 사용하는 것은 보통 허용된다. 이것은 작은 투과도계를 사용하고도 투과 사진상에 투과도계의 적정 크기의 구멍 또는 선이 나타났다면, 검사규격에서 요구하는 투과사진의 감도를 충분히 만족시킬 수 있기 때문이다.

#### (3) 투과사진의 흑화도

투과사진의 흑화도 측정은 흑화도계로 측정하며, 시험부 유효길이 내에서 측정해야 한다. 검사규격에서는 일반적으로 투과사진의 흑화도는 최대값과 최소값을 규정하여 직접 흑화도 범위를 규정하고 있다. ASME 규격에서는 최대/최소값은 물론 시험부 유효길이 내에서 흑화도의 변화가 커지는 것을 방지하기 위하여 다음과 같이 규정되어 있다.

유공형 투과도계의 몸체부위 또는 선형투과도계의 지정된 선의 인근부위 및 주 관찰부위의 투과사진 흑화도는 단일필름 관찰시 X선원으로 촬영했을 때는 최소 1.8, 감마선원으로 촬영하였을 경우는 최소 2.0 이상이여야 하며, 최대 흑화도는 4.0 이하여야 한다. 주 관찰 부위의 투과사진 흑화도가 위에서 규정한 최대/최소 흑화도 범위 내에서 투과도계 부분의 흑화도를 기준으로 −15% 미만이 되거나 +30%를 초과한다면, 그 벗어난 부분에 추가로 투과도계를 배치하고 재촬영해야 한다.

규격에서 투과사진상의 흑화도는 우선 최대 및 최소 허용범위를 벗어날 수 없다. 투과사진의 주 관찰부위의 흑화도가 비록 최대/최소 허용범위 내에 있더라도, 투과사진 흑화도를 기준하여 −15% 미만이거나 +30%를 초과할 경우에는, 투과도계를 추가하여 촬영하거나 투과사진 관찰부위를 나누어서 촬영해야 함을 의미하므로 투과사진은 재촬영해야 한다. 감마선원을 사용하였을 경우 흑화도 허용범위는 2.0~4.0이다.

#### (4) 필름 관찰

실제 결함이 아닌 필름 결함은 투과사진에 나타난 영상으로만은 구분하기 어려운 경우도 많고, 판독자에 따라 의견을 달리하는 경우도 많다. 따라서 검사규격에 따라서는 필름결함에 대해서는 규정하지 않는 경우도 있으나, 투과사진의 관찰부위에 결함의 영상과 혼동되거나 결함을 가릴 수 있는 정도의 다음과 같은 필름결함은 없어야 한다.

① 안개 현상
② 물 자국, 줄무늬 또는 화학적 착색과 같은 현상 결함
③ 긁힘, 손자국, 주름, 오염, 정전기 자국, 얼룩 또는 찢어짐
④ 스크린 손상에 의한 필름 결함

#### (5) 계조계 등의 사용

계조계는 한국산업규격(KS)에서 두께가 20mm 이하인 평판일 때 적용하여 명암도를 확인할 때 사용한다.

## 5.6 투과사진의 관찰 방법

### 5.6.1 사진 관찰의 개요

필름 판독은 투과사진 영상에서 시험체에 관한 정보를 알아내는 기술로써, 판독자의 주관적인 판단에 의해 결정되므로 충분한 경험과 지식을 갖춘 자가 수행해야 한다. 따라서 검사규격에서는 판독자의 자격요건을 규정하며, 투과사진의 판독은 판독자의 자질, 검사과정 중 발생하는 복합적인 요인에 따라 영향을 받는다.

### 5.6.2 투과사진의 평가단계(용접제품)

① 정확한 판독을 위해 준비한 자료를 참고하여 투과사진을 식별한다.

② 용접설계와 용접이음 시공설계를 검토한다.

③ 적용된 방사선원에 대한 종류 및 특성을 확인한다.

④ 사용된 방사선투과시험 장치의 설치순서와 적용기법의 정확성을 판단한다.

⑤ 사용된 방사선 선원에 대한 필름의 특성을 점검한다.

⑥ 시험체의 재질 및 형상에 대해 검토한다.

⑦ 검사여건, 촬영기법, 필름의 현상처리를 검토한다.

⑧ 필름의 인공결함 발생여부를 파악하고 필요하다면 재시험을 요구한다.

⑨ 필름관찰에 있어 충분한 관찰조건에서 필름을 재조사한다.

⑩ 건전성과 관련없는 표면자국, 불규칙성을 식별하고 형태 및 존재를 입증한다.

⑪ 투과사진에서 노출된 결함의 성질을 평가하고 제의한다.

⑫ 완전한 방사선 투과사진 식별에 대한 보고서를 준비한다.

### 5.6.3 용접 결함의 필름상의 형태

#### (1) 기공(Porosity)의 형태

용접재의 수분, 가스로 인하여 생긴 구형의 구멍으로 탈산제의 기능 약화, 모재나 용가재의 오염 등으로 발생된다. 냉각된 용접재의 시공, 용접조건의 급작스런 변화로 부분적으로 발생하며, 투과사진에는 용접선을 따라 불균일하게 용접비드 위에 둥근형태의 검은 점으로 나타난다.

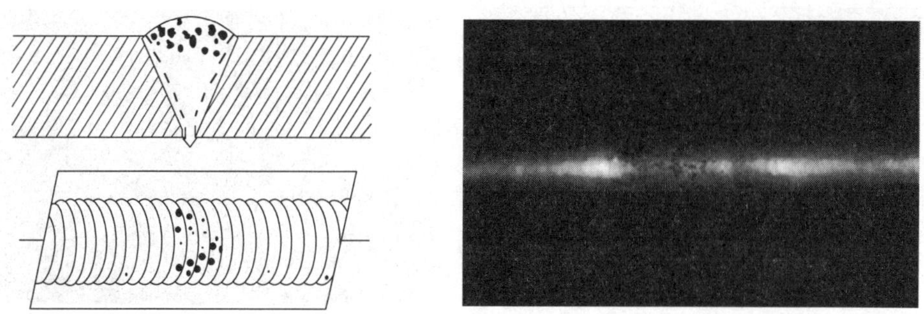

그림 5-3 기공의 형태

### (2) 파이프(Pipe)의 형태

기공의 발생과정과 동일하며 투과사진에는 용접선을 따라 벌레의 유충모양으로 늘어진 상태로 나타난다.

### (3) 슬랙 혼입(Slag Inclusion)의 형태

다층 용접에서 전층의 슬랙 제거가 불충분, 용접사의 기량 미숙 등의 요인으로 발생한다. 투과사진에서는 용접선에 평행하게 동일 길이와 폭으로써 검고 불규칙하게 나타난다.

### (4) 텅스텐 혼입(Tungsten Inclusion)의 형태

TIG용접에 있어 주로 전극과열로 발생하며, 투과사진에는 하얗고 길게 나타난다.

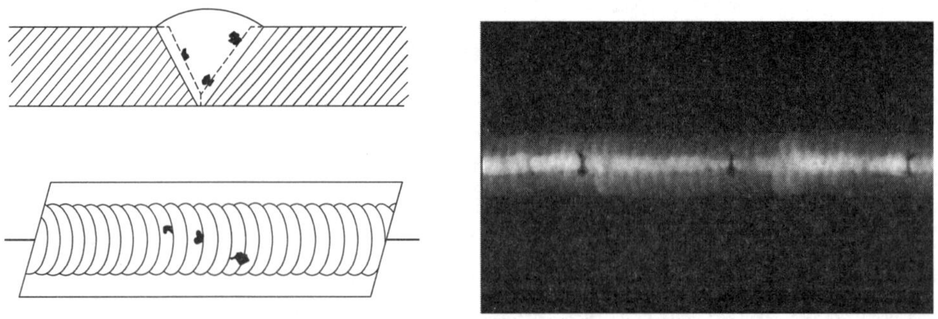

그림 5-4 슬랙 혼입의 형태

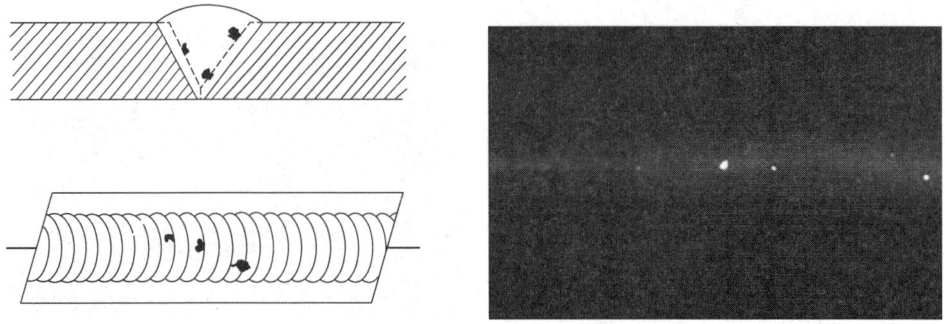

그림 5-5 텅스텐 혼입의 형태

### (5) 융합 부족(Lack of Fusion)의 형태

모재와 용가재의 용융 부적절로 루트부에서 생기는 결함으로써 투과사진에는 용접선과 평행으로 크기가 일정하지 않은 형태로 나타난다.

### (6) 용입 부족(Incomplete Penetration)의 형태

용접금속이 루트부까지 도달하지 못하여 발생하는 결함으로써 투과사진에는 용접비드 중앙에 검고 날카로운 직선 형태로 길게 나타난다. 완전 밀착된 I형홈의 용접에서는 용접수축에 의해 루트면 밀착이 잘 된 경우 검출이 안 될 때도 있다.

### (7) 균열(Creak)

각종 원인에 의하여 발생되는 균열은 투과사진에서의 용접금속균열은 비드균열(세로균열,

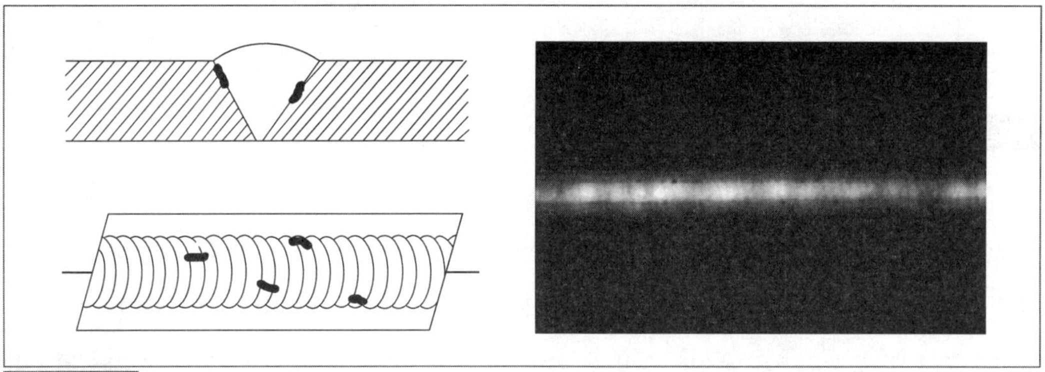

그림 5-6 융합 부족의 형태

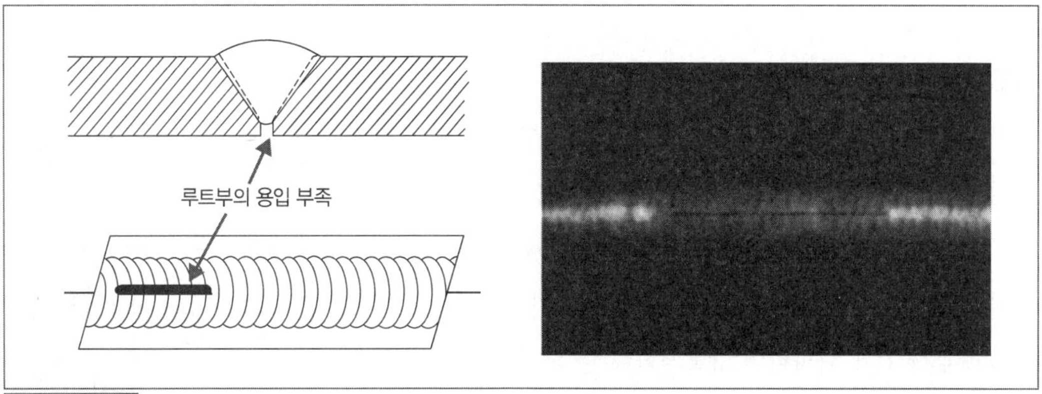


그림 5-7 용입 부족의 형태

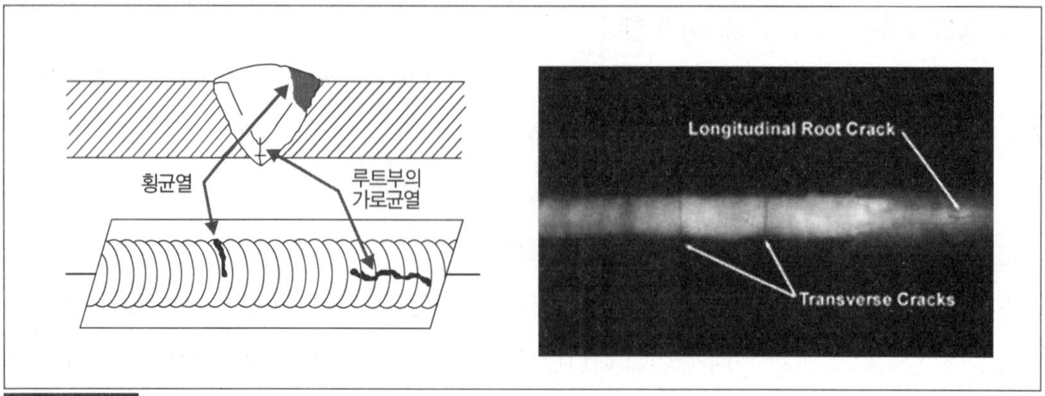


**그림 5-8** 균열의 형태

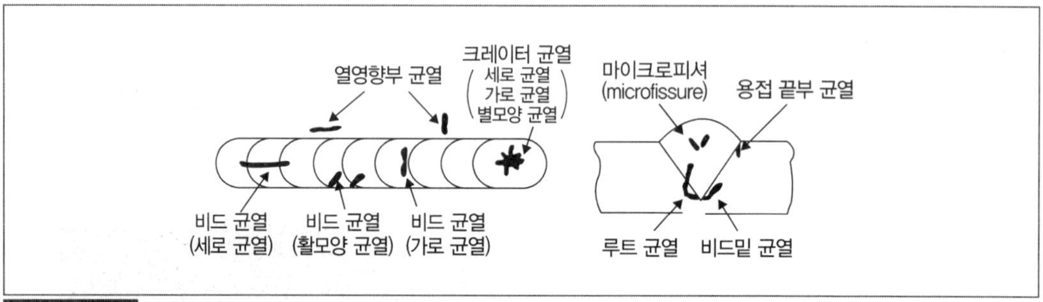


**그림 5-9** 발생 위치별 균열

가로균열, 호상균열), 크레이터균열(세로균열, 가로균열, 별모양 균열), 루트균열, 마이크로피셔가 있고, 열영향부균열은 루트균열, 용접끝단부균열, 비드하균열, 라미네이션균열이 있다.

고온균열 및 응고균열은 용접금속의 응고범위에서 발생되며 편석이 생기고, 응고된 결정립간에 편석부분에서 얇은 필름상으로 존재한다. 저온균열은 용접금속 및 열영향부에 주로 발생한다. 필름상에는 가늘고 길게 나타내 탐상에 놓치기 쉬워 주의가 필요하다.

### (8) 언더컷(Under Cut)의 형태

모재 표면과 용접금속 표면이 접하는 부분에 생기며 모재가 용융되어 눌려 밀려난 부분이 용접금속에 의해 메워지지 않아 생긴다. 용접속도가 빠르고 용접전류가 과대하여 아크길이가 클 때 생기기 쉽다. 주로 표면결함으로써 육안검사, 자분 및 침투탐상으로 검출하며, KS규격에서는 방사선 투과시험의 결함 등급분류의 대상에 포함되지 않으나, 방사선 사진필름에는 진하고 약간 길게 나타나며 강도저하에 큰 영향을 준다.

오버랩(Overlap)은 용접금속이 용착비드의 용접선에서 끝단부분, 즉 지단부에서 모재와 융

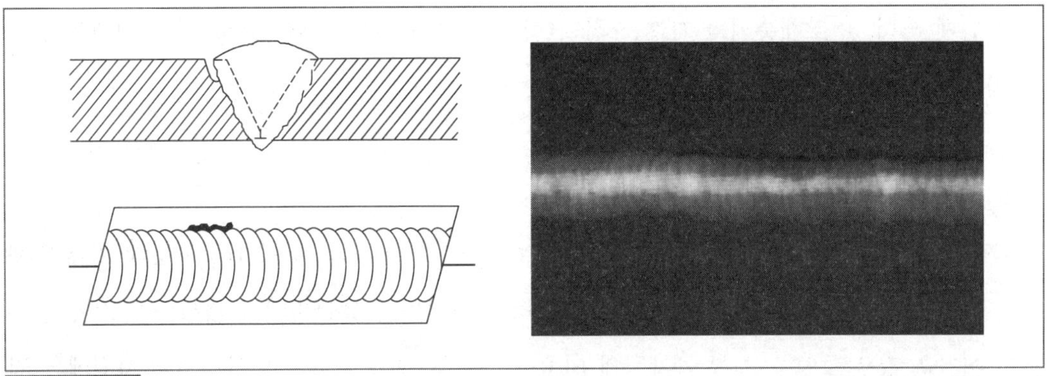

그림 5-10 언더컷

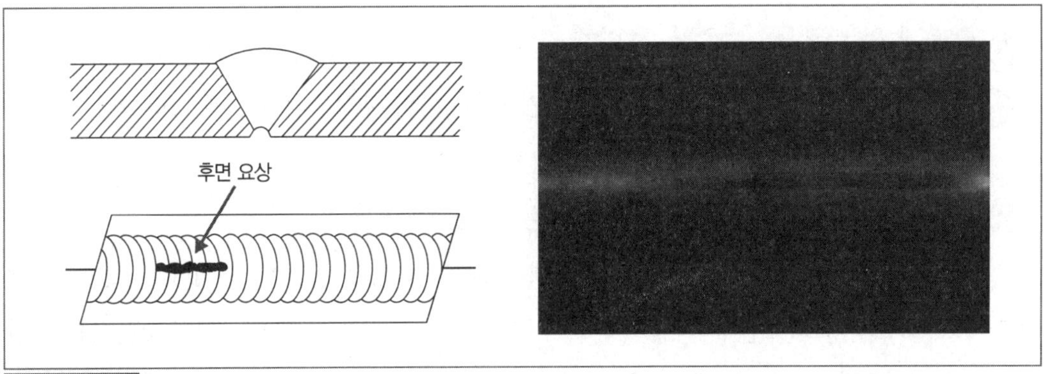


그림 5-11 내부 요상

합되지 못하고 겹쳐진 상태의 결함이다. 이것은 주로 용접조건의 부적절, 용접전류가 낮거나 용접속도가 너무 느린 경우에 발생된다. 기타 용락(熔落, Melt Through)은 용융된 용접금속이 부분적으로 홈의 반대 면으로 흘러 떨어지거나 빠져 떨어진 것으로 과잉용접이 원인으로써 오목한 형상을 만들거나 구멍을 생기게 한다.

### 5.6.4 주조 결함의 형태

용해된 금속이 액체 상태에서 고체 상태로 응고되는 과정에서 많은 결함이 발생된다.

#### (1) 기포(Gas Porosity)

용융금속에서 가스가 빠져 나오기 전에 용융금속의 표면이 냉각되어 응고되면 미세한 기포들이 남게 된다. 주조제품에서 가장 흔한 결함으로 투과 사진상에는 보통 검고 미세하게 둥근 영상이 뭉쳐 나타난다.

### (2) 개재물(Inclusion)

주형의 모래가 혼입되는 경우와 용융금속과 더불어 주형내부로 들어가는 오물에 의해 발생하는 경우가 있다. 투과사진에는 형상이 다양하게 나타나고 둥근형태의 개재물은 기공과 구분이 어려운 경우도 있다. 보통 개재물의 비중이 철보다 낮아 주강의 방사선 투과사진에는 검고 불규칙한 형태로 나타난다.

### (3) 파이프(Pipe)

용융금속의 응고 시 내부수축으로 인하여 강괴(Ingot)의 중심부위에 길게 나타난다.

### (4) 수축관(Shrinkage)

수축관은 용융금속의 응고 시 액체 상태에서 고체 상태로 변할 때 일어나는 결함으로써 수축량 주위의 용탕이 보급되지 않는 경우에 발생한다. 수축관의 형태는 기공형상, 새털형상 등 다양하며, 방사선 투과사진에서 길이를 갖고 검게 나타나는 선상 수축관과 면적을 갖고 검게 나타나는 수지상 수축관으로 나타난다.

### (5) 콜드셧(Cold Shut)

용융금속을 주형에 주입함에 있어 먼저 주입된 용융금속 표면이 산화된 뒤에 용탕이 튀어 포개져 생긴 용탕금속 층을 형성하는 결함이다. 즉, 용탕 2개의 흐름 경계가 완전히 융합 못한 것으로 방사선 투과사진에는 주로 선형형태로 나타난다.

### (6) 핫 티어(Hot Tear)

용융금속의 응고에 있어서 두께 차가 큰 부분에서 수축정도의 차이로 발생하는 찢어짐 형태의 결함으로써, 방사선 투과사진에는 주로 터짐 형태로 나타난다.

### (7) 기타 결함

① 편석(Segregation) : 용해, 주조과정에서 합금성분이 석출되어 나타난 결함

② 주탕 불량(Missrun) : 용탕이 주형을 완전히 채우지 못하여 발생하는 결함

③ 스캐브(Scabs) : 주형표면의 모래가 용탕흐름에 의해 떨어져 나가서 발생하는 결함

## 5.7 투과사진의 판정

### 5.7.1 결함 형태의 분류

용접은 금속이 급속 용융된 후 냉각되어 응고되므로 소재간의 변형 및 확산으로 접합됨으로써, 결함의 발생원인과 위치에 따라 투과사진에는 결함형상이 다르게 나타날 수 있다.

#### (1) 둥근 형태의 결함

기공 및 이와 유사한 결함으로 투과사진에서 둥글게 나타난다. 결함의 형태가 둥글어 결함 주위에 집중되는 응력이 비교적 적고, 결함의 합부판정에 있어서는 다른 종류의 결함보다 쉽게 적용하며, 둥근형태의 슬랙혼입, 블로우홀 등이 있다.

#### (2) 긴 형태의 결함

슬랙혼입 및 이와 유사한 결함으로 투과사진에는 가늘고 긴 형태 또는 임의의 형상으로 나타난다. 결함의 형태가 가늘고 길어 결함 주위에 집중되는 응력이 비교적 커서, 합부판정에 있어서 둥근형태의 결함보다 판정이 까다로우며, 여기에는 슬랙 혼입, 파이프, 용입 부족 등이 있다.

#### (3) 터짐 형태의 결함

균열 및 이와 유사한 결함으로 투과사진에서의 형태는 날카롭게 찢어진 형상으로 나타난다. 결함형태가 날카로워 결함주위에 집중되는 응력이 커서 결함성장이 예견된다. 이들 결함은 시험체 강도를 크게 저하시키므로 결함크기에 관계없이 불합격으로 처리하는 경우가 있다. 투과사진의 등급 분류전 투과도계 식별도, 사진농도, 계조계의 농도치 등 우선 투과사진이 구비해야 할 조건을 만족하는지 확인해야 한다.

### 5.7.2 결함의 등급분류

#### (1) 분류의 단계

현상된 방사선 필름이 투과도계, 계조계의 규격에서 정한 농도, 명암도 및 선명도의 사진품질이 보증되면, 관찰기(Viewer) 위에 놓고 KS규격에서 규정하는 1종, 2종, 3종으로 결함의 종류를 구분한다.

첫 번째로 제3종결함은 균열 및 이와 유사한 결함으로 균열유무를 확인한다. 제3종결함은 용접부에서 가장 중대한 결함으로 분류되어 3종결함이 존재하면, 크기에 관계없이 모두 4급이 되어 최하위 등급이 된다.

두 번째로 결함의 종류를 명확히 구분한다. 제1종결함은 기공(Blow Hole) 및 이와 유사한 결함이며, 제2종결함은 가늘고 긴 슬랙혼입(Slag Inclusion) 및 이와 유사한 결함이다. 사진 상의 형상이 둥근 기공(Blow Hole)과 같은 형이라도 그 농도가 높고, 명확히 판 두께 방향으로 길이를 갖는 파이프(Pipe)로 판단이 가능한 경우 제2종결함으로 한다.

세 번째로 제1종결함으로부터 등급을 분류한다. 제1종결함과 제2종결함의 분류가 가능하면 먼저 독립된 제1종결함으로부터 등급분류를 수행한다. 제1종결함으로 등급분류 할 때는 모재두께에 따라 시험시야를 선택한다. 보통 한 장의 투과사진에 2종류 이상이 존재하는 경우가 많으나, 모두 혼재하는 결함이 아니므로 주의해야 한다.

실제 분류에 있어 각각의 구별이 반드시 명료하지 않는 경우가 있다. 특히 제1종과 제2종결함 구별이 곤란할 경우에는 모두 제1종결함 및 제2종결함으로 각각 등급 분류하여 아래 등급으로 분류하며, 파이프는 2종결함으로 취급한다.

#### (2) 등급분류용 게이지

시험시야 등급분류용 게이지는 시험시야, 결함길이, 산정하지 않는 결함의 최대 크기를 측정하는데 이용된다. 결함의 긴지름 또는 결함의 크기는 치수마다 한 개의 결함에 대하여 결함점수가 주어져 이 결함들이 한 개당 몇 점인가를 파악해야 한다. 산정하지 않은 결함의 최대크기는 KS B 0845에서 모재의 두께가 25mm 이하에서 0.5mm, 25mm 초과 50mm 이하에서는 0.7mm, 50mm 초과일 경우는 모재의 두께의 1.4%에 해당하는 치수가 각각 산정하지 않은 결함, 즉 결함점수가 0인 최대의 크기가 된다. KS D 0242경우 모재의 두께 20mm 미만에서는 0.4mm, 20mm 이상 40mm 미만에서 0.6mm, 40mm 이상일 경우 모재 두께 1.5%에

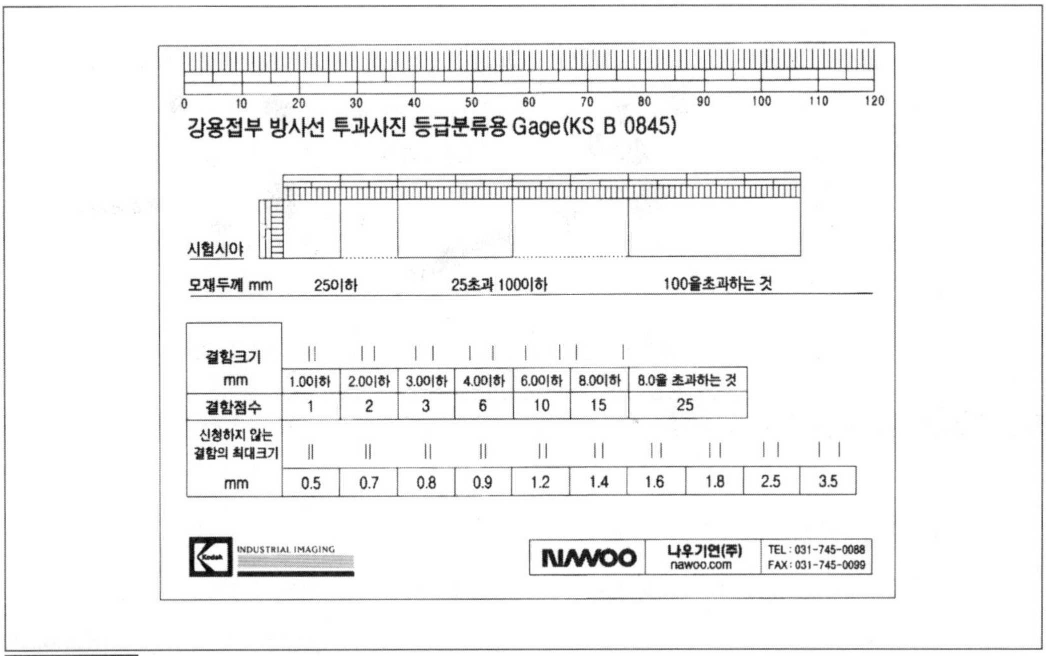


그림 5-12 등급분류 게이지

상당하는 치수가 산정하지 않은 최대치수가 된다.

### (3) 시험시야의 결정

"KS B 0845 강용접부 방사선 투과시험 방법 및 투과사진의 등급분류 방법"에 의거 먼저 시험시야를 결정한다. 모재의 두께가 25mm 이하일 때 10×10mm, 25mm 초과 100mm 이하에서 10×20mm, 100mm를 초과하는 경우는 10×30mm 시험시야를 사용한다. 한편, "KS D 0242 알루미늄 용접부의 방사선투과 시험방법 및 투과사진의 등급분류 방법"에서는 모재의 두께가 20.0mm 미만일 경우 10×10mm, 20.0mm 초과 80.0mm인 경우 10×20mm, 80.0mm 이상은 10×30mm 시험시야를 사용한다.

시험부 결함점수가 가장 크도록 실제로 결함이 밀접하고 있는 부분, 큰 결함이 있는 부분에서 2~3군데 선정하여 시험시야를 적용하여 가장 점수가 큰 것을 대상으로 한다. 그림 5-13(a)와 같이 시험시야 결정에 있어 결함점수가 가능한 크게 선정하고, 그림 5-13(b)와 같이 결함이 시험시야 내로 가능한 완전히 들어가도록 한다. 이러한 원칙에서 그림에서 점선이 아닌 실선 부분을 시험시야로 선정해야 한다. 그림 5-13(c)와 같이 경계선에 걸치는 경우도 포함하여 측정해야 한다.

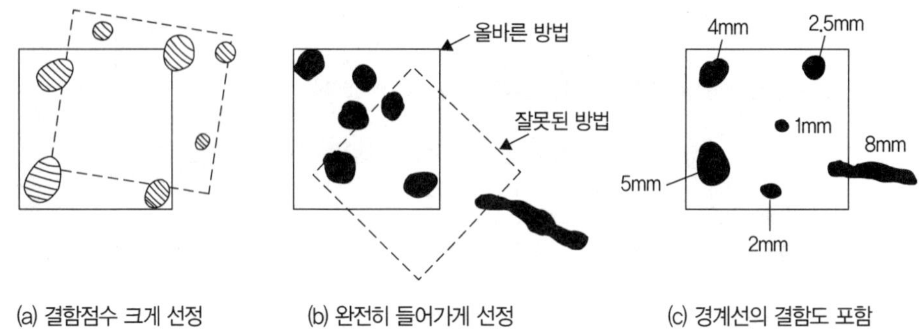


그림 5-13 올바른 시험시야 결정방법

### (4) 결함점수의 계산

결함의 긴지름 또는 결함의 크기는 치수마다 1개의 결함에 대하여 결함점수가 주어져 있기 때문에 결함 1개가 몇 점인가 파악해야 한다. 특히 결함점수가 변하는 경계선상의 경우에는 주의해야 한다.

그림 5-14(a)와 같이 결함의 한쪽 끝을 좌측선의 내측에 접촉시켜 우측과 결함의 시야사이에 간격이 있으면 결함점수를 부여하지만 그림 (b)와 같이 내측에 완전히 끼는 경우는 어렵다. 그림 (c)는 그림 (d)와 구별이 어려워 그림 (b)로 판단하는 경우가 많으며, 그 경우 그림 (e)와 같이 이동하면서 판단해야 한다.

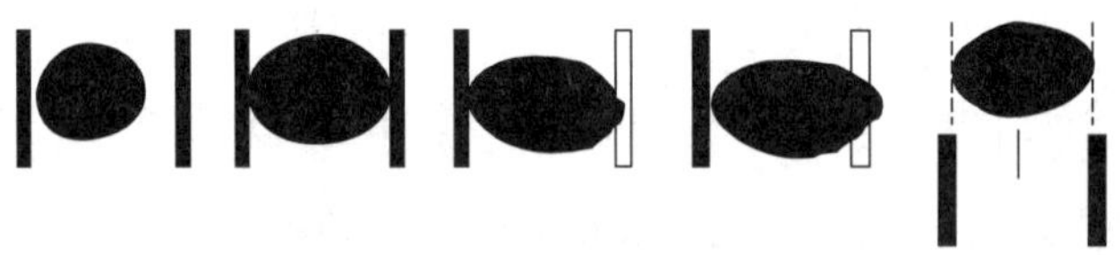


그림 5-14 결함의 긴지름 또는 결함크기 측정방법(두 선의 간격이 1.0mm인 경우)

표 5-6 제1종결함의 결함점수

| 결함의 긴지름 | 1.0 이하 | 1.0 초과 2.0 이하 | 2.0 초과 3.0 이하 | 3.0 초과 4.0 이하 | 4.0 초과 6.0 이하 | 6.0 초과 8.0 이하 | 8.0 초과 |
|---|---|---|---|---|---|---|---|
| 점수 | 1 | 2 | 3 | 6 | 10 | 15 | 25 |

**표 5-7** 제1종결함의 등급 분류표

| 구분 \ 등급 시험시야(mm) | 10 × 10 | | 10 × 20 | | 10 × 30 |
|---|---|---|---|---|---|
| 모재두께(mm) | 10 이하 | 10 초과<br>25 이하 | 25 초과<br>50 이하 | 50 초과<br>100 이하 | 100을 초과 |
| 1급 | 1 | 2 | 4 | 5 | 6 |
| 2급 | 3 | 6 | 12 | 15 | 18 |
| 3급 | 6 | 12 | 24 | 30 | 36 |
| 4급 | 결함점수가 3급보다 많은것 | | | | |

### (5) 결함길이의 측정

결함치수의 측정은 **그림 5-15(a)**와 같이 결함길이 방향으로 길이가 가장 길게 되도록 하여 그 결함 양끝을 연결한 직선거리로 한다. 즉, 곡선인 결함이라도 곡선을 따라 측정한 길이로 하지 않는다. 또한 **그림 5-15(b)**와 같이 결함군의 결함길이는 $\ell_1 > \ell_2$, $\ell_1 > \ell_3$ 이며, 각 결함과의 간격이 $\ell_1$ 보다 작은 경우라면 "혼재결함"으로 판정한다.

**그림 15-16(a)**와 같이 $\ell_1$이 가장 길고 $\ell_1 > \ell_2$, $\ell_1 > \ell_3$ 이며, 각 결함의 간격이 $\ell_1$길이 영역 밖에 있으면 각 결함은 "독립결함"으로 보고 등급분류의 대상이 된다. 그러나 **그림 (b)**와 같이 슬랙혼입이 연속 존재하는 경우 인접한 결함간격이 긴 쪽보다 작아 $\ell_1$, $\ell_2$.... $\ell_5$가 결함군이 되어 결함군의 결함길이 $\ell$은 $\ell_1+\ell_2+\ell_3+\ell_4+\ell_5$ 이 된다. **그림 (c)**와 같이 용입부족의 예로 인접결함과 간격이 큰 결함과 결함간격이 큰 결함 크기의 2배이내로 결함길이 $\ell$은 $(\ell_1+\ell_2+\ell_3+\ell_4)\times 2$가 된다.

제2종결함의 결함길이 측정은 제2종 결함중 슬랙혼입 및 파이프는 결함의 최대길이를 측정

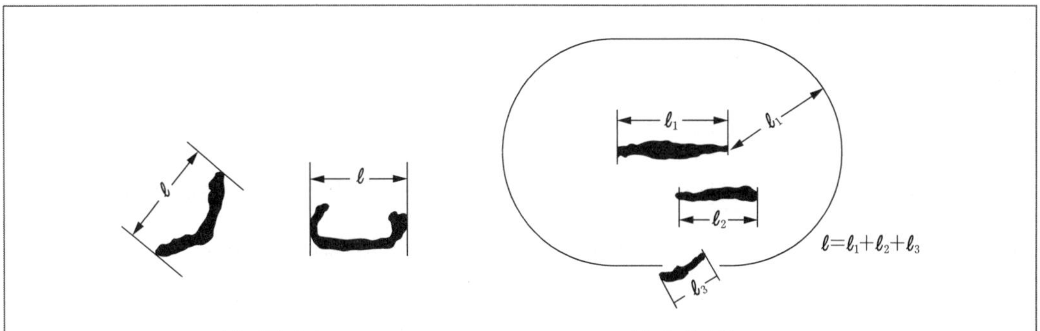


**그림 5-15** 결함길이 및 혼재 결함

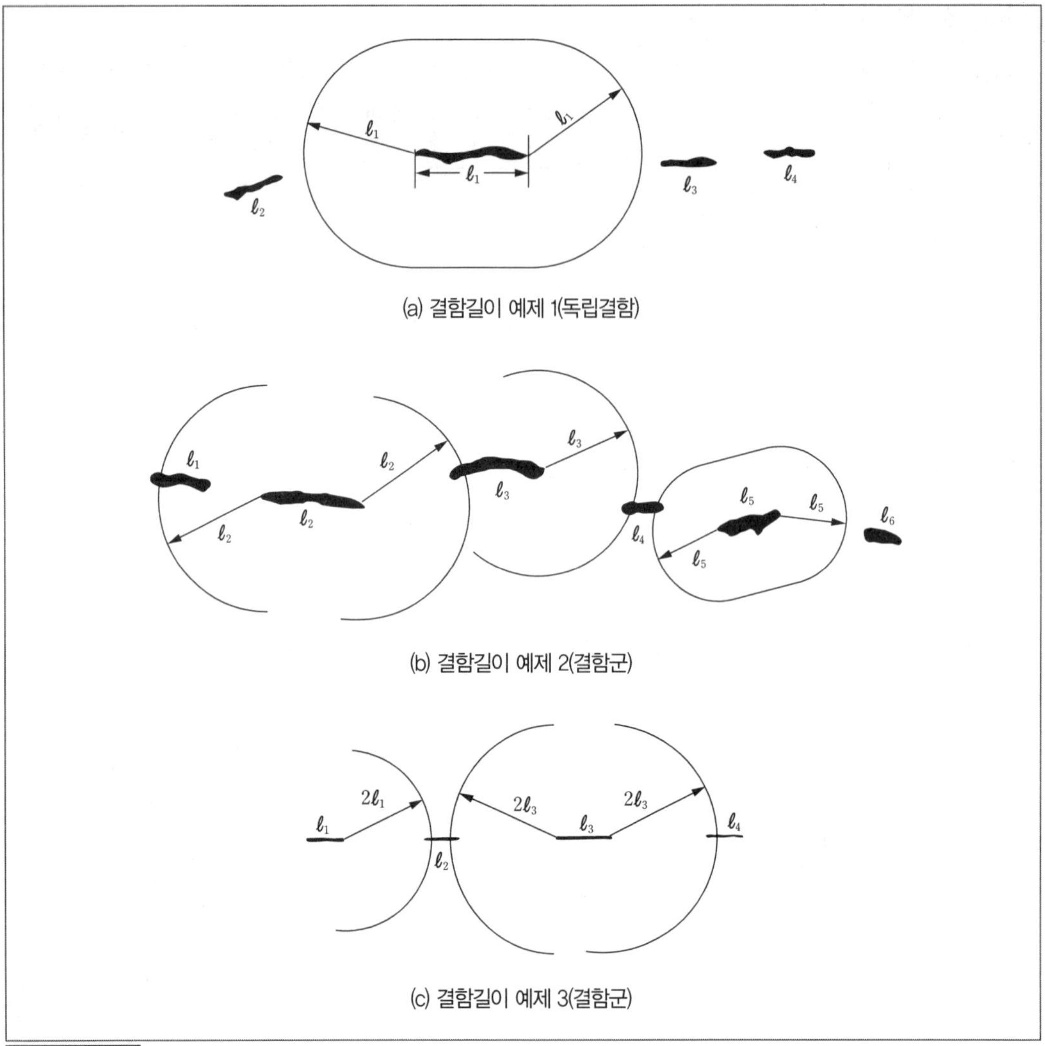


**그림 5-16** **결함군의 결함길이**

하여 그 값을 결함길이로 한다. 용입부족 또는 융합부족의 경우는 결함 최대길이의 2배를 결함길이로 한다. 또한 인접결함과의 간격이 결함길이 보다 큰지 여부에 따라 “독립결함” 또는 “결함군”으로 나눈다.

제2종결함은 제1종결함과 같이 시험시야를 정하지 않는다. 동일한 제2종결함이라도 슬랙혼입은 용입부족과는 결함길이를 구 할 때 계수가 다르다. 제2종결함은 결함종류에 따라 주어진 계수를 곱하여 결함길이로 한다. 결함과 결함의 간격이 슬랙혼입인 경우 큰 쪽 결함의 치수, 또한 용입부족, 융합부족의 경우는 큰 쪽 결함치수의 2배를 독립결함으로 취급한다. 그러나 그 이하일 때 각각의 결함길이 총합을 그 결함군의 결함길이로 한다. 1급의 경우 용입부족, 융합부족이 있어서는 안 되므로 제2종 결함길이가 1급이라도 용입부족, 융합부족의 경우에 2급으로 한다. 제1종과 제2종의 결함이 혼재하는 경우 한 장의 투과사진에 제1종결함과 제2종결함이 전부 또는 일부가 들어가는 경우를 의미한다.

제1종결함의 시험시야를 취하는 방법에 따라 혼재하는 결함과 그렇지 않는 경우가 되지만, 제1종결함은 제1종만으로 가장 결함점수가 크게 되도록 시험시야를 정하고, 그 안에 제2종결함이 포함되는 경우만 혼재하는 결함으로 취급해야 한다.

**표 5-8 제2종결함의 등급 분류표**

| 등급 \ 모재두께 | 12 이하 | 12 초과 48 미만 | 48 이상 |
|---|---|---|---|
| 1급 | 3 이하 | 모재두께의 1/4 이하 | 12 이하 |
| 2급 | 4 이하 | 모재두께의 1/3 이하 | 16 이하 |
| 3급 | 6 이하 | 모재두께의 1/2 이하 | 24 이하 |
| 4급 | 결함길이가 3급 보다 긴것 | | |

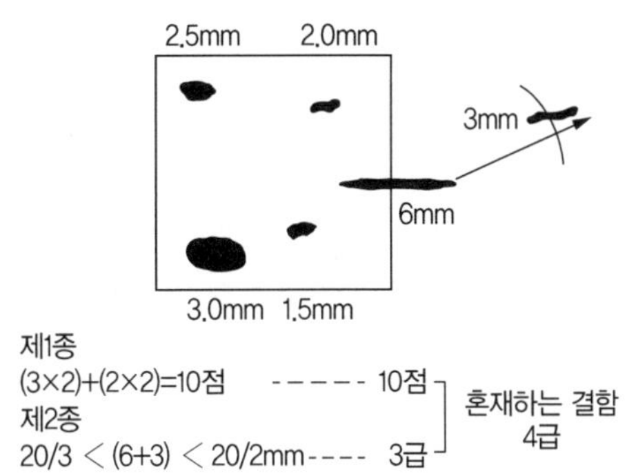


**그림 5-17 결함에 따른 등급 결정**

# 제6장 방사선안전기술

## 6.1 방사선안전의 개요

방사선과 같은 문명의 이기는 인간에게 이익과 위험을 동시에 주는 양면성이 있어 이용에는 우선적으로 안전에 주의해야 한다. 오늘날 산업기술의 발달로 자동차와 항공기와 같은 편안하고 안전한 수송기계가 개발되어 사용되고 있지만, 매년 이들의 사고로 인하여 많은 인명과 재산 손실이 발생되고 있다.

원자력, 의료 및 산업분야에 필수적으로 사용되고 있는 방사선에 대한 안전문제는 이용하는 국가나 개인이 방사선 방호(Radiation Protection)의 대책을 세워야 한다. 방사선의 오염은 사람의 감각기관으로 식별되지 않아 심각한 방사능 재해를 초래하고 있다. 원자력 발전은 국내 발전량의 40% 정도로 의존도가 높으며, 의료용, 산업용 및 연구용으로 사용되는 X선, 방사성 동위원소도 사용도 증가하고 있다. 2012년 8월 기준 전 세계적으로 35개 국가에서 435기의 원자력 발전소가 운전 중에 있으며, 64기가 건설 중에 있고 136기가 계획 중에 있다. 방사선을 안전하고 유용하게 활용하기 위해서는 방사선안전의 목표와 확보 원칙을 세우고 실천해야 한다. 원자력 발전에서 방사성 물질의 핵분열 반응에 의해 에너지를 생산한다. 우라늄과 같은 무거운 원자핵이 분열할 경우 에너지와 함께 매우 불안정한 상태의 핵분열 생성물이 생성되며 안전한 원자핵으로 변환된다. 동시에 알파선, 베타선, 감마선, 중성자의 방사선을 방출한다. 방사선 피폭을 최소화하기 위해서 방사선의 적절한 차폐와 외부로 유출을 방지해야 한다.

## 6.2 원자력 발전소의 방사능 사고

### 6.2.1 드라마일섬(TMI) 원자력 발전소의 사고

1979년 3월 28일 미국의 드라마일섬의 핵발전소 2호기 사고는 원자력 발전의 대형사고로 기록된다. 인간이나 환경에 직접 피해를 주지 않았으나 막연한 방사선 사고가 위험성을 갖는다는 사실에서 실제 사고가 발생할 수 있음을 확인시켰다. 사고는 발전소 2호기의 로가 전 출력으로 가동 중 증기발생기 급수펌프의 고장과 운전원 판단실수로 핵연료 냉각수의 고갈로 인하여, 핵연료가 녹으면서 격납용기 내부의 많은 양의 방사성 물질이 방출되었다. 격납용기에 의해 완벽하게 차단되었으며, 펜실베니아의 주정부는 섬에서 반경 5마일(8km) 이내에 거주하는 임신부와 미취학 아동의 피난경고로 수천 명이 그 지역을 빠져 나가는 혼란을 겪었다. 또한 반경 10마일(16km) 내의 100만 여명의 주민들에게 모든 창문과 문을 꼭 닫고, 외출을 금지하고 비상대피를 준비한 사건이었다.

### 6.2.2 체르노빌의 원자력 발전소의 사고

1986년 4월 25일 소련연방의 우크라이나 체르노빌 원자력 발전소에서 발생한 핵발전 사상 최악의 사고로 설계 원칙을 무시하고 실험중 발생하였다.

#### (1) 누출된 방사성 물질

체르노빌 4호기 원자로 폭발 후 10일간 원자로 노심의 방사성 연료와 그 반응 생성물질의 누출 및 폭발로 감속재인 흑연 1,200톤이 발화하여 공기 중에 분출되었다. 우라늄 중 누출양은 약 10톤 이상이고 누출된 방사성 원소는 40여종으로 위험한 아이오딘 131($^{131}$I)은 50%, 세슘 137($^{137}$Cs) 30%정도와 비활성 기체인 제논($^{54}$Xe)이다. 누출된 방사능의 총량은 약 14엑사베크렐로 일본 히로시마에 투하된 원자폭탄에서 방출양의 약 400배 정도이다.

#### (2) 사고 후 대처

사고 후 10시간동안 인접 3호기 폭발차단을 위해 소방대원들은 물을 뿌려 화재를 진압하였다. 10여 일간 군용헬기 30여대가 2천4백 톤의 납, 천8백 톤의 모래 및 붕소로 화재 진압을 시도했으나, 오히려 원자로 내부의 온도를 높여 방사능의 추가 누출을 초래하였다. 결국 액체질소를 원자로 내부에 투입하여 화재를 진압하였다. 1992년까지 약 60만 명이 방사성 오염물질 제거와 방사성 물질의 봉인작업을 하였고, 발생 7개월 후 콘크리트재의 봉인시설이 완성되었다. 사고 초기 소련정부는 사고를 공표하지 않아 주민들은 막대한 양의 방사선에 피폭되었다. 정부는 사고 36시간 경과 후 발전소에서 4km 떨어진 주민 4만5천 명, 이후 10일 동안 30km 반경의 11만6천여 명, 1990년부터 1995년까지 21만여 명이 사고지역으로부터 이주시켰다.

### (3) 피해 상황

당시 실험하던 연구원 2명은 폭발로 즉사했으며, 화재진압과 방사능 물질을 격리과정에서 소방대원 및 발전소 직원 등 28명이 사고 후 3~4개월 사이에 사망하였다. 그 후 19명이 추가 사망하였고, 2006년 기준 우크라이나 정부는 총 56명이 사망한 것으로 집계하였다. 사고처리에 60만~80만 명이 동원되었으며, 초기에 투입된 20만 명은 높은 수준의 방사능에 노출되었고, 이중 2만5천여 명이 사망하였다. 사고 후 우크라이나에서만 1,800건 이상의 피폭지역의 소아 갑상선암의 발생하였고, WHO는 주변지역 0~17세 소아 중 5천건 가량의 소아 갑상선암과 백혈병, 유방암 등의 증상을 보고하였다. 사고 당시 방사능 낙진은 체르노빌 주변 15만$km^2$ 영역을 방사능으로 오염시켰다.

### (4) 사고 영향

방출된 방사능 물질은 북반구 전역으로 확산, 가축과 농작물에 축적되어 고기와 우유 등을 오염시켰다. 2000년 4월 26일의 사고 발생 14주년 추모식에서 사고처리 종사자 86만 명 중, 5만5천 명이 사망했다고 발표하였다. 우크라이나의 방사성 노출자 3백4십2만7천 명중 작업원은 86.9%가 병에 앓고 있으며, 주민과 유아, 소아의 갑상선 암 발생이 높아졌다고 한다. 현재는 반감기가 약 30년인 스트론튬 90($^{90}Sr$)과 세슘 137($^{137}Cs$)에 따른 토양오염과 토양표층의 식물과 곤충, 버섯에 흡수되어 식량생산에 영향을 미치고 있다.

1997년경에는 구역 내의 나무에서 세슘 137($^{137}Cs$)의 레벨은 계속 증가하며, 오염이 지하수, 호수 및 연못 같이 수계로 이행되는 증거가 발견되고 있다. 세슘 137($^{137}Cs$)이 바륨 137($^{137}Ba$)로 자연 붕괴가 예상되며, 대량의 방사성 강하물로 인하여 고사한 적갈색의 나무가 10km구역 내에서 배후지대로 전파되고 있다고 한다.

### 6.2.3 일본 후쿠시마의 원자력 발전소의 사고

2011년 3월 11일 14:45분 동경 북동쪽 370㎞ 떨어진 도호쿠(東北) 지방부근 해저에서 규모 9.0의 지진이 발생하였다. 진앙지로부터 인접한 해변에 위치한 후쿠시마 제1원전, 후쿠시마 제2원전, 오나가와, 도카이 등 4개 원전부지가 직·간접적인 영향을 받았다. 진앙지 인접 4개부지에서 매우 높은 강도의 지진이 감지되어 운전 중이던 원전 11기가 모두 자동정지 되었고, 원전 인근 송전철탑 등의 심각한 손상으로 후쿠시마 제1발전소가 외부 전원을 공급받을 수 없는 상황이 발생하였다. 후쿠시마 제1원전의 1~3호기 정상운전, 4~6호기 검사정지 중 지진 발생 약 52분후, 14~15m 규모의 높은 쓰나미가 도달하였다. 부지높이가 10m인 후쿠시마 제1발전소의 모든 원전(1~6호기) 건물이 약 4~5m 높이로 침수되었고, 외부탱크, 건물 내의 비상디젤발전기 등의 비상전원 공급설비의 기능이 상실되어, 장기간 원전에 전원을 공급할 수 없는 상황이 초래 되었다.

후쿠시마 제2원전, 오나가와 원전, 도카이 원전은 송전선로가 차단되었으나, 비상용 디젤발전기를 이용한 안정적인 원전냉각이 가능하였다. 장기간 원전에 전원이 공급되지 않아, 원자로의 냉각수 공급이 이루어지지 못하고 노심온도가 급격하게 상승하였다. 온도 상승에 따라 핵연료 용융 및 수소가 발생하여 압력을 견디지 못하고 수소폭발이 발생하였다.

#### (1) 사고원전으로부터의 방사성 물질 누출현황

사고 초기('11. 3월), 수소폭발로 대기 중 630,000~760,000TBq의 방사성 물질($^{131}$I, $^{137}$Cs 등)이 유출되어, 국제원자력기구(IAEA) 원자력사건등급(INES)의 7등급에 해당한다. 누출량은 체르노빌 원전사고 시 방출량과 비교해서 약 10~15% 수준이었다. 또한 사고 수습단계('11. 4월~5월)에서 원자로 냉각을 위한 담수, 해수 주입으로 저·고농도의 오염수가 발생하여 3차례에 걸쳐 방사성 물질이 해양으로 배출(총 4,720TBq) 되었다.

#### (2) 사고 후 대처

발전소 운영 회사인 동경전력(주)은 2011. 4. 17일에 복구 로드맵을 발표하고, 이에 따른 복구작업을 진행하였다. 1단계에서는 원자로 내 질소/냉각수 주입 등의 긴급조치, 2단계에서는 핵연료 냉각 안정화와 방사선 누설차단을 목표로 하여 원자로, 사용 후 연료 저장조의 순환냉각 및 질소 공급으로 안정화 조치를 수행하였다. 더불어 방사성 물질의 확산을 방지하기 위하여 1호기 원자로건물의 덮개 설치, 여진을 대비하여 4호기 사용 후 연료 저장탱크의 바닥 구조물 보강, 파편 등의 오염물질 제거 등 환경개선 작업이 수행되어 2011. 12. 16일에 종료하였다. 2단계 이후 냉온 정지상태에서 안정적인 장기 냉각에 도달한 후에 원전폐로단계를 진행한 것으로 평가되고 있다.

#### (3) 사고의 영향

사고 후 국제기구를 중심으로 원전 안전성 강화를 위한 국제사회의 논의가 활발해졌다. EU는 27개 회원국내 143개 원자로에 대해 극한 상황을 고려한 원전 안전성 검사를 실시 중이다. 또한 IAEA는 원자력 안전사고 대응체제의 취약성을 개선하기 위한 '실행계획(IAEA Action Plan)'을 채택(2011. 9월)하였다. 세계 각국도 최악의 원전사고에 대비한 안전성 강화 방안을 속속 발표하며, 원전의 안전점검 결과에 따라 극한상황에 견딜 수 있는 견고함을 확보할 수 있도록 안전성을 보강하고 있다.

## 6.3 방사선안전

### 6.3.1 개요

방사선에 대한 안전은 안전에 대한 규제, 사용에 관여하는 개인들의 안전에 대한 자세와 그들이 속한 조직 내의 환경에 크게 좌우되므로, 이러한 관점에서 안전문화의 개념이 도입되었다. 방사선안전문화는 방사선안전을 최우선으로 하는 개인과 조직의 태도 및 의식이 중요하다. 안전문화는 안전의 중요성에 대한 개개인의 인식, 훈련, 교육을 통한 높은 수준의 지식 및 수행 능력, 안전을 최우선시 한다. 이에 대한 관리자와 조직원 간의 공동 인식, 개인의 자발적인 태도, 목표 설정이나 근무환경의 개선 등을 통한 동기부여, 적절한 관리 감독, 명확한 책임부여 등이 중요한 요소이다.

### 6.3.2 정책 차원의 요건

모든 중요한 활동에서 개인의 행동방식은 상위층에서 설정하는 요건에 의해 조정된다. 방사선

안전에 관계되는 활동을 추구하는 조직은 안전정책을 천명하여, 그 들의 책임을 널리 알리고 이해시킨다. 또한 안전성에 유의하는 것이 일상적인 관심사라는 분위기와 근무환경을 조성한다. 정부는 규제를 통하여 안전성 확보의 환경조성에 정부의 의지는 국가적 안전 정책을 수립, 발표함으로써 제시된다.

### 6.3.3 관리자의 책임과 역할

방사선 작업 종사자는 작업환경이 많은 영향을 주므로 관리자는 개인의 안전문화 형성에 안전에 대한 올바른 자세를 장려하고 환경을 조성해야 한다. 조직의 안정 정책과 목표에 따라 이러한 관행이 형성되어야 하며, 개개인의 책임과 권한을 분명히 해야 한다. 책임과 권한이 불분명해서 무사안일에 빠지거나 자신의 책임을 타인에게 전가해서는 안 된다. 이를 위해서는 조직체계와 절차서 등의 문서체계가 확립되어야만 한다.

### 6.3.4 개인의 자세

안전문화의 정착을 위해서는 작업풍토에 의해 직접 영향을 받는 개별 종사자들의 수행 여

**표 6-1** 원자력 및 방사선안전문화의 개념

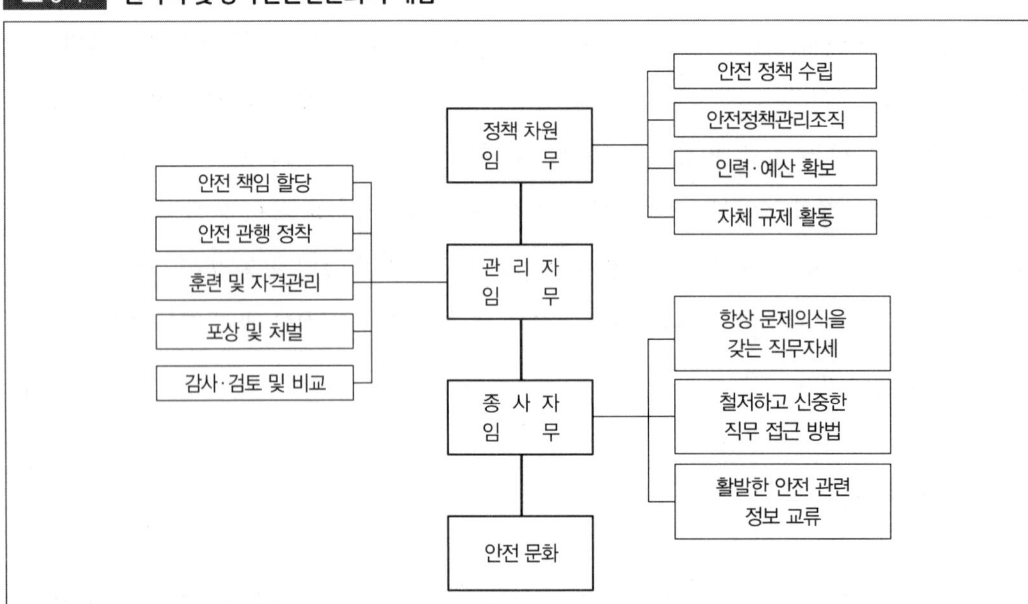

부에 달려 있다. 개인은 자신의 업무를 수행함에 있어 안전문화에 충실하기 위해서는 의문을 갖는 태도, 엄격하고 신중한 접근 자세, 대화하는 자세가 중요하다. 개인은 안전에 관련된 업무를 수행하기 위한 작업절차를 이해하고 그 절차를 엄격히 준수해야 하며, 문제가 발생하면 작업을 중지하고 신중히 생각하고 필요하면 도움을 요구하는 자세가 필요하다.

작업 전에 업무의 이해, 임무가 안전과의 관련성, 임무수행을 위한 지식습득의 필요성, 무엇이 잘 못될 수 있는지 파악, 실패나 실수의 결과, 사고시의 행동, 실패를 막기 위한 행동을 파악하여 스스로 안전문화를 정착해야 한다.

### 6.3.5 국내의 안전규제 조직

원자력 안전 규제 및 방사선안전에 대한 정부부처는 미래창조과학부이며, 산업통상자원부가 주관하는 원자력 발전 사업을 제외한 원자력 이용·개발 정책을 총괄 조정하는 역할도 수행한다. 원자력안전위원회의 원자력 실장은 원자력정책관과 안전심사관을 두어 이용 개발 업무와 안전규제 업무를 분리하여 시행한다. 안전심사관은 원자력안전과, 원자력통제과, 방사선안전과를 지휘하여 안전규제 기능을 수행한다. 방사선안전과는 방사선 방호 및 환경보전 정책의 수립 및 운영, 방사선 및 방사성동위원소 이용 시설의 업무를 주관하고 있다.

**표 6-2 우리나라의 방사선안전규제 조직**

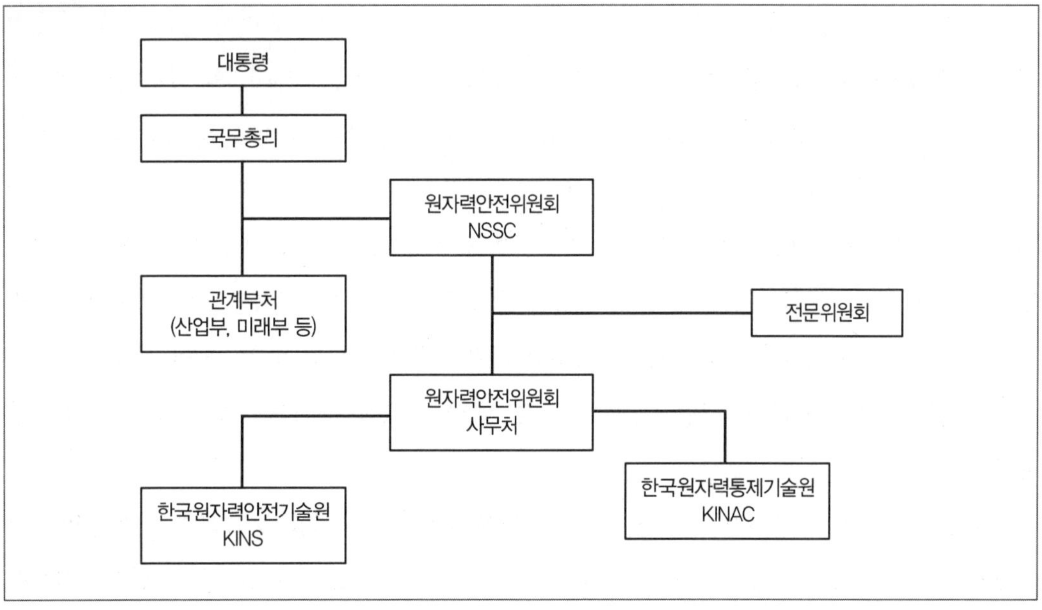

정부 조직과는 별도로 원자력 안전에 관한 중요 정책의 심의·의결기구로 원자력안전위원회를 두고, 원자력 안전관리에 관한 사항의 종합·조정, 핵물질 및 원자로의 규제에 관한 사항, 방사성 폐기물의 안전 관리에 관한 사항, 방사선 재해대책에 관한 사항 등을 심의·의결한다. 원자력 안전규제 행정은 고도의 전문성이 요구되므로 미래창조과학부가 담당하는 인허가 심사 및 검사 등 규제 기능을 기술적·체계적으로 지원할 목적으로 한국원자력안전기술원(KINS)설립되었다.

한국원자력안전기술원은 정부로부터 위탁받은 안전규제 실무를 수행함과 아울러 안전규제 기술개발, 안전규제 정책 및 제도개발을 위한 기술지원, 방사선 방호 기술지원, 환경 방사능 조사 및 평가, 안전규제 정보관리 등을 수행하고 있다. 기타 한국원자력안전재단과 한국원자력통제기술원이 각각 방사선 피폭관리와 핵물질 계량관리 및 관련한 기술적 사항에 대하여 정부를 지원하고 있다.

## 6.4 방사능과 방사성 물질

### 6.4.1 방사성 물질

방사선(Radiation)은 보통 전리(이온화) 방사선을 축약한 용어로써 높은 운동에너지를 갖는 입자방사선(이온, 전자, 중성자, 양성자, 뮤온 등)과 고에너지 전자기파(감마선, 엑스선)을 총칭한다. 방사능(Radioactivity)은 물질이 방사선을 방출하는 성질 또는 그 세기를 가리키며, 방사능을 지닌 물질을 방사성물질(Radioactive Material)이라 한다. 방사성 핵종(Radio−Nuclide) 또는 방사성 동위원소(RI, Radioisotope)는 방사능을 지닌 특정한 핵종(또는 동위원소)을 가리킨다. 모든 방사성 물질에는 반드시 방사성 핵종들이 들어 있다. 방사성 핵종이 방사선을 방출하면서 다른 핵종으로 변환하는 과정을 방사성 붕괴(Radioactive Decay)라고 한다. 방사성 동위원소별 고유한 특성인 붕괴상수(Decay Constant)와 반감기(Half Life)가 정의되어 사용되는데 붕괴상수는 한 원자핵이 단위시간당 붕괴할 확률로 정의되며, 반감기는 방사능의 세기가 1/2로 줄어드는데 걸리는 시간을 가리킨다.

알파선, 베타선, 양성자선, 중성자선 등의 하전입자들은 물질을 통과하면서 전기적인 인력 또는 반발력에 의해 매질원자 중의 전자위치를 교란시키거나, 전자를 뚫고 들어가 원자핵과 충돌하여 원자핵의 위치를 이탈시키는 등의 방법으로 물질을 이온화시킨다. 따라서 이들은 직접 물질을 이온화시키므로 직접전리방사선(Directly Ionizing Radiation)이라 한다. 전기적으로 중성인 중성자와 감마선 등은 매질 원자와 충돌하여 직접 이온화시키는 양보다는 이로부터 생성되는 하전입자들이 뒤이어 이온화시키는 양이 훨씬 많기 때문에 간접전리방사선(Indirectly Ionizing Radiation)이라고 한다.

### 6.4.2 방사선의 측정 단위

방사성 물질을 방사능의 측면에서 양적으로 표시하는데 큐리(Ci)의 단위가 사용된다. 큐리는 매초 370억 개의 원자핵이 붕괴하는 방사성 물질의 양을 1 Ci로 한 것으로써 라듐은 1g이 1Ci에 해당한다. 그러나 보통 단위시간 내에 일어나는 원자붕괴수가 원자핵의 종류에 따라 다르므로 1Ci가 몇 g에 해당하는가는 원자핵의 종류에 달려 있다. 1Ci의 1/1,000을 1mCi, 100만분의 1을 1μCi라고 한다. 방사능에 의해서 방출되는 방사선은 인체에 유해하며, 이것을 운송 및 취급에 있어서는 세심한 주의, 철저한 관리 및 완벽한 시설이 요구된다. 방사능에 의한 방사선 장해는 인체가 외부로부터 방사선을 쐬는 외부조사나 방사성 물질이 피부, 입, 코, 상처 등을 통해서 체내로 들어감으로써 발생한다. 인체나 생물체가 방사선에 조사되는 것을 방사선피폭(Radiation Exposure)라 하고, 방사선의 양을 방사선량(Radiation Dose)이라고 한다. 방사능 또는 방사선의 피폭정도를 표시하는 방법에는 다음과 같다.

#### (1) 방사능

단위시간당 방사성 붕괴의 회수를 가리키며, 1초에 한 번씩 붕괴가 발생하는 경우의 세기를 1베크렐(Bq)이라 한다. 종래 큐리(Ci)가 많이 사용되었으며, 1Ci는 라듐 1그램의 방사능과 같으며 $3.7\times10^{10}$Bq에 해당된다.

#### (2) 조사선량(Exposure)

일정 물질이 방사선 통과지점에 위치하여 그 물질과 상호작용하여 그의 크기로 정의하며, 보통 공기를 전리하는 능력을 기준으로 표시한 것으로 X선과 $\gamma$에 대해 사용한다. 종래 뢴트겐(R, Roentgen)으로 1R은 1기압, 0℃의 공기 1cm$^3$에 1esu의 이온화를 일으키는 X선의 양이며, $2.58\times10^{-4}$C/kg이다. SI단위에서 C/kg(킬로그램당 쿨롱)이며, 조사선량률은 단위시간당 조사선량을 나타낸다.

### (3) 흡수선량(Absorbed Dose)

일정 생물학적 효과를 나타내는데 필요한 기준방사선의 흡수의 양으로써 모든 종류의 방사선에 적용할 수 있으며, 물질 단위질량당 흡수되는 에너지의 양을 나타낸다. SI단위는 그레이(Gray, Gy)로써 1Gy는 물질 1kg당 흡수되는 에너지량이 1주울(J)일 때의 선량이다. 단위는 라드(rad)로써 1Rad는 물질 1그램당 흡수되는 에너지가 100erg일 때 이며 1/100Gy에 해당된다.

### (4) 등가선량 또는 선량당량(Dose Equivalent)

흡수선량이 동일한 경우에도 방사선의 종류와 에너지, 피폭조건 등에 따라 방사선 피폭에 의한 생물학적 영향은 다르게 나타나므로 이를 고려한 신체부위가 실제 받는 생물학적 영향을 보다 잘 나타나도록 한 것이 등가선량(선량당량)이다. 흡수선량에 방사선의 선질계수(Quality Factor), 즉 방사선의 종류 및 에너지에 따라 인체에 미치는 생물학적 효과를 나타내는 지수와 보정계수를 곱한 값이다. 선질계수는 X선, $\gamma$선, $\beta$선은 1에 근사하고 중성자, 양성자는 10, $\alpha$선은 20으로 가정하며 1보다 훨씬 크다. 등가선량의 SI단위는 시버트(Sv), 기존단위 렘(rem)이면 1 Sv는 100rem과 같다.

### (5) 유효등가선량 또는 유효선량(Effective Dose Equivalent)

사람의 신체조직에 불균형 피폭이 있을 경우 어느 한 조직의 등가선량만으로 종합적인 피폭 위험도의 표시가 난이하다. 따라서 각 조직에 대한 등가선량에 그 조직의 가중인자를 곱한 값들을 모두 합하여 유효등가선량 또는 유효선량으로 정의한다. 가중인자들의 합은 1이므로 전신에 걸쳐 동일한 등가선량을 받았을 경우 유효선량은 등가선량과 같다. 실제 사용에 있어 밀리시버트(mSv=1/1000Sv), 밀리렘(mrem), 밀리뢴트겐(mR) 등 작은 단위들이 많이 사용된다. 등가선량 1rem(0.01Sv)은 대략 다음과 같은 방사선피폭과 같다.

① 조사선량 1 R 또는 흡수선량 q rad의 X선 또는 $\gamma$선

② 흡수선량 1rad(0.01Gy)에 해당하는 $\beta$선 피폭

③ 흡수선량 0.05 rad에 해당하는 $\alpha$선이나 무거운 하전입자 피폭

④ 흡수선량 0.1rad에 해당하는 중성자 또는 고에너지 양성자 피폭

### 6.4.3 방사능 및 방사선 피폭과 관련된 단위

**(1) 뢴트겐(R, Roentgen) : 조사선량 단위**

방사선의 이온화 효과에 의한 X선, 감마선 측정단위로써 표준상태 공기 1cc(0.001293g) 속에 만들어지는 이온쌍 한쪽 전하에 의해 1esu전기량 일으키는 방사선의 양, 공기 1gr통과시 87erg 에너지 수반하는 이온화 방사선의 양

**(2) 라드(rad) : 흡수선량 단위**

물질이 이온화 방사선에 의해 발생하는 에너지의 양, 물질 매 gr 당 100erg의 에너지를 흡수하는 방사선의 양, 1R=0.87rad, 1R=1rad

**(3) RBE(Relative Biological Effectiveness)**

측정단위가 아니고 방사선 효과 계산에 필요한 단위, 방사선 1뢴트겐 : 생물학적 효과계수 RBE 1, 알파선 1라드=20RBE

**표 6-3** 방사선 피폭과 관련된 단위

| 구분 | 기존 단위 | | SI 단위 | | 관계 |
|---|---|---|---|---|---|
| | 단위 | 정의 | 단위 | 정의 | |
| 방사능 | 큐리(Ci) | 1초당 $3.7\times10^{10}$개의 붕괴 | 베크렐(Bq) | 1초당 1회의 붕괴율 | $1Ci=3.7\times10^{10}Bq$ |
| 조사선량 | 뢴트겐(R) | 1기압 $0^{0}$의 공기 $1cm^{3}$에 1esu의 이온화를 일으키는 X선 또는 $\gamma$선의 양 | C/kg | 공기 1kg에 1쿨롱의 이온을 만드는 X선 또는 $\gamma$선의 양 | $1R=2.58\times10^{-4}C/kg$ |
| 흡수선량 | 라드(rad) | 물질 1그램당 흡수되어 에너지가 100erg인 선량 | 그레이(Gy) | 물질 1kg당 흡수되는 에너지가 1주울(J)일 때의 선량 | 1Gy=100rad |
| 등가선량 | 렘(rem) | 흡수선량×방사선가중치 | 시버트(Sv) | 인체의 피폭선량을 나타낼 때 흡수선량에 해당 방사선의 방사선가중치를 곱한 양 | 1Sv=100rem |
| 유효선량 | 렘(rem) | 등가선량×조직가중치 | 시버트(Sv) | 인체 내 조직간 선량분포에 따른 위험정도를 하나의 양으로 나타내기 위하여 각 조직의 등가선량에 해당 조직의 가중치를 곱하여 이를 모든 조직에 대해 합산한 양 | 1Sv=100rem |

### (4) 렘(rem)

모든 종류 방사선에 의해 인체에 생물학적 효과 발생을 나타내는 단위로써 다른 종류 방사선의 흡수, 조사선량을 비교 함

### (5) RHM(Roentgen per Hour at on Meter)

- 방사능 위치에서 1미터 떨어진 장소-매 시간당 뢴트겐의 양
- $Co^{60}$ : 1.32 RHM/1Ci
- $Ir^{192}$ : 0.48 RHM/1Ci

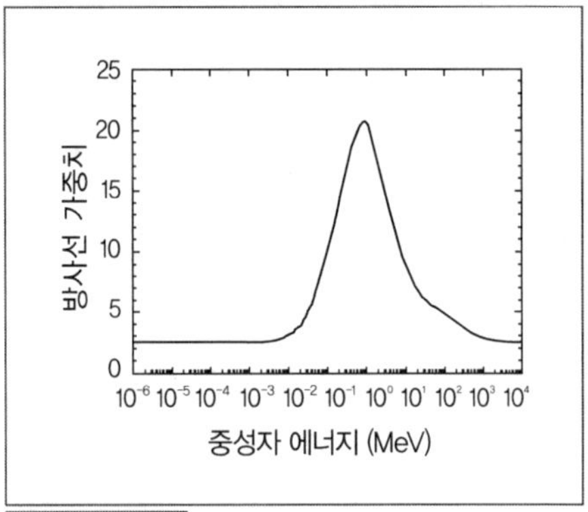


그림 6-1 중성자 에너지 함수

**표 6-4 방사선 가중치**

| 종류 및 에너지 범위 | 방사선 가중치($W_R$) |
|---|---|
| 광자(전에너지)[1] | 1 |
| 전자 및 뮤온(전에너지)[2] | 1 |
| 중성자, 에너지 〈 10 keV<br>10keV ~ 100keV<br>100keV ~ 2MeV<br>2MeV ~ 20MeV<br>20MeV 〈 | 5<br>10<br>20<br>10<br>5 |
| 반 조양자 이외의 양자(에너지 〉 2MeV) | 5 |
| 알파입자, 핵분열 파편, 무거운 원자핵 | 20 |

[1]모든값은 신체에 입사하는 방사선에 대한 것이며, 신체내 선원의 경우는 선원으로부터 방출되는 방사선에 대한 것이다.
[2]광DNA에 결합된 원자핵들로부터 방출되는 오제전자는 제외된다.

**표 6-5 조직 가중치**

| 조직 또는 장기 | 조직가중치($W_T$) | 조직 또는 장기 | 조직가중치($W_T$) |
|---|---|---|---|
| 생식선 | 0.20 | 간 | 0.05 |
| 골수(적색) | 0.12 | 식도 | 0.05 |
| 대장 | 0.12 | 갑상선 | 0.05 |
| 폐 | 0.12 | 피부 | 0.01 |
| 위 | 0.12 | 뼈표면 | 0.01 |
| 방광 | 0.05 | 기타 조직 | 0.05[2,3] |
| 유방 | 0.05 | | |

### 6.4.4 인체 피폭 방사선량

최대허용선량은 한 사람이 평생 동안 노출되어도 부상을 초래하지 않을 임계선량이 최대허용선량이며, 이는 18세 이상의 사람에게는 5rem/년의 증가율이 허용된다. 개인당 1년에 12rem 이상은 노출되지 말아야 하며, 적용 선량률은 3개월에 1.25rem 또는 주당 100mrem이다.

① 연속 방사선 노출은 2mrem/시간, 100mrem/주, 500mrem/년이 안전하다.

② 주요 작업장은 규정 요구에 따라 차폐되어야 한다. 적절한 차폐는 주요 작업장은 모든 면이 실제 두께의 콘크리트로 구성된다. 실제 노출구역은 두껍게 차폐되고 모든 면이 강재 또는 납으로 라이닝 되어야 한다.

③ 이동금속 차폐, 노출중 선원에서 방출된 방사선 강도와 방향의 제한, 안전운전 보증을 위해 노출 중 인접구역에서 접근을 금지해야 한다. 최상의 보호는 방사선 강도는 선원으로부터 거리의 제곱에 비례하여 감소한다. 방사선은 편의상 자연적으로 존재하는 자연방사선(Natural Radiation)과 인위적으로 만들어진 시설에서 발생하는 인공방사선(Artificial Radiation)으로 구분된다.

#### (1) 자연방사선

자연방사선은 땅, 건물 벽, 태양, 우주선, 음식물 섭취, 공기 흡입을 통하여 받으며, 한 사람이 1년 동안 받는 자연방사선량은 평균 2.4밀리시버트(mSv) 즉, 240밀리렘(mrem) 정도이다. 우주선에 의한 피폭량은 연간 0.35mSv(35mrem)이며, 고도가 2,000미터이면 약 2배, 4000미터이면 약 5배로 증가한다. 한 시간 비행시에는 지상보다 0.004mSv(0.4mrem) 피폭이 증가하며, 지상에서 방사선 피폭은 평균 0.40mSv(40mrem)이나 지역에 따라 연간 0.1mSv에서 3.5mSv로써 차이가 있다. 미국의 덴버지역은 해발이 높으며 지표방사성 물질이 풍부하고 또한, 브라질 일부지역은 토륨(Thorium) 등의 고에너지 방사물질이 많아 지역주민들은 연간 1,000~3,000mrem 정도 피폭되어 암 발생이 다른 지역보다 많다.

#### (2) 인공선원

인공선원은 의료용 X선 , 핵실험 낙진, 화재경보기, 칼라 TV, 형광등 등에서 나오는 방사선으로 선량률(Dose Rate)은 작업구간에서 받는 방사선량을 계산한다. 선량률은 R/hr, rem/hr

로 표시하며, 선량(rem)=선량률(rem/hr)×시간(hr)이 된다.

## 6.5 방사선 장해

### 6.5.1 안전사고의 발생

방사선 투과작업에 있어서 효율적인 방법을 추구하기 위하여 안전관리 규정을 무시하는 등 여러 요인에 의해 안전사고가 발생되며, 주요 요인은 다음과 같다.

① 안전관리의 규정을 무시할 경우
② 작업자가 작업이 귀찮게 느낄 경우
③ 작업에 대한 독촉을 받을 경우
④ 검사자의 신상에 관련되어 업무에 집중하지 못할 경우

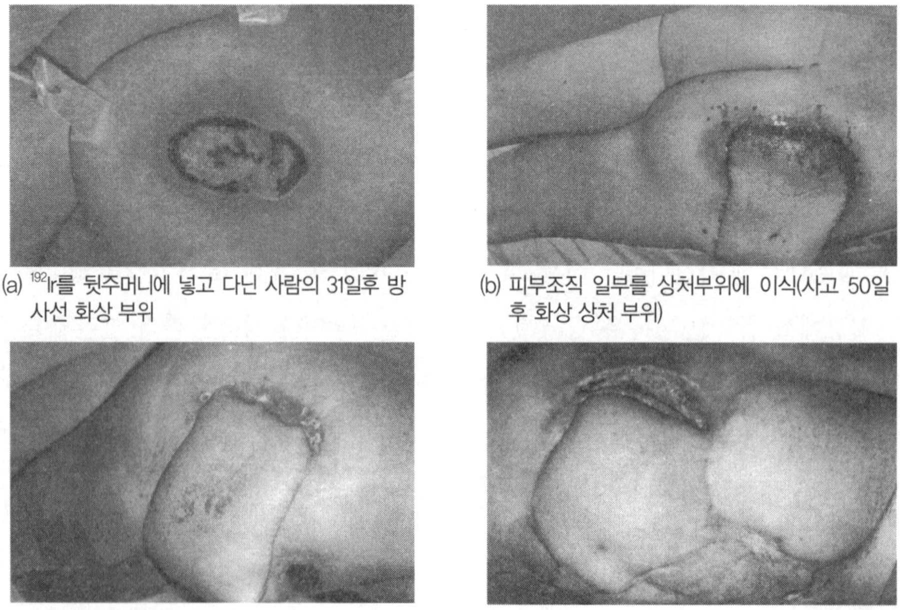

(a) $^{192}$Ir를 뒷주머니에 넣고 다닌 사람의 31일후 방사선 화상 부위

(b) 피부조직 일부를 상처부위에 이식(사고 50일 후 화상 상처 부위)

(c) 사고발생 6개월 후 상처부위의 사진

(d) 사고발생 19개월 후 2차 수술이 시행되었으나 완치되지 않음

그림 6-2 $^{192}$Ir 선원의 소지로 신체부위의 방사선 장해

⑤ 연속근무로 인한 피로가 누적될 경우

만일 방사선 사고가 발생되면 안전 관리자에게 연락하거나 경찰에게 연락한 후 가능한 많은 정보를 제공해야 한다. 방사선 작업종사자가 방사성 물질을 탑재한 차량이 교통사고나 조사장치 분실한 경우는 경찰에 사고지점에 대해 안전구역 설정을 요청해야 하며, 안전관리 책임자에게 연락하여 조치를 취한다. 또한, 결과로써 병원치료 거부의 조치 및 상기사항의 조치로 오염되지 않은 사실, 방사선이 방출되지 않는다는 사실 등 타인에게 해를 주지 않는 사실을 입증해야 한다.

### 6.5.2 방사선안전 3원칙

사람이 방사선에 노출되어 피폭되면 방사선 장해가 발생하며, 인체에 미치는 영향은 복잡하여 피폭선량과 인체에 부위에 따라 다르다. 선량이 작은 경우에도 유전적으로 영향을 미칠 염려가 있어 방사선 취급에 있어 피폭선량은 가능한 최소로 해야 한다. 방사선 작업구역에서는 ① 방사선원과 거리를 멀리 ② 인체와 차폐체를 설치 ③ 방사선의 발생 시간을 짧게 해야 하는 3원칙을 준수해야 한다.

X선 발생장치는 전원을 차단하면 방사선이 발생되지 않으나, 감마선원은 차폐함에 넣어진 상태가 아니면 계속 방출하므로 선원의 사용 전, 사용 후의 점검, 관리에 주의가 필요하다.

## 6.6 방사선안전관리의 기기

### 6.6.1 계측기 분류

방사선안전에는 방사선 조사선량의 모니터링과 인명보호 두 가지 측면이 있다. 방사선 노출을 받는 모든 시설과 사람들은 모니터링 되고 통제되어야 하며, 개인과 장소에 대한 모니터링을 위해서는 다양한 장비가 사용된다. 방사선은 빛, 열과 같이 방사체가 인간의 감각기관으로는 감지가 불가능하므로 전리 방사선의 물질과 상호작용, 또는 이온화 성질을 이용하여 검출한다. 즉, 공기나 기체 중에 두 개의 전극을 놓고 전극 간에 전압을 걸어두고 기체 중에 방사선을 통과시키면, 기체분자가 전리되는 전리작용에 의해서 전리량에 비례하는 크기의 전류가 흐른다. 이 원리를 이용하여 전류의 크기를 측정하므로 방사선량의 측정이 가능하다.

#### (1) 계측 원리에 따른 분류

① 기체의 전리작용을 이용한 계측기 : 이온전리함, 비례계수기, 가이거뮬러(GM)계수기

② 고체의 전리작용을 이용한 계측기 : 반도체검출기

③ 여기작용을 이용한 계측기 : NaI(Tl)섬광계측기, 액체섬광계측기

#### (2) 사용 목적에 따른 분류

① 개인 피폭 관리용 : 포켓선량계, 열형광선량계, 필름벳지, 화학선량계

② 공간 방사선량 관리용 : 베타·감마선량률 측정기, 알파선량률 측정기, 중성자선량률 측정기

③ 방사성 오염도 측정용 : Ge(Li)다중파고분석기, 액체섬광계측기와 각종 오염도 측정기기

(a) 포켓도시미터　(b) 디지털개인피폭선량계　(c) 개인/공간선량률겸용

그림 6-3 개인피폭용 관리기기

### 6.6.2 개인피폭 관리용 기기

방사선작업자가 방사선 구역 내에서 작업을 할 경우 소지해야 하는 장비로써 방사선 조사선량을 직접 측정하거나 피폭선량 계산, 피폭량 관리에 사용되는 장비이다. 필름벳지(Film Badge)와 포켓선량계(Pocket Dosimeter), 열형광선량계(TLD), 알람모니터가 있다.

### (1) 포켓선량계(Pocket Dosimeter)

가스를 채운 전리함으로써 미세 수정사를 충전용 전극에 연결되어 있으며, 측정범위는 수 10~수 100mR 정도이다. 선질 특성이 우수하고 항상 피폭선량의 파악이 가능하며, 긴급 조작에 유리하고 감도가 양호한 장점을 갖는다. 그러나 충격에 의해 지침오차의 발생이 쉽고, 온도의 영향, 방사선에 의한 방전 이외 자연적 누설로 충전력이 상실되는 단점이 있다. 주기적인 점검이 필요하며, 사용 중 자연적 누설량의 감소로 기록되는 선량에 영향이 적다.

### (2) 필름뱃지(Film Badge)

방사선의 사진작용을 이용하여 유제 속에 은 입자의 석출작용을 활용하여 흑화농도를 측정하여 피폭선량을 구한다. 소형으로 착용이 편리하고 가격이 저렴하며, 감도가 수 mR~2,000R 정도로 우수하나 흐림현상이 나타나며, 충격, 온도 상승 및 해독에는 현상작업이 필요한 복잡함이 있다.

### (3) 열형광선량계(TLD)

불순물 첨가(LiF, $CaSO_4$)한 방사선을 조사할 때 자유전자가 포획중심에 붙잡혀 축적에너지로 저장되며, 실온 온도의 영역에서는 장시간 보존된다. 결정의 온도를 높여 가면 포획된 전자도 온도에 대응한 에너지를 얻어 포획중심에서 이탈하여 자유로워진 전자가 되어, 결정 내에 이동 중 다른 포획중심에 붙잡혀 있는 전자와 재결합하여 빛을 방출한다. 이 빛의 양을 관측함으로 방사선량을 측정하는 원리이다. 고감도로써 1mR이하 미소선량의 측정과 대 선량도 측정할 수 있으며, 소형으로 반복사용이 가능하나 잠상퇴화가 크고 해독장치가 고가이다.

### (4) 알람모니터(Alarm Monitor)

방사선이 외부에 유출되면 경보음을 발생하는 장치로써 방사선 유출량이 커질수록 경보음의 간격이 짧다. 휴대하기가 편리하여 실제 방사선 작업에 있어 사고발생 및 이상 유무를 가장 쉽게 파악할 수 있으나, 정량적인 측정장치가 아니며 고장 및 베터리 이상 유무를 항상 점검해야 한다.

### (5) 형광유리선량계

은 이온으로 활성화된 인산 유리염에 전리방사선을 조사하면 형광이 중심에 위치하며,

유리에 자외선을 조사할 경우 가시광선이 발생한다.

### 6.6.3 공간 방사선량률의 관리

방사성 시설의 모니터링은 운전될 때 방사선 노출을 정기적으로 판독하여, 제한구역에서 작업자는 누구도 과다한 방사선량을 흡수되지 않았음을 보증하도록 모니터링 되어야 한다. 공간 방사선량률의 측정은 시설, 또는 작업환경에 이상 방사선 준위의 확인과 외부피폭선량을 추산자료로 사용한다. 관리에는 지역감시기(Area Monitor)를 이용한 연속적인 감시와 휴대용 방사선 측정기(Survey Meter)를 이용한 주기적인 감시가 있다. 사용되는 기기에는 GM관서베이미터, NaI신틸레이션서베이미터, 전리함식 서베이미터, 중성자선용서베이미터 등이 있다.

#### (1) 측정 관리의 위치

① 각종 방사선구역의 경계

② 작업자가 작업하는 장소

③ 작업자 출입구역의 최대선량률 위치

④ 작업장 바닥에서 1m 위치

측정대상의 장소로써 측정이 곤란할 경우 계산하여 산출하며, 관리 기준값을 초과할 경우 작업을 제한하고 차폐물을 설치해야 한다.

#### (2) 방사선의 선량당량율 측정기기

감마선 또는 엑스선용 서베이미터는 주로 전리함식, GM계수관리식, 섬광계수방식이 있고 최근에는 반도체식도 있다.

(가) 전리함식 서베이미터

기기는 전리기체의 공기를 사용한 전리함이 공기의 전리에 의하여 전리전류를 측정하면, 전리함의 위치에서 조사선량이 측정되며, 원리적으로 에너지 의존성이 매우 양호하다. 벽의 내면에 전도물질을 도포하여 한쪽을 전극으로 하고, 그 중심축 선상의 한쪽에 다른 전극을 벽의 전도물질과 절연된다. 전리전류는 0.3$\mu$C/kg/h로 적고 1mR/h를 측정할 때 전리전류가

10~13A 정도로써 고저항에 흐르게 되며, 고저항의 양단에 생기는 전위차를 전위계로 판독한다. 고저항은 습기의 영향을 받기 쉬워 영점이 변동되므로 측정 전 영점조정이 필요하다.

(나) GM계수관식 서베이미터

기기는 주로 GM계수관의 벽과 상호작용하여 발생한 2차전자가 관내 가스를 전리시켜 생긴 전기적 펄스가 조사선량률을 측정한다. 기기의 에너지 의존성은 전리함과 같이 평탄하며,

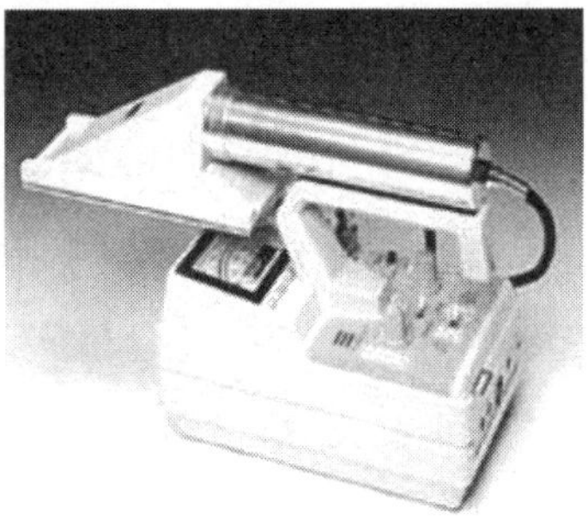

(a) α선용신틸레이션 서베이미터

(b) GM식 서베이미터(조사선량계)

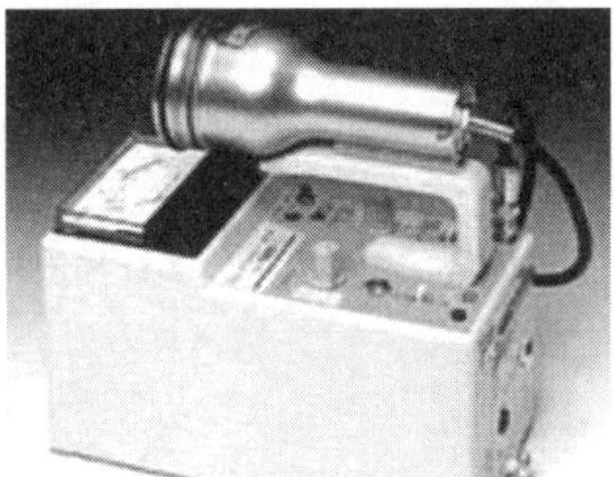

(c) GM식 서베이미터(오염검사계)

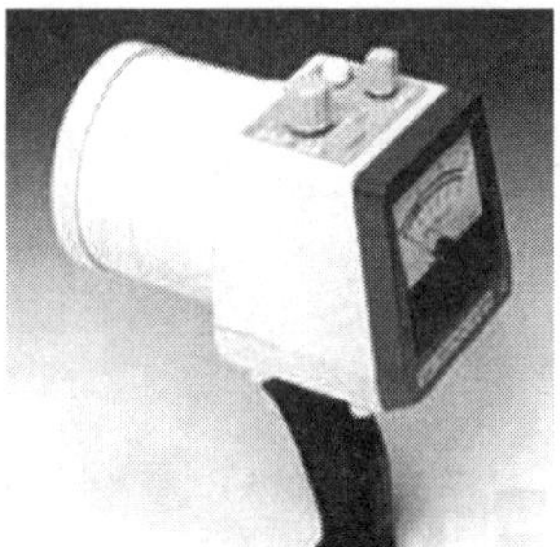

(d) 전리함식 서베이미터(조사선량계)

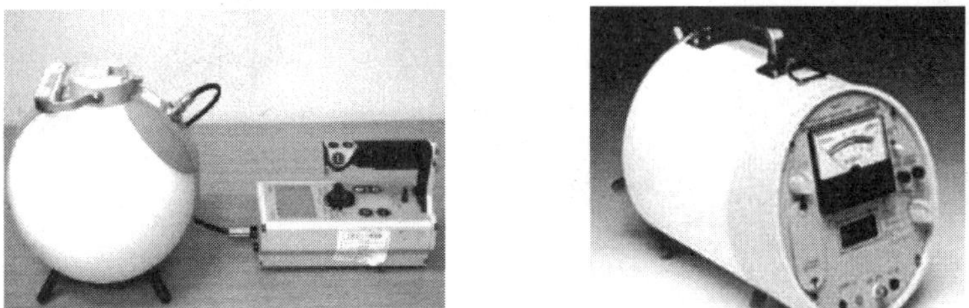

(e) 중성자 측정용 서베이미터

**그림 6-4 각종 공간 방사선량 측정기기**

50~500keV 이상에서 음극재료에서 나온 컴프턴전자에 의해 계수된다. 감도가 비록 낮지만 보통은 100keV$_{rms}$에서는 광전효과가 효력이 있어 감도가 최대가 된다. GM계수관의 감도에서 감마선(엑스선)에 대한 계수효율은 1%정도이나 전리함식에 비해 감도가 높다. 전리함식 서베이미터는 측정 곤란한 100$\mu$R/h(1μSv/h) 이하의 선량당량율의 측정에 사용된다. 10~20mR/h 이상은 지시값의 직선성이 나빠 1R/h 이상이면 지시가 불안정하여 영(Zero)이 되는 착오를 유발할 수 있다.

(다) 이온함식 서베이미터(Ionization Chamber Type Surveymeter)

포켓선량계와 같이 X선 또는 감마선에 의해 생성되는 이온쌍을 전리함에 모아 측정하며, 필요한 측정범위를 조절할 수 있다. 감도는 이온함의 용적에 따라 다르며, 선질 특성이 좋고 높은 방사선장에도 포화, 응답 정지되는 경우가 없다. 스위치를 전환시켜 선량률계 또는 선량계로써도 사용 가능하나 가격이 고가이다.

(라) 신틸레이션 계수관식 서베이미터

섬광 검출기를 전자증배관(PM Tube) 전면에 접착하고 전치 증폭기와 연결한 섬광 검출기를 사용한 것으로 섬광 결정체로는 NaI(T1), CsI(T1)가 주로 사용되며 감도는 매우 높다. NaI(T1)을 사용한 것은 감마선에 대하여 감도가 높지만 $\alpha$선을 감지할 수는 거의 없다. GM 계수관식에 비하여 높은 계수율로 계측할 수 있으나, NaI(T1)섬광 검출기를 사용할 경우는 선질 특성이 나쁘다.

그림 6-5 표면오염검사 측정기

## 6.7 방사선의 피폭

### 6.7.1 방사선 피폭의 형태

#### (1) 개요

방사선이 인체에 피폭되면 인체조직이 파괴되어 장해를 일으키며, 인체 중에 많이 포함되어 있는 수분이 파괴되면 화상과 같은 상해를 입게 된다. 사람이 방사선에 노출되어 피폭되는 피폭원은 다음과 같다.

(가) 자연방사선

태양 등의 외계로부터 오는 우주방사선, 토양 중에 포함된 방사성 원소의 핵분열에서 나오는 방사선이며, 피폭을 방어하기가 용이하지 않아 방사선 방어의 대상이 아니다.

(나) 직업상의 피폭

원자력 발전소의 근무자, 병원에서 방사선 의료장비 조작자 및 현장에서 생산제품의 결함 탐상을 하는 비파괴검사요원과 같이 직업에 종사함으로써, 방사선에 피폭되는 경우로써 방사선 방어대상이며 조직적인 관리의 대상이다.

(다) 의료상의 피폭

치과 및 내과 등 의료분야에서 진단이나 치료를 목적으로 방사선에 피폭되는 경우로써, 피폭으로 인한 결과의 이득이 환자에게 돌아오므로 방사선 방어의 대상은 아니다.

### 6.7.2 방사선 피폭의 경로

#### (1) 외부피폭

신체 외부에 있는 선원에서 방사선이 신체에 도달하여 피폭하는 것을 외부피폭이라 한다. 외부피폭은 투과력이 강한 방사선이 문제가 되나 경우에 따라서는 에너지가 높은 $\beta$입자도 남성의 생식기, 눈의 수정체와 같은 조직에 도달할 때가 있다. $\alpha$입자나 $\beta$입자는 보통 내부피폭의 주요 원인이 되는데, 그 이유는 방사성물질이 많이 있는 경우에 이들이 생체의 대사경로에 들어가 신체의 특정장기에 침착하기 때문이다. 특정장기에 모인 방사성 동위원소는 보통 비정이 짧은 입자가 침착된 장기나 인접장기에 방출하여 손상을 준다.

(가) 하전입자에 의한 피폭

양자와 $\alpha$입자는 방사선 관리상 문제가 없으나 5MeV 정도의 $\alpha$선의 경우, 물에서의 비정은 0.05mm 정도로써 피부의 각질층 두께 0.07mm 보다 작아 문제가 되지 않는다. $\beta$선은 피부의 방사선에 대한 감성이 높은 층에까지 도달할 수 있는 에너지를 가졌을 경우 피부의 피폭에 문제가 된다.

(나) 방사선 피폭

X선, $\gamma$선은 투과력이 커서 중성자와 함께 외부피폭의 주요 피폭요인이 된다. 빛이 공기 속을 쬐듯이 X선도 공간을 조사하여 공기분자와 충돌, 반응하여 분자를 정(+) 또는 부(−)의 전기를 갖도록 전리시킨다. 이 전기량의 크기에 따라 공간을 조사하는 X선이나 $\gamma$선량의 대소가 정해지며, 이 대소의 정도를 나타내는 단위가 조사선량으로 뢴트겐(R)을 사용하며 SI단위로는 C/kg을 사용한다.

(다) 중성자에 의한 피폭

중성자에 의한 피폭은 고속중성자와 열중성자로 구분되며, 고속중성자의 경우는 중성자가 원자핵과 충돌하여 에너지화 된 원자핵 하전입자가 매질 내에서 이온화되면서 에너지가 침착되는데 이를 제1충돌선량이라 한다. 열중성자는 그 반응방법이 달라 중성자의 매질과의 흡수반응에 따른 제2차 방사선이 감마선이나 양성자와 같은 방사선에 의해 매질 내에서 에너지를 흡수당하게 된다.

(라) 감마선원의 위험

비파괴검사 작업에 있어 방사선의 위험과 실무적 작업절차를 파악하여 과피폭이 없이 작업이 가능하며, 강재 캡슐에 내장되어 있어 취급에 있어 소홀하기 쉽다. 그러나 강력한 방사선 방출로 수 초 동안 접촉할 경우 방사선 화상을 초래 할 수 있다. 또한 다량의 방사선이 신체 국소부위에 피폭되면 피부조직의 파괴, 손상조직의 절단, 사망하거나 피폭결과가 즉시 나타나지 않더라도 만성장해 유발, 암 등이 유발될 수 있다.

감마선 사고의 주된 실수는 다음과 같다.

• 선원 탈락 : 동위원소 선원이 조사장치 외부로 빠진 경우
• 확인 측정 : 저장용기(Container) 내부로 끌어들인 후 방사선 측정, 생략
• 자물쇠 점검 : 선원을 안전한 위치로 끌어들인 후 자물쇠 잠그지 않음

선원이 노출되어 방사선 피폭우려가 발생될 경우 작업자는 바로 비상사태를 파악하며, 방사선 피폭사고가 발생하지 않도록 응급조치를 실시해야 한다. 비파괴검사 작업현장의 방사선원 누출사고의 발생 시의 대처사항은 다음과 같다.

**(a) 노출 선원으로부터 멀리 떨어져서 다른 사람을 대피시킨다.**
특히, 손으로 만지지 말고 손으로 조사장치에 넣거나 추진케이블 연결을 금지한다.
**(b) 긴장 풀고 흥분하지 말고 차분히 대처한다.**
선원이 수 m의 거리에 위치하고 있다 할지라도 조치사항을 생각할 시간을 갖는다. 즉시 차폐 불가능한 경우에도 흥분하지 말아야 한다.
**(c) 제한구역 설정, 누구라도 선원에 접근금지 시킨다.**
줄 울타리 설치하여 제한구역 설정, 서베이미터로 방사선량을 측정한다.
**(d) 관련자에 협조를 요청하며, 노출된 선원을 방치한 채 현장을 이탈하지 않는다.**

### (2) 외부피폭의 방어 원칙

방사선 투과검사 작업자가 방사선 구역에서 작업할 경우, 피폭을 최소로 하기 위해서는 "시간, 거리, 차폐에 대한 3대 방어 원칙"의 준수하여 피폭선량을 최대한으로 낮게 해야 한다.

• 시간 : 선원근처에서 짧은 시간동안 작업하여 방사능을 적게 받는다.
• 거리 : 선원으로부터 멀리 떨어져 방사능을 적게 받는다.
• 차폐 : 선원을 차폐하여 적은 방사능을 받는다.

(가) 시간

방사선에 피폭되는 시간은 방사선 피폭량이 피폭시간과 비례하므로, 가능한 방사선 취급

시간을 최대한으로 단축하여야 하며 피폭선량은 다음과 같다.

$$D = R \times T \tag{6.1}$$

여기서 $D$는 피폭선량($R$), $R$은 방사선량률($R/hr$), $T$는 노출시간($hr$)이다.

(나) 거리

선원과 방사선 작업 종사자와의 거리를 의미하며, 선원으로부터 되도록 멀어지면 방사선량률은 거리의 제곱에 반비례하여 감소된다. 따라서 가능한 방사선원으로부터 먼 거리에서 작업을 하면 피폭되는 방사선량을 줄일 수 있다. 거리의 변화에 따른 방사선량의 계산식은 다음과 같다.

$$\frac{D}{D_0} = \left(\frac{R_0}{R}\right)^2 \tag{6.2}$$

$D$는 선원에서 $R$거리 떨어진 장소에서의 선량률, $D_0$는 선원에서 $R_0$거리 떨어진 곳에서 선량률, $R_0$는 선원으로부터 거리, $R$은 선원으로부터 $D$거리 떨어진 선량률이다.

(다) 차폐

방사선량률을 줄이기 위하여 방사선원과 방사선 작업종사자 사이에 설치하는 방사선을 흡수하는 물질이다. 납(Pb), 콘크리트, 철판이 많이 사용되며, 보통 원자번호가 큰 물질일수록 선흡수계수가 커서 차폐효과가 크다.

### 6.7.3 내부 피폭

내부피폭은 방사선 물질을 섭취 또는 인체 내로 흡입하여 발생되는 피폭으로써 경구섭취, 폐로부터 흡입, 주사로 인한 피부나 혈관으로 들어간 방사성물질이 침착, 체외로 배설될 때까지 각 인체의 기관이 피폭되는 것이다. 내부피폭의 특징은 비정이 짧은 $\alpha$ 및 $\beta$입자도 모두 유해하고 유효반감기가 문제가 되며, 방사성 물질의 양, 분포 및 선량을 정확히 평가하기에는 어렵다. 또한 밀봉되지 않은 선원, 기체상태의 방사성 동위원소, 뼈에만 선택적으로 흡수되는 항골성 핵종($^{35}S$)의 취급에는 주의해야 한다. 핵종에 따라서 특정 장기에 집적되기도 하며, 예로써 핵분열의 생성물로써 원자력 안전에 중요하게 취급되는 요드131($^{131}I$)은 갑상선에 주로 축적되어 갑상선 암을 유발한다.

### (1) 내부피폭의 방어 원칙

내부피폭 방어에는 기본적으로 방사성물질이 인체 내에 흡수되지 않게 함으로써, 체내 섭취량을 최소로 하며 내부피폭 방어에는 다음과 같은 것이 있다.

#### (가) 방사성 물질의 유출방지

방사성 물질을 격납하여 외부로 유출을 방지하는 것이며, 격납설비는 원자력 발전소의 격납용기, 글로브박스(Glove Box), 후드(Hood) 등이 있다.

#### (나) 내부오염의 경로 차단

안전한 작업환경의 유지가 어려운 경우에는 방독면이나 방호복을 착용하여, 인체 내부로 피폭되는 경로를 차단해야 한다.

#### (다) 방사성 물질의 농도 희석

보통 방사성 물질의 완벽한 격납은 불가능하므로 오염 방지가 불가피한 경우가 많으며, 이와 같은 경우 공기중 오염도를 낮추기 위하여 공기정화 설비 또는 배기설비 등을 설치하여 농도를 희석시킨다.

#### (라) 화학적 처리

사고 등의 원인으로 이미 방사성 물질을 섭취한 경우에는 화학적 처리방법에 의해 처리하고, 설사제 및 맥주 등을 섭취하여 체내 수분을 외부로 빨리 배설하게 함으로써 방사성물질도 함께 배출을 촉진하는 조치를 한다.

### (2) 방사선이 인체에 미치는 영향

방사선이 생명체의 조직을 통과할 경우 조직세포의 구성 분자와 직접 작용하여, 분자구조를 변형시키거나 세포내 물 분자를 수소기[$H^+$]와 수산화기[$OH^-$]로 분해시킴으로써, 이들이 다른 분자와 화학작용하여 변형시킨다. 변형분자가 생명체에는 크게 영향을 주지 않으나 핵산의 염색체나 유전자인 DNA와 같은 중요한 분자에는 부작용이 생겨 방사선 장해가 생길 수 있다. 손상된 DNA는 짧은 시간 내에 복구되나 많은 경우가 잘못 복구되어 영구적으로 손상됨으로써, DNA가 지배하는 세포는 사멸하거나 돌연변이를 일으킨다. 현대인에게 DNA손상은 약물, 흡연, 유독가스, 바이러스 등 다른 원인에 의해 주로 발생된다. 소량의 방사선 피폭의 영향을 정확히 규명하기에는 어려우나, 방사선 방호에서는 등가선량 1시버트(Sv, 100램) 당 발암치사 확률은 5%, 유전결함의 확률은 1%정도로 가정하고 있다.

### 6.7.4 방사선 장해의 예방대책

#### (1) 방사선 작업 종사자의 방호

사람이 살아가는 동안 우주 방사선(Cosmic Radiation), 의학용 방사선 및 공업용 방사선에 노출되어 있다. 일반인의 피폭중 큰 비중을 차지하는 것이 의료진단에 사용되는 X선 촬영이다. 기타 핵실험 후 낙진, 원전사고, 방사선 작업종사자의 피폭량을 들 수 있다. 보통 1회 흉부 X선촬영시 피폭량은 0.3~1.0mSv(30~100mrem), 1회의 위장 투시에 따른 피폭량은 약 13mSv(1,300mrem)로써, 원자력 발전소 인근주민이 연간 받는 방사선량은 0.01mSv(1mrem) 정도와 비교가 된다. 방사선이 인체에 해를 준다는 것은 방사성의 양이 일정 수준을 넘는 과도한 방사선을 조사 받았을 때 문제가 발생되므로, 공업용 방사선을 사용할 때 방사선 조사한 계량 안에 있도록 안전규칙을 준수하여 작업해야 한다.

(가) 외부피폭

방사선 작업종사자의 외부피폭관리는 필름벳지, 포켓선량계, TLD형광유리선량계 등에 의해서 관리된다. 개인 외부피폭선량을 낮추기 위한 3대 요소는 시간(Time), 거리(Distance), 차폐(Shield)이다.

(나) 내부피폭

내부 피폭관리는 오염원의 형태에 따라 피폭경로를 미리 숙지해야 하며, 전신계수기(Whole Body Counter), 바이오앗세이(Bio-Assay)에 의해 관리한다. 내부피폭의 경로로는 피부상처로 흡입, 음식물의 섭취, 오염물 피펫을 입으로 조작할 때 경구섭취와 같다. 따라서 오염 경로를 사전에 숙지하여 피폭으로부터 방호할 수 있는 작업방법 및 작업조건을 설정해야 한다. 오염원의 형태가 화학반응 붕괴생성물에 의한 가스발생, 액체증발, 분말의 비산, 붕괴에 의한 반도 입자가 나타날 수 있다.

### 6.7.5 방사선 방어의 목표

개인방사선 관리의 목적은 개인의 방사선 피폭량을 직접 측정기로 측정 기록함으로써, 피폭선량이 허용치를 초과하지 않도록 관리하는 것이다. 또한 불시의 사고에 의하여 고선량이 피폭될 때 신속한 선량 파악에 있다. 현장에서 방사성 동위원소 관련 작업이나 실험실에서 방사성 폐기물 분리작업에 있어 방진마스크, 납치마, 장갑, 신발커버, 납안경을 착용하여 동위원소의 체내흡입을 방지해야 한다. 한편, 흡착제는 방사성물질 폐액, 핫싱크(Hot-Sink)가 넘칠 경우 방사성물질의 유출 사고, 방사성 폐액에 의한 오염바닥의 처리를 신속히 액체를 흡수, 보호 유지함으로써, 방사성물질의 확산을 막을 수 있도록 준비해야 한다. 크린매트는 접착액이 도포된 PE시트로써 RI실 입구, 오염검사실 입구에 설치하여 작업자의 신발바닥이나 오염물질의 제거에 사용된다.

① 방사선 장해

② 사망, 화상, 암 유발, 후세에 영향을 주는 유전적 장해 발생

- 신체 부위 1회 600rem : 1도 화상, 가려움증

**표 6-6 선량 한도**

| 구분 | | 방사선 작업 종사자 | 수시출입자 및 운반종사자 | 일반인 |
|---|---|---|---|---|
| 1. 유효선량한도 | | 연간 50밀리시버트를 넘지 않는 범위에서 5년간 100밀리시버트 | 연간 12밀리시버트 | 연간 1밀리시버트 |
| 2. 등가선량한도 | 수정체 | 연간 150밀리시버트 | 연간 15밀리시버트 | 연간 15밀리시버트 |
| | 손·발 및 피부 | 연간 500밀리시버트 | 연간 50밀리시버트 | 연간 50밀리시버트 |

[비고]

1. 위 표에서 "5년간"이란 임의의 특정 연도부터 계산하여 매 5년씩의 기간(예: 1998 ~ 2002)을 말한다. 다만, 1998년도 이전의 기간에는 이를 적용하지 않는다.
2. 일반인의 경우 5년간 평균하여 연 1밀리시버트를 넘지 않는 범위에서 단일한 1년에 대하여 1밀리시버트를 넘는 값이 인정될 수 있다.
3. 방사선작업종사자 중 임신이 확인된 사람과 일반인 중 방사성동위원소등을 제한적 또는 일시적으로 사용하는 사람에 대해서는 위원회가 따로 정하여 고시하는 바에 따른다.

- 피폭 후 수시간 : 홍반, 염증
- 눈(1~2일) 600rem : 백내장
- 1회 1000rem : 2도 화상, 방사선 화상, 1~3주내 수포
- 1회 3000rem : 조직파괴, 제거
- 1회 5000rem : 자극, 염증, 건조, 가려움증

## 6.8 방사선 장해

### 6.8.1 방사선 피폭과 반감기

방사선에 의한 피폭은 신체 외부의 방사선원(Radiation Source)에 의한 외부피폭(External Exposure)과 방사선 물질이 인체 내에 섭취되었을 경우, 내부피폭(Internal Exposure)으로 구분된다. 외부피폭은 비정거리가 짧은 알파선이나 베타선은 대체로 큰 문제를 야기하지 않으나 감마선, 엑스선 및 중성자 등 투과력이 강한 방사선이 대상이다. 외부피폭을 최소화하기 위해서는 차폐물질을 사용해야 하고, 방사성 동위원소가 신체내로 흡수되면 체외로 배출이 어렵고 방사선원이 신체와 밀착되어 있어 알파선 및 베타선의 피폭도 문제가 된다. 흡입 당시 방사능이 상당한 양이라도 반감기가 짧고 외부로 배설 속도가 빠른 동위원소라면 장해 위험이 적다.

반감기에는 방사선물질반감기, 생물학적반감기, 유효반감기가 있다. 동일 양의 방사선 과피폭이라도 개인에 따라 치명정도가 다르며, ① 인체에 조사된 방사선의 총량 ② 방사선이 조사된 신체의 부분 ③ 방사선을 조사받는 기간 ④ 방사선을 조사받을 때 개개인의 연령 ⑤ 각 개인의 생물학적 인체구조에 따라 인체가 방사선을 받는 중요한 5가지 요소가 된다. 허용되는 방사선량의 한계를 정해주는 것으로, 최대허용피폭선량과 최대허용집적선량으로 구분된다.

① 방사성물질반감기 : 방사성 동위원소가 붕괴하여 최초 양의 반으로 감소하는데 소요되는 시간

② 생물학적반감기 : 인체 내에 흡수된 후 배설하거나 붕괴되어 방사성 우려가 반으로 감소하는데 소요되는 시간

③ 유효반감기 : 방사성물질반감기와 생물학적반감기가 복합적으로 작용하여 방사성 우려가

반으로 감소하는데 소요되는 시간

### 6.8.2 방사선의 신체 영향

#### (1) 개인 신체

방사능이 인체에 미치는 방사능은 연간 500밀리램을 넘지 않으면 아무 영향이 없으나 일시에 많은 양을 받으면 위험하게 된다. 약 50만밀리램을 일시에 받을 경우 살아남을 확률은 50%인데, 이 양을 치사 방사선량이라 한다.

① 신체적 영향 : 암, 불임증, 백내장, 탈모, 사망 등 방사선량에 따라 미치는 영향이 다르다.
② 유전적 영향 : 방사선이 유전세포를 지나면 세포핵의 유전자를 구성하는 DNA에 영향을 미쳐서, 돌연변이를 일으키거나 기형아를 출산하게 된다.

피부에 대한 방사선장해는 표피 세포가 항상 세포 분열하므로 방사선 감수성이 높다. 생식선에 대한 방사선 장해에는 생식선에 대한 결정론적 영향은 불임과 호르몬의 분비에 이상이 발생하며, 방사선의 감수성은 세포의 성숙단계에 따라 차이가 있다. 특히, 남성은 후기 정원세포가 가장 감수성이 높으며, 여성의 경우는 제2차 난모세포가 가장 감수성이 높은 것으로 알려져 있다. 인간 체세포에 대한 민감 정도는 백혈구, 적혈구, 위장내면 세포, 재생기관의 세포, 표피세포, 혈관세포, 피부, 뼈, 근육, 신경세포의 순서대로 다르다. 한편, 혈액 세포의 변화로써 방사선 작업종사자는 정기적으로 혈액검사를 받고 있다. 신체 각 부위 피부, 조혈장기, 생식선, 눈에서 다양한 증상이 나타나며, 백혈병, 폐암, 유방암, 갑상선암이 발생된다.

- 피부 : 탈모, 홍반, 수포, 궤장
- 조혈 : 백혈구 및 적혈구 감소, 출혈, 임파구 감소, 화농
- 생식선 : 불임
- 눈 : 결막염, 각막염

#### (2) 유전적 영향

유전자의 자체 변화는 유전자의 돌연변이, 염색체 이상, 다인자 유전자의 보유로 차세대에

**표 6-7 전신에 대한 급성 방사선 피폭시 영향**

| 피폭 선량 | | 결정론적 영향 |
|---|---|---|
| 시버트(Sv) | 렘(rem) | |
| 0.25 이하 | 25 이하 | 임상적 증상 없음 |
| 0.25~1.0 | 25~100 | 백혈구의 일시적 감소 후 곧 회복, 의사진단 요망 |
| 1.0~2.0 | 100~200 | 피로, 권태, 식욕부진, 구토, 설사 등이 발생하고 잠복기를 거쳐 탈모, 내출혈, 일시적 불임 등이 나타나며, 약 90일 후 정상회복, 위험 한계치 |
| 2.0~3.0 | 200~300 | 상기 증상 심화, 장기간 백혈구 감소 5% 사망 |
| 4.5 | 450 | 30일 이내에 50% 사망, 반치사량 |
| 7.0 | 700 | 30일 이내에 100% 사망 |
| 10.0 | 1000 | 중추신경 마비로 혼수상태 후 1~2일내 사망 |

유전된다. 표 6-7은 인체 전신에 대한 피폭시의 결정론적 영향을 보여주며, 0.25시버트(25렘) 이하에서는 증상이 나타나지 않는다.

원자력 시설의 근무자와 일반인의 일시 피폭량이 0.25시버트 보다 훨씬 낮은 수준에서 방사선 방호를 하고 있다. 인체세포에 돌연변이가 발생하면 세포는 주위의 다른 세포들과 이질적이어서 시간경과에 따라 도태되지만, 그 중 극소수가 비정상적 증식능력을 지닌 암세포로 변화할 가능성이 있다. 만일 돌연변이가 생식세포에서 발생할 경우 그 영향이 자손에게 전해지는 유전적 영향도 나타날 수 있다. 이 영향은 장기간에 걸쳐 확률론적으로 이루어지는 세포 변화의 과정을 통해 나타나 확률론적 영향이라 한다. 확률론적 관점에서 돌연변이 세포들은 비록 작더라도 암세포로 발전하거나 유전적 결함으로 나타날 가능성이 있다. 피폭선량에 비례하는 것으로 간주하며 아무리 낮은 선량이라도 위험도가 영(Zero)이 되지 않는다. 이 영향은 암, 백혈병, 유전결함이 있으며 세포의 돌연변이는 방사선 이외 약물, 가스, 흡연의 영향에 기인되므로 소량의 방사선 피폭의 영향을 정확히 규명하기는 매우 어렵다.

방사선 방호에서는 등가선량 1시버트(100렘)당 발암 치사확률을 5%정도로 가정하며, 유전

**표 6-8 방사선이 인체에 미치는 영향**

<table>
<tr><td rowspan="3">신체적 영향</td><td>급성 영향</td><td>탈모, 불임, 사망</td><td rowspan="2">비확률론적 영향</td></tr>
<tr><td rowspan="2">만성 영향</td><td>백내장</td></tr>
<tr><td>암, 백혈병</td><td rowspan="2">확률론적 장해</td></tr>
<tr><td>유전적 영향</td><td>–</td><td>유전적 장해</td></tr>
</table>

결함의 확률은 1%정도로 가정하고 있다. 낮은 수준의 방사선 피폭이 인체에 미치는 영향은 과학적으로 아직 명확히 밝혀지지 않고 있다. 방사선 장해는 피폭시간, 임상 경과속도, 피폭 증세, 유전적 영향에 따라 표 6-8과 같이 다양하게 구분된다.

(가) 방사선 급성 장해

단시간 다량의 방사선에 조사될 때 일련의 증후군으로 선량에 따라 나타나는 증상이 다르다. 방사선 피폭 후 몇 시간 혹은 몇 주 이내에 신체적 장해의 현상으로 방사선 화상, 방사선증이 있다. 장해 단계는 구토와 매스꺼워 토하려는 상태의 전초기, 특별한 증상이 없는 잠복기, 현저한 증상을 보이는 발병기의 단계를 갖는다.

(나) 방사선 만성 장해

방사선 피폭 후 수년 후에 발생하는 장해로써, 암 또는 유전적 장해가 나타남을 말한다.

(a) 방사선 화상

선원에 닿거나 수초 동안 쥐고 있는 경우에 발생하는 현상으로 손가락 등 주 피폭대상, 선원 온도는 높지 않지만 강도는 매우 높음으로써 열에 의한 화상 아니라 느낌이 적다.

(b) 1회 피폭량 600rem 이상

1도 화상, 수시간 후 가려움증, 뜨거움 감지, 홍반, 염증증세를 일으키며 발생 후 사라진다. 2~3주 후 홍반 다시 나타나는 증세로 피부에 각질이 형성시 의료조치가 필요하다. 방사선 작업

**표 6-9 방사선 장해의 구분**

| | | |
|---|---|---|
| 방사선 장해 | 피폭 시간 | 급성 조사 장해 |
| | | 만성 조사 장해 |
| | 임상 경과 속도 | 급성 장해 |
| | | 만성 장해 |
| | 피폭/임상증세 출현 범위 | 전신 장해 |
| | | 국소 장해 |
| | 유전적 영향 여부 | 신체적 장해 |
| | | 유전적 장해 |

자가 홍반이 피부에 발생할 경우는 과피폭의 증세로 안전 관리자의 지시에 따른다. 사고발생 1일 후 수포가 터지고 죽은 표피조직이 벗겨지며, 피하조직의 생살이 보이는 증세가 나타낸다.

(c) 1~2일 사이 피폭량 기준

- 600rem 피폭 : 백내장 발생
- 1000rem 피폭 : 2도 화상, 피폭부 부풀음, 물러지면서 염증발생, 1~3주 수포발생, 생살 돋음, 감염방지와 고통 감소를 위해 의료치료 필요
- 2000~3000rem 피폭 : 끓는 물 또는 화학약품의 화상 정도, 수포현상
- 3000rem 이상 피폭 : 조직 완전파괴, 외과수술로 오염부 제거
- 5000~10,000rem 피폭 : 만성 자극증, 염증, 건조, 완치불가, 발진현상, 피부조직 절반 파괴시는 재생력 및 회복력 감소, 악성 피부암 발생

#### (3) 방사선증

피부 일부 방사선피폭은 생명에는 지장이 없으나 증세발생, 심각한 질병발생 또는 사망할 수 있다. 100rem 이하에는 증세가 없으나 그 이상으로 점차 증가시 멀미, 구토, 수 시간 후 설사 증상이 일어난다. 2~3주 후에는 탈모증, 식욕감퇴, 허약감, 불쾌감, 내부출혈, 반점이 돌출되는 증상이 나타난다. 1일 500rem 피폭될 때는 조혈세포를 생성하는 골수에 이상이 나타나고 수 주일 내 사망에 이른다.

#### (4) 유전적 장해

단일 손상세포는 완전한 조직 형성하는 복제상 결함, 손상을 의미하며, 유전자의 돌연변이는 쉽게 발견되지 않아 결함 사실을 인식하지 못한다. 한편, 혈우병은 유전적 결함, 체내세포가 만들어지는 필수 단백질, 효소, 호르몬 양이 감소되어 나타나는 증세이다.

### 6.8.3 확률적 영향과 비확률적 영향 비교

#### (1) 확률적 영향(Stochastic Effect)

암이나 유전적 영향은 수십 년 경과 후 나타나는 장해로 제한 선량이 없고, 이론적으로 아무리 적은 선량이라도 발생하며, 이것을 "확률적 영향"이라 한다. 아무리 낮은 방사선피폭이

라도 안전하지 못하며 동시에 어떠한 방사선피폭도 일률적으로 위험하다고 할 수 없다. 방사선 영향이라도 신체의 회복기구가 작용해서 장해를 경감한다. 피폭자 모두에게 암이나 유전적 영향이 생기지 않으며, 피폭자는 비피폭자에 비해 위험이 높고 위험정도는 피폭선량에 의존한다. 사고에 의한 방사선피폭을 제외하면 일반인은 작업자라도 제한값에 가까운 방사선피폭은 있을 수 없어 방사선 방호에서 선량한도를 고려할 때 확률적 영향이 문제가 된다.

① 영향이 발생하는 최저선량(발단선량)이 존재하지 않는다.

② 선량증가에 따라 발생확률도 증가(발생확률이 피폭선량과 함수관계)

③ 확률적 영향 증상의 심각성은 선량에 무관하다.

④ 선량이 낮은 경우도 발단선량 없으므로 영향 발생확률이 존재한다.

### (2) 결정론적 영향(비확률적 영향, Deterministic Effect)

방사선에 피폭된 경우 고 선량피폭이면 조기에 급성장해가 생기며, 이 경우 어느 선량의 "제한값" 이상으로 피폭되지 않으면 증상은 나타나지 않으며, 이 영향을 "결정론적영향"이라고 한다.

① 영향발생 최저선량(발단선량)이 존재

② 영향증상의 심각성은 선량증가에 따라 증상이 중하게 된다.

발단선량은 방사선방어에서 임상적인 기질적 및 기능적 장해를 수반하는 영향에 착안하여, 방사선을 받은 사람의 1~5% 장해가 나타나는 선량을 말한다.

# 제7장 초음파탐상기술

## 7.1 초음파의 개요

### 7.1.1 초음파 정의

인간이 들을 수 있는 음파의 주파수 영역은 20Hz~20kHz 영역이다. 초음파는 인간이 들을 수 있는 상한 주파수인 20kHz보다 높은 주파수의 음파로써, 지향성이 좋아 직진하는 성질을 갖는다. 초음파는 물질 내의 원자 또는 분자의 진동으로 얻어지는 탄성파로 전자파와 달리 매질이 있어야만 전달되는 특성을 갖는다. 성질이 다른 경계에서 굴절, 반사, 회절하며 조건에 따라 파형이 변한다. 결함에서 잘 반사하여 결함검출에 이용되고, 검사 과정에서 인체에 장해를 주지 않는다. 초음파는 동일 재질에서는 파의 속도가 일정하나, 재질이 다르면 속도가

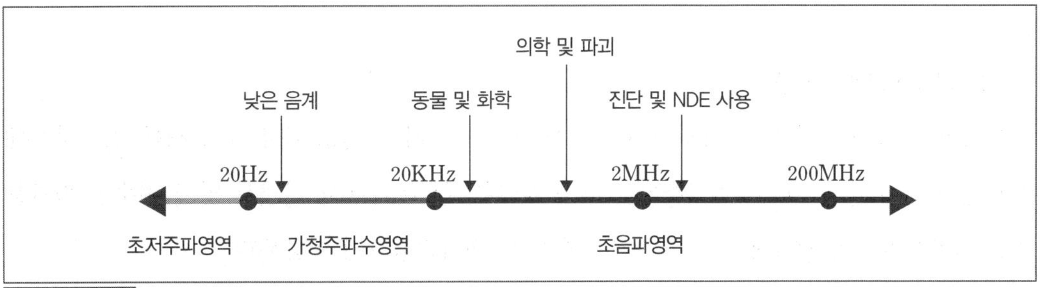


그림 7-1 초음파의 영역

달라진다. 진행거리가 비교적 긴 편이고 온도변화에도 큰 속도에 변화를 주지 않는다. 초음파는 서로 다른 재질을 통과할 때나, 긴 거리를 진행하면서 감쇠하는 특성이 있다. 근래 컴퓨터와의 결합으로 다양한 기능을 갖는 장비가 개발되어 사용이 확대되고 있다.

### 7.1.2 초음파의 이용

초음파는 진동자 근처에서는 회절과 간섭효과에 의해 복잡한 음장을 형성하며, 일정거리 진행 후에는 전파거리가 증가함에 따라 점차적으로 감쇠한다. 초음파는 고체, 액체, 기체에서 전달되며, 각 물질이 접하는 경계에서 반사와 굴절이 일어난다. 특히 펄스반사법은 결함부위에서 반사되는 신호를 활용하며, 초음파의 전파속도는 전달되는 물질과 초음파의 종류에 따라 결정된다. 초음파는 재료에 따라 결정 입계에서 산란되고, 물체 내부조직의 영향을 받기 때문에 재료평가나 결함검사에 사용된다.

#### (1) 산업적 이용

초음파의 산업적 활용은 재료의 물성평가, 가공, 접합, 분쇄, 세척, 의료, 어군탐지 등에 이용된다. 초음파는 저렴한 검사비용, 검사 결과의 신속한 획득 등의 장점이 있고 산업적으로 이용은 다음과 같다.

① 시험체의 구조 : 재질의 두께, 조직, 입도, 조성 및 접착상태 측정
② 시험체의 형상 : 시험체 크기 및 두께 측정
③ 소재의 성질 : 금속분석, 시험체의 탄성률, 음속, 균일성 측정
④ 화학적 분석 및 조성 : 시험체의 원소, 부식상태, 불순물 분포 측정
⑤ 제품 제조공정 중 변수에 따른 영향 평가 : 유속 측정

#### (2) 비파괴검사에 적용

초음파의 물리적 특성을 이용하여 검사대상을 파괴하지 않고 내부의 상태를 검사하는데 이용된다. 발전설비, 압력용기, 항공기 부품 등 다양한 분야에서 건전성 및 잔여수명 평가를 위한 시험체의 내부상태에 대한 정보를 획득하는 비파괴검사에 활용된다.

측정 방법과 대상에 따라 1MHz 이상에서 500MHz(초음파 현미경)의 주파수가 사용된다.

특히 초음파 결함탐상은 일반적으로 0.5MHz~15MHz의 초음파를 적용하고 있다. 초음파 검사는 재질에 따라 달라지는 음파의 속도와 수신신호의 진폭을 이용하며, 시험대상 재질의 건전한 소재로 제작된 표준시험편과 비교하는 일종의 비교시험법이다.

① 불연속의 검출 대상 : 소재 내부의 기공, 슬랙 혼입, 층상균열(Lamination) 및 균열 등의 면상결함

② 불연속부의 형상 : 결함 크기 및 위치 측정

### 7.1.3 초음파 기술의 발전

초음파를 이용한 검사는 1929년 러시아의 소코로브(Sokolov)가 수정 진동자를 이용하여 초음파를 발생시켜, 금속내부의 결함을 분석하는 방법에서 시작되었다. 1942년 미국의 피레스톤(Firestone)은 해저 깊이와 잠수함의 위치를 파악하는 펄스에코 장치를 개발하였다. 최근에는 센서기술, 신호처리기술, 마이크로프로세서기술, 반도체 및 컴퓨터기술이 발전함에 따라 초음파 장치가 소형화, 첨단화되고 있다.

- 1875년 : Lord Rayleigh의 표면파 연구
- 1880년 : 피에르, 폴자크 큐리형제 압전(Piezo)효과 발명으로 초음파 센서기술 기반
- 1916년 : Horace Lamb의 판파 연구
- 1929년 : Sokolov(러시아)의 수정진동자 이용 초음파 진동 연구
- 1935년 : Mulhauser, Pohlman(독일)의 연속파 이용 결함탐상 기술 발표
- 1942년 : D. Sproule의 펄스에코 이용 결함검출기 개발
- 1944년 : 펄스 반사식(미국)의 초음파탐상기 개발

## 7.2 초음파탐상 특성

### 7.2.1 검사의 장단점

초음파는 침투력이 강하여 수 m의 두꺼운 재료의 깊은 부분에 있는 결함의 검출이 가능

하며, 결함의 위치, 크기, 방향, 모양 등을 추정할 수 있다. 그러나 표면이 거칠거나 모양이 불규칙한 제품, 반사면이 입사면과 평행하지 않은 부품은 검사가 곤란하다. 또한 예전의 장비로는 표면직하에 위치한 결함검출이 어렵고 내부조직의 입도가 크거나 기포가 많은 부품은 검사가 어려웠다. 초음파는 방사선과 달리 인체에 해를 주지 않아 최근 비파괴검사에서 각광받는 검사방법이다. 결함검사에 사용되는 초음파는 미세 결함도 검출할 수 있으며, 시험체에 손상을 주지 않는 특징을 갖는다.

### (1) 초음파탐상의 장점

① 침투력이 우수하며 인체에 장해가 없다.

② 미세 결함을 검출할 수 있고 검사 즉시 결과가 파악된다.

③ 시험편의 한 쪽 면만 이용해서도 검사가 가능하다.

④ 결함의 위치, 모양, 방향을 측정할 수 있다.

⑤ 휴대용으로 검사가 간편하며 자동화가 쉽다.

### (2) 초음파탐상의 단점

① 시험면과 탐촉자의 접촉 및 주사에 따른 영향을 받는다.

② 시험체 형상, 내부구조가 검사에 영향을 준다.

③ 조직의 입도가 크거나 기포가 많으면 탐상이 어렵다.

④ 각 재질별로 표준시험편 및 대비시험편이 필요하다.

⑤ 접촉매질이 필요하며 불감대가 존재한다.

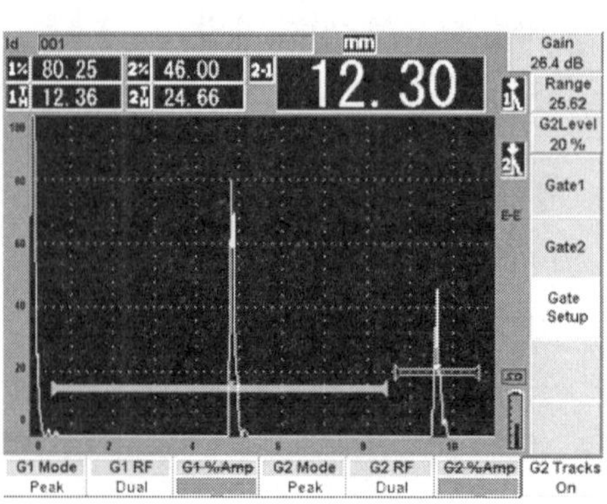


그림 7-2 초음파탐상기의 디스플레이 표시부

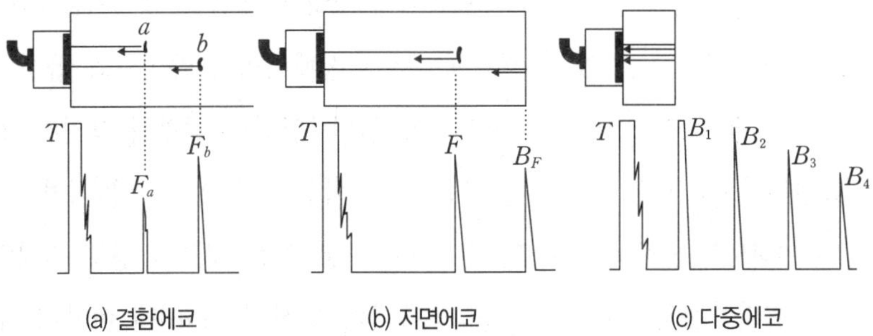


그림 7-3 에코의 형태

## 7.2.2 초음파 빔의 감쇠

초음파탐상에서 탐촉자에 수신되는 초음파 빔의 세기는 초기 송신되는 초음파의 세기보다 매우 작게 되는데, 그 요인은 투과손실, 재료에서의 감쇠와 빔 확산에 기인된다. 투과손실은 표면상태 및 계면의 음향임피던스의 효과로 인하여 발생되며, 감쇠는 산란 또는 흡수에 의해 전파거리에 따라 에너지가 감소된다. 빔의 확산은 진동자 면의 형상 및 크기에 따라 변화되지만 진동자 면에서 멀리 떨어진 지점에서는 구면파 또는 원통면파로 전파하는 특성을 갖기 때문에 일어난다.

### (1) 흡수

초음파 에너지는 기계적인 에너지를 일부 열로 변환되어 발생하며, 음파가 물질을 통해 진행할 때 물질 내의 탄성운동은 교대로 압축상태에서 물질을 가열하고 희박상태에서 냉각된다. 열은 초음파보다 훨씬 느리게 유동하므로 열손실이 일어나고 진행파의 에너지는 점차 감소된다. 열손실은 다결정 재료에서 일어나고 인접 결정립보다 파 운동 중 압축 또는 팽창을 받는 결정립에서 열이 유동하므로 열탄성 손실이 일어난다. 흡수는 진동입자들의 운동에 대한 제동작용으로 생각할 수 있으며, 이 제동작용은 진동이 빠른 즉, 고주파에서 뚜렷하며 대부분의 재료에서 흡수손실은 주파수가 증가할수록 증가한다.

### (2) 산란

대부분 재료들은 실제로 균질하지 않아 초음파 산란이 일어나며, 결정립계, 쌍정경계와 비금속개재물 등의 결정 불연속은 주 초음파 빔에서 소량의 초음파 에너지를 사방으로 흩어지게 한다. 혼합 미세조직 또는 이방성 재료에서는 결정에서의 음향속도와 음향임피던스 차이로 인하여 결정립계에서 모드변환을 일으키기도 한다. 산란은 결정립 크기와 초음파 파장의 비에 따라 레일리히(Layleigh) 산란, 통계적 산란, 확산 산란으로 구분되며, 결정립 크기가 파장의 0.01배 이하이면 산란은 무시할 수 있다. 보통 일반 재료의 경우 결정립의 크기가 10~100$\mu$m정도로 비파괴검사에서 사용하는 초음파의 파장(수 mm)에 비하여 매우 작아서 레일리히의 산란영역에 있게 된다. 이러한 레일리히 산란에 의한 초음파 감쇠는 주파수의 4제곱에 비례하여 증가하므로, 높은 주파수의 초음파 전파거리는 낮은 주파수의 초음파에 비하여 매우 짧아진다.

#### (3) 회절

균일한 매질을 진행하는 음향 빔은 간섭성(Coherent), 즉 파면과 평행한 면을 따라 위치하는 모든 입자들은 동일형태로 진동한다. 파면이 반사표면의 가장자리를 통과할 때 파면은 빛이 불투명한 물체의 가장자리 주위로 휘는 것처럼 가장자리 주위로 휘게 된다. 기공 또는 개재물과 같이 반사체가 음향 빔과 비교하여 아주 작을 때, 반사체 가장자리 주위로 파가 휨은 전방산란 빔의 여러 부분에서 위상차이로 인하여 반사체 뒤의 영역에서 간섭을 일으킨다. 간섭형태는 간섭의 산란파들이 각각 동일 위상 또는 다른 위상인 영역에 해당하는 최대 및 최소 강도영역이 교대로 구성된다.

#### (4) 음향임피던스 효과

음향임피던스 효과는 수침탐상에서 에너지 손실을 계산해야 하며, 음향 빔의 경로가 금속-공기 계면에 수직방향의 균열과 같이 이상적인 반사표면을 갖는 불연속에서 에너지 손실이 계산된다. 반사 초음파 빔의 강도손실은 시험체의 결함특성에 기초하며, 음향임피던스 효과는 초음파 빔 강도를 감소시킨다. 음향 빔은 면적이 작은 불연속은 작은 면적분율만 반사시키므로, 작은 불연속의 검출에 있어서 초음파탐상기는 작은 강도의 변화에도 민감해야 한다.

### 7.2.3 다른 탐상법과의 비교

초음파탐상은 방사선투과검사와 같이 피검체 내부의 체적결함 검출에 이용되나, 검출원리가 달라 검출되는 결함형태가 다르다. 용접부에서의 미세균열, 용입불량, 융합불량이 방사선투과 검사 보다 우수하나, 결함 종류의 판별이 어려워 검사자의 기량에 많이 의존한다. 그러나 이러한 단점은 최근 검사결과를 영상화하는 장비의 개발로 많이 보완이 되었다. 금속조직이 미세하면 초음파의 투과가 잘 되고, 고주파의 사용이 가능하여 미소결함의 검출이 가능하나, 금속 조직이 크면 초음파의 산란에 의한 감쇠로 결함검출이 어렵게 된다. 초음파검사는 탐상 조건이 좋으면 파장의 1/2 크기의 결함검출이 가능하며, 결함형상과 방향성은 검출능력에 큰 영향을 준다. 즉, 균열과 같은 면상결함에서 균열에 수직으로 초음파가 입사되면 큰 반사신호를 얻을 수 있으나, 기공과 같은 구형결함은 반사파가 확산되어 매우 작은 신호만 얻어진다.

### (1) 방사선투과검사(RT)와 비교

초음파탐상(UT)은 두께 변화에 따라 결함검출 감도의 변화가 적으나, RT는 검사체의 두께 변화에 따라 결함검출의 감도가 변화한다. 또한 초음파의 진행방향과 수직인 결함을 검출하기 쉬우나 RT는 방사선 빔의 진행방향과 평행한 결함의 검출이 우수하다. UT는 반사면이 클수록 반사신호가 커지며, 결함발생의 위치나 에코높이, 형태의 변화를 파악하기 위해 검사자의 기량이 요구되고, 또한 검사체의 재질에 따라 결함검출 능력이 좌우된다.

① 결함 형상 : RT는 기공, 슬랙혼입 검출이 우수하고, 면상결함(균열)은 UT가 우수하다.
② 결함 종류 : RT는 필름을 판독하여 쉽게 판별이 가능하나, UT는 결함의 위치 및 종류에 따라 신호가 변화되기 때문에 경험이 요구 된다.
③ 결함 위치 : RT는 결함의 높이 측정이 거의 불가능하나, UT는 결함의 길이, 높이, 위치를 알 수 있다.
④ 결함 방향 : UT는 초음파 진행 방향에 수직인 결함, RT는 방사선의 진행방향에 평행인 결함을 검출하기 쉽다.
⑤ 재질 두께 : RT는 두꺼운 재질의 투과가 어려우나, UT는 감쇠가 작은 재질은 수 m도 가능하다.

### (2) 음향방출AE)법(과의 비교

AE법은 시험체에 탐촉자를 부착하여 음파를 분석하는 것이 초음파와 유사하나, 시험체에서 탄성파 방출시 탄성파를 수신하여 음파를 분석하는 수동적 검출법이다. 재료의 종류,

물성, 결함 종류의 양인 내적조건과 하중, 온도, 분위기 등의 외적조건에도 영향을 받는다. AE는 피검체에 센서를 부착하여 파괴 또는 변형할 때 발생되는 음향거동을 검출하여 미소파괴 감지 및 파괴예지에도 이용된다. UT는 재질특성에 적절한 초음파를 탐촉자에서 발생시킨 초음파를 피검체로 입사시킨 후 반사파 또는 투과파의 특성을 분석하는 능동적 검출법이다. 수동적인 초음파탐상(UT)은 구조물의 좁은 영역을 대상으로 하나, AE는 넓은 영역을 대상으로 하며, 탐촉자와 증폭기의 거리가 떨어져 있어도 수신이 가능하다.

① 가동중 검사 : UT는 시스템 운전 중 탐상이 불가능하나, AE는 탐상이 가능하다.

② 검사자 숙련도 : UT는 검사자의 관련지식, 경험과 판단에 크게 의존하나, AE는 크게 의존하지 않는다.

③ 결함 원인 규명 : UT는 균열발생의 원인을 규명할 수 없으나, AE에서는 가능하다.

④ 작용 외적 부하 : AE법은 외적하중이 가해져야만 결함검출이 가능하다. 특히, 하중변동을 받는 경우 선행하중을 받아 파괴된 결함은 선행하중보다 큰 하중을 가해야만 파동거동이 파악되나, UT는 부하에는 상관이 없다. UT는 표면결함에 대해서는 자분탐상(MT), 침투탐상(PT)에 비해 검출확률은 저하되나, 표면균열의 깊이를 정량적으로 평가할 수 있다.

## 7.3 음파

### 7.3.1 용어

초음파는 기계적 진동으로 물체입자에 진동을 가할 때 주위로 퍼져나가는 상태의 음파이며, 사람이 청취 가능한 가청주파수는 20Hz~20kHz이다. 초음파는 이 가청주가수 대역을 넘는 영역의 음파로써 20kHz~1GHz이며, 결함탐상에 이용되는 주파수 범위는 0.1~25MHz 정도이다. 음파의 속도는 온도변화에 따라 변화하며, 공기 중에서 음속은 331m/sec+0.1Tc이다. 음파가 전달되는 속도는 매질의 밀도 및 탄성계수에 따라 결정된다. 여기서 Tc는 측정시 온도를 나타낸다.

$$음속(V) = \sqrt{탄성계수/밀도}$$

파의 진행은 매질의 이동이 아니고, 에너지만을 전달하는 것으로 파의 전달에 관련되는 사항은 다음과 같다.

(가) 진폭(Amplitude)

파동의 가장 높은 산과 가장 낮은 골로 표시할 때, 산에서 골까지 길이 또는 파동의 중심에서 산 또는 골까지의 길이이다.

(나) 주기($T$, Period)

매질의 각 지점이 1회 진동하는 시간으로 한 파장이 통과하는데 필요한 시간이다.

(다) 주파수($f$, Frequency)

1초 동안 진동한 진동 횟수(Hz)

1회 진동이 요구되는 시간은 주기($T$)이며 초로 측정 된다. 연속파에서 주파수와 주기와의 관계는 다음의 식과 같다.

$$f = \frac{1}{T} \tag{7.1}$$

주파수가 높아지면 파동의 특성보다는 입자의 특성이 커지므로, 투과력이 약해져 입자가 크거나 두께가 두꺼운 경우 저주파를 이용해야 한다.(0.5~2MHz)

(라) 파장($\lambda$, Wave Length)

이웃하는 산과 산 또는 골과 골 사이의 길이로써 1회 진동하는 동안 파동이 진행한 거리를

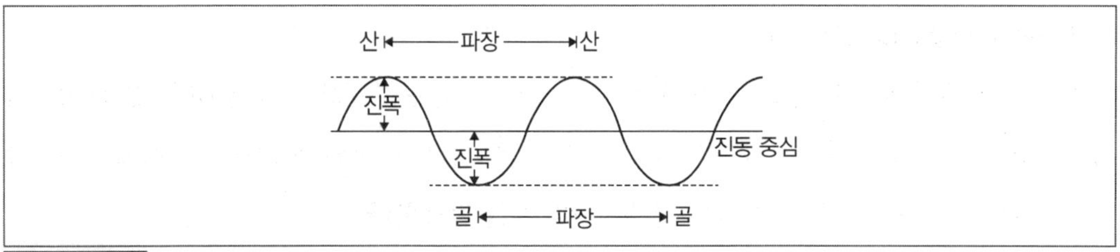


그림 7-4 **파의 형태**

의미한다. 초음파탐상에서 파장이 짧을수록 작은 결함을 검출 할 수 있다.

(마) 파동의 전파속도($v$)

속도는 거리를 시간으로 나눈 값으로, 파동의 전파속도는 다음과 같이 표시된다.

$$v(m/sec) = \frac{\lambda(m)}{T(sec)} = \lambda(m) \times f(Hz) \tag{7.2}$$

여기서 $v$는 속도, $\lambda$는 파장, $T$는 주기이며, $f$는 주파수이다. 따라서 파동의 전파속도는 파장과 주파수의 곱으로 표현한다. 주파수와 파장은 초음파의 투과능력 및 결함의 검출감도와 관련되므로, 적절한 주파수의 결정이 검사의 효율성을 높일 수 있다. 즉, 작은 결함검출에는 고주파를 사용하나 초음파가 소재에 진행할 때 파장이 짧을수록, 시험체의 결정 입계로 인한 산란반사가 많이 발생한다.

(바) 음향임피던스(Acoustic Impedance)

초음파가 매질을 전파할 때 매질입자는 진동을 하게 된다. 이러한 매질입자가 진동할 때 초음파 음압은 매질입자의 진동속도에 비례한다. 초음파 음압과 매질입자의 진동속도 사이의 비례 상수에 해당되는 것이 음향임피던스이다. 즉 음향임피던스가 큰 매질은 작은 입자의 진동속도에 의해서도 높은 음압이 형성되며, 음향임피던스가 작은 매질에서는 낮은 음압이 형성된다. 매질의 음향임피던스($Z$)는 재질의 밀도($\rho$)와 음속($v$)를 곱한 값이다.

$$Z = \rho v \tag{7.3}$$

### 7.3.2 파의 종류

#### (1) 종파(Longitudinal Wave)

파의 진행 방향에 따라 밀도가 높은 부분과 밀도가 낮은 부분으로 구성되며, 전달하는 입자가 파의 진행방향과 평행하게 진동한다. 입자사이의 탄성이 파의 전달을 가능하게 하며, 각 입자는 평행상태를 유지하고 가까운 입자에 에너지를 전달한다.

압축파, 소밀파 또는 L파라고도 하며, 고체, 액체, 기체에서 진행이 가능하다. 종파는 모드변환(Mode Conversion)을 통해 횡파 또는 표면파로 변환되기도 한다. 종파의 속도는 강에서 5,900m/s, 알루미늄에서 6,300m/s, 물에서 1,480m/s이다.

### (2) 횡파(Transverse Wave)

파를 전달하는 입자의 진동방향이 파의 진행방향과 수직인 파로써, 전단파 또는 S파라고도 한다. 횡파는 종파보다 속도가 늦고 동일 재질에서도 파장이 짧아 투과력이 약하나, 작은 결함의 검출이 가능하다. 액체, 기체에서는 분자사이의 인력이 작아져 횡파가 전파되지 않는다. 횡파의 속도는 강에서 3,200m/s, 알루미늄에서 3,100m/s이다. 동일 주파수에서는 종파속도의 1/2이므로 파장($\lambda$)도 작아 재질 내에서 쉽게 산란되나 작은 결함검출에 유효하다.

### (3) 표면파(Surface Wave)

고체 표면에서 약 한 파장 깊이에서 표면을 따라 진행하는 파로 레일리히(Rayleigh)파와 크리핑(Creeping)파가 있다. 이러한 표면파는 표면에서부터 한 파장이내의 깊이에서 대부분의 에너지를 분포시키며, 고체 표면을 따라 전파한다. 표면파 형태의 파가 진행하기 위해서는 한쪽은 고체의 강한 탄성력을 갖고 있는 반면, 다른 쪽은 기체분자에서와 같이 거의 탄성력이 존재하지 않는 불연속면을 갖는 상태이어야 한다. 따라서 표면파는 액체 속에 잠긴 고체표면에서는 액체로 에너지가 빠져나가기 때문에 전파거리에 따라 급격하게 감소한다.

크리핑파는 종파와 같은 전파속도를 가지고 표면을 전파하나, 전파거리에 따라 급격하게 감쇠하는 특성을 가져 대략 10 파장정도 전파하는 것으로 알려져 있다. 이에 비해 레일리히파는 종파와 횡파보다 감쇠가 작고 속도는 횡파 속도의 약 90%~95%의 값을 갖는다. 표면파가 유효에너지로 진행하는 영역은 금속표면 아래의 약 한 파장 이하이며, 이 깊이에서 파 에너지는 표면에서의 파 에너지의 약 4%이고, 진동의 진폭은 깊을수록 크게 감소된다.

### (4) 판파(Plate Wave)

판파는 재질의 전체 두께를 통해 전파하는 파이며, 종파와 횡파가 결합하여 판의 두께 공진을 일으키면서 전파하는 파동으로 램(Lamb)파라고도 한다. 판파 속도는 재질의 밀도, 탄성, 두께 및 주파수의 영향을 받는다. 이러한 판파는 판의 중심면에 대해 진동형태가 대칭인 대칭모드(Symmetric Mode)와 판 표면의 운동방향이 같은 반대칭모드(Anti-Symmetric mode)로 구분된다.

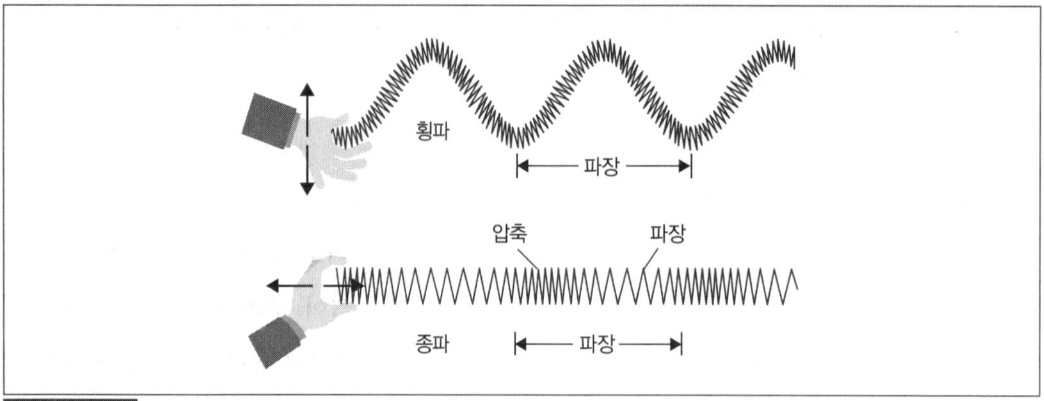


그림 7-5 횡파와 종파

또한, 주파수가 증가할 수록 여러 모드가 존재하며, 주파수에 따라 속도가 변하는 특징을 갖는다. 따라서 여러 모드가 존재하지 않는 낮은 주파수를 선택하여 검사에 적용하고 있다.

## 7.4 초음파 진동

### 7.4.1 초음파 진동자

초음파는 자기수축, 전기-자기유도, 압전체 결정을 여기시켜 발생시킨다. 진동자의 재질, 두께 및 진동자에 가해지는 전압 또는 전류의 발생 방법에 따라 발생되는 초음파의 성질이 다르다. 초음파 발생을 위해 진동자의 일부분을 원하는 주파수로 진동시키며, 재질의 종류 및 주파수에 따라 다양한 방법이 있다.

(가) 압전진동자

수정, 주석산에틸렌지아민(EDT), 로셀염(RS), 제일인산칼륨(KDP), 황산리튬(LS) 등의 단결정에 고주파 전압을 가하여 초음파를 발생시킨다.

(나) 고분자 압전막

폴리불화비닐리덴(PVDF) 등의 고분자 박막에 고주파 전압을 가하여 초음파를 발생시킨다. 수 $\mu$m 얇은 금속판에 초고주파 또는 MHz정도의 초음파를 사용한다.

(다) 전기변형 진동자

티탄산바륨계(BT), 지르콘티산납계(PZT), 니오브산계 등의 강유전체에 전기장을 분극시켜 전압을 가하면 전기변형 현상에 의해 변형이 일어나며, 이를 이용하여 초음파를 발생시킨다.

(라) 자기변형 진동자

니켈, 알페로(철과 알루미늄합금) 등의 금속진동자, 또는 도자기 페라이트의 자기진동자에 직류자계와 고주파 자계를 중첩하여 가함으로써 초음파를 발생시킨다.

(마) 초고주파 발생장치

확산층, 증착박 등을 이용하는 다양한 방법이 있고, GHz대의 초음파를 발생시킬 수 있다.

(바) 전자기유도형 음향변환기

코일의 전면에 동판 등의 금속판을 대치시켜 코일에서 발생한 고주파 자장에 의해서 금속판에 유도전류를 구동하여 초음파를 발생시킨다. 표면부근에는 복잡한 음장이 형성되며, 어느 정도 진행한 이후에는 규칙적인 감쇠가 일어난다.

### 7.4.2 압전효과(Piezo-Electric Effect)

비파괴검사용 초음파의 발생은 주로 진동자의 양면을 전극으로하여 양 전극사이에 전압을 가하면, 전압크기와 전하에 따라 진동자가 신축하여 진동으로 변화하는 압전현상이 이용된다. 탐촉자는 한 형태의 에너지를 다른 형태의 에너지로 변환시키는 장치로써, 압전효과를 이용하여 전기에너지를 초음파의 운동 에너지로 변환시키며, 이와 같은 성질을 갖는 소재를 압전재료라고 한다.

#### (1) 진동 발생의 원리

다양한 압전재료 중 수정(Quartz)을 보면 단결정 진동자로서 전기적, 기계적, 광학적 특성에서 이방성(An–Isotropic)을 갖는다. 결정은 절단방향에 따라 성질이 달라지고 X축으로 절단(X–Cut)시 가장 우수한 압전특성을 가지며, X축 절단은 절단된 수정에 외부에서 압력을 가하면 두께가 약간 변화하고 전기적으로 분극(Polarized)된다. 즉, 전위의 차가 발생하게 된다.

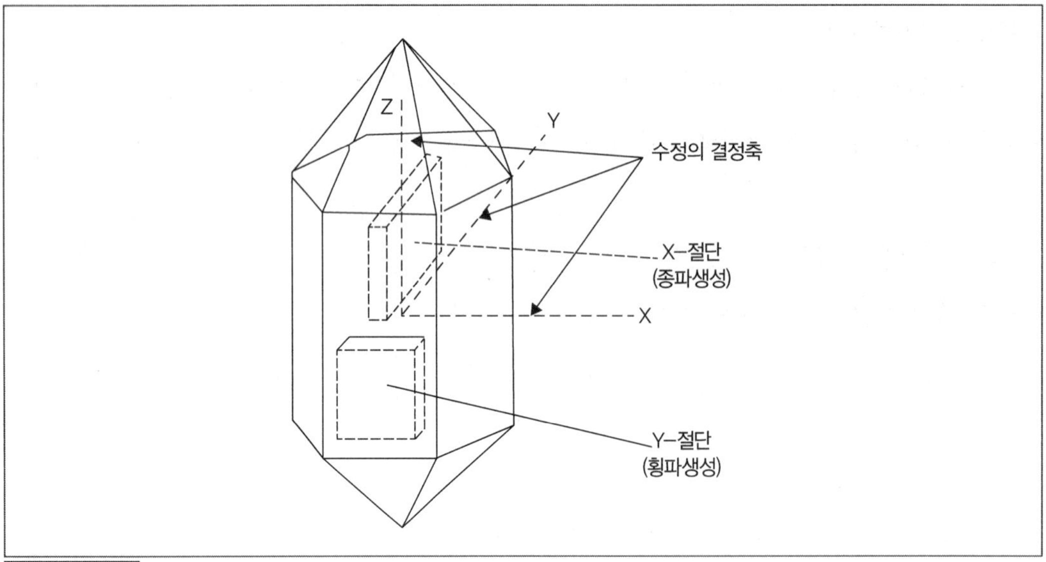


그림 7-6 수정 진동자의 절단(X-절단 및 Y-절단) 특성

### (2) 압전 진동자의 특성

(가) 수정($SiO_2$, Quartz)

천연 결정으로 절단방향에 따라 진동자 성질이 달라지며, 전기적 및 열적 안정성을 갖는다. 진동자로서의 장점은 기계적 강도가 우수하고 내마모성이 좋으며, 대부분의 액체에서 사용할 수 있다. 반면에 전자-기계적 변환계수인 압전율이 낮은 단점이 있다.

(나) 황산리튬($LiSO_4 \cdot H_2O$, Lithium Sulfate)

가장 우수한 분해능(Resolution)을 얻기 위한 최적의 음향감쇠(Acoustic Damping)를 얻기 쉽고, 변환효율은 중간 정도이나 수신효율이 매우 우수하다. 그러나 취성이 크고 사용온도가 75℃ 이하이며, 장시간 사용시 물에 분해되는 단점이 있다.

(다) 분극세라믹스

보통 전자기계(電磁氣系) 변환효율이 우수하고 감도도 양호한 장점을 가지나, 노이즈 파형 변형은 황산리튬보다 양호하나 수정보다는 저하된다. 지르콘티탄산납(PZT, $PbZr \cdot TiO_3$)은 기계적으로 단단하고, 시간이 경과함에 따라 분극을 상실하지 않는다. 티탄산바륨($BaTiO_3$, Barium Titanate)도 기계적으로 단단하고 방사상 모드반응을 가지나, 온도가 증가하면 효율이 변화하는 단점이 있다.

### 7.4.3 탐촉자의 종류

시험재 표면에 초음파를 직접 접촉시켜 주사시키는 접촉식 탐촉자는 탐촉자 마모와 탐촉자와 시험재 표면 사이에 공기 층을 없애기 위하여 접촉매질을 사용하여야 한다. 또한 탐촉자 표면에 보호막을 입힌 탐촉자도 있다. 탐촉자의 표면과 보호막 사이에 종파 초음파를 피검체의 표면에서 수직입사 시키는 탐촉자로써, 단일 진동자의 수직탐촉자와 분할형 탐촉자로 구분된다.

#### (1) 수직 탐촉자

탐촉자 표면에 수직한 방향으로 초음파를 발생시키는 탐촉자로서 금속판의 두께 측정, 단조 및 주조제품의 결함검사에 주로 사용된다. 근접 표면 분해능이 나빠 얇은 판의 검사가 어려우며, 이를 보완하기 위해 지연재 또는 펄스길이가 짧은 탐촉자를 사용하기도 한다.

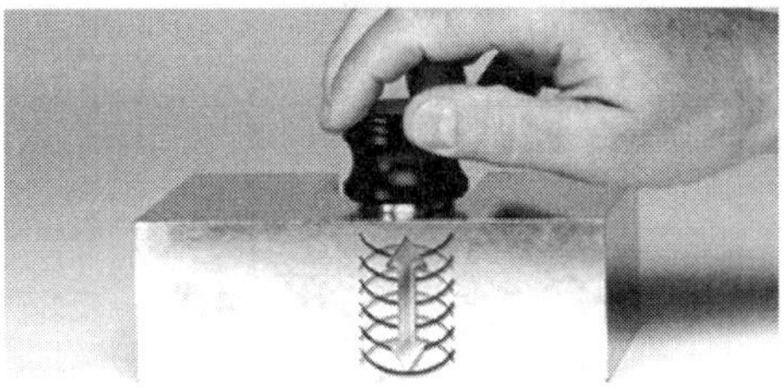

그림 7-7 수직탐촉자

#### (2) 분할형 탐촉자

한 개의 탐촉자를 이용하여 송수신 할 경우의 펄스반사법에서 단점인 근접 표면 분해능을 개선하여, 얇은 판의 두께측정도 가능하도록 두 개의 진동자를 사용한다. 두 개의 진동자를 음향 격리면에 의해 음향적으로 격리시키는 경계를 만들어 하나의 케이스에 넣는다. 진동자중 하나는 송신부에 다른 하나는 수신부에 연결시켜 수신할 때 송신펄스의 영향을 제거시킨 것이다.

진동자 기울기는 초점을 만들며 초점부위의 초음파 강도가 커지므로, 이를 고려하여 제작되었다. 플라스틱재 쐐기 지연재는 초음파 빔이 원거리음장에 들어가게 하여, 결함평가가

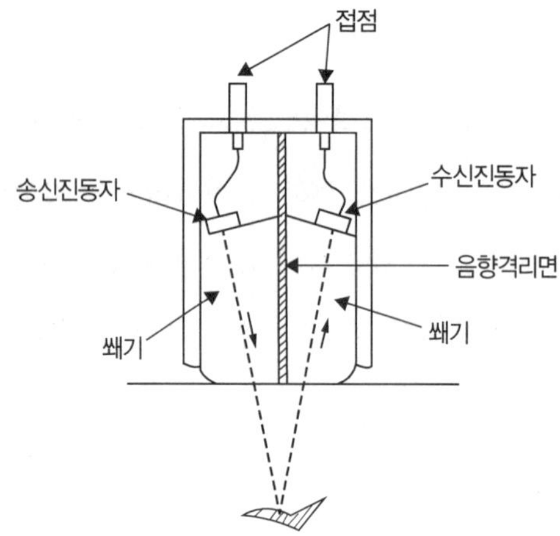


그림 7-8 분할형 탐촉자의 초음파의 진행

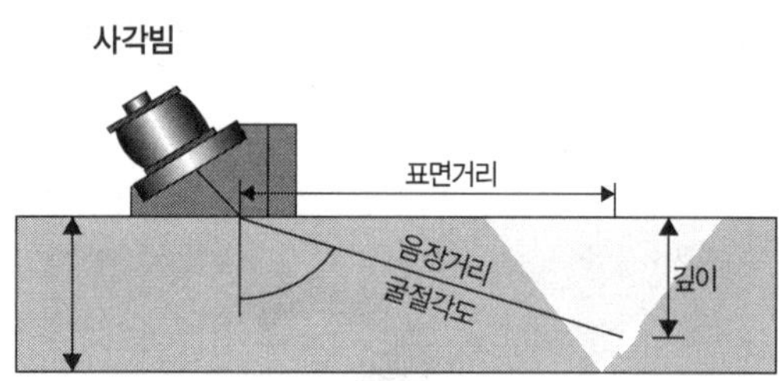


그림 7-9 사각탐촉자

어려운 근거리음장을 벗어나게 해주며, 진동자 기울기가 작을 경우 발생되는 긴 불감대를 짧게 해 준다.

#### (3) 사각탐촉자

사각탐촉자는 굴절과 모드변환을 이용하여 초음파를 시험체에 경사지게 입사시킨 탐촉자이다. 사각탐촉자는 종파를 발생시켜 시험체 내부로 입사시키며, 굴절각을 이용해 횡파만 존재하게 한다. 보통 강에서의 굴절각을 기준으로 표시하며 재질이 변하면 굴절각도 변한다.

### 7.4.4 탐상의 영향 인자

초음파탐상에서 검사에 영향을 주는 주요 변수는 초음파 특성과 시험소재의 특성이다.

이들 변수와 탐상기의 검사성능과는 상호관계가 있어 각 목적에 맞는 장비의 선택이 필요하다.

(가) 주파수

초음파 주파수는 시험능력에 영향을 주므로 탐상기와 시험재 사이에 각각 유리하거나 불리한 영향 사이에서 적절한 조화를 이루도록 선정해야 한다. 감도(Sensitivity)는 미세 결함을 검출하는 능력은 고주파수를 사용하면 증가한다. 시험체의 검사 가능한 최대 두께는 고주파수를 사용하면 작아지는데 그의 원인은 초음파의 산란 때문이다. 빔 분산 역시 주파수의 영향을 받는다.

(나) 음향임피던스

초음파가 한 매질을 진행하다 다른 매질의 경계에 도달하면 일부 에너지는 경계로부터 반사되고 일부는 투과된다. 반사량을 결정하는 특성은 두 재료의 음향임피던스에 따라 결정된다. 음향임피던스가 비슷할 수록 반사가 작아지고 음향임피던스의 차이가 크면 완전 반사하게 된다. 이 특성은 음향임피던스가 결함에서 초음파 에너지의 반사율 및 투과율을 계산하고, 초음파탐상 시스템에서 시험재 사이 유효한 음향에너지의 전달에 대해 적절한 소재선정에 있어서 참고하며, 금속의 초음파 시험에 사용된다. 종파 음향임피던스($Z_1$, g/cm$^2$·sec)는 재료의 밀도($\rho$, g/cm$^3$)와 종파속도($V_1$, cm/sec)의 곱의 형태로 정의된다.

$$Z_1 = \rho V_{12} \tag{7.4}$$

금속과 합금의 음향성질은 조직과 야금학적 조건의 변화에 의해 영향을 받으며, 두 재료의 경계면에서 반사된 에너지는 음향임피던스의 비($Z_1/Z_2$)와 입사각에 달려있다. 경계면에 수직으로 입사할 때(입사각=0°), 에너지 반사계수($R$)는 반사빔 강도($I_r$)와 입사빔 강도($I_i$)의 비로 나타낸다.

$$R = I_r/I_i = [(Z_2 - Z_1)/(Z_2 + Z_1)]^2 = [(r-1)/(r+1)]^2 \tag{7.5}$$

여기서 $Z_1$은 매질 1의 음향임피던스, $Z_2$은 매질 2의 음향임피던스, $r$은 $Z_2/Z_1$과 같으며, 음향임피던스의 비이다. 에너지 투과계수 $T$는 에너지 보존법칙에 의해 $R+T=1$의 관계를 갖는다.

따라서 이 관계에 에너지 반사계수 식 (7.5)를 대입하면 에너지 투과계수 $T$가 얻어진다. 일상적으로 에너지 반사 및 투과계수 $R$과 $T$는 %로 표현된다.

투과계수 $T$는 투과빔 강도($I_t$)와 입사빔 강도($I_i$)의 비로 계산된다.

$$T = \frac{I_t}{I_i} = \frac{4Z_1Z_2}{(Z_1+Z_2)^2} = \frac{4r}{(r+1)^2} \tag{7.6}$$

**표 7-1 각종 재료의 밀도, 음속 및 음향임피던스**

| 재료 | 밀도($\rho$) g/cm$^3$ | 음속(km/sec) | | | 음향임피던스($Z$) |
|---|---|---|---|---|---|
| | | 종파($V_1$) | 횡파($V_t$) | 표면파($V_s$) | g/cm$^2$·sec |
| 공기 | 0.00129 | 0.331 | – | – | 0.00004 |
| 글리세린 | 1.26 | 1.92 | – | – | 0.24 |
| 물 | 1.0 | 1.49 | – | – | 0.149 |
| 탄소강(풀림처리) | 7.85 | 5.94 | 3.24 | 3.0 | 4.66 |
| 합금강(풀림처리) | 7.86 | 5.95 | 3.26 | 3.0 | 4.68 |
| 합금강(경화처리) | 7.8 | 5.90 | 3.23 | – | 4.6 |
| 주철 | 6.95~7.3 | 3.5~5.6 | 2.2~3.2 | – | 2.5~4.0 |
| 스테인리스강(302) | 7.9 | 5.66 | 3.12 | 3.12 | 4.47 |
| 스테인리스강(430) | 7.7 | 6.01 | 3.36 | – | 4.63 |
| 알루미늄(1100) | 2.71 | 6.35 | 3.10 | 2.90 | 1.72 |
| 순수 Ni | 8.8 | 5.63 | 2.96 | 2.64 | 4.95 |
| Ti | 4.5 | 6.10 | 3.12 | 2.79 | 2.75 |

물(매질 1)에서 종파가 알루미늄합금 1100(매질 2)의 표면으로 직각 입사될 때 반사 및 투과 음향에너지(%)는 다음과 같다.

(a) 임피던스 비($r$)

$$\frac{Z_2}{Z_1} = 1.72/0.149 = 11.54 \tag{7.7}$$

(b) 반사계수($R$)

$$[(r-1)/(r+1)^2] = [10.54/12.54]^2 = 0.71 = 71\% \tag{7.8}$$

(c) 투과계수($T$)

$$1-R = 0.29 = 29\% \tag{7.9}$$

매질 1이 알루미늄합금이고 매질 2가 물이면 동일 값의 $R$과 $T$가 얻어진다.

(다) 굴절각과 모드변환

초음파는 두 재료사이의 계면에 직각으로 입사할 경우에만 빔이 방향변화 없이 투과와 반사가 일어난다. 특정한 입사각을 갖는 경우 모드변환과 굴절로 인하여 파의 진행방향의 변화가 일어날 수 있다. 두 물질의 경계에서 파의 진행에 대한 법칙은 스넬법칙(Snell's Law)이 적용된다.

$$\frac{\sin\alpha}{\sin\beta} = \frac{V_1}{V_2} \tag{7.10}$$

여기서 $\alpha$는 입사각, $\beta$는 반사 또는 굴절각이고 $V_1$과 $V_2$는 각각 입사와 반사 또는 굴절파의 속도이다.

(라) 임계각

입사각이 작으면 주어진 매질에서 진행하는 음파는 경계에서 파형변환되어, 제2 매질에서 종파와 횡파가 동시에 진행된다. 각이 증가하면 굴절된 종파의 방향은 경계면으로 접근한다. 종파의 굴절각이 90도가 되면 제2 매질에는 횡파만 남고 종파는 사라진다. 이 값을 제1 임계각이라고 한다. 입사각을 계속 증가시켜 횡파의 굴절각이 90도가 되면, 제2 매질에서 횡파가 사라지는데 이 값을 제2 임계각이라 한다. 일반적인 경사각 탐상에서는 입사각을 제1 임계각과 제2 임계각 사이의 값을 선택해야 한다.

### (7) 진동자의 음장 효과

초음파는 발생되는 점에서 모든 방향으로 초음파가 방사되며, 두 점원이 인접하여 붙어 있으면 파의 전면은 원형이 아닌 혼합형이 된다. 이러한 점원에서 에너지 사이의 상호작용을 예측할 수 있으며, 진동자에서 발생한 음파는 평행하지 않고 한 점에서 퍼져나가 확산된다.

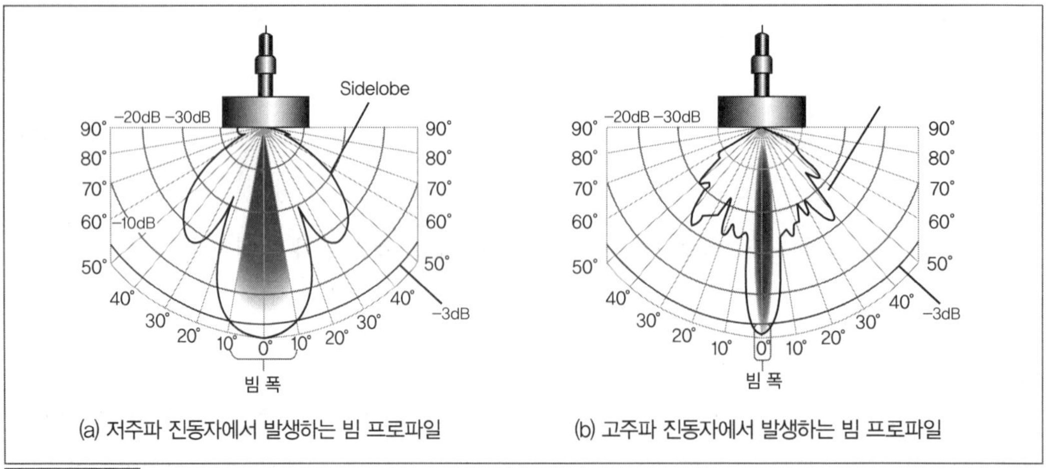


**그림 7-10** 탐촉자의 지향성

진동자에서 일정거리 이상 떨어진 진동자가 만드는 음장은 비교적 단순하다. 초음파는 어느 각도 범위한도에서 강하게 방사되는데, 이것을 지향성이라 한다. 지향성이 예민한 초음파는 빛처럼 직진하므로 기하학적 사고방식을 이용할 수 있다. 결국 초음파는 진동자의 주파수와 크기에 따라 지향성이 변화한다. 그림 7-10의 (a)는 저주파에서 진동자, (b)는 고주파 진동자에서 발생하는 초음파의 빔 프로파일을 나타냈다.

(가) 근거리음장

진동자에서 발생된 음파의 음압은 일정 거리까지는 그 크기의 변동을 가지지만 일정 거리에서 최대의 음압을 보인 뒤에 거리가 증가하면서 음압이 감소한다. 이와같이 음압이 거리에 따라 감소하기 시작하는 지점은 항상 최대의 음압을 형성하는데, 진동자 면에서부터 이 지점까지의 영역을 근거리음장이라고 한다. 근거리음장 영역 내에서는 음압의 크기가 일정하지 않고, 보강 영역과 상쇄 영역이 있어 음압이 요동친다. 이러한 근거리음장길이는 재질 내에서 음파의 파장($\lambda$) 및 진동자의 직경($d$)에 따라 결정된다.

$$x_0 = \frac{d^2}{4\lambda} = \frac{d^2 f}{4V} = \frac{r^2}{\lambda} \tag{7.11}$$

여기서 $x_0$는 근거리음장 길이, $d$는 진동자 직경, $\lambda$는 파장, $f$는 주파수, $V$는 속도, $r$는 진동자 반경이다. 근거리음장 내에서는 반사지시의 강도가 크게 변할 수 있어 결함해석에 주의해야 한다.

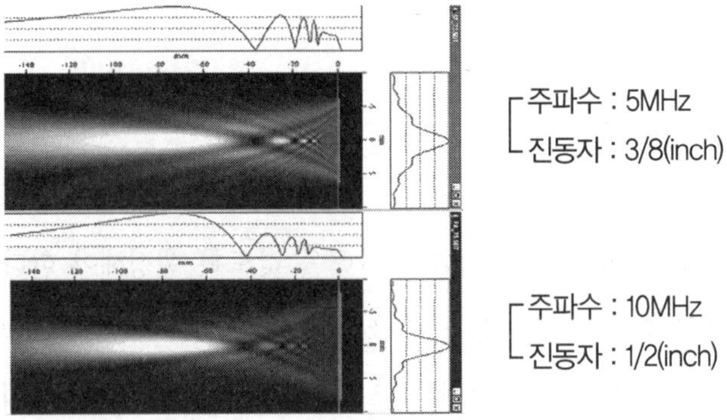


**그림 7-11** 초음파의 음장

**표 7-2** 탐촉자의 표시방법

| 순서 | 내용 | 종별·기호 |
|---|---|---|
| 1 | 주파수 | 수치 그대로, 단위 MHz |
| 2 | 진동자 재료 | 수정 : Q, 황산리튬 : L, 티탄산바륨자기 : B, 지르콘 티탄산납계자기 : Z<br>압전자기(B 또는 Z로 확인되는 것은 제외) : C |
| 3 | 진동자 크기 | 원판 : 지름, 단위 mm, 2분할의 경우는 분할 전의 치수로 표시<br>각판 : 높이×너비, 단위 mm |
| 4 | 형식 | 수직 : N, 경사각: A, 표면파: S, 가변각: VA, 수침: I,<br>타이어 : W, 2분할 2를 더함 |
| 5 | 굴절각 | 저탄소강 안으로의 굴절각, 단위도 |

보기 : 1) 5Q 20N : 5MHz 수정진동자, 지름 20mm, 수직용
2) 2Z10×10A 70 : 2MHz, 지르콘티탄산납계 자기진동자
높이×너비=10×10mm, 경사각용 굴절각 70°

(나) 원거리음장

근거리음장 밖의 영역이 원거리음장이며, 이 음역에서는 결함으로부터 반사지시 강도의 거리가 멀어질수록 지수적으로 감소한다. 지시의 강도가 감소하는 원인은 감쇠와 빔 확산의 두 가지 원인이며, 감쇠는 산란과 흡수에 의한 결과이다. 다만 원거리음장에서는 근거리음장에서와 달리 거리가 증가함에 따라, 초음파가 일정한 각도로 퍼지는 현상이 나타난다. 이러한 원거리음장에서 빔 확산각 $\Phi$는 다음과 같다.

$$\Phi = 1.22\frac{\lambda}{d} = 1.22\frac{v}{fd} \tag{7.12}$$

$\Phi$는 빔 확산각, $d$는 진동자 직경, $\lambda$는 파장, $v$는 속도이다. 식 (7.12)에서 보면 직경이 작을

수록 초음파 빔 확산각은 증가한다.

### 7.4.5 초음파 검사의 문제점

강 용접부를 탐상할 때 주파수는 적정한 투과력을 갖도록 선정해야 한다. 초음파의 파장은 검출하고자 하는 결함의 최소 크기 또는 금속조직의 크기와 유사한 크기이어야 한다. 빔이 정확하게 예상한 방향으로 진행하지 않는 것은 모드변환 때문으로써, 이에 의하여 표면 또는 계면에서 예상하지 못한 방향으로 진행방향이 변경된다. 모드변환이 일어나면 초음파의 속도가 변하므로 교정한 값이 부정확 해진다.

결함판별은 검사자의 능력에 따라 차이가 있고 전이손실과 관련이 있으며, 결함의 정량화에 에코높이를 이용할 경우 수침법이 효과적이다. 또한 탐상면이 거친 경우 임상에코가 탐상에 장애가 되지 않도록 탐상감도를 높여 결함 크기만으로 결함을 평가해야 한다. 실제 탐상면과 시험편의 거칠기를 동일하게 가공하는 것은 불가능하다. 한 두 개의 샘플로 거칠기의 보정값을 결정하는 것은 큰 오류를 범할 수 있어 탐상면이 거칠고 감쇠가 심할수록 데이터의 통계적 해석이 필요하다. 주조제품 같이 표면이 거친 제품은 저면 에코방식을 선택해야 한다.

#### (1) 표면 거칠기

거친 표면은 지시를 왜곡하며 결함 신호를 작게 만들고, 송신펄스가 길어져 근접 표면 분해능을 낮아지게 한다. 거친 표면에서 산란을 줄이기 위해 저주파수를 사용하면 빔 확산을 증가시키는 원인이 된다.

#### (2) 시편의 모양

시편이 곡면형상이면 저면 반사가 부분적 또는 전체적으로 소멸된다. 즉, 저면이 정면과 평행하지 않으면 음파가 소멸될 때까지 서로 다른 경계면에서 반사를 계속한다. 시편의 저면이 볼록하면 반사되는 신호가 확산되어 약해지고, 반대로 오목하면 신호가 증폭되어 저면의 분해능이 낮아진다.

#### (3) 시편에서 모드변환

시편의 모양이나 곡률 등의 영향으로 초음파가 반사될 때 종파가 횡파로 변환, 또는 횡파가

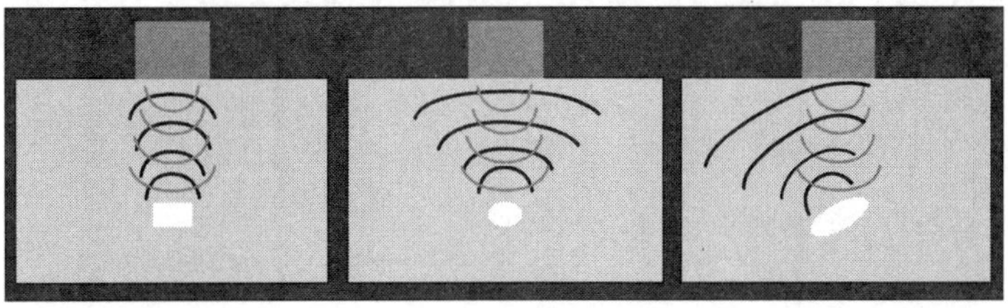

그림 7-12 결함의 모양과 각도

종파로 파형이 변환하게 된다. 파형이 변하면 음속이 함께 변화하므로 결함의 위치 판단에 오류를 범할 수 있어 각별히 주의해야 한다.

#### (4) 불연속의 방향과 깊이

결함 방향이나 깊이로 인하여 지시 판독을 혼란시키거나 결함에코가 소실될 수 있다. 결함이 빔의 진행방향에 대해 평행하게 위치하면 큰 결함이라도 적은 결함으로 평가된다.

#### (5) 초음파의 감쇠

초음파의 감쇠 원인은 재료 자체의 점성, 결정입자의 조대화 및 조직에 의한 산란, 강자성 재료의 자벽운동, 전위운동, 잔류응력의 존재로 인하여 음장산란 등의 요인이 된다.

## 7.5 초음파 이론

### 7.5.1 음속과 파장

음속은 공기 중에서는 340m/s, 수중 1,500m/s, 강철에서 종파는 5,900m/s, 횡파는 3,230m/s, 표면파는 2,980m/s의 진행속도를 갖는다. 한편, 음속과 주파수 및 파장과의 관계는 다음과 같다.

$$C = f \cdot \lambda \left( \text{음속 } C = \sqrt{\frac{\text{탄성률 } K}{\text{밀도 } \rho}} \right) \tag{7.13}$$

여기서 $C$는 음속, $K$는 탄성률, $\lambda$는 파장, $f$는 주파수, $\rho$는 밀도를 나타낸다.

음속이 높으면 그에 비례하여 파장이 길어지고 주파수가 높으면 반비례하여 파장이 짧아진다. 주기($T$)와 주파수($f$)의 관계는 다음과 같다.

$$T = \frac{1}{f} \quad \lambda = \frac{C}{f} \tag{7.14}$$

### (1) 음압 반사율($\gamma_{12}$)

음향임피던스는 물질에 따라 정해진 값으로 음향임피던스를 $Z$, 물질의 밀도 $\rho$(kg/m$^3$), 음속을 $C$(m/s)라 하면 다음의 관계를 갖는다.

$$Z = \rho C \tag{7.15}$$

한편, 음압반사율($\gamma_{12}$)는 다음과 같이 나타낸다.

$$\gamma_{12} = \frac{P_r}{P_i} = \frac{Z_2 - Z_1}{Z_1 + Z_2} \tag{7.16}$$

여기서, $P_i$는 입사파음압, $P_r$은 반사파음압, $Z_1$은 매질 1의 음향임피던스, $Z_2$는 매질 2의 음향임피던스를 나타낸다.

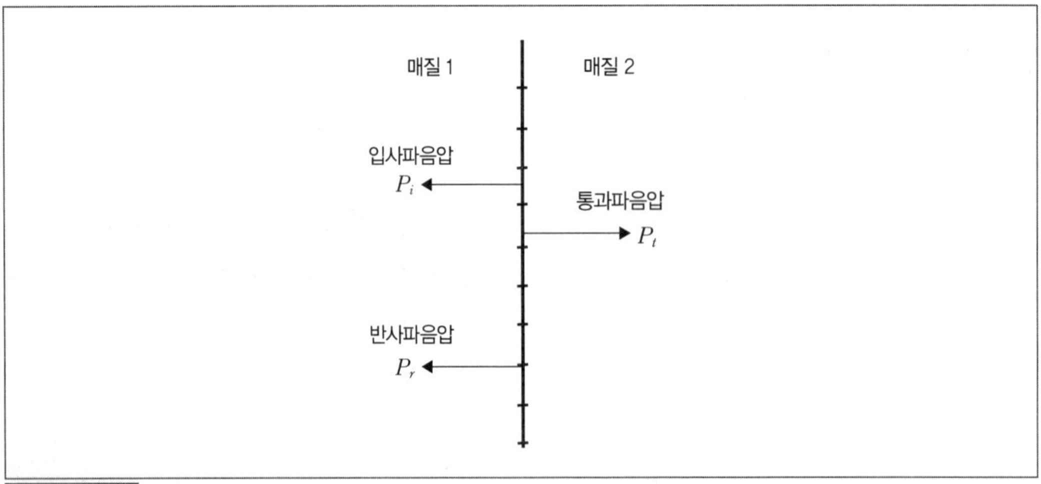


그림 7-13 초음파의 입사파와 반사파 음압

강(鋼)과 공기는 100% 반사하고 강(鋼)과 물에서는 94% 반사하며, 동일한 물질에서의 음향 임피던스는 다음과 같다.

$$Z_2 = Z_1 \text{ (반사파음압 } O) \tag{7.17}$$

① 음향임피던스 차이가 작은 경우 : 담금질부와 비 담금질부, 모재와 용접금속 경계에서 1% 이하 $r = 0.005$

② 음향임피던스 차이가 큰 경우 : 철과 공기, 100%이며 $r = 1$

### (2) 음압 투과율($t_{12}$)

$P_i$ 음압이 경계면을 투과하여 매질 2에 들어간 음압을 $P_t$라면 다음 식이 성립된다

$$t_{12} = \frac{P_t}{P_i} = \frac{2Z}{Z_1+Z_2} \tag{7.18}$$

에코로 관찰될 때 경계면을 왕복하여 돌아온 초음파 $P_t'$를 고려하면 편리하며, 이때 왕복 통과율($T_{12}$)은 다음과 같다.

$$T_{12} = \frac{P_t}{P_i} \cdot \frac{P_t'}{P_t} = \frac{2Z_2}{Z_1+Z_2} \cdot \frac{2Z_1}{Z_2+Z_1} = \frac{4Z_1Z_2}{(Z_1+Z_2)^2} = 1-\gamma_{12}^2 \tag{7.19}$$

여기서 $r_{12}$는 음압반사율이다.

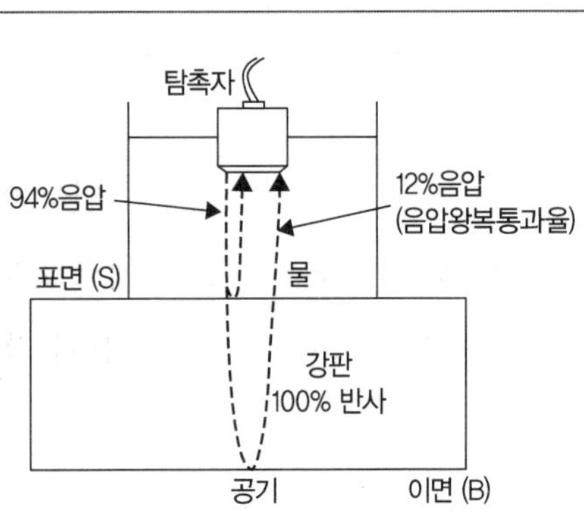


그림 7-14 음압반사율과 음압왕복 통과율(수침법)

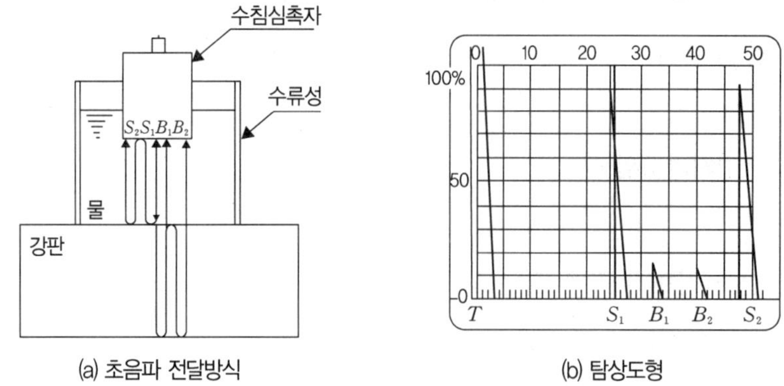


**그림 7-15** 수침법에서 초음파 전달법과 탐상화면(S=100% 경우)

표면에코 $S$는 수중을 전파한 초음파가 물과 강판과의 경계면에서 반사한 비율(음압반사율 $r_{12}$)에 대응한다. 한편, **그림 7-15**의 저면에코 $B$는 물과 강판과의 경계면을 통과한 초음파(음압투과율 $t_{12}$)가 강판의 바닥 면인 강판과 공기의 경계면에서 반사는 100%이므로 음압반사율은 1이 된다. 물과 강판의 경계면을 통과한 초음파(음압투과율 $t_{12}$)의 비율(음압왕복통과율 $T_{12}$)에 대응한다.

물과 강판과의 경계면에서 입사하는 경우의 음압반사율($r_{12}$) 및 왕복통과율($T_{12}$)에서 다음과 같이 나타낸다.

$$\gamma_{12} = \frac{Z_2 - Z_1}{Z_1 + Z_2} = \frac{(45.4\times10^6)-(1.5\times10^6)}{(1.5\times10^6)+(45.4\times10^6)} \fallingdotseq 0.94 \rightarrow 94\% \tag{7.20}$$

$$T_{12} = \frac{4Z_1Z_2}{(Z_1+Z_2)^2} = 1-\gamma_{12}^2 = 1-0.94^2 = 0.12 \rightarrow 12\% \tag{7.21}$$

화면상 S에코와 B에코 높이 비 = 0.94 : 0.12가 되어 화면상 에코높이는 음압에 비례하고 각각 표면에코와 저면에코의 크기에 대응한다. 화면상의 에코크기는 초음파의 수신음압에 비례하므로 저면에코 높이 $h_B$와 표면에코 높이 $h_S$ 관계는 다음과 같다.

$$\frac{h_B}{h_S} = \frac{T_{12}}{\gamma_{12}} \fallingdotseq 0.13 \tag{7.22}$$

첫 번째의 표면에코 $S_1$의 높이 $h_{S1}$을 화면상 100%가 되도록 탐상기 감도를 조정하면, 첫 번째의 저면에코 $B_1$의 에코높이 $h_{B1}$는 약 13%가 된다.

### (3) 반사파 및 굴절파의 전파방향

입사파가 경계면에서 기울어져 입사하면 초음파 빔의 폭으로 빔 내의 각 부분이 경계면에 입사하는 위치에 따라 초음파의 도착시각이 다르다. 초음파가 경계면에서 경사져 입사할 때 반사, 굴절에 의해서 종파의 일부분이 횡파로 변환되며, 파형전이에 의해 모드변환 될 때 종파나 횡파로 변한다.

그림 7-16에서 입사각 $\alpha_L$과 반사각 $\beta_L$, $\beta_S$ 및 굴절각 $\theta_L$, $\theta_S$의 사이는 빛과 같은 관계가 성립된다. 입사측의 속도 $C_i$라 하고 굴절 후 속도를 $C_L$, $C_S$라면, 파동방정식에 의해 식 (7.23)과 같이 스넬법칙이 성립되며, 입사각 $i$, 반사각 $\beta$, 굴절각 $\theta$의 관계를 나타낸다.

$$\frac{C_i}{\sin \alpha_L} = \frac{C_L}{\sin \theta_L} = \frac{C_S}{\sin \theta_S} \tag{7.23}$$

매질 2에서 음속 $C_L$, $C_S$가 매질 1의 음속 $C_i$ 보다 커져 입사각 $i$를 증가시켜 가면, 굴절각

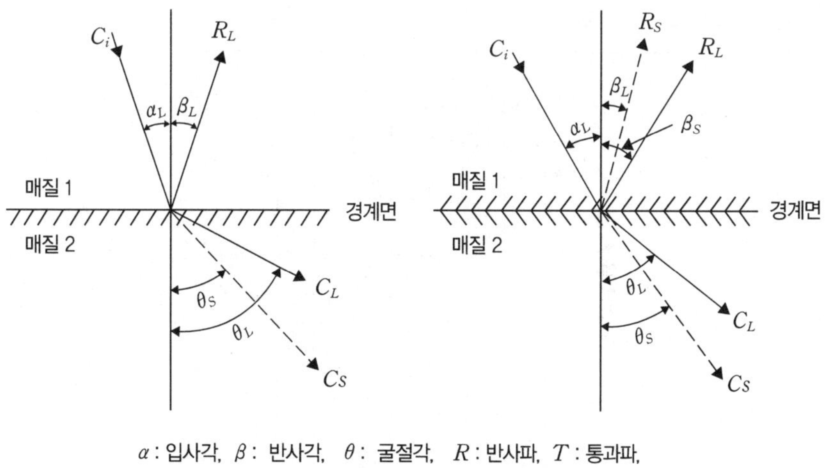


$\alpha$ : 입사각, $\beta$ : 반사각, $\theta$ : 굴절각, $R$ : 반사파, $T$ : 통과파,
우측하단에 대한 $L$은 종파, $S$는 횡파를 표시함.

(a) 액체→고체 (b) 고체→고체

**그림 7-16** 각 경계면에서 초음파 반사 및 굴절

$\theta$는 90°가 될 때 굴절파 없이 모두 반사하는 전반사가 일어난다. 이때 $i$을 임계각이라 하며 모드변환이 일어난다. 강재 중에는 횡파만 전달시키기 위해 굴절종파가 발생되지 않도록 굴절종파에 대하여 임계각 이상으로 해야 한다.

### (4) 반사율과 투과율

고체 중에서 초음파는 종파와 횡파도 모두 전달되며, 경계면에서 경사져 입사될 때 입사각에 따라 반사나 굴절 투과의 경우 종파와 횡파의 모두 발생되거나, 어느 한쪽 또는 양쪽 모두 발생되지 않는 경우도 있다.

그림 7-17는 강과 알루미늄을 매질 1과 공기를 매질 2의 경우 종파의 음압반사율이 입사각 의존성으로 입사각에 따라 반사율이 크게 변화한다. 특히 강의 입사각 70°부근에서 음압반사율은 최소값이 약 13%이며, 이는 입사한 종파의 초음파 거의가 횡파로 모드변환 함을 의미하고 종파의 대부분이 손실된다.

그림 7-18은 굴절각 70°의 사각탐촉자로 횡공(橫穴)이나 단부같은 코너부에서 횡파의 반사 모양을 나타낸 것으로 시험체 이면과 수직면에 2회 반사된다. 굴절각 70°일 때 시험체 이면부의 초음파 입사각은 70°로 되어 초음파 반사율은 1로 전반사(100%)로 된다.

이면에 수직인 면에는 입사각 20°로 되고 반사파는 모드변환되어 횡파 이외에 종파도 발생한다. 횡파의 반사각은 20° 종파의 반사각 $\theta_2$는 다음과 같다.

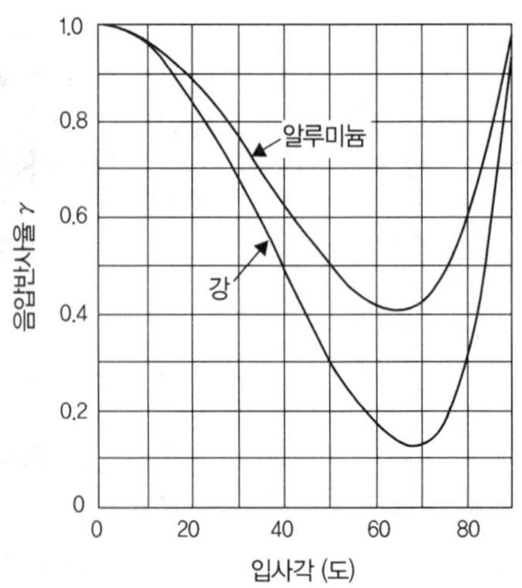


**그림 7-17** 종파의 경사진 입사의 음압 반사율

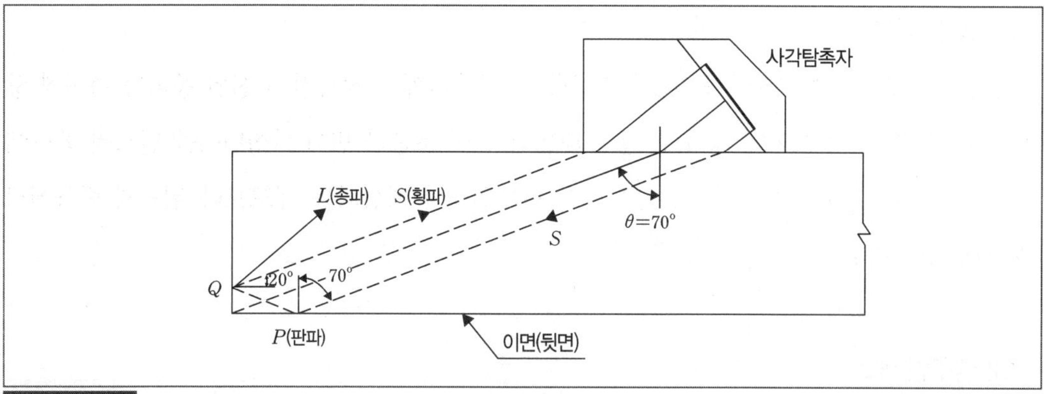


그림 7-18 사각탐촉자를 이용한 직각부에서 초음파 반사

$$\theta_2 = \sin^{-1}\left(\frac{5,900}{3,230}\sin 20^\circ\right) = 38.7^\circ \tag{7.24}$$

이 위치에서 입사각 20°에 대해 음압반사율은 0.5(50%)로 되고, 코너부 입사파 음압에 대한 반사파 음압비는 100%×0.5=50%로 된다. 굴절각 45°, 60°인 경우 코너부에서 음압반사율은 100%, 13%로 된다. 굴절각이 60°, 70°인 경우 음압반사율의 저하로 코너부에서 에코크기는 각각 13% 및 50%로 되며, 굴절각 60°는 모드변환 손실이 매우 크다. 따라서 코너부 결함탐상에는 굴절각 60°의 탐촉자는 이용하지 않는다.

STB-A2 표준시험편의 홀을 이용한 에코높이가 일정한 탐상기 감도를 조정하면, 기공과 같은 구형상 결함탐상은 굴절각 45° 탐촉자에 의한 결함에코 높이는 굴절각 70° 탐촉자와 비교하여 약 1/2정도의 높이가 된다. 결함에코 높이가 동일하도록 굴절각 45°의 탐촉자는 굴절각 70°보다 감도를 6dB만큼 올린다.

### 7.5.2 초음파의 빔 형상과 음파 전달

#### (1) 초음파의 빔 형상

초음파 빔의 직경에 비해 충분히 면적이 넓은 시험체에 수직 탐촉자를 접촉시키면, 시험체 내부로 초음파 빔이 전달되어 결함에코를 검출하여 결함유무를 조사할 수 있다. 폭이 좁은 시험체나 시험체 측면 근처에 탐촉자를 접촉시켜 초음파를 입사시키면, 초음파 빔이 시험체 측면에 닿아 모드변환을 일으켜서 지연에코가 나타난다.

### (2) 지연 에코

그림 7-19(a)는 폭이 작은 재료에서 탐상할 때 탐촉자에서 경사진 송신된 종파가 측면에 닿을 때 모드변환을 일으키게 된다. 그림 7-19(b)와 같이 초음파 빔이 파형변이를 일으켜 종파에서 횡파로 변환되면, 음파의 속도가 느려지므로 원래의 예상되는 에코보다 뒤늦게 반사에코가 돌아오게 된다.

### (3) 원주면 에코

환봉을 직경 방향에서 수직탐상을 하면 그림 7-20과 같이 저면에코 후에 일종의 지연에코

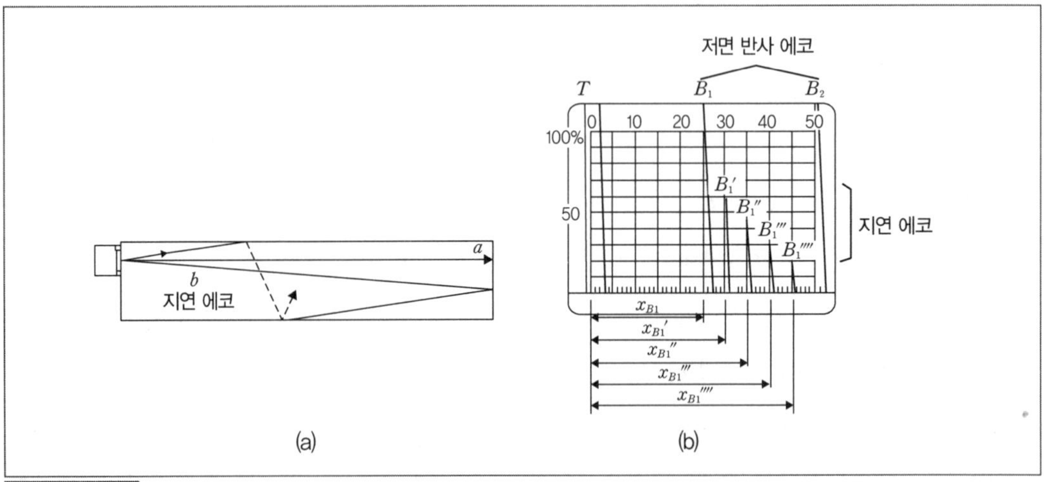


**그림 7-19** 지연 에코

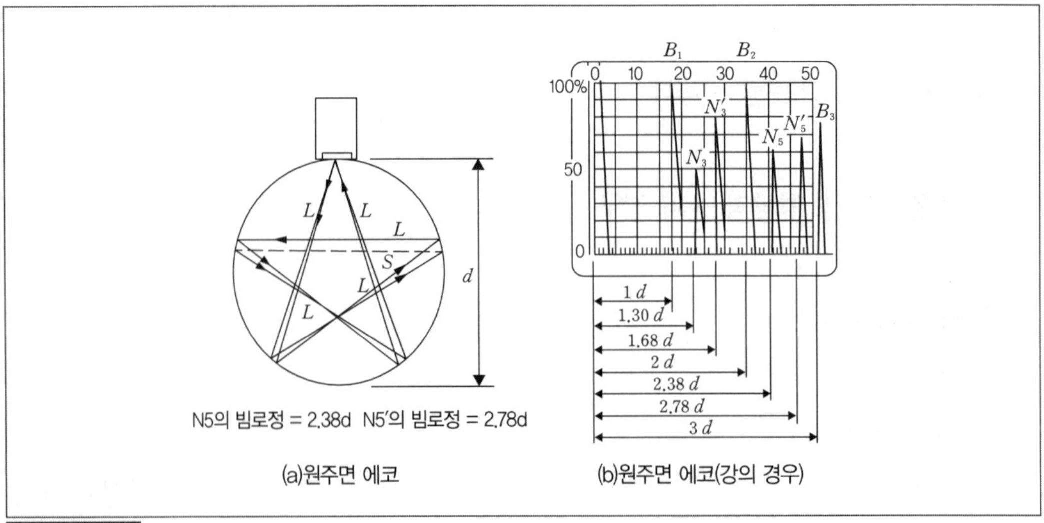


**그림 7-20** 원주면 에코

$(N_3,\ N_3',\ N_5,\ N_5')$가 나타난다. 이들의 에코발생 원인은 환봉의 측면에 수직 탐촉자를 접촉하는 부분의 폭이 좁게 되어 초음파는 시험체 내부에 치수가 작은 진동자를 이용한 것과 동일한 전달방법으로 지향각이 크게 된다. 그림 7-20(b)는 원주면에서 지연에코 $N_3'$의 빔 노정은 $1.68d$로 나타난다.

### 7.5.3 수직 입사

#### (1) 음파 입사

큰 평면결함에서 에코높이가 초음파 진행방향에 수직으로 초음파 빔을 반사시킬 수록 큰 반사면을 가지며, 초음파는 거리 $x$위치의 어느 반사면에서 전반사하여 진동자로 되돌아간다.

#### (2) 원형 평면결함에서의 에코높이

초음파의 전파방향의 거리 $x$의 위치에 빔 중심축에 수직인 원형평면의 결함이 있을 때, 직경 $D$의 원형진동자에서 발생한 음압 $P_0$의 초음파가 결함위치에 도착할 때 음압 $P_x$는 다음 식과 같다.

$$P_x \fallingdotseq P_0 \frac{\pi D^2}{4\lambda x} = P_0 \frac{2A}{\lambda x} \tag{7.25}$$

원형 평면결함에 입사한 초음파는 결함표면에서 완전반사하여, 다시 원래 진동자로 되돌아

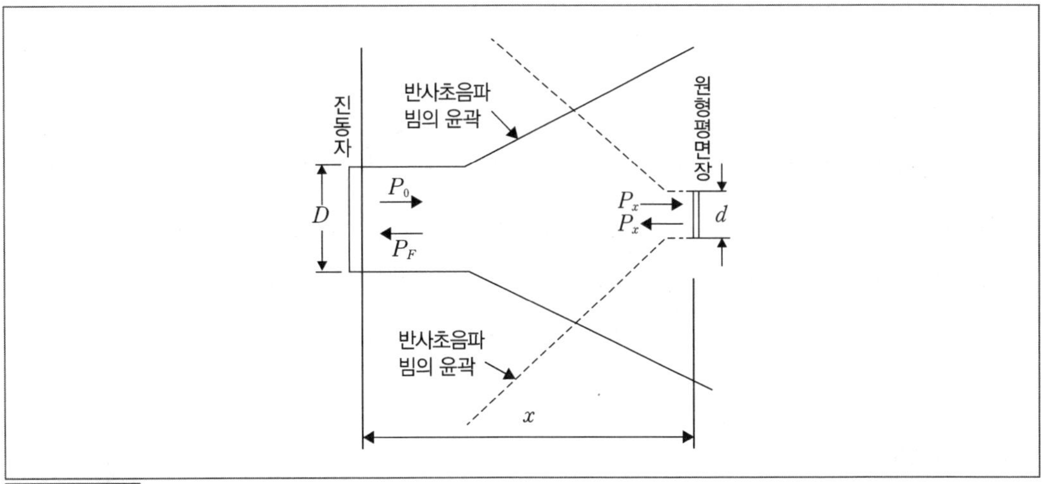


그림 7-21 원형 평면상에서 초음파 반사

간다. 이때 초음파의 반사모양은 원형진동자에 의한 음장과 동일한 특징을 갖는다. 이 반사파가 진동자에 도착할 때의 음압 $P_F$는 다음과 같다.

$$P_F \fallingdotseq P_x \frac{\pi d^2}{4\lambda x} = P_0 \frac{\pi D^2}{\lambda x} \cdot \frac{\pi d^2}{4\lambda x} = P_0 \frac{AS}{\lambda^2 x^2} \tag{7.26}$$

이 식에서 결함에코 높이는 결함면적에 비례하고, 결함까지 거리의 2승에 반비례함을 의미한다.

### 7.5.4 탐상 결과 표시법

탐촉자를 시험재 표면에 위치하고 연속매질로 진행한 초음파는 기공, 균열, 이물질 혼입 등의 결함에 도달되면 반사된다. 이러한 결함은 시험재의 특성인 음향임피던스에 따라 크게 차이가 있다. 초음파가 재질로 입사하면 결함에서 반사하는 순간까지 진행시간을 측정하고 음파속도를 알고 있다면 결함위치가 결정된다. 반사펄스의 상이 스크린에 결함에코로 나타나며, 결과는 결함 형태, 크기, 위치와 방향이 분석되고 펄스반사법에서 얻는 정보는 다음과 같다.

(1) A-Scan

탐상기에 수신된 순수 파형을 정류하여 절대값의 형태로 반사파 강도, 진행시간(진행거리)을 CRT에 나타낸다. 즉, 기본파형으로써 횡축은 시간(거리)축, 종축은 강도인 에너지 레벨(진폭)을 나타내는 에코(dB)로 표시되어 결함 형태, 크기 및 위치가 분석된다.

(2) B-Scan

그림 7-22(c)와 같이 기본파형을 탐촉자의 거동과 동일한 주기로 $Y$방향으로 이동시키면, 시험편 $YZ$단면도가 얻어진다. 즉, 에코높이(강도) 신호에 휘도를 변조시켜 나타내고 센서 이동거리 및 전파시간, 반사원의 깊이를 나타낸다. 즉, 한 방향에서의 내부의 결함크기, 위치 및 깊이와 방향을 결정하는 반정량적인 에코강도가 CRT상에 표시된다.

(3) C-Scan

시험체의 전 표면적에서 얻은 원형파의 시간축을 기준으로 하여, 임의 게이트를 설정한 문턱값을 넘는 피크 레벨값으로 시험편의 결함위치를 평면도처럼 표시한다. 결함의 에코강도에 대응하여 휘도를 높인 것으로, 컬러표시가 가능한 장비는 색을 변화시켜 결함에코까지의 시간변화를 색깔로 표시한다.

### (4) M-Scan

의료분야에서 이용되는 것으로 기본파형을 반사면에서의 거리 $l$의 시간적 변화(심장의 각부 거동표시)를 나타낸다.

### (5) S-Scan

다수 개의 센서로써 수신 에코의 시간을 지연시켜 다양한 빔 각도에서 상을 형성하여, 고선명도의 입체상을 얻는 기법이다.

이와 같이 초음파 센서 및 초음파탐상기술, 컴퓨터 해석 프로그램의 발전으로 초음파 신호를 적절히 이용하여 다양한 합성기술로써, 의료 및 공업 분야에서 폭넓게 활용되고 있다.

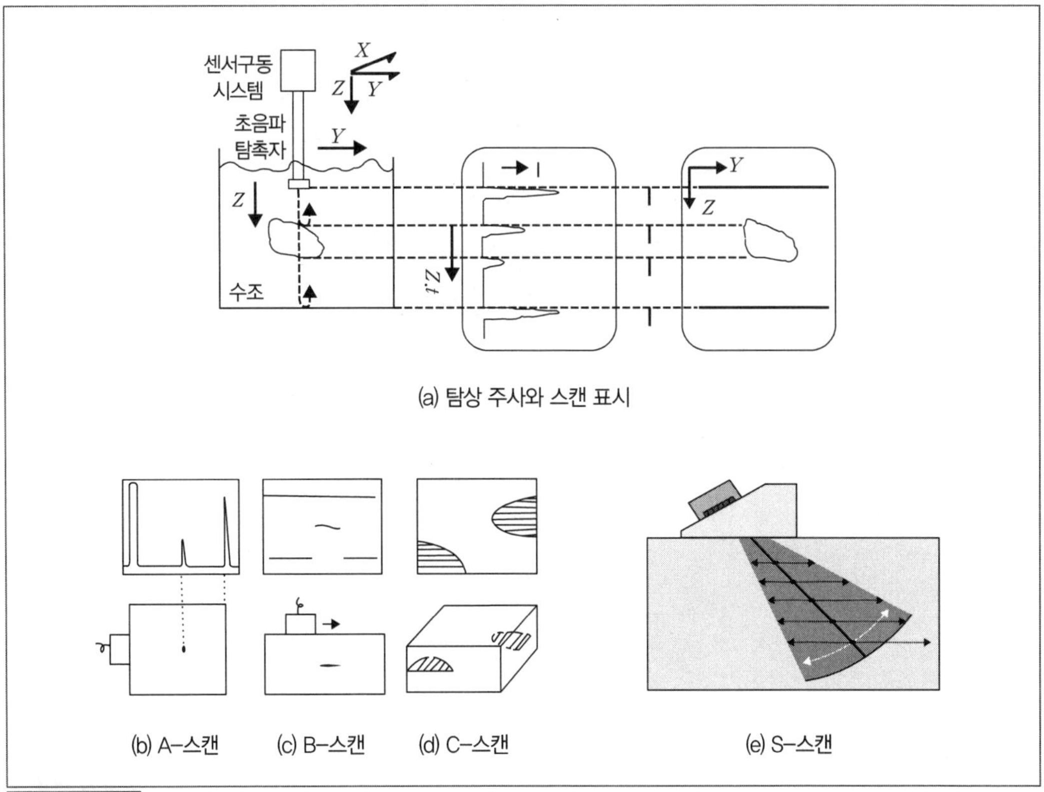


**그림 7-22 탐상 결과의 표시**

# 제8장 초음파 장비조정 및 탐상

## 8.1 초음파탐상기

### 8.1.1 탐상기의 종류

초음파탐상기는 1929년 러시아 소코로브(Sokolov)가 최초로 수정진동자를 이용하여 금속판에 적용한 후, 1970년대까지 아날로그 초음파탐상기가 사용되었고 점차 경량화, 소형화 되었다. 1980년대에는 아날로그-디지털 혼합방식 탐상기가 사용되다가 전자기술, 마이크로프로세서 기술과 컴퓨터기술 발달로 디지털화 되면서 데이터의 저장 및 처리가 편리한 디지털 방식으로 전환되었다.

#### (1) 아날로그 방식(Analog Method)

일정한 수량 값을 길이나 전류 값의 연속된 물리량으로 표시하는 것으로써, 초기의 초음파 탐상장비는 아날로그 방식의 장비였다. 탐상기에 표시되는 지시는 결함 깊이, 크기에 대한 정보가 없고 탐상기에 표시되는 신호의 위치와 진폭만을 가지고 검사자가 그 신호에 대한 계산, 경험에 의해 판단해야만 한다.

#### (2) 디지털 방식(Digital Method)

일정의 신호나 데이터를 수치로 전환하여 처리하는 방식으로 반사파에 대한 지시를 자동으로 계산하여 깊이, 위치 등을 화면에 출력하며, 장비가 소형이고 데이터의 저장이 쉽다. 초기 모델은 신호를 디지털 값으로 변환하는 과정에서 데이터의 손실이 있었으나, 최근의 장비는 많이 개선되었다.

### (3) 아날로그-디지털 방식(Analog-Digital Method)

아날로그와 디지털 방식의 혼합된 것으로 신호를 표시하는 화면은 아날로그 방식으로 어떤 파형만 나타내게 하나 탐상기의 작동방식, 데이터처리 등은 디지털 방식을 따른다.

(a) 아날로그 장비 (b) 디지털 장비

그림 8-1 초음파 아날로그 장비와 디지털 장비

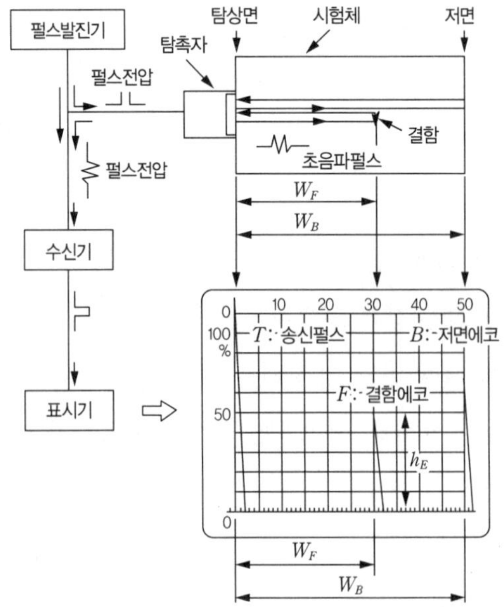


그림 8-2 펄스-반사식 초음파탐상 시스템

### 8.1.2 탐상기의 구성

초음파탐상기의 주요 장치는 탐상기 본체 및 탐촉자로 구성된다. 디지털탐상기는 컴퓨터와 같이 데이터의 저장, 계산, 제어를 수행하는 프로세서와 기억장치로 구성된다. 탐상기의 내부는 펄스발신부, 수신부, 시간축부, 동기부, CRT(화면)부로 구성된다.

#### (1) 주요 회로부

(가) 펄스발신부

탐촉자에 전기적 펄스를 보내 진동자를 진동시키며, 전기펄스의 전압이 클수록 진동이 강하여 음파세기가 강해지나, 진동의 지속시간이 길어져 불감대가 증가한다. 송신펄스 에너지를 조정하는 기능이 있어 펄스 폭과 전압을 조절한다. 펄스동조회로가 부착되어 펄스의 발생을 도와준다.

(나) 수신부

결함부에서 반사된 음파는 전기에너지로 변환되어 수신부로 들어오며, 펄스의 전압이 수 mV로 작아 화면표시가 어려워 100~10,000배로 증폭시켜 주는 증폭장치이다. 또한 수신부에는 정류회로가 있어 파의 위상을 +, − 변환시킬 수 있다. 그 외에 잡음을 제거하기 위한 필터, 리젝션회로 등이 있다.

(다) 동기부

탐상기의 상태를 시간적으로 조정하는 것으로 초음파 발생을 위해 전기적인 펄스가 인가되는 시간과 수신부에서 증폭된 신호를 표시하는 시점을 일치시킨다. 동기부(Timer)에서 펄스발신부와 시간축부로 신호를 보내면 송신부와 시간축부가 동작한다.

(라) CRT

화면에 수직축은 수신신호의 높이를 표시하며 전체 화면의 높이를 100분율로 표시하며, 즉 화면의 맨 위를 100%, 맨 밑을 0%로 한다. 수평축은 시간축으로 어떤 수신된 반사지시가 있을 때 반사원까지 음파가 왕복 진행하는데 걸린 시간 또는 반사원까지 거리를 나타내며, 수평축은 50눈금이나 100눈금으로 나타낸다.

### (2) 보조 회로부

(가) 게이트 회로

화면상에 일정 구간을 설정하여, 이 범위에 수신되는 신호의 정보를 출력하기 위한 회로이다. 탐상기 지시에는 송신펄스, 결함에코, 지연에코 등 다양한 신호들이 나타날 수 있어, 결함에 대한 정보를 갖는 결함에코에 대한 정보만을 나타내기 위하여 사용한다.

(나) DAC(TCG) 회로

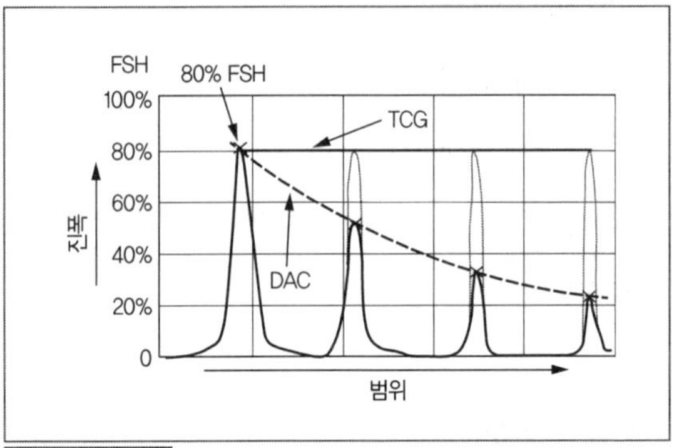

그림 8-3 DAC와 TCG 회로

초음파는 전파거리에 따라 음압이 변화되기 때문에 탐촉자에 근접한 위치의 결함과 멀리 떨어진 위치한 결함은 비록 동일 크기 일지라도 먼 곳의 결함이 작게 표시 된다. 따라서 같은 크기의 결함에 대한 지시의 진폭을 거리에 관계없이 일정한 진폭이 되도록 에코높이로 표시 되게끔 보정하는 회로이다. 이러한 보상을 DAC(Distance Amplitude Compensation) 또는 TCG(Time Collection Gain)라고 하며, 이러한 기능을 갖는 회로를 거리진폭 보상회로라고 한다.

## 8.1.3 탐상기의 조정

초음파탐상기의 조정과 탐상에 있어서 탐상기와 탐촉자 이외에 표준시험편(STB) 또는 대비시험편(RB), 접촉매질, 탐촉자 주사용 지그, 기록용지가 필요하다.

### (1) 수직축 관련의 조정

(가) 펄스발신부 조정

탐촉자에 최적의 전기적인 펄스를 인가하여 탐상에 적합한 진폭이 큰 초음파를 발생시키기 위하여 조작하는 것이다. 펄스전압을 변화시켜 탐촉자에서 발생되는 초음파의 진폭과 진동횟수를 변화시킨다.

진동횟수가 많아지면 송신펄스의 폭과 에코 폭이 넓어져 분해능이 저하된다. 이와같이 수신부의 증폭기능이 부족하여 분해능이 저할될 경우 펄스전압을 높여준다.

(나) 게인조정

게인(Gain)은 송수신 파형의 진폭 크기의 조절 즉, 탐상감도를 조절할 때 사용되며, 보통 초음파 장비는 데시벨(dB)로 나타낸다. 게인을 증가시키면 수신신호의 진폭이 증가하나, 잡음도 같이 증가하므로 잡음이 화면 높이의 10% 이상이 안 되는 범위에서 사용하는 것이 좋다.

(다) 리젝션(Rejection) 조정

화면상의 임상에코를 제거하는 것으로써 조정에 있어 기선 아래로 에코가 침몰하는 경우는 에코높이가 초음파 펄스에 비례하지 않는 증폭 직선성이 상실될 우려가 있다.

#### (2) 수평축 관련 조정

(가) 측정범위 조정

화면상에서 탐상 가능한 범위를 조정하는 것으로써 에코간극 조정, 에코위치를 결함까지 거리로 대응시키는 기능을 갖게 하는 조정이다.

(나) 펄스위치 조정

초음파 탐촉자에서 시험체에 초음파가 들어가는 순간은 탐상기에서 초음파 펄스를 인가한 시간(초음파가 발생된 순간)과 일치하지 않는다. 따라서 탐상기에서 초음파 진행 거리를 정확하도록 초음파가 시험체에 들어가는 순간을 0점으로 맞추기 위해 사용하는 것이다. 이것을 조정하면 화면상에서 에코 간격은 변화하지 않고 화면에 표시된 신호 전체가 수평 이동한다.

(다) 음속 조정

대상체에서의 초음파 속도를 맞추는 것으로써, 이것을 조정하면 화면상에서 에코 간격이 변화된다.

#### (3) 기타 조정

(가) 펄스반복 주파수(PRF, Pulse Repetition Frequency)

1초 동안 펄스가 생성되는 횟수를 펄스반복주파수(PRF)라고 하며, 이는 탐촉자의 주파수와 다르다. 아날로그 탐상기에서 펄스반복주파수를 높이면 소인횟수가 많아져 화면이 밝아지고 자동으로 탐상속도를 높일 수 있다. 그러나 발생한 펄스가 소멸되기 전에 또 다른 펄스가 발생되어 결함으로 오인될 수 있다. 이러한 에코는 잔류에코 또는 고스트에코(Ghost Echo)라고 하며, 초음파 감쇠가 적은 소재에서 수직탐상을 할 때 자주 나타난다.

(나) 게이트 조정

에코높이에 비례한 신호추출이 가능하며, 이 게이트를 작동시키면 기선 일부분이 높거나 낮아지는 변화된 탐상게이트가 사전 설정된 문턱값보다 높은 에코가 출현하면 ON-OFF 신호가 나오거나 부자가 울린다.

## 8.2 탐촉자 성능

초음파탐상에 있어 탐촉자의 성능에 관련되는 사항으로 감도(Sensitivity), 분해능(Resolution), 주파수가 있다.

### 8.2.1 감도

탐촉자의 감도는 미세결함을 검출해 낼 수 있는 능력으로 탐촉자 마다 다른 값을 갖는다. 표준시험편 및 대비시험편(Reference Block)에서 인공적인 결함에서 반사되는 신호의 크기로 측정할 수 있다.

### 8.2.2 분해능

표면에 인접한 불연속 또는 나란히 인접한 두 개의 불연속을 서로 분리해서 검출하는 성능을 말한다. 보통 시험편이 표면에서 일정거리로 정해진 크기의 평저공을 찾아내는 성능의 비율이다. 분해능이 우수한 탐촉자는 주파수가 높고 펄스의 폭이 좁으며, 적절한 진동의 감폭에 의해 얻을 수 있다. 그러나 분해능을 향상시키기 위해 주파수를 높이고 감폭을 증가시키면, 감쇠가 증가하여 먼 거리까지 전파하지 못하므로 이에 대한 적절한 조치가 필요하다.

### 8.2.3 주파수

초음파탐상에 사용되는 초음파는 펄스파를 사용하며, 이러한 펄스파는 단일 주파수에 의해 형성되는 것이 아니라 많은 주파수가 포함되어 있다. 일반적으로 탐촉자에 표기된 주파수는 펄스파를 만드는 많은 주파수 중에서 가장 많이 기여하는 중심주파수를 나타내며, 이를 공칭주파수라 한다. 그러나 실제로 측정한 중심주파수는 공칭주파수와 동일하지 않을 수 있다.

국제 규격에서는 실제 측정한 중심주파수의 허용한계를 공칭주파수 값의 ±10% 범위 이내로 규정하고 있다. 탐촉자의 주파수가 높으면 음파의 빔 분산이 적어 감도와 분해능이 증가한다. 그러나 감쇠도 동시에 커지므로 침투력이 약해진다. 고주파란 수침법에서 10MHz, 접촉법에서는 5MHz이상을 말한다. 초음파탐상시 접촉법은 0.5~10MHz, 수침법은 10~25MHz의 주파수를 사용해야 한다.

## 8.3 탐상 시험편

### 8.3.1 시험편의 개요

초음파탐상을 위해서는 시험재질과 동일한 시험편을 이용해서 검사할 때 나타나는 결함의 크기, 위치를 비교 측정하기 위한 비교대상으로 사용되는 시험편이 필요하다. 즉, 펄스반사식 초음파검사의 화면표시는 반사원 위치와 에코높이 뿐이므로 일정한 크기의 형상과 치수를 갖는 인공결함의 시험편을 이용하여 교정해야 한다. 시험편을 이용하여 탐상기 시간(거리)축과 측정범위 조정, 반사원의 에코높이 측정을 위한 탐상감도 조정, 탐상장치의 성능측정에 사용된다.

시험편에는 표준시험편(STB, Standard Test Block)과 대비시험편(RB, Reference Block)이 있으며, 이들은 본질적인 차이는 없고 재질, 형상, 치수가 공인기관에 의해 규정된 시험편을 표준시험편이라 한다. 대비시험편을 외국에서는 교정시험편(Calibration Block)이라고도 하며, 각국 공업규격에 따라 다르다. 시험편을 용도별로 보면 결함의 위치판정을 위한 측정범위 조정, 반사원의 에코높이 측정을 위한 탐상감도 조정, 탐상장치의 성능측정에 사용된다.

## 8.3.2 표준시험편

### (1) 한국산업규격(KS)

한국산업규격(KS B 0831)에는 약 30여 종류가 있으며, 주요 시험편은 표 8-1과 같다.

(가) STB-G(KS B 0831, D 0827)

- 목적 : 1~5MHz에 있어 수직탐상용에 사용
- 용도 : 후판, 단조제품의 탐상기 감도조정, 특성시험, 검출기 성능 측정용
- 재질 : 고탄소크롬 베어링강, 니켈크롬 몰리브덴강(SNCM 439)

(나) STB-N1(KS B 0828, 0831)

- 목적 : 가볍고 두꺼운 강판 수직탐상시 STB-G와 동일한 탐상감도 조정
- 용도 : 강판 전용, 강판 수직탐상시의 감도 조정이나 측정범위 조정
- 재질 : 용접구조용 압연강재인 SWS 41의 세립(細粒)킬드강(Killed Steel)

**표 8-1 시험편에 대한 규격 및 용도**

| 명칭 | 적용 규격 | 용도 | | | | | |
|---|---|---|---|---|---|---|---|
| | | 수직 탐상 | | | 사각 탐상 | | |
| | | 측정범위 조정 | 탐상감도 조정 | 탐상기 성능측정 | 측정범위 조정 | 탐상감도 조정 | 탐상기 성능측정 |
| STB-G | KS-B-0827 | | ○ | ○ | | | |
| STB-N1 | KS-B-0828 | ○ | ○ | ○ | | | |
| STB-A1 | KS-B-0829 | ○ | ○ | ○ | ○ | ○ | ○ |
| STB-A2 | KS-B-0830 | | | | ○ | ○ | |
| STB-A3 | KS-B-0831 | | | | ○ | ○ | ○ |
| RB-A4 | KS-B-0896 | | ○ | | | ○ | |
| RB-A5 | KS-B-0896 | | | | | ○ | |
| RB-A6 | KS-B-0896 | | | | | ○ | |
| RB-A7 | KS-B-0896 | | | | | ○ | |
| RB-D | KS-D0233 | | ○ | ○ | | | |
| RB-SDH | KS-D0233 | | | ○ | | | ○ |
| RB-RA | KS-B-0817 | | ○ | | | | |

• 형상 : 형상과 치수는 STB-G와 동일하게 저면에서 평저공까지 관통

(다) STB-A1(KS B 0829. 0831)

• 목적 : 사각탐상에 있어 준비용, 국제용접학회(IIW) 권고에 따른 형태
• 용도 : 용접부 및 판재의 수직 및 사각탐상시 입사점, 굴절각 측정, 탐촉자의 특성 및 감도 조정, 탐상감도 조정
• 재질 : 용접구조용 압연강재인 SWS 41의 세립킬드강

(라) STB-A2(KS B 0830, 0831)

• 목적 : 탐상기의 감도조정과 분해능의 검정
• 용도 : 용접부 및 판재의 사각탐상 감도조정, 장치의 분해능 점검
• 재질 : 용접구조용 압연강재인 SWS 50의 세미킬드강(Semi Killed Steel)

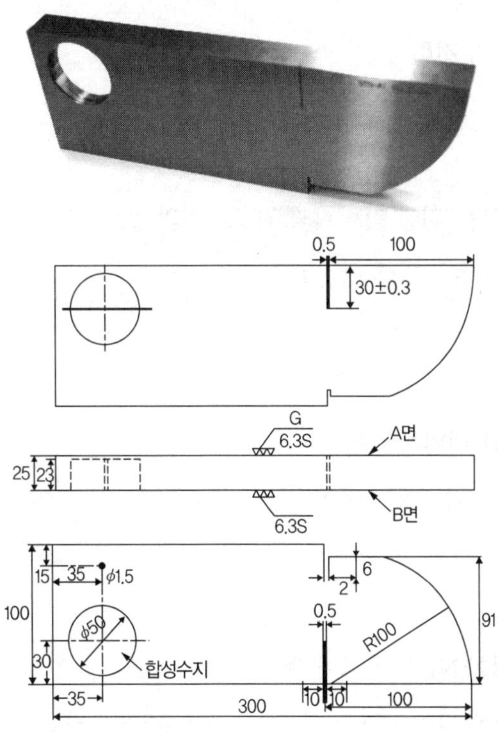


그림 8-4 STB-A1 시험편의 형상 및 치수

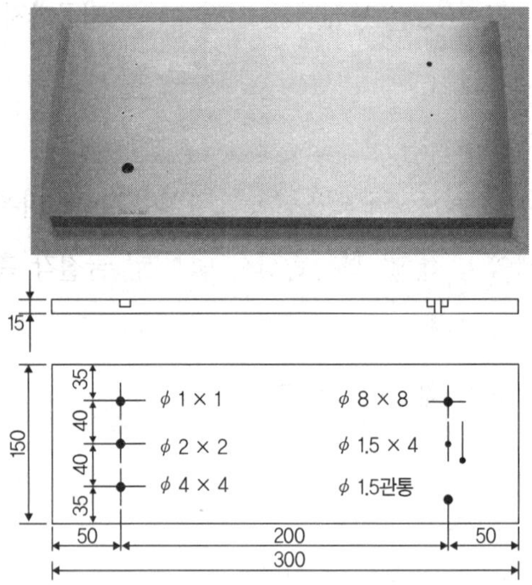


그림 8-5 STB-A2 시험편의 형상 및 치수

(마) STB-A3(KS B 0831 초음파 경사각탐상용 A3형 표준시험편)

- 목적 : STB-A1, STB-A2의 부 표준시험편
- 용도 : 고소작업, 현장에서 사용 편리하게 소형 제작
- 재질 : SM 50A 균일 열처리

## (2) 대비시험편

- 특정한 시험재를 탐상을 위한 탐상기의 감도조정의 표준, 측정범위 조정
- 시험재와 동일한 재질이나 유사 재질로 제작
- RB(Reference Block)로 표시

(가) ASME 규격에 의한 대비시험편

미국기계학회가 원자로, 압력용기 등의 압력용기에 대한 사각법 및 수직법의 감도조정을 목적으로 정함

(나) 일본 비파괴검사협회(NDI) 규격에 의한 대비시험편

NDI에서는 최근 NDI S 2404-70을 개정하여 KS B 0896-74(철강용접부의 초음파탐상시험방법 및 시험결과의 등급분류방법)를 제정

(a) NDI RB–A4

- 재료 : 시험재나 초음파 특성과 유사한 강재로써 제작
- 용도 : 수직 및 경사탐상의 거리진폭 교정곡선의 작성과 탐상감도 조정에 사용

(b) NDI RB–A5

- 재료 : 시험재와 초음파 특성에 유사한 강재로 제작
- 용도 : 탬덤(Tandem), 스트래들(Straddle) 기초의 감도조정을 위한 대비시험편

(다) API 대비시험편

미국석유협회가 주도하여 제정된 라인, 파이프 소관용접부의 초음파탐상의 감도조정용

- 시험재나 시험재와 동일치수로 된 외경두께를 갖는 시험재와 유사한 재질로 인공적 결함 만듦

## 8.4 초음파탐상 작업

### 8.4.1 검사기술자

#### (1) 기술자의 능력

초음파 검사기술자는 검사시험은 물론 시험방법의 선정, 시험결과에까지 책임지고 결함을 판정하는 업무까지 수행해야 한다. 따라서 제조상 발생하기 쉬운 결함의 종류, 결함형태 및 그 결함의 사용상 유해성의 정도를 파악할 수 있는 능력을 갖추어야 한다.

초음파탐상기의 지시에서 이상을 검지하기 위해 필요한 시험소재의 특성, 전기적 지식, 음향과 관련된 물리적 지식이 요구된다. 시험방법의 선정 및 시험결과의 판단을 위한 초음파 시험에 대해 충분한 경험을 갖추어야 한다. 탐상기술자는 시험전에 시험체 제조법과 제조공정에 대한 자료를 입수해야 한다.

#### (2) 초음파탐상에 관한 규격 지정

초음파탐상에 있어서 관련되는 규격에는 ① 시험방법 ② 초음파탐상기의 성능 ③ 탐촉자의 종류 및 성능 ④ 관련 규격 ⑤ 기타 필요한 사항 등이 있다.

### 8.4.2 시험 방법

#### (1) 시험 시기

초음파탐상을 시험할 시기는 다음중에서의 어느 적절한 시기를 선정해야 한다.

① 결함 발생이 예상되는 시기(주조, 단조, 압연, 열처리, 용접, 내압시험 후, 또는 동종 제품에 결함이 발견된 경우)
② 시험하기 쉽고 또한 빠른 시기는 거칠기 다듬질 후
③ 결함검출에 쉬운 시기에는 감쇠를 적게 하는 열처리 후, 정밀 다듬질 후
④ 제품 완성 시(출하 전 또는 수입 시)
⑤ 정기검사 시(사용개시 포함)
⑥ 기타 시험목적에 적합한 시기 등이 있다.

#### (2) 탐상 방법의 선정

탐상방법은 다음의 사항을 고려하여 선정되어야 한다.

① 제품 또는 재료의 종류, 모양, 제조방법에서 예상되는 결함의 종류·모양·존재위치·분포상태
② 제품 또는 재료의 모양·치수·표면상황
③ 검출해야 할 결함의 종류·모양·방향·크기·존재 위치
④ 탐촉자를 접촉시키는 면의 범위
⑤ 요구하는 탐상 정밀도
⑥ 탐상작업을 실시하는 장소
⑦ 기타 필요한 사항 등

### 8.4.3 검사방향 및 주사법

#### (1) 검사방향

검사방향은 검출해야 할 결함의 종류·방향 등에 따라 정한다.

### (2) 주사범위

주사범위는 검출해야 할 결함의 종류·방향·크기·결함의 재료, 사용상에 대한 영향도 등도 고려한다. 주사는 시험체의 종류·모양·용도에 따라 다음중 하나를 선정한다. ① 전체면 연속 ② 선상 연속 ③ 전체면 또는 특정부분에 대하여 간격을 둔다. "전체면"으로 지정할 경우는 탐촉자의 주사간격, 방향 등을 명확하게 한다.

### (3) 주사방법

검사를 하지 않는 부분이 생기는 것을 방지하고 결함의 평가를 하기 위한 주사방법을 지정한다.

### (4) 주사속도

주사속도는 탐상에 지장을 주지 않을 정도로 하나, 자동경보장치가 없는 장비를 이용할 경우에는 150mm/s 이하로 한다.

### (5) 주파수 선정

검출해야 할 결함의 크기, 필요한 근거리 분해능 또는 원거리 분해능, 결함의 형상, 탐상면의 거칠기, 감쇠 등을 고려하여 적절한 주파수를 선정한다.

### (6) 진동자 선정

진동자의 크기는 결함까지의 거리, 검출해야 할 결함 크기 등을 고려하여 결정하고, 굴절각은 두께, 두께의 바깥지름의 비, 그루브 모양 등을 고려하여 적절한 것을 선정해야 한다.

### (7) 검사면

검사면은 평탄하고 초음파의 입사를 방해하는 것이 부착되어 있으면 안되며, 특히 스패터, 들뜬 스케일, 녹, 도료가 있으면 이를 제거하고 면이 거칠 때는 다듬질 작업을 해야 한다.

## 8.4.4 검사 준비

### (1) 검사면 상태 파악

강판은 압연상태 그대로 열처리 상태대로 요구되는 것이 많으나, 검사체의 표면이 부적당한 경우 상태에 따라 다듬질이 필요하다. 수침법인 경우에도 스케일의 제거가 필요하며, 주조 및 단조제품의 표면은 사용하는 접촉매질의 종류에 따라 생략할 수 도 있다.

#### (2) 접촉 매질

탐촉자와 시험체의 사이에는 항상 공기층이 존재하므로 초음파가 전달되지 않는다. 따라서 그 공극을 채워줄 기름, 글리세린 등이 사용된다. 글리세린이나 글리세린 페이스트 같은 물질은 기계유보다 음향임피던스가 커서 초음파의 전달능력이 우수하다. 경사면 탐상에는 점도가 높은 매질을 사용한다. 접촉매질로써는 ① 각종 액체(물, 기름, 글리세린) ② 각종 풀 상태인 것 ③ 겔 상태인 것(플라스틱 겔) 등이 있다.

⑶ 접촉방법

시험목적에 따라 ① 직접접촉 방법 ② 수침법 ③ 국부 수침법 등이 있다.

⑷ 탐상기 조정

탐상 감도는 시험편 방식과 저면에코방식이 있으며, 규격 및 시험 사양을 따른다.

## 8.5 검사법

### 8.5.1 수직탐상법

#### (1) 탐상 대상

㈎ 탐상 위치

예상되는 결함 방향에 수직인 부분이 가장 적절하다. 예를 들면 압연강재의 경우 결함은 판에 평행하게 발생되기 때문에 판의 중앙부가 알맞은 위치이다.

㈏ 주파수 선정

규격 및 탐상 사양에 따라야 하며, 보통 강재의 경우 40mm 이상은 2MHz, 그 이하는 5MHz, 5mm 이하는 10MHz 또는 그 이상의 주파수를 사용해야 한다.(KS B 0817)

초음파 파장이 짧을수록 결함에 의해 산란반사가 일어나기 쉬워 주파수를 높여 결함의 검출능을 높이는 것이 유효하다. 박판의 탐상, 표면직하의 결함검출에는 높은 주파수를 선정한다. 균열과 같은 면상결함은 초음파가 면에 수직으로 입사해야만 충분한 반사에코를 얻을 수 있으며, 이 현상은 고주파수에서는 현저하므로 필요이상 높은 주파수의 적용을 피해야 한다.

주파수가 높을수록 지향성이 우수하므로 결함의 위치결정의 정밀도를 향상하기 위해서는 높은 주파수를 사용해야 한다. 탐상면이 거칠 때는 높은 주파수는 입사하기 어렵다. 초음파 파장이 금속 결정립의 크기와 동일하거나 그 이하일 때 주파수가 너무 높거나 결정립이 조대할 경우는 감쇠가 커져 충분한 투과능이 얻어지지 않는다. 이 경우 결정립계에서 임상에코가 나타나서 결함검출이 곤란해 진다. 즉, SN비가 저하하므로 낮은 주파수를 선정해야 한다.

#### (2) 탐촉자의 굴절각

종파용 탐촉자로 수직 탐촉자가 사용되며, 횡파용 경사각탐촉자는 35~70° 굴절각이 주로 사용된다. 용접부 경사각 탐상에는 판 두께 대소 및 보강용접부의 유무에 따라 45~80°의 굴절각을 갖는 탐촉자를 사용해야 된다.

종종 70° 이상의 굴절각에서 표면파의 발생으로 방해를 받는 경우가 있으며, 관재의 경사각 탐상에는 관 두께와 직경 비에 따른 굴절각을 작게하거나 또는 크게 결정해야 한다.

### 8.5.2 사각탐상법

#### (1) 탐상 특성

사각탐상은 시험체의 탐상면에 대해 음파를 경사로 입사시켜 탐상하는 것이다. 사각탐촉자 내의 진동자는 종파를 발생시키고, 이 종파는 입사점을 통해 물체 내로 입사되면서 굴절과 함께 파형변환이 일어난다.

이 굴절된 파는 결함에서 반사하여 다시 탐촉자로 되돌아오며, 이때 나타나는 결함에코의 시간축 위치는 입사점에서 결함까지의 음파진행 방향에서의 거리를 나타낸다.

#### (2) 사각탐상법의 종류

(가) 종파의 사각탐상

종파의 사각탐상은 입사각을 제1 임계각 이내로 선정하기 때문에 검사체 내부에 종파와 횡파가 모두 존재하게 된다. 이중 속도가 빠른 종파만을 사용하며, 파장이 긴 종파의 특성을 이용해 감쇠가 심한 재질의 검사에 이용된다. 화면에 여러 개의 에코가 표시되므로 평가에 주의가 필요하다.

(나) 횡파의 사각탐상

입사각이 제1 임계각보다 크고 제2 임계각보다 작을 때 굴절파에는 횡파만이 존재한다. 일반적으로 가장 많이 쓰이는 굴절각은 45도, 60도, 70도이다.

(다) 주사방법

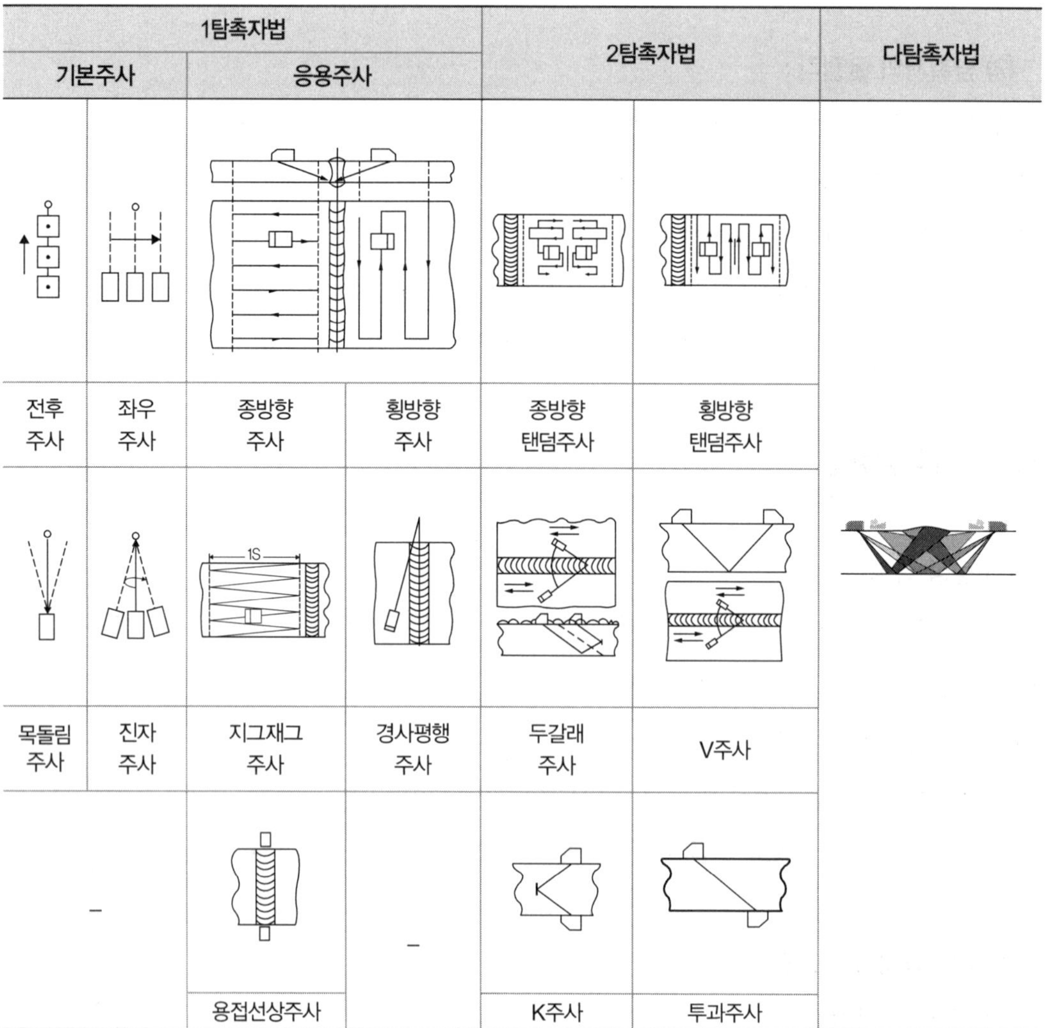


그림 8-6 탐촉자 주사방법

## 8.6 검사 순서

### 8.6.1 작업전 준비

초음파탐상의 작업전 준비는 사용규칙의 확인, 검사범위, 검사공정의 확인, 검사기술자의 선정, 시험편의 준비, 탐상방법 및 장치선택, 탐상장치의 성능확인, 주파수, 굴절각 및 측정범위의 선정 등이 있다.

### 8.6.2 작업 과정

초음파탐상 작업은 다음과 같으며, 절차는 표 8-2와 같다.

#### (1) 탐상기 조정

① 탐상감도의 설정 및 조정
② 측정범위 및 게이트 위치 선정
③ 리젝션
④ 펄스반복 주파수
⑤ 거리진폭 보상
⑥ 에코높이 구분선 설정
⑦ 감도 보정

#### (2) 탐상기의 점검

탐상기의 점검은 일상점검과 정기점검, 특별점검이 있다. 일상점검은 초음파 시험이 정상적으로 이루어지는가를 시험시에 점검하며, 탐촉자 및 부속품을 포함하여 실시한다.

정기점검은 년 1회 이상 실시하는 점검으로써 규정된 점검방법에 따라 감도, 증폭 직선성, 시간축 직선성, 근거리 분해능, 기타 시험에 필요한 사항 등의 성능이 유지됨을 확인해야 한다. 특별점검은 수리 또는 특수한 환경에서 사용하여 이상을 감지한 경우, 기타 특별히 점검이 필요한 경우라고 생각될 때 실시한다.

## 표 8-2 초음파탐상의 절차

**탐상조건 선정**

① 모재의 두께측정

② 탐촉자의 선정 → 표 1, 표 2

③ 탐상면, 탐상방법 선정 → 부속서 1 표 1, 부속서 1 표 2

④ 감도조정용시험편선정 (STB-A2 또는 RB-4)

⑤ 측정범위 선정 STB-A2 또는 RB-4

⑥ 검출 레벨의 선정

**탐상준비**

⑦ 측정범위의 조정

⑧ 입사점의 측정 굴절각의 측정

⑨ 에코높이 구분선 작성 또는 체크

⑩ 눈금판 횡축감시 범위 확인

$W_{0.5S}=t_1/\cos\theta$
$W_{1.0S}=2t_1/\cos\theta$

⑪ 감도 조정량의 결정

⑫ 탐상감도의 조정 → 감도 조정용 시험편 표

⑬ 탐상면 손질, 보조선 기입 및 접촉매질도포 직사법의 주사범위 $Y_{0.5S}=t_1/\tan\theta$ 1회 반사법의 주사범위 $Y_{1.0S}=2t_1/\tan\theta$

**탐상**

⑭ 탐상 결함유무의 조사 (결함부의 마크)

⑮ 결함 데이터의 채취 → 채취 항목

**정리**

⑯ 데이터 정리

⑰ 등급 분류

표 1. 사각탐상시험에 이용하는 공칭 주파수

| 모재의 판두께 t mm | 공칭주파수 MHz |
|---|---|
| 75 이하 | 5 또는 2 (2.25) (3) |
| 75를 넘는 것 | 2 (2.25) (3) |

표 2. 사각탐촉자 공칭주파수와 진동자 공칭치수

| 공칭 주파수 MHz | 진동자의 공치치수 mm |
|---|---|
| 2 (2.25) (3) | 10×10, 14×14, 20×20 |
| 5 | 10×10, 14×14 |

부속서 1 표 1 사용 탐촉자의 공칭굴절각

| 판두께 mm | 사용 탐촉자의 공칭굴절각(도) | 음향 이방성 시험체일 때 사용 공칭 굴절각(도) |
|---|---|---|
| 40 이하 | 70 | |
| 40 넘고 60 이하 | 70 또는 60 | 60, (65) (1) |
| 60 넘는 것 | 70과 45의 병용 또는 60과 45의 병용 | 60과 45의 병용 또는 (65와 45 병용)(1) |

주(1) 괄호는 공칭굴절각 60° 적용 곤란할 경우 적용

부속서 1 표 2 탐상면 및 탐상방법

| 이음형식 | 판 두께 mm | 탐상면 | 탐상방법 |
|---|---|---|---|
| 맞대기 이음 | 100 이하 | 편면 양측 | 직사법 및 1회 반사법 |
| | 100 초과 | 양면 양측 | 직사법 |
| T 이음, 모서리 이음 | 60 이하 | 편면 편측 | 직사법 및 1회 반사법 |
| | 60을 넘는 것 | 양면 편측 | 직사법 |

| 감도 조정용 시험편 | | 조정 방법 |
|---|---|---|
| 1탐 촉자법 | STB-A2 Φ4×4 mm | 굴절각 70°, 60° : H선에 맞춤<br>굴절락 45° : H선에 맞추고 다시 6dB 감도 높임 |
| | RB-4 | H선에 맞춤 |

| 채취 항목 |
|---|
| 탐촉자 위치 : $X_P$, $Y_P$ |
| 빔 진행거리 : $W_F$ |
| 에코높이이 영역 : Level Ⅰ, Ⅱ, Ⅲ, Ⅳ |
| 결함지시길이 양단 : $X_S$, $X_E$ |
| 결함지시길이 : $L_F$ |

(가) 에코높이 및 위치의 측정

(나) 결함 치수의 측정

ⓐ 결함지시 길이

최대 에코높이의 1/2, 1/3 범위의 탐촉자 이동거리 또는 미리 정한 레벨의 탐촉자 이동거리를 결함이 존재하는 범위로 한다.

ⓑ 결함지시 높이

필요에 따라 탐촉자를 주사하여 계산, 도표에 의해 구한다.

ⓒ 등가결함 지름

DGS선도에 의해 구한다.

(다) 탐상 평가

① 결함 에코높이
② 건전부의 저면에코에 대한 결함에코 높이
③ 결함부의 저면에코에 대한 결함에코 높이
④ 등가결함 지름
⑤ 결함지시 높이
⑥ 결함의 퍼짐
⑦ 결함의 위치
⑧ 감쇠

위 항목을 적당히 조합하여 등급 분류하고, 동일 시험체에서 2방향 이상에서 검사하여 동일결함이라고 생각되는 결함의 등급 중 하위의 급을 채용한다.

### 8.6.3 결함 크기의 평가

#### (1) 결함 검출도

초음파탐상의 결함 검출도는 초음파 파장에 의해 결정되며, 짧은 파장인 고주파수에서 미소결함의 검출에 유리하다. 또한 검출도는 결함의 크기, 형상, 위치, 시험체 재질의 음향 특성, 탐상거리, 펄스폭에도 밀접한 영향을 받는다. 이상적인 탐상조건에서 허용되지 않는 결함은 확실히 검출되며, 보통 검출되는 결함의 크기는 사용되는 파장의 1/10정도까지 가능하나 실제 결함의 검출확률은 결함크기가 클수록 완만하게 증가하여 결국에는 1에 가깝게 된다. 결함크기가 작을 경우에는 에코높이가 구형, 원형평면, 원주, 띠형 평면결함의 순서로 크게 된다.

### (2) 검출레벨의 설정

검출레벨은 결함평가의 대상이 되는 하한이 에코레벨을 의미하며, 초음파탐상에서 반드시 검출해야 할 크기로써 검출대상의 최소 크기와 에코높이를 기준으로 설정해야 한다. 검출감도의 결정은 표준시험편 또는 대비시험편에 속한 표준결함을 탐상하며, 그의 결함의 에코높이를 기준으로 하여 문턱값을 결정하며, 이것을 결함의 검출레벨로 한다. 검출레벨을 50% DAC에서 20% DAC로 내리면 결함의 검출율이 증가한다. 시험결과의 차이는 탐촉자, 케이블, 증폭기의 차이 또는 주사방법, 탐상기의 조정, 시험방법, 시험자의 기량 등의 차이에서 기인된다.

### (3) 결함 크기의 정량적 평가

(가) DGS선도

초음파탐상에서 정량적인 평가는 연속파 이론을 기초로 하는 DGS선도를 이용한다. DGS선도는 원형평면 결함에서 에코의 크기를 측정거리와 결함크기로 조정한 것으로 거리(Distance), 증폭감도(Gain), 결함크기(Size)의 단어 첫머리글자를 딴 것이다. 이 선도는 크라운그레이만(독일, 1959년)에 의해 발표되어 독일어 관련 접두어를 취해 AVG선도라고도 한다. DGS선도는 검출결함의 위치와 치수가 파악될 때 탐상감도와 검출레벨을 정하거나, 또한 검출결함의 치수를 원형등가치수로 추정할 때 이용된다.

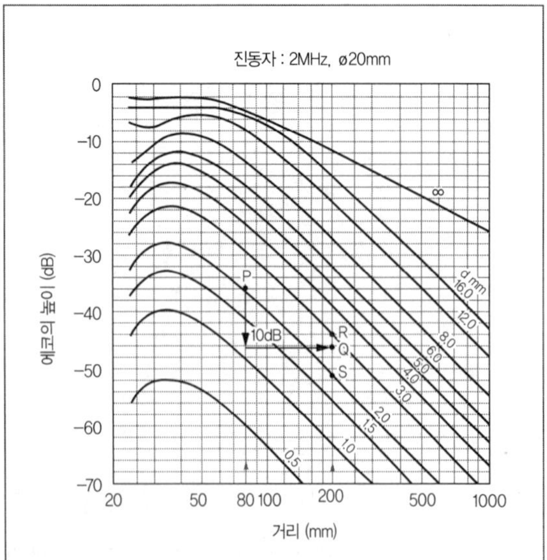


그림 8-7 DGS선도

그림 8-7은 사용하는 탐촉자의 주파수와 진동자 크기를 실제 크기로 환산한 에코높이가 결함크기에 비례한다고 가정하고 수정된 그림이다. 빔 진행거리가 길면 초음파는 감쇠되어 에코높이가 저하되므로 동일한 결함크기라도 에코가 작게 되

어 이것을 고려한 것이다. 감쇠가 작은 소재를 측정하여 초음파 확산손실만 고려하고 재료의 산란, 흡수로 인한 감쇠는 고려하지 않는다.

(나) 에코높이 구분선

그림 8-8은 DGS선도를 간소화하여 에코높이 구분선 L, M, H선을 그리고 에코높이가 어느 선을 초과하면 이것을 평가하여 결함의 합부레벨을 판정하는데 사용한다. 에코높이 구분선은 직경 3~4mm의 원판형 종 및 횡구멍을 기준 반사원으로 한다. 또한 그 반사원에서의 에코높이와 거리의 관계를 기준으로 하여 실제결함을 평가하는 구분선이다. 이와 같이 초음파탐상은 기준반사원에서 에코레벨을 기준으로 탐상감도를 설정하므로 감도가 높으면 결함이 크게 표시되며, 너무 낮으면 결함이 작게 평가된다. 에코높이 구분선의 L선이 초과하지 않는 반사원은 결함으로 판정하지 않는 것이 보통이다.

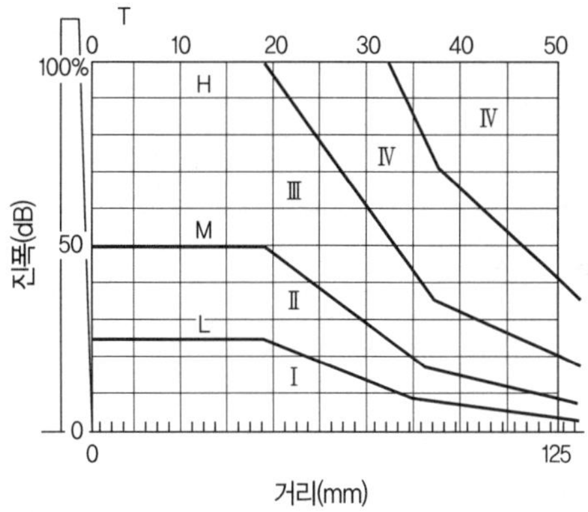


그림 8-8 에코높이 구분선

### (4)결함 길이의 측정

(가) dB드롭(Drop)법

결함지시 길이의 측정방법은 결함크기와 탐촉자의 이동거리가 비례한다고 가정하는 방법으로써, 최대에코 높이의 6dB 또는 10dB 이하인 에코높이 레벨을 넘는 탐촉자의 이동거리에서 결함길이를 구하는 방법이다. 빔이 빔폭보다 큰 면상결함에 빔을 수직입사시키면 탐상정도는 높으나 빔폭보다 결함이 작을 경우 과대하게 평가된다.

(나) 평가 레벨법

대비시험편으로 미리 정해진 에코높이를 넘는 탐촉자의 이동거리에서 결함크기를 구하는 방법으로 문턱값법이라고도 한다.

### 8.6.4 보고서 작성

시험 결과의 기록 또는 보고서는 다음 사항을 기재한다.

**(1) 시험체에 관한 사항**

(가) 검사 조건

① 탐상기 및 부속장치

② 시험주파수

③ 탐촉자

④ 시험방법

⑤ 탐상제품의 거칠기

⑥ 사용 시험편

⑦ 탐상방법 및 주사방법

⑧ 접촉매질의 종류

(나) 검사 결과

① 이상부의 위치, 치수 등의 추정 스케치

② 결함에코 높이 및 감쇠상태

③ 탐상도형 등

(다) 기타

① 기술자 및 작업자 성명

② 관련 규격

③ 탐촉자 및 탐상기의 성능

④ 기타 필요한 사항

## 8.7 최신 초음파탐상기법

### 8.7.1 TOFD 탐상 기술

#### (1) 개요

TOFD법은 G.M Silk에 의해 개발되었으며, 현재 영국, 독일을 중심으로 방사선투과 검사를 대용할 수 있는 방법으로 인정받고 있다. TOFD(Time of Flight Diffraction)법은 초음파의 회절현상을 이용한 검사방법이다.

초음파 검사장치의 성능 향상으로 선진국을 중심으로 검사에 필요한 각종 코드 및 표준이 제정되어 산업현장에서 응용되고 있다. TOFD법은 음파의 회절현상을 이용한 초음파탐상검사의 한 방법으로써 기존의 펄스에코법에 비해 검사수행 속도가 10배 이상 빠르다. 또한 보다 알기 쉽게 결함을 검출, 표시하고 검사표면의 상태와 결함방향에 의한 검사결과가 기존의 방법에 비해 안정적인 특징을 갖는다.

그러나 TOFD법은 결함위치가 검사체의 표면근처에 위치할 경우 표면을 따라 전파되는 측면파(Lateral Wave)의 영향으로 표면근처의 결함은 검출에 어려움이 있었다. 보통 검사체 표면에서 4~6mm 이내에 있는 결함은 검출이 불가능한 불감대(Dead Zone)가 존재한다. 따라서 이를 보완하기 위해 디콘볼류션법(Deconvolution Method)을 이용하여 근거리 분해능을 개발함으로써, TOFD법의 단점인 표면근처에 결함의 검출능력을 향상시켰다.

#### (2) TOFD 검사원리 및 이론

TOFD는 구조물에서 사용 중에 발생하는 균열과 같은 형태의 결함 끝단(Tip)에서 입사한 초음파의 회절현상을 이용하는 기술이다. 회절된 초음파신호는 무지향성(동심원)의 패턴이며, 이러한 현상을 이용하여 결함유무를 검출하고 크기 및 위치를 측정함에 있어 정확도를 갖는다. 용접부와 같이 길이가 매우 긴 경우에 검사를 신속하고 정확하게 수행할 수 있다.

그림 8-9와 같이 초음파 송신자(Transmitter)와 수신자(Receiver) 두 개의 탐촉자를 사용하여 검사체 표면에서 검사한다. 보통 산업현장에서 용접부와 같은 검사체는 내부에 음파를 경사지게 입사시킬 경우 횡파(Shear Wave)를 사용하나 TOFD의 경우 굴절각 45°~70°사이의 압축파(Longitudinal Wave)를 이용한다.

검사체 내부에 결함이 없는 경우 송신자로부터 발생된 초음파는 검사체의 표면을 따라 전

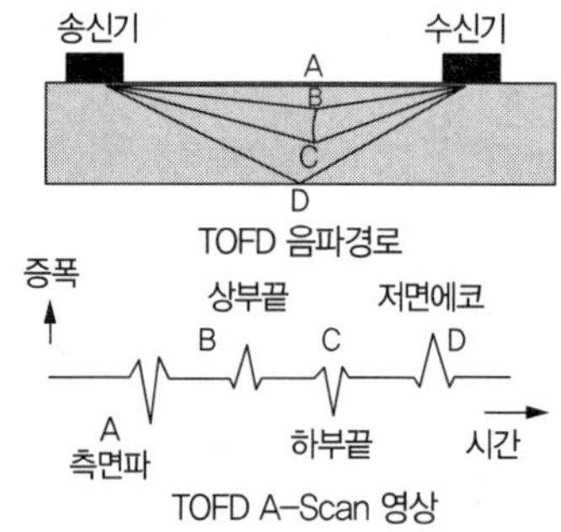


**그림 8-9** TOFD(Time of Flight Diffraction)기법의 원리

파된 측면파(Lateral Wave)와 저면에서 반사된 파만이 수신된다. **그림 8-9**에서 B, C신호가 나타남으로써 결함 존재를 확인하는 것이다. 또한 검사체의 표면부에 결함이 존재할 경우 표면을 따라 전파하는 측면파(Lateral Wave)가 수신자에 전달되지 않는다. 따라서 **그림 8-9**의 A신호가 없으면 표면부에 결함이 존재하는 것으로 판단한다. 이와 동일하게 D의 신호가 수신되지 않게 되면 검사체의 저변부에 결함이 존재함을 알 수 있다.

따라서 TOFD법은 기존의 펄스에코법에 비해 1회에 검사체의 내부 전체에 존재하는 결함을 검출하는 장점을 갖는다. 펄스에코법의 경우 결함에 의해 반사된 초음파 신호의 에너지의 양에 의해 평가되는 반면, TOFD법은 초음파 송신자에 의해 발생된 초음파가 검사체에 입사하게 된다. 이때 검사체에 존재하는 균열과 같은 선형결함의 끝단부에 의해 회절되며, 회절된 초음파 에너지는 무지향성의 형태를 가져 초음파 수신자에 의해 검출하는 방법이다. 이러한 음파의 회절현상을 이용한 TOFD법은 보다 정확한 결함검출 및 크기의 탐지에 유용한 방법이다. 이와 같이 검출된 신호는 D스캔으로 검사결과를 표시한다.

TOFD법을 이용한 결함의 크기 및 위치의 측정방법은 **그림 8-10**과 같이 초음파 송신자(T)와 수신자(R) 사이의 거리를 2$S$, 검사체 표면에서 결함의 끝단부까지 결함깊이를 $d$로 한다. 또한 초음파 탐촉자 사이의 중앙으로부터 위치를 $X$라고 할 때, 송신자로부터 발생된 초음파가 결함 끝단부까지 진행경로 $M$과 끝단부에서 입사된 초음파가 회절된 후, 수신자에 이르는 진행경로 $L$은 식 (8.1)과 식 (8.2)와 같이 나타낸다.

$$L^2 = d^2+(S-X)^2 \tag{8.1}$$

$$M^2 = d^2+ (S+X)^2 \tag{8.2}$$

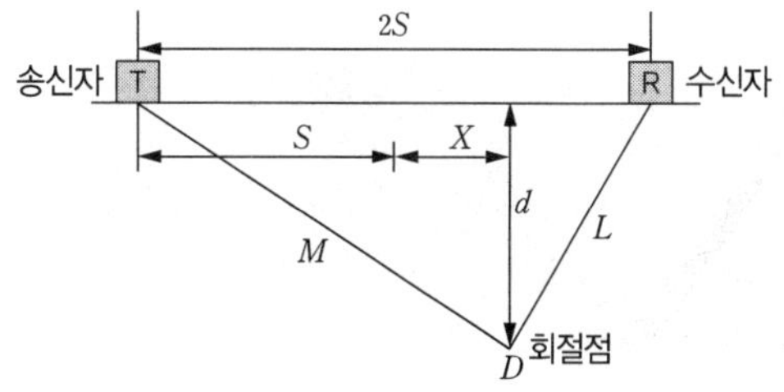


그림 8-10 TOFD를 이용한 결함 크기 및 위치 탐상

결함의 끝단부인 회절점, $D$는 다음의 식 (8.3)에 의해 구해진다.

$$CT = [d^2+(S-X)^2]^{1/2} + [d^2+(S+X)^2]^{1/2} \tag{8.3}$$

여기서 $C$는 초음파의 속도, $T$는 초음파가 송신되어 회절된 후 수신된 시간을 나타낸다. 식 (8.3)에서 $X$는 시간 $T$가 최소일 때 균열선단은 탐촉자 사이의 정중앙에 위치하게 되므로 0이 된다. 따라서 식 (8.3)은 식 (8.4)와 같이 된다.

$$CT = 2(d^2+S)^2 \tag{8.4}$$

결함의 끝단부의 위치는 식 (8.4)로부터 구해지고, 다른 끝단부의 위치도 같은 방법으로 구할 수 있다. 결함의 양쪽 끝단부의 위치를 구함으로써 결함의 크기 또한 얻을 수 있으며, 이와 같이 측정된 결함의 크기 및 위치는 일반적인 펄스에코(Pulse Echo)법에 비해 매우 우수하다.

### (3) TOFD와 펄스/에코법을 이용한 용접부 초음파탐상검사

(가) 적용 기술

- 다채널(Multi Channel) 검사
- TOFD와 펄스에코(Pulse Echo) 기술의 동시 사용
- 한 쌍의 TOFD 변환기(90% 적용)
- 4개의 경사각 P/E 프로브(각 25% 적용)
- TOFD는 용접부 전체에 적용되나 저면(Back Wall)과 표면 근방의 수 mm는 감지할 수 없는 불감대(Dead Zone)이다.
- 불감대를 검사하기 위하여 펄스에코 변환기(Pulse Echo Transducer) 2개 쌍을 이용한다.

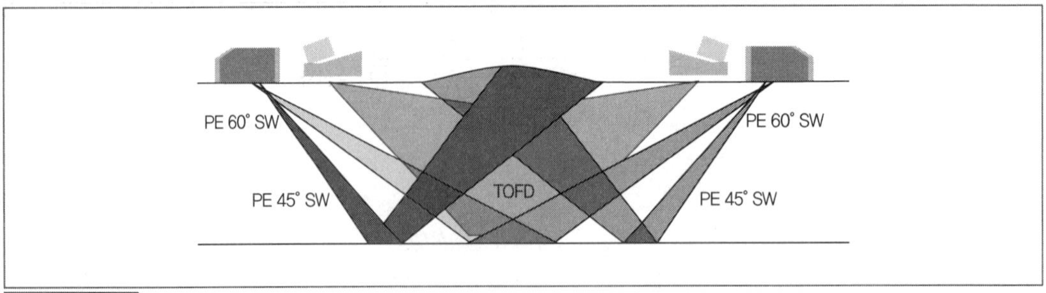


그림 8-11 TOFD 기법을 이용한 용접부 검사 예

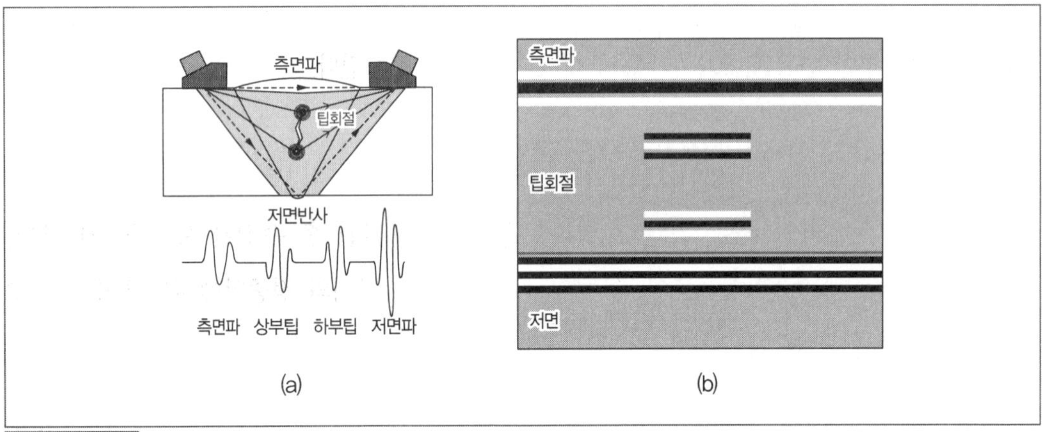


그림 8-12 TOFD 검사 방법을 적용한 용접부의 균열검출과 검사면에 수직인 결함크기의 측정 원리

45°W→전 스킵(Full Skip)을 이용한 용접부의 비드 육성부 검사

60°W→반 스킵(Half Skip)을 이용한 용접부의 비드 루트부 검사

그림 8-12(a)와 같이 검사방법을 적용하면 용접부 전체를 검사할 수 있다. 표면파와 저면에서의 반사는 두께 측정의 보정에 사용된다. 입사된 종파는 결함의 양쪽 모서리의 끝단부에서 회절된다. 그림에서는 균열검출과 검사면에 수직인 결함 크기의 측정원리를 설명한 것이다. TOFD 기술은 용접부의 체적검사를 비교적 원활히 수행할 수 있으나, 표면 개구부의 결함에 대해서는 제한적이다.

(나) 펄스에코 기술(Pulse Echo Technique)

TOFD 기술의 단점을 보완하기 위하여 펄스에코(Pulse Echo)법을 동시에 적용할 수 있다. TOFD와 펄스에코법의 동시 사용은 빠른 검사와 신호분석에 있어서 해결 방안이 될 수 있다.

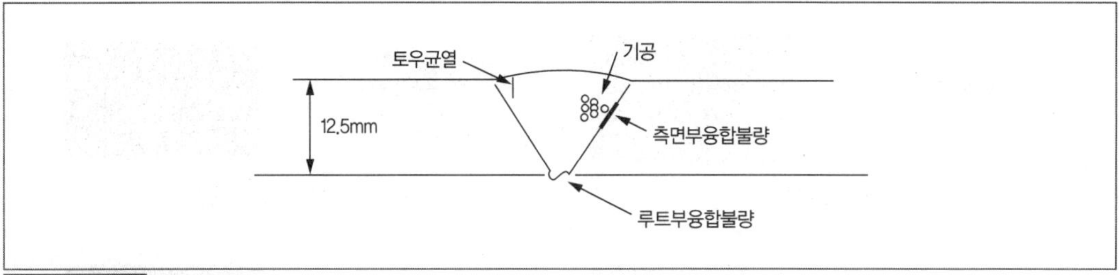


그림 8-13 **용접부 형상**

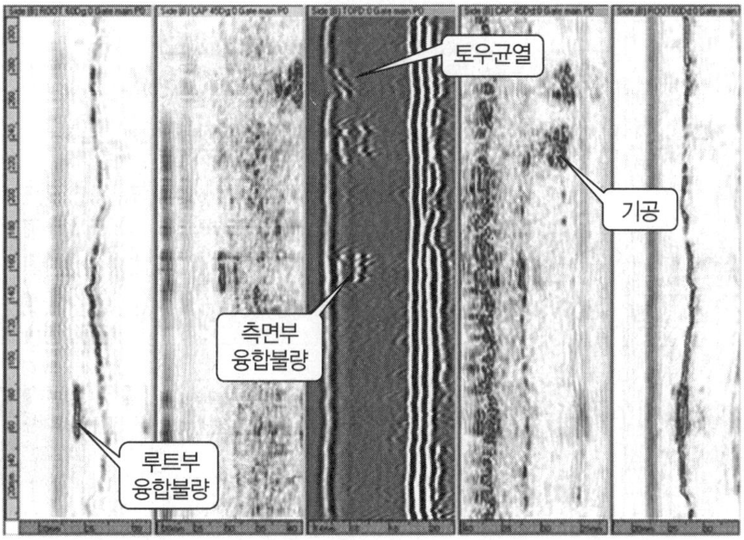


그림 8-14 **TOFD 용접부 B-스캔 탐상 결과**

### (4) 검사 결과 및 분석

(가) 용접부 형상

그림 8-13은 용접부의 비드 육성부를 나타낸 것이며, 루트부를 P/E법을 사용하여 B-스캔 방식으로 그림 8-14에 나타냈고, 또한 TOFD 결과는 중앙부에 나타냈다.

(a) 결함 1 : 토우균열(Toe Crack)

- 표면 상단부의 토우균열이 TOFD 채널에서 검출되었다.
- 표면파로 표면으로부터 개구 결함이 검출된다.
- 45° P/E 채널로 결함검출과 결함위치를 검증할 수 있다.

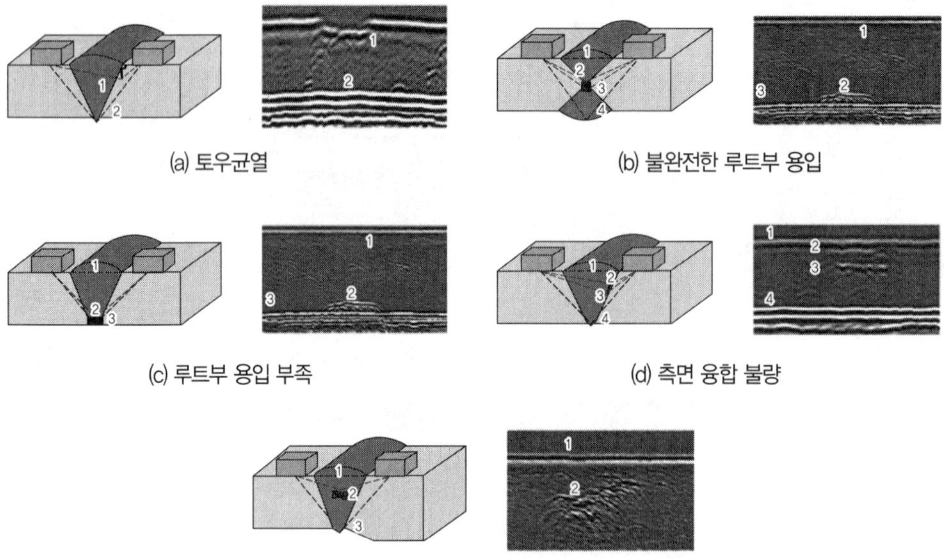

(a) 토우균열
(b) 불완전한 루트부 용입
(c) 루트부 용입 부족
(d) 측면 융합 불량
(e) 기공

**그림 8-15** TOFD 용접결함의 패턴인식(부품 1)

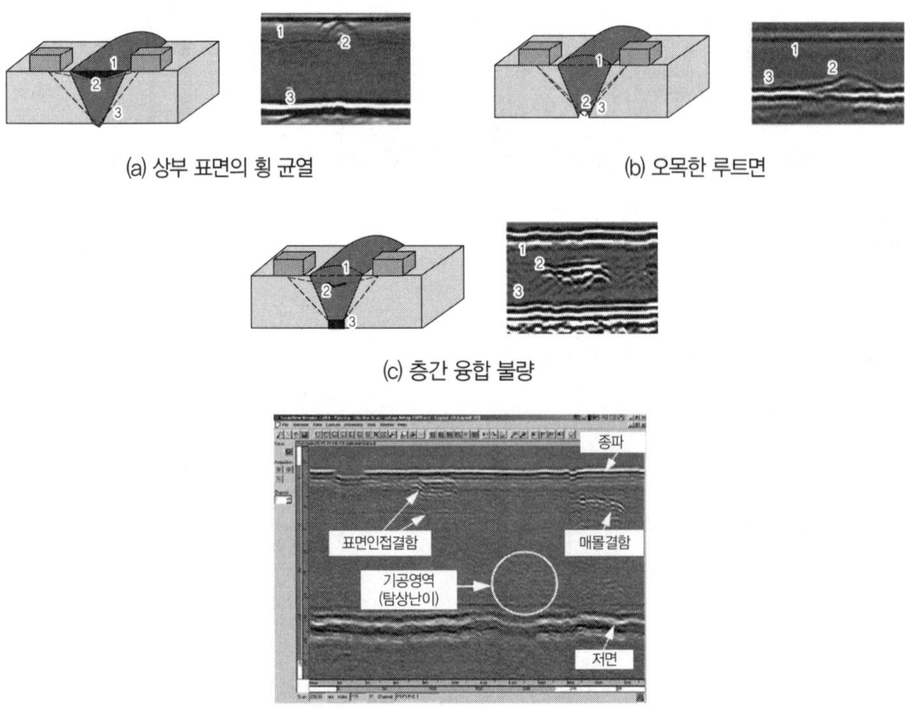


(a) 상부 표면의 횡 균열
(b) 오목한 루트면
(c) 층간 융합 불량
(d) 각종 결함의 화면 표시

**그림 8-16** TOFD 용접결함의 패턴 인식(부품 2)

(b) 결함 2 : 기공(Porosity)

- TOFD 채널과 P/E 45채널에서 기공이 검출되었다.
- P/E 신호에서 이를 검증할 수 있다.

이상의 결과에서 보면 다채널 초음파 장비로써 다양한 신호의 취득과 분석을 동시에 수행할 수 있음을 알 수 있다.

### 8.7.2 위상 배열(Phased-Array) 초음파탐상 기술

#### (1) 개요

기존의 비파괴검사에서 활용하는 초음파탐상검사는 빔 확산이 있는 단일진동 탐촉자를 사용한다. 따라서 초음파 탐촉자에서 발생된 초음파는 하나의 굴절각을 가지고 초음파 축을 따라 전파하므로, 빔의 전파방향에 존재하는 결함을 검출할 수 있다. 또한 부수적으로 초음파 빔 확산에 의해 빔의 전파방향과 다른 방향에 있는 균열도 검출되기도 한다.

반면에 위상배열 초음파탐상기술은 길이에 비해 폭이 아주 작은 진동소자를 배열, 배치하여 각각 작은 진동소자의 구동을 시간적으로 조절함으로써 초음파 빔의 각도를 조절한다. 그리고 초음파를 임의의 위치에 집속시키는 기능을 갖게 한다. 이러한 위상배열 초음파탐상기술은 원리적으로 의료분야에서 사용하는 초음파 진단기술과 같다. 1980년대 의료분야에서 사용하고 있는 초음파 진단기술을 산업적 분야로의 이전에 이미 시작되었다. 따라서 1990년대 초부터 초음파 핸드북과 관련 산업계에서 새로운 비파괴평가 방법으로 높이 평가받고 있다. 또한 1990년대 말부터는 압전복합재료의 개발과 미세가공기술, 미세전자회로기술 및 컴퓨터와 프로그램기술에 힘입어 더욱 발전되었다.

위상배열 초음파탐상기술은 배열된 탐촉자 각각의 작은 진동소자에서 초음파 발생과 수신에 시간지연을 도입하여 탐촉자 특성을 전자적으로 변화시킬 수 있다. 즉 하나의 탐촉자로 초음파 빔 방향을 임의로 조절할 수 있으며, 또한 초음파 에너지를 임의의 위치에 집속시키는 기능을 갖는다.

#### (2) 위상배열 초음파탐상의 장점

위상배열 초음파탐상기술은 배열 탐촉자 각각의 진동소자를 개별적으로 송수신 시간을 조절 즉, 위상조절(Phasing)함으로써 다음과 같은 장점을 갖는다.

① 탐촉자를 움직이지 않고 빠른 속도의 전기적 스캔을 수행함으로써, 기존의 초음파탐상에 의한 스캔속도보다 10배 이상 신속하게 수행할 수 있다.
② 하나의 배열 탐촉자로 여러 입사각을 만들어 사용할 수 있어, 넓은 범위를 1회에 탐상할 수 있다.
③ 초음파 빔 특성을 소프트웨어로 조절함으로써 결함검출 능력을 향상시킨다.
④ 복잡한 시험재를 상대적으로 쉽게 검사할 수 있고, 탠덤, TOFD, 펄스반사법 등 다양한 방법을 하나의 장비에서 수행할 수 있다.
⑤ 집속된 빔을 사용함으로써 S/N비가 향상되고 결함검출 확률(POD)이 증가된다.
⑥ 검사결과를 S-스캔(부채꼴 스캔)영상과 같은 기존 방식에서 사용하지 않은 새로운 영상을 제공함으로써 해석과 분석이 가능하게 한다.

#### (3) 위상배열 초음파의 빔 스캔 양식

위상배열 초음파는 컴퓨터 프로그램에 의해 초음파 빔의 방향과 집속위치를 조절할 수 있으며, 주요 컴퓨터 조절 빔 스캔형식은 다음과 같다.

(가) 전자적 스캔(E-Scan, Electronic Scan)

그림 8-17과 같이 한 가지의 집속법칙과 지연시간을 배열된 탐촉자 내의 일정한 수의 진동소자를 하나의 그룹으로 하여 배열을 변경하면서 다수 회의 송수신을 한다. 스캔은 일정한 각도에서 배열된 탐촉자의 길이(배열)방향을 따라 가상 탐촉자 구경이라 하는 동작 진동자에 의해 수행된다. 이러한 스캔 방식은 부식검사 또는 용접부의 횡파검사에서 기존 초음파 탐촉자로 래스터스캔을 수행하는 것과 동일하다. 이러한 전자적 스캔은 부식검사나 용접부 측면의 융합불량이나 내면균열 검출에 매우 유용하다.

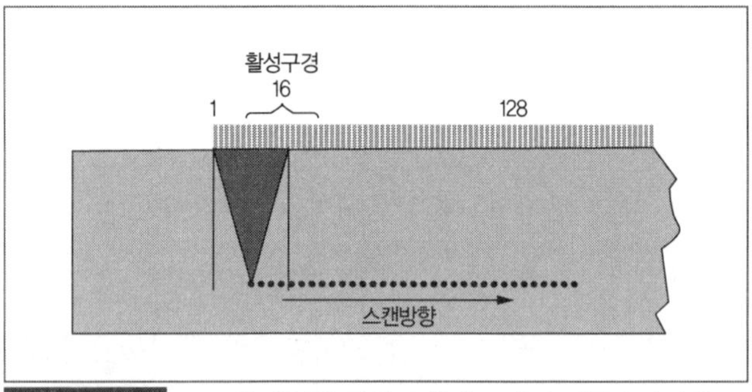

그림 8-17 128개 배열된 탐촉자에서 16개의 진동소자만을 차례로 구동하는 전자적 스캔 방식

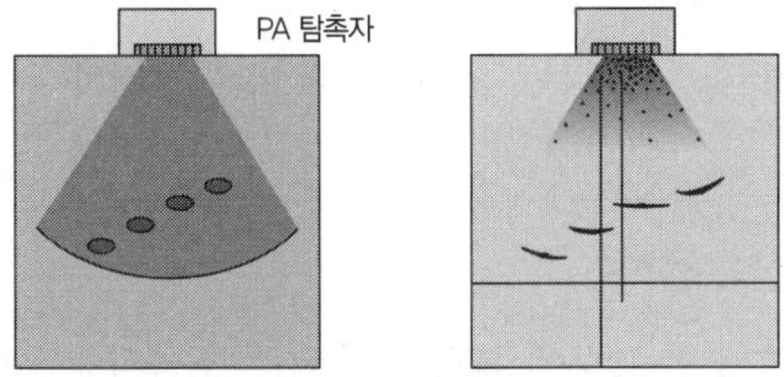


그림 8-18 4개의 측면구멍을 검출한 부채꼴 스캔 원리와 결과의 영상

(나) 부채꼴 스캔(S-Scan, Sectorial Scan)

동일한 배열의 진동소자를 사용하여 지정한 집속깊이에 대해 일정한 각도 범위에 걸쳐 빔을 조사시킴으로써, 다른 집속깊이에서도 조사범위가 부가될 수도 있다. 조사각도 범위는 탐촉자 설계, 관련 웨지, 파의 종류에 따라 다르며 물리적인 법칙에 지배된다. 이러한 S-스캔은 용접부 검사, 복잡한 형상을 갖는 발전설비의 결함탐상에 매우 유용하며, 기타 산업분야에서 활용이 널리 확대되고 있다.

(다) 집속깊이 동적변화(DDF, Dynamic Depth Focusing)

프로그램을 이용하여 시간지연과 게인을 각 진동소자에 다르게 적용하여 집속깊이를 실시간으로 변화시키는 효과를 얻는 빔 스캔방식이다. 초음파 발생단계에서 특정한 집속깊이를

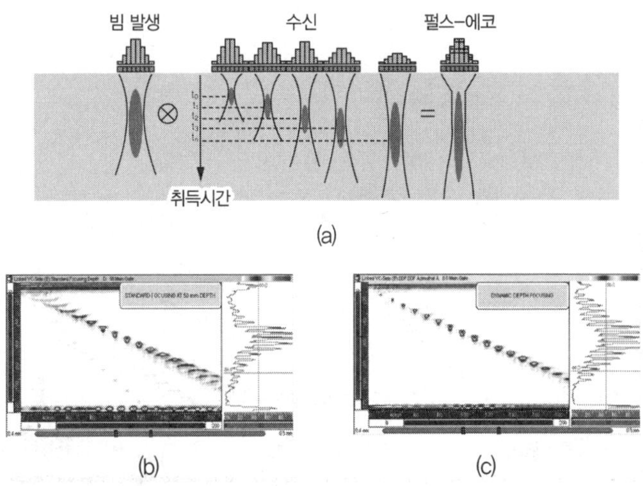


그림 8-19 집속깊이 동적변화(DDF)에 대한 원리(a)와 표준위상배열 집속 법칙에 의한 측면구멍 탐상결과 영상(b)과 DDF에 의한 측면구멍 탐상결과의 영상(c)

갖게 하는 집속법칙에 따라 초음파 빔을 생성시킨다. 따라서 수신단계에서 발생 빔의 집속범위 주변으로 다수의 집속법칙을 적용함으로써, 집속 빔을 분리하여 적용할 수 있게 한다.

### (4) 시간지연 법칙 또는 집속 법칙

배열 탐촉자 내의 각각의 진동소자에 의해 발생되는 초음파는 시험체에 대하여 원하는 영역에서 보강간섭이 일어나도록 위상배열 가상 탐촉자의 개별 진동소자를 연속적으로 가진해야 한다. 이를 위하여 가상 탐촉자 구경 내의 진동소자는 집속법칙에 의해 가진하도록 컴퓨터가 제어한다. 이러한 집속법칙은 가진 할 진동소자, 진폭, 시간지연 등을 포함한다. 각 진동소자에 대한 시간지연은 검사의 구성, 조사 각도, 웨지, 탐촉자 형식에 의존한다.

1차원 배열 탐촉자를 사용하여 S-스캔을 수행할 때 초음파 빔을 집속하는 방식은 다음과 같이 적용할 수 있다.

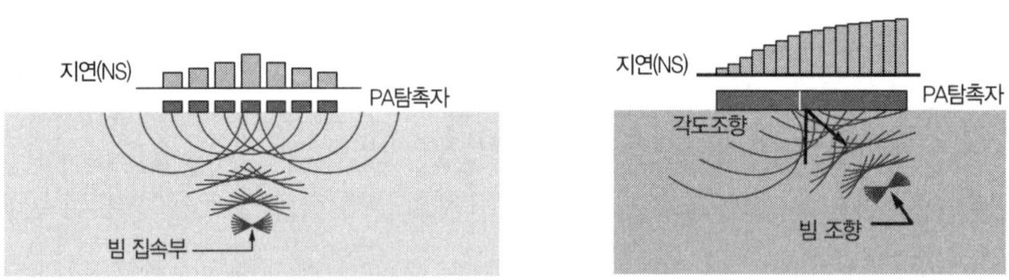


**그림 8-20** 초음파 빔 집속과 빔 조향에 대한 집속법칙의 예

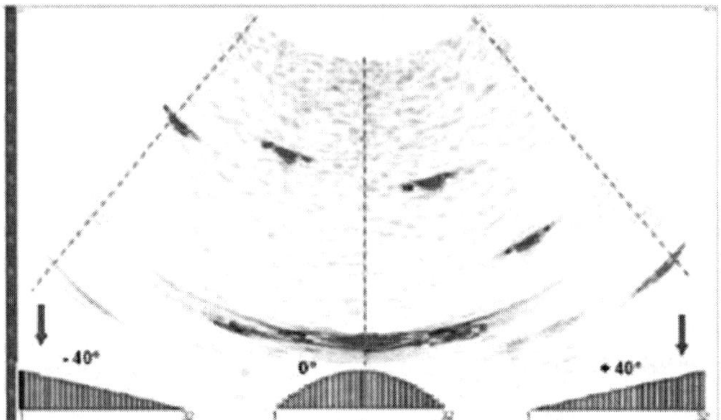


**그림 8-21** -40°~+40°범위 종파 빔 조사를 위한 각 진동소자에 적용되는 시간지연의 예

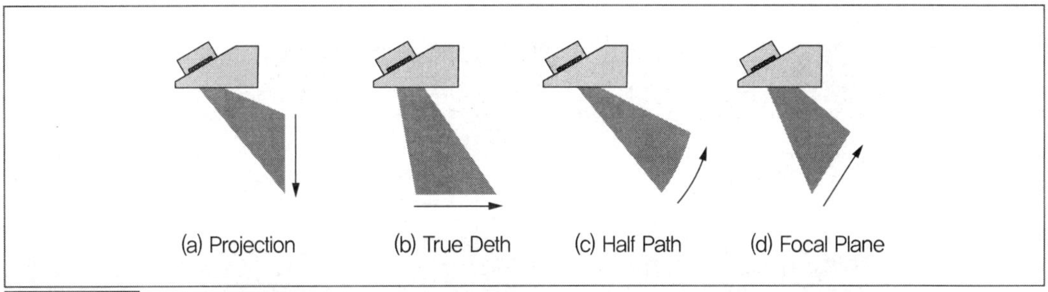


**그림 8-22** **1차원 배열 탐촉자에 의한 집속방식의 종류**

① Projection : 집속위치를 표면에서 수직한 면에 위치하도록 집속하는 방식으로 매우 좁은 용접부 검사에 유용하다.

② True Depth : 시험체의 일정한 깊이에 집속 점을 위치시키는 집속방식으로 결함크기를 평가하는 데 유용하다.

③ Half Path : 일정한 초음파 빔 경로에 대해 집속하는 방법으로 가장 일반적으로 사용하는 방식이다.

④ Focal Plane : 집속위치를 일정한 면에 위치하도록 하는 방법으로 기하학적 조직 및 용융부족과 같은 용접부 결함검사에 매우 유용하다.

### (5) 배열 탐촉자의 종류

배열 탐촉자의 구조는 기존 초음파 탐촉자의 구조와 유사하다. 단지 기존의 초음파 탐촉자는 단일 진동자 또는 2개의 분할형 진동자로 구성되어 있는 반면에 배열 탐촉자는 작은 진동소자를 일정한 간격으로 배열(10~128개)하여 각 진동소자를 개별적으로 구동할 수 있도록 배선이 되어 있다. 배열 탐촉자는 진동소자의 배열 방식에 따라 다음과 같이 구분한다.

① 고리형(Annular) : 원형 고리형으로 배열한 탐촉자. 단지 집속깊이만 변화시킬 수 있어 수침 검사에 주로 사용한다.

② 분할 고리형(Rho-Theta) : 원형의 고리형을 일정 각도로 분할한 배열. 빔의 조사방향을 임의 방향으로 조절이 가능하고, 집속위치도 조절이 가능하여 초음파 빔을 입체적으로 조사할 수 있다. 배열 수가 많아지므로 이를 구동하는 장비의 사양이 높아야 한다.

③ 꽃잎형(Daisy Probe) : 원주방향으로 빔을 돌려가면서 검사할 수 있어 원형 대상체 검사에 유용하여 배관 및 환봉검사에 주로 사용한다.

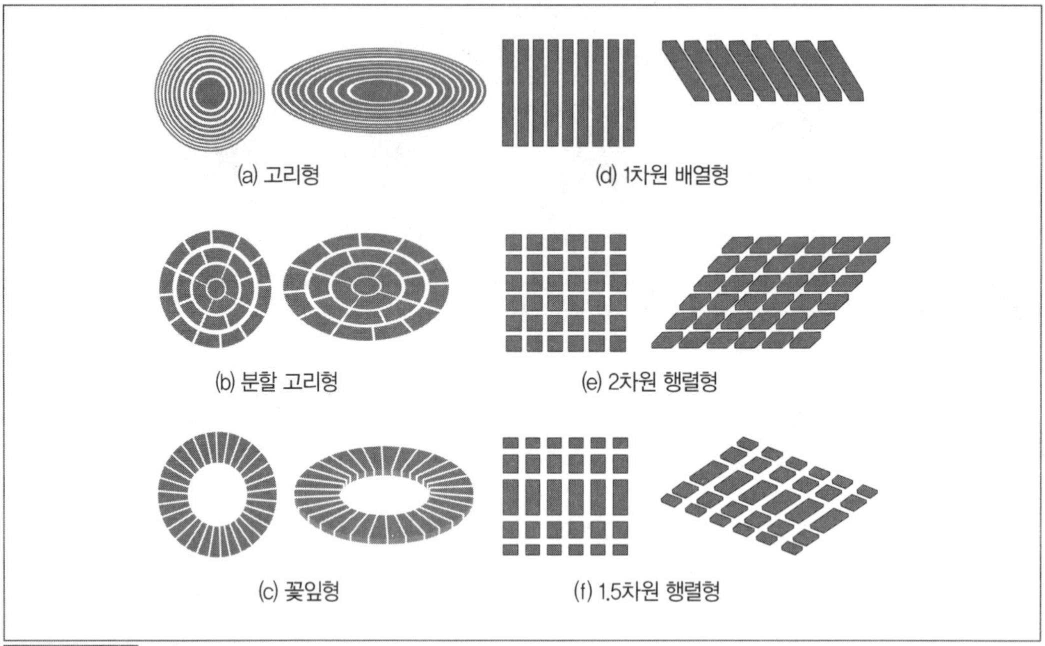


**그림 8-23** 배열 탐촉자의 종류와 진동자 배열 형식

④ 1차원 배열형(Linear) : 설계 제작이 간단하고 저렴하여 많이 활용되며, 배열방향으로 빔 방향의 조절이 가능하고 집속위치도 조절 가능하다. 용접부 및 다양한 검사에 주로 활용된다.

⑤ 2차원 행렬형(2D Matrix) : 진동소자를 행렬형으로 배열한 것으로 빔의 방향을 입체적으로 조절 가능하고, 집속위치를 임의로 조절할 수 있어 복잡한 형상의 대상체 검사에 적용된다. 일정 면적의 구경을 확보하기 위해서는 많은 배열을 구동시켜야 하므로 이를 구동하는 장비사양이 높아야 한다.

⑥ 1.5차원 행렬형(1.5D Matrix) : 2차원 행렬형은 배열수가 많아 빔 조사방향을 크게 하지 않는 축에 대해서는 배열 수를 줄여 구동장치의 사양이 크게 높이지 않아 구동을 가능하게 하는 배열이다. 보통 배열 수가 많은 축에 대해 빔 방향을 조절하고, 배열수가 적은 축은 빔을 집속하는데 활용한다. 곡률반경이 검사위치에 따라 변화되는 대상체 검사에 적용할 때 유용하다.

### (6) 위상배열 초음파 스캔방식과 영상

위상배열 초음파탐상기술은 배열 탐촉자를 기계장치에 장착하여 스캔함으로써, 탐촉자 위치에 대한 정보가 취득 데이터에 포함되도록 한다. 데이터 해석을 위해서는 다양한 화면 보기를 이용한다. 보통 위상배열 초음파탐상기술에 의해 획득되는 부채꼴 스캔영상은 특정한 위치에서 가진된 A-스캔 정보를 누적시킨 것이다. 이러한 S-스캔 영상결과는 시험체 단면을 2차원적으로 나타내 다음과 같은 장점이 있고, 결과 분석과 해석을 바로 할 수 있다.

- 스캔과정 동안의 영상 화면 제공
- 실제 깊이 표현
- 2차원 체적 측정의 재구성

탐촉자가 이동하는 과정에서 다수의 각도에 적용할 수 있는 전자적 스캔과 부채꼴 스캔을 결합하면 보다 향상된 영상을 얻을 수 있다. 그림 8-24는 전자적 스캔(E-Scan)과 부채꼴 스캔(S-Scan)을 결합하여 인공결함에서 검출한 결과를 결함의 형상 및 크기를 비교한 것이다.

또한 탐촉자를 탐상공정 상태에서 종파와 횡파를 동시에 적용하여 스캔할 수 있다. 이러한 스캔 결과는 결함검출과 크기의 평가에 유용하며, 보다 정확한 결함위치와 크기를 평가할 수 있는 정보를 준다.

위상배열 초음파탐상기술은 실시간 스캔영상을 제공함과 더불어 다른 위치에서 취득한 데이터를 하나의 화면에 나타낼 수 있다. 이러한 특징은 다음과 같은 장점을 갖게 한다.

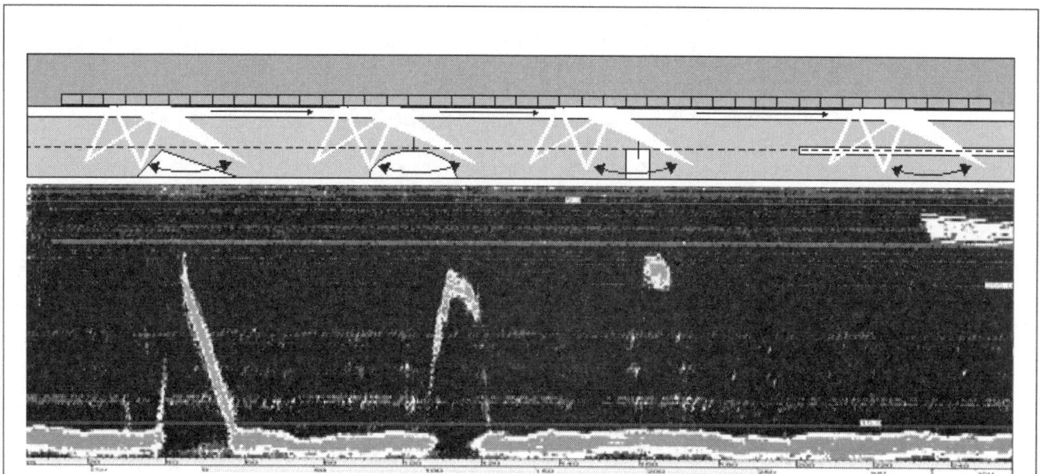

그림 8-24 E-스캔과 S-스캔을 병합한 인공결함 검출의 예

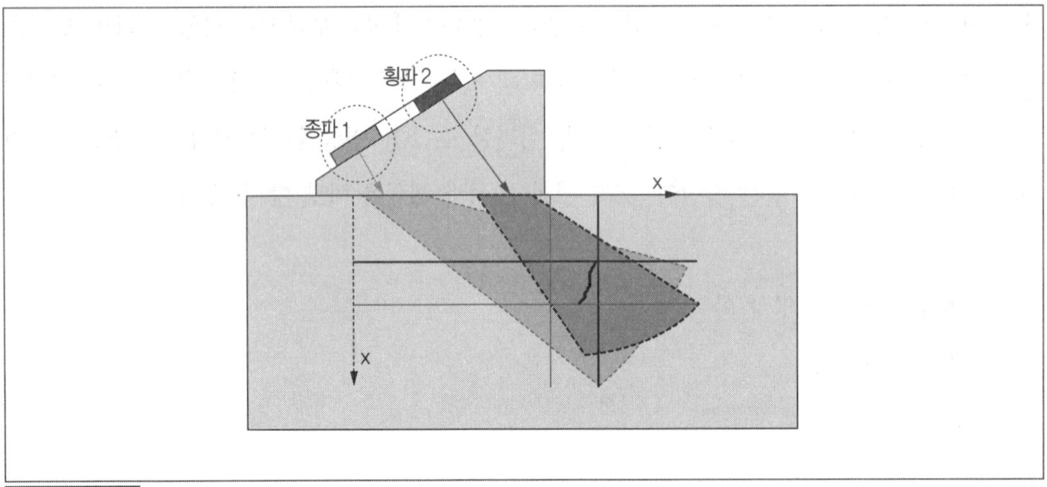


그림 8-25 하나의 배열 탐촉자에서 종파와 횡파를 조합한 S-스캔

- 다수의 중복성 : 검사 결과의 신뢰도를 향상시킨다
- 결함 위치 표시 : 보다 정확한 결함의 위치를 나타낸다.
- 결함 데이터의 정확한 도식화 : 결함의 위치와 크기를 도식화 한다.
- 결함 영상화 : 결함의 형상을 영상으로 나타냄으로써 바로 분석과 해석을 가능하게 한다.

이러한 정보는 위험도 평가기술(Engineering Critical Assessment)을 지향하는 비파괴검사 기술분야를 더욱 발전시킬 것으로 기대한다.

# 제9장 자분탐상기술

## 9.1 자분탐상의 개요

자분탐상(MT, Magnetic Particle Testing)은 강자성의 표면 또는 표면근처의 결함이 있는 시험체를 자화하여 자분을 적용시켜 검출하는 방법이다. 강자성체는 작은 자석의 집합체이며 자화는 임의의 방향을 하고 있지만, 자장 중에서는 동일방향으로 정렬되어 새로운 자석이 된다. 즉, 자극에 의해 자속이 발생하고 단위면적에 대한 자속이 자속밀도(B)이다. 시험체중 자속흐름을 방해하는 불연속부가 있으면 우회하거나 공기 중으로 누설하여 흐르며, 이 자속을

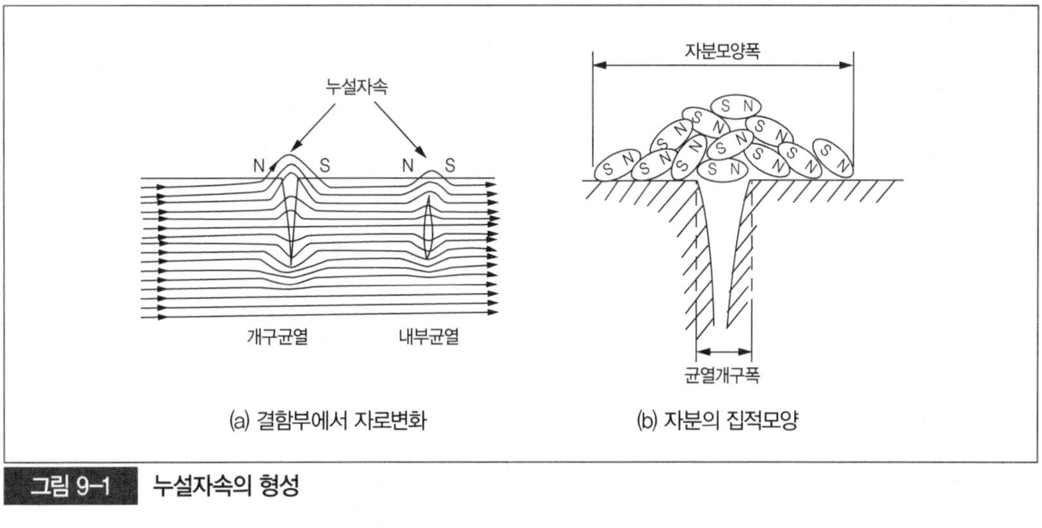


그림 9-1 누설자속의 형성

누설자속이라 하고, 이 결과 생긴 자장을 누설자장이라고 한다.

시험체에 적절한 자장을 가하면 자장방향에 가로로 놓여 있는 자기 불연속은 시험편 표면에 자기가 누설되어 누설자장을 형성한다. 이 누설자장의 존재로 결함의 유무를 파악하기 위해서는 시험체 표면에 뿌린 미세한 강자성 분말입자가 누설자장으로 모여 결함이 파악된다. 즉, 자분은 불연속의 윤곽을 형성하고 불연속의 위치, 크기, 형성, 범위를 지시한다.

### 9.1.1 적용 분야

자분탐상의 주요 산업적 응용은 수송기계 및 기계부품의 최종검사, 공정중 검사, 수입검사, 제품의 품질관리에 이용된다. 검출 가능한 대표적인 결함은 균열, 겹침(Lap), 시임(Seam), 탕계(Cold Shut), 라미네이션(Lamination) 등 이다. 제조공정 중 자분탐상은 가능한 조기에 재료의 불연속과 결함 검출에 이용되나 부품의 사용, 부품기능에 손상으로 허용될 수 없는

**표 9-1 자성체 및 상자성체의 특성**

| 강자성체<br>(Ferro-Magnetic Material) | 상자성체<br>(Para-Magnetic Material) | 비지성체<br>(Dia-Magnetic Material) |
|---|---|---|
| – 투자율이 높아 쉽게 자화 됨<br>– 철, 니켈, 코발트 및 이들의 합금강<br>– 자분탐상검사에 적합한 재료. 단, 합금강 중에도 오스테나이트계 스테인리스강재 등은 시험 불가 | – 자분탐상검사에 적합하지 않은 재료<br>– 알루미늄(Al) 및 그 합금, 마그네슘(Mg), 티타늄 합금 등의 재료 | – 비금속 재료들과 같은 것<br>– 금(Au), 구리(Cu), 비스무트(Bi) 및 아연(Zn)<br>– 자분탐상검사가 불가능한 재료 |

**표 9-2 각 재료의 투자율**

| | 재료 | 투자율 |
|---|---|---|
| 반자성체 | 금(gold) | 0.99964 |
| | 은(silver) | 0.9998 |
| | 구리(cupper) | 0.999991 |
| | 납(lead) | 0.999983 |
| | 물(water) | 0.999991 |
| | 수은(mercury) | 0.999968 |
| 상자성체 | 진공(vacuum) | 1.0 |
| | 공기(air) | 1.00000036 |
| | 알루미늄(aluminum) | 1.000021 |

| | 재료 | 투자율 |
|---|---|---|
| 강자성체 | 코발트(cobalt : 99% 풀림) | 250 |
| | 니켈(nickel : 99% 풀림) | 600 |
| | 철(iron : 98% 풀림) | 6000 |
| | 철(iron : 99.95% 수소내 풀림) | $2\times10^5$ |
| | 철(iron : 98.5% 냉간압연) | 2000 |
| | 강(steel : 탄소 0.9%) | 100 |

결함이 사용중 발생하지 않았음을 보증하기 위한 최종검사에도 이용된다. 또한 반제품과 원재료에서 초기결함을 탐상하기 위한 수입검사에도 이용된다. 자분탐상법에 적용되는 재료는 주로 강자성체에 한정하며, 자장에 영향을 받는 재료는 자화되는 투자율(Permeability)에 따라 표 9-2와 같이 구별된다.

### 9.1.2 자분탐상법의 장점

다른 비파괴검사 방법과 비교하여 자분탐상법은 강자성체 재료에서 작고 얕은 표면균열 검사에 가장 적합하며, 육안으로 자분지시 모양을 볼 수 있는 등 다음과 같은 장점들이 있다.

① 표면 및 표면하(1/4″~1/8″)의 균열검사에 가장 적합하다.
② 작업이 신속하고 간단하며 작업비용이 저렴하다.
③ 결함 모양이 표면에 직접 나타나 육안으로 관찰할 수 있다.
④ 검사자가 쉽게 검사 방법을 습득할 수 있다.
⑤ 시험품의 크기, 형상 등에 제한 받지 않는다.
⑥ 정밀한 전처리가 요구되지 않는다.
⑦ 얇은 도장(Paint), 도금 및 비자성 물질의 도포 등에도 작업이 가능하다.
⑧ 규격품은 대량검사 및 자동화가 가능하다.

### 9.1.3 자분탐상법의 단점

자분탐상법을 적용하기 위해서 다양한 저해요인 및 제한사항이 있으며, 이들의 단점으로써 다음과 같다.

① 강자성체에 한정된다.
② 표면직하의 결함 중 공동(Void) 또는 비금속개재물 등은 밀착되지 않을 경우 거의 검출이 불가능하며, 불연속의 깊이는 적어도 개구의 5배 이상이어야 한다.
③ 내부검사가 불가능하다.
④ 불연속부의 위치가 자속 방향에 수직이어야 한다.

⑤ 탈자(Demagnetize)가 요구되는 경우가 있다.

⑥ 습식자분 사용 시 후처리 과정 중 자분의 제거 및 방청이 필요하다.

⑦ 특이한 형상은 시험 방법이 까다롭다.

⑧ 대형의 주조제품, 단조제품의 시험에는 높은 전류가 요구된다.

⑨ 전기접점에서 스파크 등으로 인하여 가공 면에 손상을 주는 경우가 있다.

⑩ 지시모양의 판독에 경험과 숙련이 필요하다.

## 9.2 자분탐상의 기초

자분탐상은 재료에 있는 불연속을 탐상하기 위하여 자장을 사용한다. 강자성(Ferro-Magnetism)은 다른 강자성 재료를 끌어당기는 철과 강 등의 일부 금속들의 성질이다. 자석은 그 끝 또는 자극(Poles)으로 자성재료를 끌어당기며, 자력선(Magnetic Lines of Force) 또는 자속(Flux)은 N극에서 나와서 S극으로 들어간다.

### 9.2.1 자장 방향

전자회로에서 자장방향은 자화될 시험체를 통하여 흐르는 자화전류 방향에 의해 제어되며, 자장은 반드시 자분지시를 형성할 수 있는 유리한 방향이어야 한다. 자력선들은 항상 전류 흐름방향에 직각이다.

도체 주위에 자력선 방향을 기억하기 위해서는 도체를 오른손으로 잡으면 엄지손가락은 전류 흐름방향을 가리킨다. 손가락들은 도체를 감는 자장의 자력선의 방향을 가리키는데 이것이 플레밍의 오른손 법칙이다.

### 9.2.2 원형 자화

원형자화는 대개 와이어 또는 막대와 같은 직선도체의 시험체를 통해 고전류가 흐르면 얻어진다. 형성된 자장은 형상이 원형으로 전류 흐름방향에 직각이며, 전류 흐름방향과 같은 방향으로 놓여 있는 불연속의 검출에 이용된다.

원형자화는 실린더와 같은 중공 시험체에 위치한 도체 또는 막대를 통해 시험체의 중앙 개구부를 통해 자화전류가 흐르면 얻어질 수 있다. 전류가 막대를 통과할 때 실린더의 내부표면은 물론 외부표면도 자화된다. 중공 시편의 보어(Bore) 표면은 전류가 통과할 때는 자화되지 않는다. 원형자화가 사용되면 자장은 대개 시험체 자체의 형상 내에 포함된다. 이것이 최대 자장강도를 갖게 하므로 표면아래 불연속에서는 최대감도를 나타낸다.

### 9.2.3 종방향 자화

전류가 코일 권선 수가 하나 또는 그 이상을 통해 흐를 때, 자장이 코일 내에 길이방향 또는 종 방향으로 형성된다. 이와 같이 코일 축과 평행한 방향으로 시험체를 통해 자장이 형성되고 시험체의 끝에 2개 이상의 자극을 형성하며, 이것을 종방향 또는 2극자화라고 한다. 시험체를 자기회로에서 형성하여 연결하거나 강한 영구자석, 또는 전자석에 의해 형성된 자장 내에 위치시켜 유사한 효과가 얻을 수 있다.

### 9.2.4 자화 전류

자분탐상에서 시험체의 자화에는 직류와 교류 모두 가능하며 자장의 강도, 방향과 분포는 자화에 사용되는 전류형태에 의해 크게 영향을 받는다. 직류와 교류에 의해 형성되는 자장은 특성이 많이 다르다.

자분탐상에서 중요한 차이는 직류에 의해 형성된 자장은 대개 시험체의 단면을 침투하는데 비하여, 교류에 의해 형성된 자장은 시험체의 표면 또는 표면근처에 국한되는데 이것이 표피효과이다. 따라서 교류는 표면아래 불연속 탐상에 사용되지 않는다.

### 9.2.5 자성 재료의 투자율

투자율(Permeability)은 자장 또는 자속이 자기회로에서 사용되는 용어로써 주어진 재료에서 상수값이 아니고 상대비이다. 주어진 자화력 값에서 투자율 $\mu$는 B/H로 자속밀도 B와 자화력 H의 비를 나타낸다. 투자율은 다양하게 정의되나 재료투자율, 최대투자율, 유효투자율과 초기투자율이 있으며 자분탐상에 이용된다.

### (1) 재료투자율

재료투자율은 자속밀도(B)와 자화력(H)의 비이며, 자속밀도와 자화력은 자속경로가 완전히 재료 내부에 있을 때 측정된다. 자화력과 이로 인해 생성된 자속밀도는 자속계(Fluxmeter)와 준비된 재료 시험편을 사용하여 각 점을 측정하여 전 자화곡선을 만든다.

### (2) 최대투자율

자분탐상에서 자화수준은 대개 특정재료의 정상 자화곡선의 부근 직하에서 선택되며, 최대 재료투자율이 이점 근처에서 일어난다. 대부분의 공업용 강재의 최대 재료투자율은 500~2,000gauss/oersted이다. 대개 투자율 값은 경험으로 얻어지므로 투자율 값을 파악하는 것이 자분탐상의 기본 요구조건은 아니다.

### (3) 유효투자율

유효투자율은 자화력이 시험체 없이 동일점에서 측정될 때, 시험체의 자속밀도와 자화력의 비이다. 유효투자율은 재료의 고유한 성질이 아니고 대개 시험체의 형상과 종방향 자화에 중요하다.

### (4) 초기투자율

자속밀도(B)와 자화력(H) 모두가 0에 근접할 때 나타나는 투자율이며, 자화력이 증가하면 시험체의 자장은 자기이력곡선의 최초곡선을 따라 증가한다.

## 9.2.6 자기이력곡선

강자성 재료는 외부에서 자장을 걸어주면 자화되고 자장을 제거하면 완전한 비자화 상태로 복귀하지 않는다. 실제로 이들 재료는 탈자를 위해서는 일정 강도의 역자장이 가해져야 한다. 이 재료를 어떤 특정온도 즉, 큐리점(Curie Point)으로 가열하면 이 온도이상에서는 원자적 모멘트의 강자장 질서가 열적으로 파괴되거나 또는 탈자화를 감소하기 위하여 기계적으로 소성 변형된다.

비자화된 재료를 그림 9-2와 같이 기점(o)에서 점차 자화력을 증가하면 재료의 자속은 급격히 증가하나 자화력의 증가로 더 이상의 자속밀도가 증가하지 않는 포화점(a)에 도달한다.

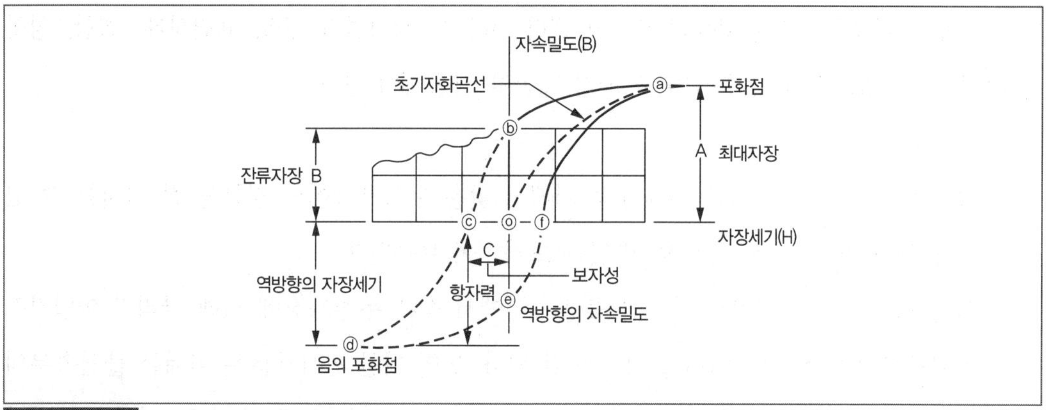


그림 9-2 자기이력곡선

자화력을 점차 0으로 감소시키면 재료는 일정부분의 잔류자기(Residual Magnetism) b를 갖는다. 자화전류를 역으로 점차 증가하면 자속은 감소하며, 자속은 최초기점으로 복귀하지 않고 일정부분의 보자력(Coercive Force) o−c를 갖는다. 이 보자성(Retentivity)은 자성체에 존재하는 잔류자장을 계속 유지하려는 성질로써 보자성이 큰 재질은 잔류자기가 크게 남게 된다. 항자력(Coercive Force)는 자성체에 존재하는 잔류자장을 제거하는데 필요한 반대방향의 자화력으로써 탈자에 이용된다. 기타 자기저항은 자속의 흐름을 방해하는 저항으로써 투자율에 역비례하며, 자장 내에서 물질이 자기적인 변화에 대한 저항이다.

재료는 역자장 c 이상으로 증가하면 d점에 도달하며, 이 점에서 다시 자기적으로 포화되어 자화력은 0으로 감소하고 역극성 잔류자기(B)를 유지한다. 초기방향을 자화력을 다시 증가하면 곡선 e→f→a가 되고 결과적으로 a→b→c→d→e→f→a곡선이 된다. 즉, 자화력과 자속사이의 전 사이클에서 지연이 일어나며, 이를 자기이력곡선 또는 자기히스테리시스(Hysteresis)곡선이라 한다. 이력곡선이 좁고 길게 나타내는 재료이면 낮은 잔류자장을 가져 자화가 쉽고, 넓은 루프는 재료가 높은 잔류자장을 가져 자화하기 어려움을 의미한다.

## 9.3 자분

### 9.3.1 자분의 특성

자분은 낮은 보자성의 강자성체로써 미세분말로 되어있고 자장특성, 크기, 모양, 유동성,

가시도 등 재질특성이 자분형성의 요인이 된다. 자분은 시험편의 재질, 표면상태, 결함, 성질에 따라 자성입도, 분산성, 현탁액, 유색인 제품을 사용해야 한다.

① 자기 특성 : 자분은 높은 투자율을 가지고 낮은 누설자장에도 결함을 잘 지시할 수 있어야 하며, 또한 낮은 항자성 및 낮은 보자성이 요구된다.
② 입자 크기 : 크고 무거운 자분은 불연속부에서 작은 누설자장에 의해 끌리기 어렵지만 미세자분은 약한 자장에서도 지시가 잘 된다. 또한 거친 건식자분은 미세한 불연속부의 누설자장에도 끌리지 않고 이탈하는 경향이 있다. 미세자분은 손자국, 거친 표면에서 의사지시를 형성하기도 한다.
③ 입자 모양 : 길고 가는 자분입자는 구형입자에 비해 분극성이 탁월하다.
④ 가시성 : 시험품 표면의 색과 대조색을 선정하여 결함지시를 증대시킬 수 있다.

### 9.3.2 자분의 종류

자분은 적용하는 방법에 따라 건식자분과 습식자분으로 나누며, 이것은 다시 형광자분과 비형광자분으로 구분된다.

#### (1) 형광자분

자외선 조사장치(Black Light)의 빛 조사에 의해 형광이 발생되어 관찰할 수 있는 자분으로 황록색, 청록색, 녹색 등의 색깔을 갖는다.

그림 9-3 형광자분

(가) 장점

① 암실에서 아주 미소량에도 쉽게 볼 수 있다.

② 탐상감도가 매우 높다.

③ 구멍 내부 및 나사모서리, 키홈의 측면 등의 결함을 볼 수 있다.

(나) 단점

① 조사등과 암실이 필요하다.

② 일반적으로 습식법으로만 사용된다.

**(2) 비형광자분**

가시광 아래서 자분모양을 직접 관찰하는 것으로 흑색, 적색, 백색, 회색 등의 색깔을 갖고 습식법 및 건식법에 모두 사용한다.

(가) 장점

① 가시광 아래서 직접 관찰할 수 있다.

② 큰 결함에 비교적 많이 사용된다.

③ 습식법 및 건식법에 모두 사용할 수 있다.

(나) 단점

① 형광자분에 비해 감도가 떨어진다.

② 미세한 균열검출에 부적당하다.

## 9.4 표준시험편

자분탐상용의 표준시험편은 탐상장치, 자분, 검사액의 성능과 연속법에서 시험면의 유효자계의 세기 및 방향, 탐상유효범위, 검사조작의 적합성 여부를 조사하기 위하여 사용된다. 자분탐상에서 결함의 성능을 높이기 위해서는 시험체에 적정한 자속밀도 또는 자계의 강도가 유지되어야 한다. 시험체에 흐르고 있는 자속밀도를 측정하는 것은 실제 자분탐상에서는 간단

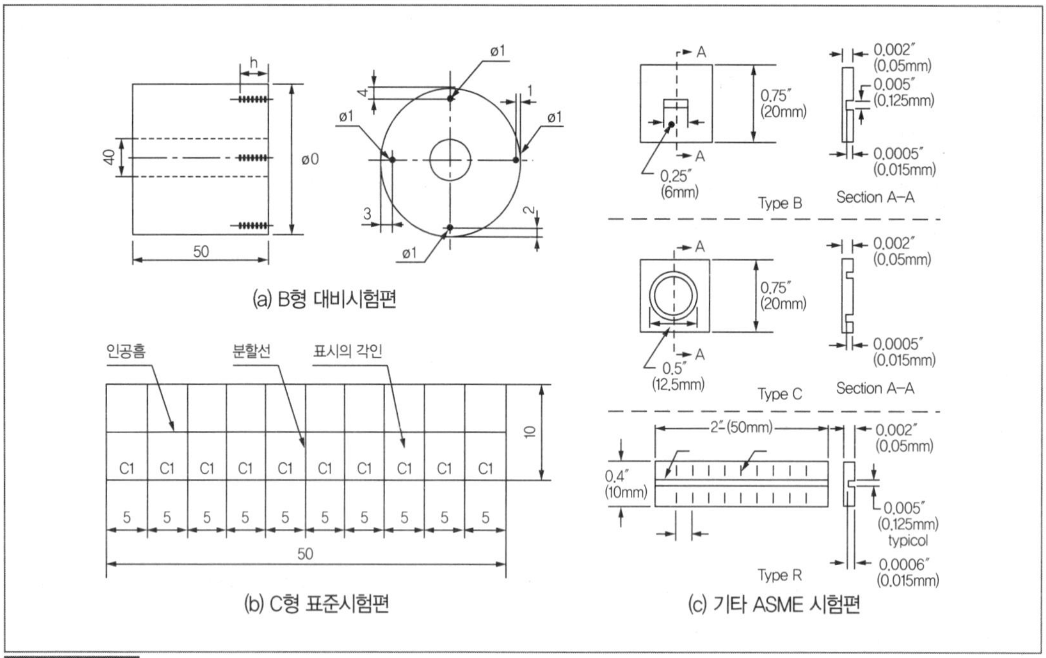


그림 9-4 각종 시험편

하지 않으나 시험체에 적용하는 자계의 강도(세기)는 비교적 간단히 추정할 수 있다. 이를 위해 사용하고 있는 것이 표준시험편이다. 표준시험편은 시험체에 적용하고 있는 자계의 방향 또는 자계강도의 적정한 범위를 구하는데 이용된다.

### 9.4.1 A형 표준시험편

KS D 0213에 규정된 A형 표준시험편은 장치, 자분, 검사액의 성능과 연속법에서의 시험체 표면의 유효자장강도 및 방향, 탐상유효범위, 시험조작의 적합성 여부를 조사하는 것으로 권위있는 기관에서 검정받은 것이어야 한다.

A형 표준시험편의 A1시험편은 원형 홈이 가공되어 있으며, A2시험편은 직선형 홈이 가공되어 있다. A형 표준시험편의 A2는 A1보다 높은 유효자장에서 자분모양이 나타나며, A형 표준시험편의 특징은 다음과 같다.

① A형 표준시험편에 자분의 적용은 연속법으로 한다.

② A형 표준시험편의 A2는 A1보다 높은 유효자계의 강도로써 자분모양이 나타난다.

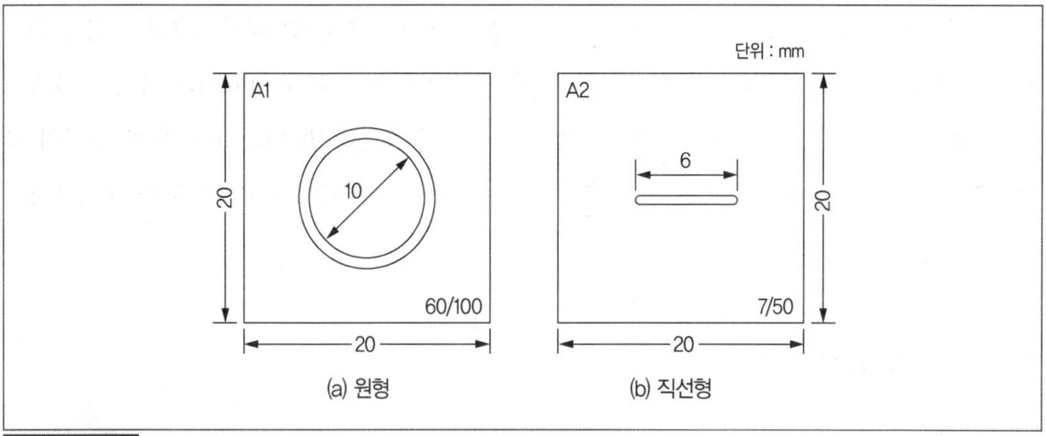


그림 9-5 A형 시험편

③ A형 표준시험편의 자계강도의 규제범위를 넘는 보다 강한 유효자계가 필요시 표준시험편 명칭의 배수로 나타낸다.

④ A형 표준시험편은 초기의 모양, 치수, 자기특성에 변화를 일으킨 경우는 사용해서는 안된다.

### 9.4.2 B형 대비시험편

B형 대비시험편은 장치, 자분 및 검사액의 성능을 조사하는데 사용한다.

① B형 대비시험편은 원칙적으로 KS C 2503에 규정하는 재료를 사용하나, 용도에 따라 시험체와 동일 재질 및 지름의 것을 사용해도 좋다.

② B형 대비시험편은 피복한 도체를 관통구멍의 중심에 통과시켜 연속법으로 원통면에 자분을 적용해서 사용한다.

### 9.4.3 C형 표준시험편

C형 표준시험편은 용접부의 그루브면 등의 좁은 부분에서 치수적으로 A형 표준시험편의 적용이 곤란한 경우에 사용한다. C형의 판 두께는 50$\mu$m, 인공홈의 깊이는 8±1$\mu$m로 규정되어 있으며, C1은 A1-7/50, C2는 A2-7/50에 각각 가까운 값의 자계의 세기에서 자분모양을

나타낸다. 한편 C1의 재질은 전자 연철판을 풀림열처리(Annealing)한 것이고, C2는 전자 연철판을 냉간 압연한 그대로의 것을 사용한다. 사용은 분할선을 따라 5×10mm의 작은 조각으로 분리하여 인공홈 부분을 시험면에 밀착시켜 자분의 적용을 연속법으로 한다. 또한 초기의 모양, 치수, 자기특성에 변화를 일으킨 경우에는 사용해서는 안 되며, C형 표준형시험편은 1회 사용 후 폐기해야 한다.

### 9.4.4 자장의 특성 파악

자장의 방향 및 적정성을 확인하고자 할 경우 파이형 자장지시계 또는 팔각형시험편(ASME시험편)을 시험면에 위치시켜 사용한다. 그림 9-6은 자장지시계인 팔각시험편의 형상과 치수 및 사진을 나타냈다. 팔각시험편은 팔각형 철판에 구리 도금하여 한쪽 면에 꼭지점을

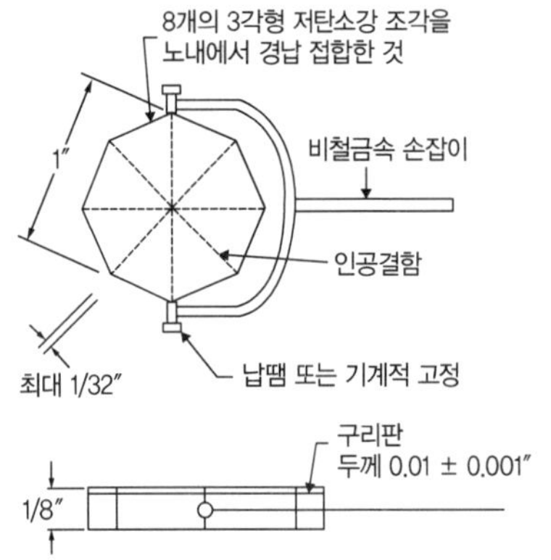


(a) 팔각시험편의 형상 및 치수

(b) 팔각시험편의 사진

그림 9-6 팔각시험편의 형상, 치수 및 사진

그림 9-7 잔류자장계

연결하는 인공홈이 가공되어 있다. 사용은 철판면을 시험면에 대고 구리판면이 위로 가도록 위치시켜 시험면을 자화시키고 자분을 적용한다. 이 자장지시계 또는 팔각시험편을 사용하여 자장을 가하면서 자분을 적용했을 때, 그 지시계의 구리로 된 면을 가로질러 자분이 명료한 선이 형성되면, 적절한 자속 또는 자장의 강도를 나타내는 것이 된다. 한편 그림 9-7의 잔류자장계는 자분탐상 후 또는 탈자전 후에 시험품에 남아 있는 잔류자장을 측정하기 위해 사용된다.

## 9.5 자외선 조사등

자외선 광은 수은-아크램프로서 넓은 파장대역 내에 강도 최대의 스펙트럼을 갖는 빛을 방출한다. 특정한 목적을 위해 사용될 때 방출된 빛은 적정한 필터를 통과시켜 비교적 좁은 자외선 파장대역 만을 이용할 수 있다. 긴 파장 자외선 스펙트럼에서 대역은 형광액체침투 또는 자분탐상에 사용된다.

형광은 한 주파수에서 빛 에너지를 흡수하는 한 원소 또는 여러 원소들이 조합한 다른 한 파장의 빛을 방출한다. 액체침투와 자분탐상에 이용되는 형광물질 유리필터에 맞게 수은 아크램프의 최대에너지 대역에서 빛을 흡수하기 위해 선택된 원소들의 조합이다. 이 최대의 파장이 약 365nm에서 방출된다. 가시 스펙트럼의 황록색 파장에서 빛을 방출할 수 있는 형광물질의 능력은 시험체 표면에서 자외선 빛의 강도에 따라 다르게 된다. 100W 자외선 빛은 시험체 표면으로부터 30~40cm 거리에서 강도가 약 800$\mu$W/$cm^2$ 이상을 공급한다.

그림 9-8 자외선 조사등

## 9.6 자분탐상의 절차

자분탐상검사는 일반적으로 전처리, 자화, 자분적용, 자분모양의 관찰, 기록, 탈자 및 후처리 공정으로 수행된다. 검사방법 및 검사목적에 따라 적절하게 변경하거나 조합하여 수행한다. 자분의 적용 순서는 그림 9-9와 같이 탐상조건을 선정해야 한다.

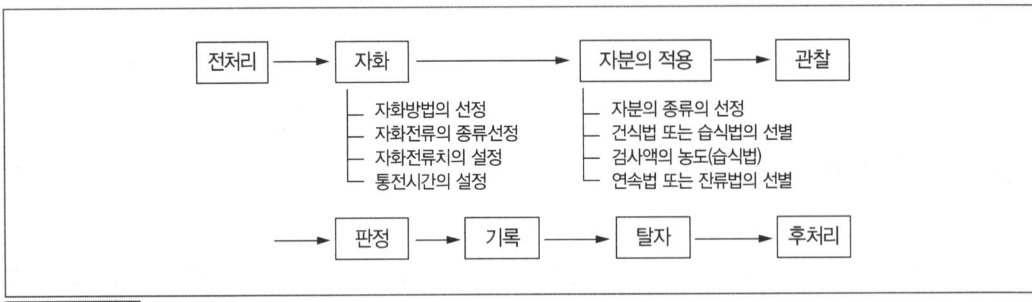


그림 9-9 자분탐상의 과정

### 9.6.1 자분탐상의 전처리

시험품의 전처리는 자분탐상의 시험결과에 큰 영향을 미치는 중요한 기본과정이므로 다음과 같은 목적을 두고 실시해야 한다.

① 탐상에 관계되는 여러 조작으로부터 시험품의 손상을 방지한다.
② 결함부에 자분 부착량을 늘려 결함 지시모양의 관찰 및 미세결함의 검출을 쉽게 한다.
③ 결함부 외에 부착되는 자분량을 가급적 적게하여 관찰을 쉽게 한다.
④ 시험품이 조립품인 경우는 원칙적으로 단일부품으로 분해하여 검사해야 한다.
⑤ 기름구멍 및 시험 후 자분제거가 곤란한 부분은 시험 전에 마개 또는 테이프로 붙여 자분의 침입을 방지한다.
⑥ 시험품에 부착된 기름, 오물, 도료 등은 자분흡착을 방해하고 결함감도를 저하시킨다. 특히, 습식법의 경우는 기름 등이 묻어 있으면 자분이 결함에 흡착되지 않는다. 건식법의 경우 시험면이 젖은 상태이면 자분이 전면에 걸쳐 부착되어 결함지시 모양을 구별할 수 없게 된다.
⑦ 시험면의 거칠기가 심하면 의사지시 원인이 되며 결함과의 구별이 어렵게 된다. 자분탐상

에서는 표면상태가 좋으면 좋을수록 검출성능은 향상된다.

### 9.6.2 자화 전류의 종류 및 선정

자화 전류의 선정에 있어서는 다음 사항들을 고려해야 한다.

① 교류(AC)는 침투력이 약하나 입자의 이동성이 좋아 표면결함의 검출에 한정한다. 또한 교류를 이용할 경우에는 연속법으로 검사함을 원칙으로 한다.

② 직류(DC)는 침투력이 매우 좋으나 입자의 이동성이 약하므로 표면 및 표면하의 내부결함을 검출할 수 있으며, 연속법 및 잔류법을 사용해야 한다.

③ 반파정류직류(Half Wave Direct Current) : 침투력 및 이동성이 매우 좋으므로 표면 부근의 1/4″~1/8″까지의 내부결함도 검출할 수 있다.

④ 전파정류직류(Full Wave Direct Current) : 침투력이 매우 좋고 입자의 이동성도 좋은 편이므로 습식법에 사용한다.

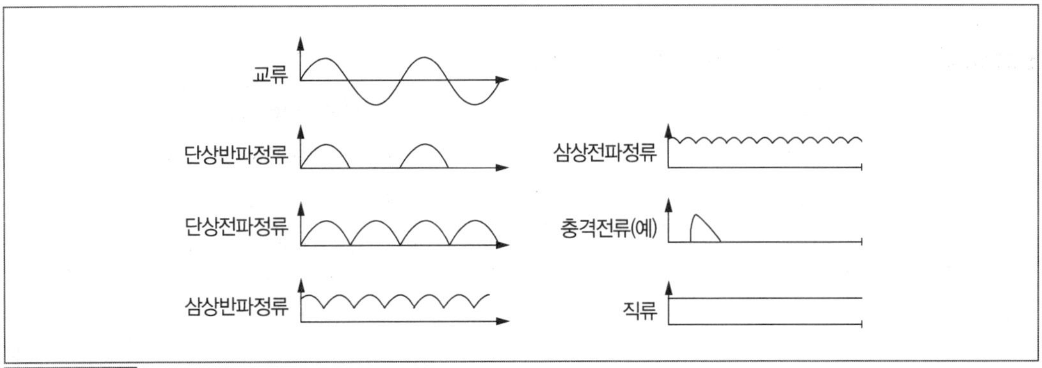


그림 9-10 자화전류의 특성

### 9.6.3 통전 시간의 설정

자화를 위한 전류의 통전시간은 전류를 통과시키는 방법에 따라 다음 두 가지 방법이 있다.

① 연속법(Continuous Method) : 전류와 자분을 동시에 적용시켜 자화전류가 적용될 때, 시험편 표면에서 자분모양을 만드는 방법으로 보통 통전시간은 3초 이상이어야 한다.

② 잔류법(Residual Method) : 전류를 통전한 후 자분을 적용하여 잔류자장이 남아있는 상태에서 자분을 적용하여, 시험편 상에 자분모양을 만드는 방법으로 통전시간은 1/4~1초씩 3회로 한다.

### 9.6.4 자화 전류의 선정

자성체가 전류 흐름을 갖는 코일에 감겨져 자화될 때 전자기력을 가지며, 이때 감긴 코일의 권수와 전류 암페어수를 곱합 값이 암페어턴(Ampere Turn)이며, 이 암페어턴은 코일의 자화, 탈자의 강도 측정에 이용된다.

#### (1) 원형자장의 경우(Circular Magnetization)의 자화전류 선정

일반적으로 자화 전류값은 800~1,200ampere/diameter(inch)를 적용한다. 그러나 제품의 크기, 길이, 형상에 따라 적당한 자화전류값을 설정해야 한다. 표 9-3은 ASME. SECTION V에서 규정하는 자화 전류값을 나타낸 것이다.

**표 9-3** ASME. SECTION V에서 규정하는 자화 전류값

| 직경(DIA) | 전류(Ampere) |
|---|---|
| 5" 미만 | 700~900 AMP/IN OF DIA |
| 5~15" | 500~700 AMP/IN OF DIA |
| 15"를 초과한 경우 | 100~300 AMP/IN OF DIA |

#### (2) 선형 자장의 경우(Longitudinal Magnetization)의 자화전류 선정

코일법을 사용하여 자분탐상을 할 경우 제품의 길이($L$)와 직경($D$)과의 비에 따라 자화전류를 계산할 수 있다.

$$A = \frac{K}{(L/D)N} \tag{9.1}$$

여기서 $A$는 암페어, $K$는 상수, $N$은 코일 감긴 수, $L$은 제품의 길이(inch), $D$는 제품의 직경(직경/inch)을 나타낸다.

(a) $L/D$ 비가 4 이상인 경우

$$\frac{35{,}000}{(L/D)+2} = AT \tag{9.2}$$

(b) $L/D$ 비가 2 이상 4 미만일 경우

$$\frac{45{,}000}{L/D} = AT \tag{9.3}$$

여기서 $L$은 길이, $D$는 피검사체의 직경을 나타낸다.

(c) 필요한 자장의 강도를 구한 값에 코일의 감은 수를 나누어 전류값을 구한다.

예) 10회 감긴 코일을 사용하고 필요한 자장의 강도가 5,000$AT$일 때 5,000/10=500암페어가 된다.

### 9.6.5 자화 방법의 종류

#### (1) 코일검사법(Longitudinal Field Method)

이 방법은 코일 또는 솔레노이드에 전류를 흘려 자화시키는 방법으로 자력의 강도는 코일의 권수 및 직경, 전류의 강도에 의해 좌우된다. 선형자장에 의해 시험품을 자화시키므로 횡방향의 결함이 잘 검출된다. 또한 $L/D$ 비가 2 이하($L$ : 길이, $D$ : 직경)일 때는 코일법을 적용하지 않는 것이 바람직하며, 길이가 직경보다 2배 이상 큰 것에 적용한다.

코일이나 솔레노이드 속의 시험편 내에 불연속부가 존재하면 역시 불연속부의 방향이 자장의 수직방향 일수록 탐상이 용이하므로 시험편축의 직각방향, 또는 45도 각도를 갖는 결함은 탐상이 가능하나 종방향의 결함은 잘 나타나지 않는다. 또한 코일 자화의 장단점은 다음과 같다.

(가) 장점

① 시험편을 직접 접촉시키지 않아도 된다.

② 코일의 권수로 강도를 증가시킬 수 있다.

③ 사용이 편리하고 간단하다.

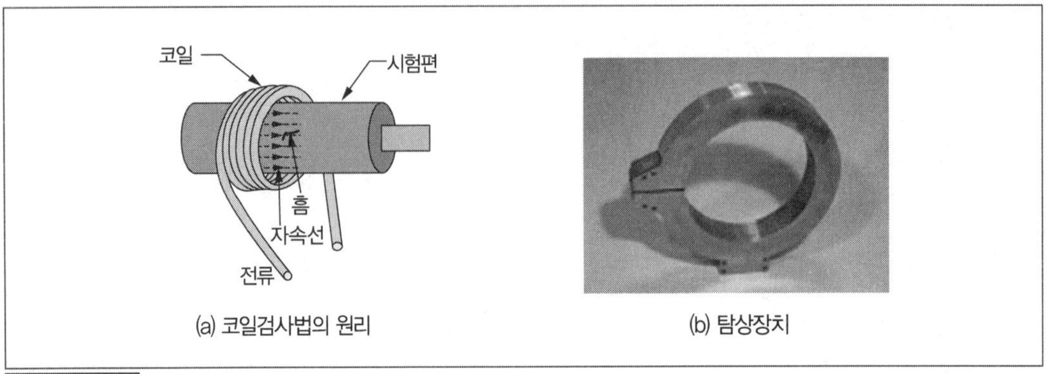


**그림 9-11** 코일 검사법의 원리도와 시험 코일

④ 시험편을 코일 속으로 통과시켜 운반할 수도 있다.

(나) 단점

① 시험편의 크기에 따라 코일의 내경 크기가 달라져야 한다.

② $L/D$ 비가 2 이상이어야 한다.

③ 시험편의 최대길이는 18″ 이하이어야 하며, 그 이상은 수 회에 나누어 검사해야 한다.

#### (2) 축통전법(Circular Field Method)

시험편을 축방향으로 직접 통전시켜 전주위에 생기는 원형자장을 이용하여 자화시키는 방법이다. 이 방법에서는 전류에 평행한 결함의 축방향과 45도 각도를 갖는 결함이 잘 검출되며, 축에 직각인 결함은 잘 검출되지 않는다. 보통 속이 빈 시험품(링형)의 경우에는 전류관통법으로 자화한다. 축통전법의 장단점은 다음과 같다.

(가) 장점

① 자극이 필요하지 않다. ② 강한 자장이 가능하다. ③ 조작이 간단하다.

(나) 단점

① 전극을 일정한 압력으로 구동기구에 의해 압착해야 한다.(예 : 공기실린더, 유압실린더)

② 시험편의 접촉상태에 따라 스파크, 과전류 등으로 인하여 시험편이 손상될 수 있다.

③ 유성식 자분을 사용할 경우 화재의 위험이 있다.

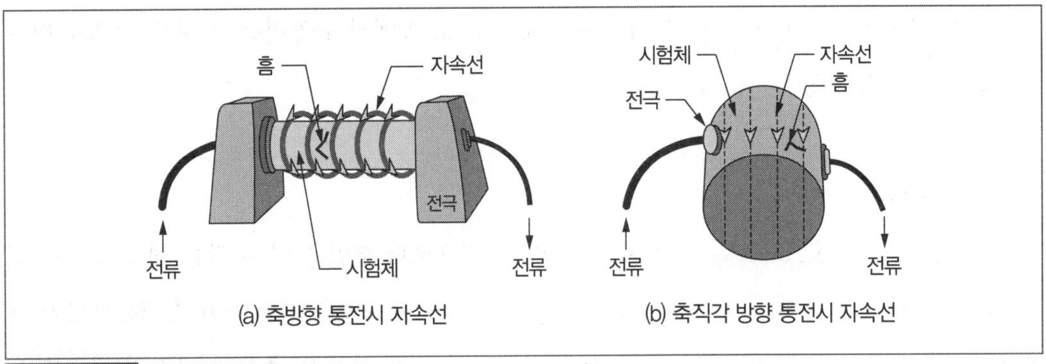


그림 9-12 **축통전법의 장치**

### (3) 프로드법(Prod Method)

프로드법에서 자화는 프로드를 검사 부위에 눌러 전기적으로 접촉시켜 실시하고, 아크 발생을 방지하기 위하여 손잡이에 원거리 조정스위치가 장착된 프로드를 사용해야 한다. 또한 프로드를 검사할 위치에 잘 접촉시킨 후 통전해야 한다. ASME Section V에서 제품의 두께가 3/4″(19mm) 이하인 경우 프로드 간격은 90~100Amp/in이고, 3/4″ 초과한 경우 110~125Amp/in로 규정되어 있다. 프로드 간격은 8in를 초과해서는 안되며, 감도를 올리기 위하여 짧은 간격을 사용해도 좋다. 그러나 3in 미만의 프로드 간격은 프로드 주위에 자분이

표 9-4 **프로드 간격과 시험제품의 두께**

| 프로드 간격 (inch) | 제품의 두께(inch) | |
|---|---|---|
| | 3/4in(19mm) 이하 | 3/4in(19mm) 초과 |
| 2~4 이하 | 200~300 Amp | 300~400 Amp |
| 4~6 이하 | 300~400 Amp | 400~600 Amp |
| 6~8 이하 | 400~600 Amp | 600~800 Amp |

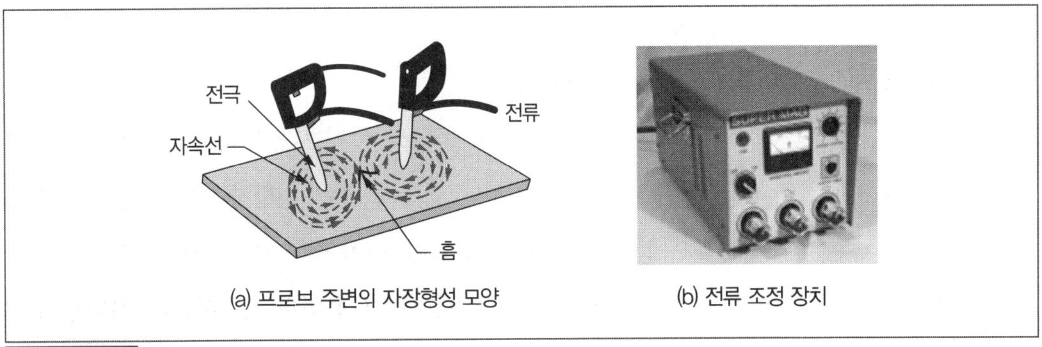


그림 9-13 **프로드와 전류장치**

모이므로 실용적이지 못하다. 표 9-4는 ASME Section V에서 규정하는 프로드 간격에 따른 전류환산의 도표이다.

### (4) 극간법(Yoke Method)

극간 또는 일명으로 요크는 선형자장을 만드는 기구로써 코일을 다수 감은 연철 코어로 되었거나 영구자석을 사용하면 선형자장을 얻을 수 있다. 요크법을 사용하면 휴대용으로써 매우 양호하나 자속밀도를 임의로 변경시킬 수 없다. 또한 큰 부품은 충분한 자장의 강도를 유지하기 어려워 만족스러운 지시모양을 나타낼 수 없다. 만일 영구자석을 사용시 너무 강하면 시험체로부터 분리하기 어렵다.

- 극간법의 리프팅 파워(Lifting Power) : 극간의 자화력은 적어도 1년에 한번 또는 극간이 손상을 입었을 경우에는 언제나 점검해야 한다. 교류의 극간을 사용할 때는 적어도 4.53kg(10파운드)를 들어 올리는 힘을 가져야 한다. 또한 직류 또는 영구자석의 극간을 사용할 때 적어도 18kg(40파운드) 이상 들어 올리는 힘을 가져야 한다.

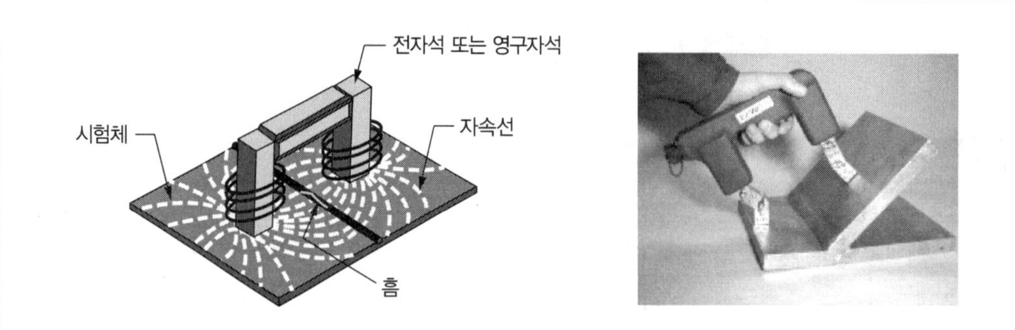


(a) 요크 주변의 자장형성 모양

(b) 요크 사용법

그림 9-14 요크의 사용

### (5) 전류관통법(Central Conductor Technique)

속이 빈 링, 튜브, 파이프 등은 부품 자체에 전류를 통하는 것보다 분리된 전도체를 내부에 위치시켜 전류를 통하게 하면 부품 자체에 직접적인 접촉이 없이 원형자화를 형성한다. 이때 사용되는 전도체는 비자성체의 동봉 또는 알루미늄 봉을 사용한다. 전류관통법의 경우 링이나 원통형 부품의 내·외면을 시험하기 위해 중심 도체법을 사용하며, 큰 지름의 원통을 검사할 경우 도체를 원통내면에 가깝게 배치해야 한다.

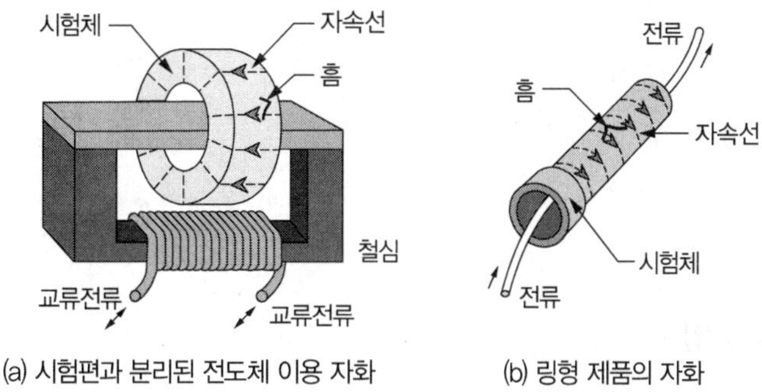


그림 9-15 전류 관통장치

도체가 중심에 놓여 있지 않을 경우 원통 주위를 부분마다 시험하고 자장계를 사용하여 검사 가능한 원호의 범위를 결정해야 한다. 필요한 자화전류는 원형자장의 경우와 같이 설정한다. 자장은 중공부를 통과하고 있는 중심의 도체 케이블 횟수에 비례하여 증가한다. 예를 들어 1개의 중심도체를 사용하여 부품을 시험하기 위해 6,000A가 필요하다면 2개의 관통케이블을 사용할 경우는 3,000A가 필요하게 된다.

### 9.6.6 장비

자분탐상의 장비선택은 시험체의 크기, 형상, 시험편의 수와 다양성에 따라 다르다. 비교적 소형이나 형상이 동일하지 않은 많은 시험체를 생산현장의 검사에서는 원형자화를 위한 접촉

그림 9-16 거치식 자분탐상 장치를 이용한 자분탐상 사진

자(Contact Head)가 있는 벤치장치와 종방향 자화는 내장코일의 벤치가 많이 사용된다. 대형 시험체는 프로드, 요크 또는 손으로 감은 코일을 이용한 휴대형 장비를 사용한다. 습식자분도 휴대형 장비가 사용될 수 있으나 액조에서는 대개 회수되지 않는다. 생산현장에서의 대량생산 제품의 전수검사에는 그림 9–16과 같이 거치식 장비가 사용된다.

### 9.6.7 자분 적용의 방법

자분을 적용하는 방법에는 분사매질에 따라 건식법과 습식법으로 분류되고 그 장·단점들은 다음과 같다.

#### (1) 건식법(Dry Method)

건조 상태의 자분을 살포기로 분산시켜 표면에 뿌리는 방법이며, 수동 및 자동살포기를 사용한다.

(가) 장점

① 표면직하 부근의 결함검출에 매우 좋다.

② 휴대용으로 현장 검사에 용이하다.

③ 교류나 반파직류를 사용할 때 이동성이 좋다.

④ 습식법에 비해 청결하다.

(나) 단점

① 미세 결함에는 습식법보다 감도가 낮다.

② 불규칙한 모양의 대형물에 부적당하다.

③ 다량의 소형 제품에는 습식법보다 느리다.

④ 검사자동화 기계설비의 구축에는 부적당하다.

#### (2) 습식법(Wet Method)

물 또는 기름 등의 현탁액을 사용하여 자분을 분산시켜 검사품 표면에 적용시키는 방법으로써, 자분의 농도는 비형광 2~10g/ℓ, 형광 0.2~2g/ℓ의 범위로 하고 자분적용의 방식에는 침전법과 분무식이 있다.

(가) 장점

① 미세한 표면 균열에 대한 감도가 높다.

② 불규칙한 모양의 시험체에 자분적용이 간단하다.

③ 다량의 소형 제품에 적용하기에는 빠르고 좋은 방법이다.

④ 검사액 속에서 자분의 이동성이 좋다.

⑤ 검사액의 재사용이 가능하다.

⑥ 자동장치에 적합하다.

(나) 단점

① 표면직하에 있는 결함검출에 부적당하다.

② 시험하는 주변환경이 지저분해진다.

③ 유성 자분액은 화재의 위험이 있다.

④ 후처리시 표면에 남은 자분제거가 어렵다.

## 9.7 관찰

① 자분모양의 관찰은 자분모양이 형성된 직후에 시행한다.

② 비형광 자분을 사용할 때는 일광 또는 조명(관찰면 밝기 500Lx 이상)하에서 관찰한다.

③ 형광자분 사용시는 어두운(관찰면의 밝기 20Lx 이하) 장소에서 관찰하고, 관찰면의 자외선 강도는 800μW/cm$^2$ 이상이어야 한다.

④ 자분모양이 나타난 경우, 흠에 의한 자분모양인지 또는 의사모양인지 확인하고, 다음과 같은 의사지시 모양에 주의해야 한다.

- 자기펜 흔적
- 단면 급변부의 지시
- 전류 지시
- 전극 지시
- 자극 지시
- 표면이 거친 제품의 지시
- 재질 경계부 지시

### 9.7.1 자분 형성의 모양

자분 모양의 분류는 시험면에 생긴 자분모양이 의사지시 모양이 아닌 것을 확인한 다음 관찰해야 한다.

① 균열에 의한 자분모양 : 의사지시가 아닌 균열로 식별된 자분모양

② 독립한 자분모양 : 독립하여 존재하는 각 자분모양

- 선상의 자분모양 : 자분모양에서 그 길이가 너비의 3배 이상인 것
- 원형상의 자분모양 : 선상의 자분모양 이외의 것

③ 연속한 자분모양 : 여러 개의 자분모양이 거의 동일 직선상에 연속하여 존재하고 서로의 거리가 2mm 이하인 자분모양. 자분모양의 길이는 특별히 지정이 없는 경우, 자분모양 각각의 길이 및 서로의 거리를 합친 값

### 9.7.2 자분 지시의 기록

시험체의 자분지시 뿐만 아니라 이들의 위치를 기록할 필요가 있다. 자분모양은 필요에 따라 사진촬영, 스케치, 전사(접착성테이프, 자기테이프 등)로 기록하고, 또한 적당한 재료(투명

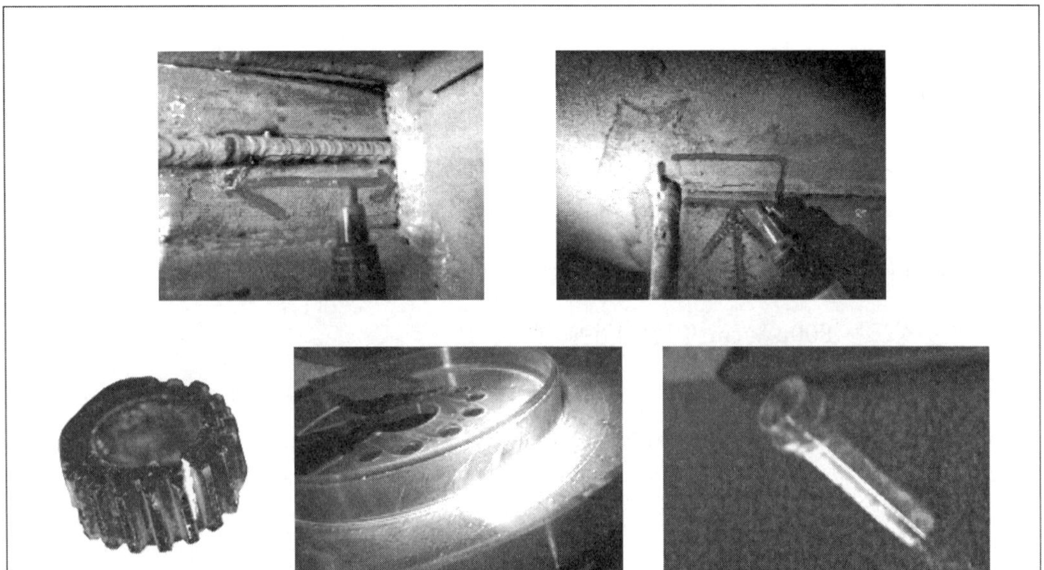

그림 9-17 각종 기계제품의 자분탐상

비닐, 투명락카)로 시험면을 고정한다. 자분 모양에서 홈의 깊이를 추정하는 것은 일반적으로 곤란하므로, 홈의 깊이를 구하는데 자분탐상 이외의 방법을 강구해야 한다.

## 9.8 탈자

탈자의 원리는 잔류자장의 방향을 반대로 하여 자장의 강도를 줄이는 것을 반복하면 잔류자장이 감소하여 영(Zero)이 된다. 탈자의 방법은 교류에 의한 탈자(AC코일법, AC통전법)과 직류에 의한 탈자(DC코일법, DC통전법) 및 요크에 의한 탈자로 수행된다. 시험품에 잔류자장은 다양한 요인을 야기할 수 있어, 영향이 미칠 경우 탈자해야 한다. 잔류 자장의 측정은 탈자를 시행한 후 자장계를 이용하여 측정한다. 다음과 같은 경우에는 탈자가 꼭 필요하다.

① 잔류 자장이 나침반이나 측정계기에 영향이 미치는 경우
② 회전제품에 잔류 자장으로 인해 쇳가루를 끌어당김으로 과도한 마모나 회전을 방해하는 경우
③ 표면처리시 칩이 표면에 붙어 페인팅이나 도금을 방해할 우려가 있는 경우
④ 전기 아크용접 등 잔류자장이 아크를 이탈시킬 우려가 있는 경우
⑤ 자장에 의해 사용 중 영향을 받는 경우

또한, 탈자가 필요하지 않을 때는 다음과 같은 경우이다.

① 부품이 큐리점 이상으로 열처리하여 자장을 상실시킬 경우

그림 9-18 탈자 장치

② 제품이 연철이거나 낮은 보자성을 갖는 경우

③ 용접물, 대형 주강품, 보일러 등 구조물일 경우

④ 공정 중 다시 자분탐상을 실시하는 경우

⑤ 외부 누설자장이 없는 경우

## 9.9 전류와 시험체에 따른 자속분포

시험체의 임의 점에서 자속밀도는 중심과 금속에 흐르는 전류와의 관계가 밀접하며, 그림 9-19

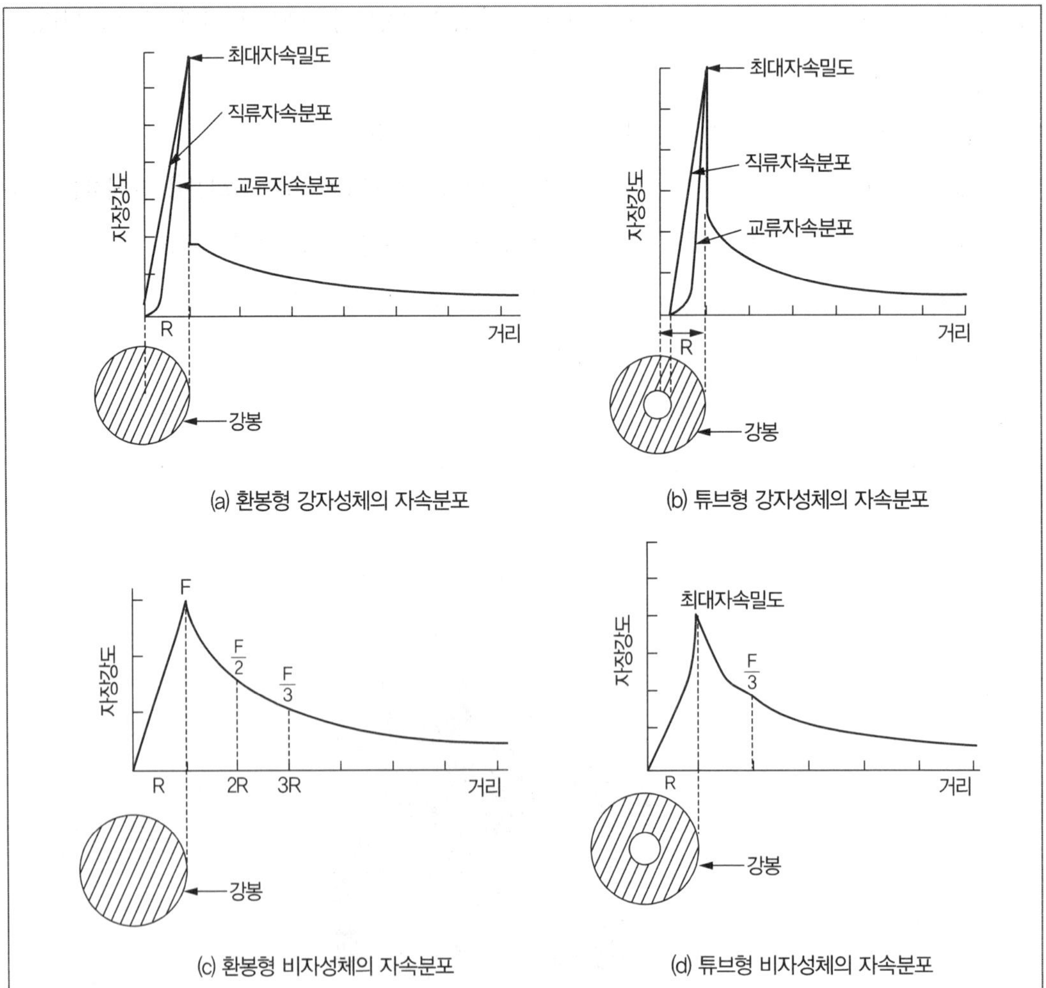


**그림 9-19** 강자성체, 비자성체의 환봉 및 튜브형 재질의 자속분포

는 각각 강재와 같은 강자성체와 구리와 알루미늄과 같은 비자성체 환봉형과 튜브형 시험체에 교류와 직류전류를 인가하여 자장의 형성을 거리에 따른 자장강도로 나타낸 것이다.

자속은 모든 재질의 중심에서 0이되고 표면에서 최대값을 나타내며, 특히 비자성체의 경우에는 2R 지점에서 $\frac{F}{2}$, 3R 지점에서 $\frac{F}{3}$자속밀도를 나타낸다.

## 9.10 검출 가능한 불연속

불연속 또는 결함 검출에서 자분탐상법의 유용성은 불연속의 형태에 따라 깊이 관련되며, 불연속이 자기 누설장을 형성할 수 있는 능력에 관한 불연속의 크기, 형상, 방위와 위치가 관계가 된다.

### (1) 표면 불연속

가장 중요한 형태의 불연속은 표면에서 노출된 것으로 표면균열 또는 효과적으로 자분탐상으로 검출되는 결함이다. 표면균열은 표면직하의 기공보다 제품의 수명에 더욱 손상을 줌으로 탐상의 대상이 된다. 불연속을 효율적으로 탐상하기 위해서는 충분한 자장강도와 강한 누설자장을 형성할 수 있는 방안을 강구해야 한다.

최대 검출능력은 시험체에 형성된 자장이 불연속의 길이와 직각이어야 한다. 자분탐상에서 탐상감도를 증대할 수 있는 불연속의 특징은 다음과 같다.

① 깊이방향이 표면과 직각을 유지할 것

② 표면에서 거리가 개구 폭에 비해 클 것

③ 표면 개구 폭에 비례하여 비교적 깊을 것

### (2) 내부 불연속

자분탐상은 표면에 관통하지 않은 많은 불연속의 존재를 탐상할 수 있다. 내부 불연속 탐상에는 방사선 투과와 초음파탐상이 유리하나 시험체의 형상, 불연속의 위치, 장비 비용 또는 사용 가능성에 따라 자분탐상법이 더 적합할 수 있다.

자분탐상법에 의해 검출할 수 있는 내부 불연속은 표면 아래 불연속과 내부 깊은 불연속으로 구분된다.

### (3) 표면 아래 불연속

표면 아래 불연속은 표면 직하에 위치하는 기공 또는 비금속개재물도 포함된다. 비금속개재물은 모든 강의 제품에 존재한다. 이들은 분산된 개재물 또는 긴 종축으로 배열되어 있는 불연속은 대개 아주 작기 때문에 표면 근처가 아니라면 검출할 수 없다.

### (4) 내부 깊은 부분에 내재한 불연속

용접부에서 이들은 이음용입 부족, 표면 아래 융합불량 또는 용접 비드밑 균열이 여기에 해당된다. 주조제품에서 이들은 내부 수축공동, 슬랙개재 또는 가스 응집기공도 해당된다. 자분탐상이 내부에서 깊을수록 더욱 큰 불연속만이 자분탐상에 의해 결함이 검출될 수 있다.

## 9.11 자분 지시 형태의 해석

자분입자들이 집적된 형상, 윤곽의 선명도, 폭과 높이가 불연속들을 식별하고 서로 구별할 수 있는 주요 특징이다.

### (1) 표면 균열

분말형태가 선명하고 견고하게 부착되어 자분분말이 두껍게 모인다. 균열이 깊을수록 자분지시의 집적은 더욱 두꺼워진다.

### (2) 표면하 불연속의 자분지시

분말패턴은 희미한 형상을 나타내고 선명도가 예리하지 못하며 부착상태가 덜 견고한 상태를 나타낸다.

### (3) 크레이터 균열(Creator Cracks)

이 균열은 용접이 끝나는 지점에서 자주 발생하고 작은 형태로써 식별이 용이하다. 이 균열은 거의 모든 방향으로 단일선, 다중선 또는 별 모양을 나타낸다.

### (4) 융합 부족

보통 분말의 집적이 뚜렷하고 용접부의 가장자리에서 볼 수 있으며, 그 형상은 표면에 근접할수록 더욱 선명하게 나타낸다.

### (5) 언더컷(Under Cut)

융합불량에 의한 자분지시 보다 덜 강하게 부착되는 형태로 용접 가장자리에서 발생되며, 육안검사로도 검사될 수 있다.

### (6) 용입 불량 또는 판재 사이의 루트간격

분말형태가 표면 아래 결함과 비슷하며, 용접조건에 의해 용입불량의 결함이 발생한다.

### (7) 표면하 기공(Subsurface Porosity)

이 경우 분말형태는 선명하지 않으며, 표면조건에 의한 지시들과는 쉽게 구별된다.

### (8) 슬랙 혼입(Slag Inclusion)

높은 자계강도가 적용되면 표면아래 기공과 유사한 형태의 지시를 나타낸다.

### (9) 시임(Seam)

지시는 직선으로 선명하고 미세하여 흔히 간헐적이고 쌓임이 적은 상태로 나타난다. 균열검출에서 요구되는 것보다 더 큰 자화전류가 필요하다.

### (10) 의사지시(False Indication)

용접부의 건전성에 미치는 영향이 크지 않는 균열 또는 결함의 존재를 나타내는 의사지시, 즉 거짓신호들이 가끔 형성된다. 이들은 일부 인자가 자장방향을 갑자기 변화시킬 때 일어난다. 이들은 자분입자들이 표면에 의사지시들을 형성시키는 누설을 야기한다.

### (11) 물리적 현상

얇은 영역, 단면 변화, 오일 출구 또는 부품의 구멍 드릴들은 이음성능에 대하여 영향이 작은 지시들로써 자분집적을 형성하는 경향이 있다. 자분형상은 대개 그 위치와 부품의 형상에 따라 쉽게 식별된다.

### (12) 자기 특성의 변화

열영향부 가장자리에서 급격한 자성변화가 일어나는 경우가 있으며, 지시형태는 넓게 흩어지고 희미하며 용접부의 가장자리와 평행한 선을 이루며, 모재와 아주 근접한 부분에서 일어난다. 이 형태는 언더컷에 의한 것과 아주 흡사하나 부착성은 아주 느슨하다. 용접후 열처리는 자기특성을 회복하지만 자분지시는 다시 나타나지 않는다.

### (13) 자성과 비자성 금속

자성 모재인 페라이트계와 비자성 용접봉 오스테나이트계로 용접할 경우 유사한 형태가 발생한다. 자분탐상시험은 이러한 형태의 용접부 검사에는 권장되지 않는 사항이다.

### (14) 상이한 자성을 갖는 재료

자성이 아주 다른 두 재료를 접합하면 접합부에서 지시가 발달한다. 이 지시는 균열과 구별하기가 아주 난해하다. 예를 들면 저합금강 또는 탄소강을 오스테나이트강과 저항용접할 때 자주 일어난다.

## 9.12 평가

자분탐상은 용접부의 건전성과 불연속의 존재를 결정하는 것이며, 용접부의 허용가능, 보수가능 또는 검사에 의해 노출된 불연속 평가에는 허용되지 않는다. 이 결정은 적용 시방서, 표준 또는 구매요구에 의해 결정되고 탐상지시가 분명하게 이해되지 않으면 표면아래 불연속들은 방사선투과시험 또는 적절한 비파괴검사법, 절개 또는 치핑에 의해 조사되어야 한다.

후속공정 또는 가공작업으로 결함부분의 노출 또는 제거도 결정되어야 한다. 모든 균열성 불연속들이 특히 표면에서 발생한다면 잠재적 응력을 받는 것으로 간주된다. 피로 또는 기타 사용균열은 이들 불연속에서 발생되고 있으며, 부식의 요인이 될 수 있다.

# 제10장 침투탐상기술

## 10.1 침투탐상의 개요

### 10.1.1 침투탐상의 특성

침투탐상(PT, Liquid Penetrant Testing)은 시험품 표면에 침투액을 적용하고 과잉의 침투제를 제거한 후, 현상제를 도포하여 침투액을 추출시켜 결함위치와 크기를 탐상하는 검사법이다. 용접제품, 주강제품, 단조제품 소재의 금속 및 비금속, 플라스틱, 세라믹 등과 같은 모든 제품에 적용된다. 검사대상은 형상 및 크기에는 제한이 없으나 시험온도가 중요하며 16~50℃가 가장 적합하다. 플라스틱류 제품은 침투제, 세척제와 화학반응으로 표면손상을 줄 수 있다.

### 10.1.2 모세관 현상

침투탐상은 모세관 현상을 이용하므로 검사제품의 표면 개구부에 한정되며, 침투제의 적용시간(Dwell Time)은 최소 10분 이상으로 재질, 시험방법, 결함에 차이가 있다. 모세관 현상과 관련되는 물리현상은 응집력, 점착력, 표면장력 및 점성이다.

비관련지시 또는 의사지시 모양이 거의 없어 판독상 문제가 없으나, 개구부에 이물질은 침투제의 침투를 막아 양호한 시험결과를 얻을 수 없다. 또한 거친 표면 또는 기공이 많으면 과잉의 침투제를 완전히 제거하지 못함으로써 의사지시 모양을 만든다.

## 10.2 침투제의 특성

침투탐상에서 침투제는 매우 중요하며 검사표면에 우수한 퍼짐성, 온도에 대한 안전성 및 서서히 증발되는 물리적 성질이 요구된다. 이상적인 침투제는 미세한 개구부에도 침투가 잘 되고 거친 개구부에도 침투제가 남는 제품이다.

미세 개구부에도 신속히 빨려 나오며 얇은 도포막 형성과 열, 빛, 자외선의 노출에도 색채와 형광성을 유지해야 한다. 기타 독성이 없고 불연소성을 가지며, 시험제품과 화학작용이 없어야 한다.

### 10.2.1 침투제의 물리적 성질

#### (1) 점성(Viscosity)

나쁜 침투제로 알려진 물은 점성이 낮고 훨씬 점성이 큰 석유정제 제품은 좋은 침투제이다. 이러한 침투제는 실제 탐상에 있어 상당한 영향을 주며, 점성은 실제 침투력에는 차이가 없지만 결함에 침투하는 속도에는 주요변수가 된다. 점성이 큰 침투제는 침투제를 결함에 빨아들이는 힘에 대한 저항력이 크다.

**표 10-1** 침투제의 점성 및 표면장력 비교표

| 재료명 | 온도℃ | 비중 | 점성(centistoke) | 표면장력 (dynes/cm) |
|---|---|---|---|---|
| 물 | 20 | .9992 | 1.004 | 72.8 |
| 에테르 | 20 | .736 | .3161 | 17.01 |
| 에틸알콜 | 20 | .789 | 1.521 | 22 |
| 나프타 | 20 | .665 | .61 | 21.8 |
| 에틸렌그리콜 | 20 | 1.115 | 17.85 | 47.7 |
| SAE №10 윤활유 | 20 | .89 | 112.3 | 31.0 |

### (2) 표면장력(Surface Tension)

표면장력은 그 자체가 조절되지 않으나 침투력의 불량 여부를 결정하는 요소이다. 보통 표면장력이 큰 것이 바람직하나 큰 표면장력을 갖는 순수한 형태의 물은 좋은 침투제가 못된다.

표 10-1은 몇 가지 액체의 점성과 표면장력을 비교하였다.

### (3) 적심성(Wetting Ability)

침투제가 검사표면을 적시는 능력으로 이것은 검사표면과의 접촉각으로 측정되며, 액체가 제품 표면을 따라 흐를 때 접촉부에서 각도이다. 이 각도가 작을수록 적심성이 좋고 우수한 침투제는 아주 작은 접촉각을 갖는다.

표면장력이 큰 물은 접촉면과 큰 각을 가져 침투제로써는 우수하지 않지만, 계면활성제를 첨가하면 접촉각이 현저히 감소하여 표면장력은 감소되고 우수한 침투력을 갖는다. 접촉각은 검사면의 재질, 표면거칠기, 청결도에 따라 달라진다. 그림 10-1은 액체의 접촉각에 의한 적심성을 비교한 것이다.

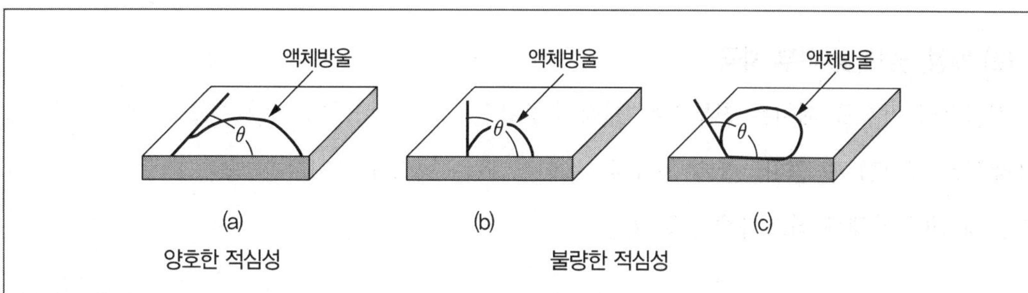


**그림 10-1** **적심성의 평가(액체방울과 고체표면 사이의 접촉각 비교)**

### (4) 밀도(Density)

밀도는 액체의 침투성에 직접 영향을 주지 않으나 침투제로 사용되는 액체는 비중이 1보다 작고, 주성분은 낮은 비중을 갖는 유기화합물이다. 다른 성질로 선택되는 형광침투제, 비가연성 염색침투제의 몇 종류는 큰 비중을 갖는다.

### (5) 휘발성(Volatility)

보통 침투제는 비휘발성이 요구되며 낮은 기화압 및 비휘발성을 보장하는 높은 비등점이 요구된다. 비휘발성 침투제를 선호하는 이유는 사용할 때 증발되는 양이 적기 때문이다. 휘발성 침투제를 사용할 경우 침투시간 중에 표면 침투제가 건조되어 올바른 지시모양을 형성하지 못한다.

#### (6) 인화점(Flash Point)

이상적인 침투제는 높은 인화점이 요구되며, 액체의 인화점은 표준조건에서 충분한 가연성 증기가 발생되어 불꽃이 있으면 공기와 혼합되어 폭발되는 온도이다. 인화점이 낮은 침투제는 온도 상승시 증기가 발생하여 불꽃에 의해 폭발되므로 화재의 위험이 있다. 따라서 국가기준에서 침투제의 인화점을 제한하고 있으며, 보통 사용조건에서 54℃(130°F) 이상의 인화점을 갖는 침투제는 화재 위험성이 없다고 본다.

#### (7) 침투제 자체의 용해성

모든 침투제는 염색제 또는 형광제가 포함되어 있어 침투제 자체가 염료에 대하여 우수한 용제 역할을 한다. 침투제는 주위의 높은 온도에서도 염료가 필요한 농도만큼 용해되고 아주 낮은 온도에서도 용해되어야 한다.

#### (8) 독성, 냄새 및 피부 자극

취급자의 건강을 해치는 침투제는 선정시 중요한 요소이며, 침투제의 제조과정에서 인체에 유해성은 제한할 수 없다. 물론 독극물, 부식물 또는 악취를 풍기는 제품은 허용되지 않지만 취급에 있어 장해를 최소화해야 한다.

### 10.2.2 현상제의 특성

#### (1) 현상제의 기능

현상제는 용어 그대로 들추어내서 재현하는 역할을 하는 것으로 결함부에서 침투제 지시모양을 나타내는 기능을 한다. 즉 현상제는 결함부에 적용된 침투제와 작용하여 육안식별이 가능하도록 명암도를 향상시켜 가시성을 증가시킨다.

#### (2) 현상제의 작용

현상제는 가시성을 증가시키는 것이 주요 기능이며, 미세한 분말로 구성되어 침투제 적용 후 시험품 표면에 도포된다. 이때 현상제의 작용은 표면 개구부에서 침투제를 빨아내는 흡출작용, 침투제를 퍼지게 하는 분산작용, 배경색과 혼돈하지 않도록 방지작용을 한다. 이와 같이 현상제는 시험감도를 증가시키고 검사자가 짧은 시간내에 지시모양을 관찰할 수 있게 한다.

#### (3) 요구되는 현상제의 특성

이상적인 현상제는 미세한 입자형태의 흡수력을 갖는 재료로써 주위 색깔과 구별되어야 한다. 또한 표면에 균일한 얇은 막을 형성하여 결함부에서 침투제와 쉽게 젖어야 하고, 시험 후에는 세척이 쉽고 시험제품과 사람에게 해가 없어야 한다.

### 10.2.3 침투탐상제의 시험

침투탐상에 사용되는 침투제의 질은 침투제의 감도, 수분 함유량 및 점도를 점검하여 결정한다. 형광침투제가 자외선등을 이용하여 퇴색 경향을 파악하는 것도 간단한 점검법이다. 침투제의 성능을 판단하는 검사법은 다음과 같다.

#### (1) 감도 시험

감도 시험에 있어 제조사의 사양에 따라 알루미늄 시험편의 반쪽 표면에 사용하던 침투제를 적용하고 나머지 반쪽에는 새로운 침투제를 적용, 검사 절차서에 따라 검사한 결과 사용하던 침투제가 육안으로 관찰하여 새로운 침투제보다 감도가 떨어지면 오염된 것으로 간주하여 폐기해야 한다.

#### (2) 수분함량 시험

수분함량 시험법은 ASTM-D95의 방법이 가장 좋으며, 여기서는 100㎖의 침투제를 가열 플라스크에 비슷한 양의 수분이 없는 크실렌과 함께 넣는다. 플라스크는 응축기에 연결하여 응결된 수분이 25㎖ 계량튜브에 모은다. 물이 튜브에 더 이상 고이지 않으면 약 1시간 후 가열을 멈추고, 이를 냉각시켜 물의 부피를 읽어 ㎖단위로 읽는 부피가 침투제에 함유된 물의 용적 백분율이다. 그 백분율이 제조사의 권고치를 초과하면 폐기해야 함을 규정하고 있다.

#### (3) 점성 시험

침투제의 점성은 38℃(100℉)의 일정한 온도에서 점도계를 사용하여 측정한다. 센티스트로크

(centistoke)로 측정되는 값이 제조사의 권고치를 벗어나면 폐기시킨다.

### (4) 형광침투제의 퇴색정도 시험

형광침투제 퇴색정도의 비교시험은 침투제를 제조사 사양에 따라 시편표면에 적용시킨 후, 15인치 거리에서 자외선등을 조사한다. 이때 반쪽은 종이로 가리고 자외선등을 1시간 동안 비추어 양쪽의 형광성을 비교한다. 자외선등에 노출된 부분의 형광성이 현저히 떨어지면 침투제를 폐기시킨다.

## 10.2.4 유화제의 시험

유화제는 수세성, 수분함량, 점성에 대하여 시험하며 다음의 방법으로 수행한다.

### (1) 수세성 시험

수세성 시험은 유화제의 성능을 확인하는데 있어서 하나는 새 유화제와 새 침투제 50%씩 섞고, 다른 하나는 사용하던 유화제 75%, 새 침투제 25%의 비율로 섞는다. 시편의 샌드브라스팅한 면이 위로 향하여 75° 각도로 세워, 각각 10cc의 상기 혼합물을 $1\frac{1}{2}$인치 폭으로 두 줄로 흘러내리게 한다. 5분정도 경과 후 유화된 침투제를 씻어내며, 이때 두 줄기가 모두 잘 씻기면 사용하던 유화제가 양호하나 사용하던 유화제를 섞은 것이 천천히 씻기거나 침투제 자국이 남으면 그 유화제는 폐기시킨다.

### (2) 수분함량 시험과 점성 시험

이 시험은 앞서 기술한 침투제의 시험과 동일한 방법으로 수행한다.

## 10.2.5 현상제의 시험

### (1) 건식현상제

건식현상제는 육안으로 관찰할 수 밖에 없으며, 불수용성이므로 공기 중의 습기를 흡수하지 않거나 물과 직접 닿지 않으면 큰 문제가 없다. 덩어리지거나 젖었던 흔적이 있으면 폐기해야 한다.

### (2) 습식현상제

습식현상제는 밀도에 대해서만 시험하는데 액체 비중계를 사용하여 측정하고, 그 값이 제조회사의 권고치와 다르면 비중이 허용범위에 들어가도록 충분한 양의 가루(또는 액체)를 현상제에 첨가한다.

## 10.3 침투탐상의 분류

### 10.3.1 침투제에 의한 분류

침투탐상은 사용할 침투액의 색체의 차이에 따라 형광침투탐상과 염색침투탐상의 두 가지로 구분된다. 형광침투탐상은 형광물질을 포함하는 침투액을 사용하는 방법으로, 파장이 320~400nm 자외선을 조사하여 결함지시 모양으로부터 황록색 등의 형광 발광상을 검출하는 방법이다. 또한 염색침투탐상은 적색염료를 포함하는 침투액을 사용하며, 자연광 또는 백색광에서 적색의 결함지시 모양을 관찰하는 것이다. 이 두 가지 방법은 침투액의 세척방법에 따라 각각 수세성, 후유화성, 용제제거성 침투탐상으로 구분한다.

**표 10-2 침투액의 종류에 의한 시험방법 분류(KS B 0816)**

| 명칭 | 방법 | 기호 |
|---|---|---|
| 형광침투탐상시험 | 수세성 형광침투액을 사용 | FA |
| | 기름 베이스 후유화성 형광침투액을 사용 | FB |
| | 용제제거성 형광침투액을 사용 | FC |
| | 물 베이스 후유화성 형광침투액을 사용 | FD |
| 염색침투탐상시험 | 수세성 염색 침투액을 사용 | VA |
| | 용제제거성 염색 침투액을 사용 | VC |

[비고] 후유화성 형광침투액을 사용하는 유화제에는 유성유화제와 수성유화제가 있다.

### 10.3.2 현상방법에 의한 분류

현상방법에 의한 분류는 현상제를 사용하는 방법과 현상제를 사용하지 않는 방법이 있으며,

**표 10-3 현상 방법의 분류**

| 명칭 | 현상 방법 | 기호 |
|---|---|---|
| 건식현상법 | 건식현상제를 사용하는 방법 | D |
| 습식현상법 | 수용성 현상제를 사용하는 방법 | A |
| | 수현탁성 현상제를 사용하는 방법 | W |
| 속건식현상법 | 속건식현상제를 사용하는 방법 | S |
| 무현상법 | 현상제를 사용하지 않는 방법 | N |

[비고] 시험 방법의 표시는 표 10-2 및 표 10-3의 기호를 조합한다.
• FA-W : 수세성 형광침투액 사용, 습식현상제를 적용하는 방법

그 종류는 표 10-3과 같다.

### (1) 현상법의 특징

(가) 건식현상법

백색미분의 건식현상제를 적용하는 방법으로써 후유화성 형광침투탐상, 수세성 형광침투탐상을 조합해서 적용하는 경우가 많다. 이 방법은 현상제가 결함부로부터 빨려 나오는 침투액에만 흡착되어 덮이고, 그 외 시험품 표면에는 흡착하지 않는다. 따라서 결함지시모양은 시간이 경과 후 선명한 상을 나타내 근접한 상을 관찰할 수 있다.

(나) 습식현상법

현상제를 물에 분산시킨 습식현상제를 적용하는 방법으로써 수세성 침투탐상과 조합하는 경우가 많고 다량의 시험품 탐상에 적합하다. 이 방법은 시험편의 넓은 범위에 현상제의 피막을 형성하므로, 시간의 경과와 더불어 결함의 지시모양이 배어나와 크기와 형상이 변화되므로 현상제 적용 후 관찰까지의 시간에 주의해야 한다.

(다) 속건식현상법

휘발성의 유기용제에 분산시킨 현상제를 적용하는 방법으로 용제제거성 침투탐상과 조합해서 적용한다. 시험편의 표면에 도포한 현상제가 신속하게 건조되어 습식현상법과 같은 현상제의 피막을 형성하고, 결함지시는 시간경과와 더불어 변화하므로 주의해야 한다.

사용하는 현상제가 바로 건조되므로 속건식현상법이라고 하지만, 습식현상법에 포함해서 분류하는 경우도 있다.

(라) 무현상법

세척처리한 후 현상제를 적용하지 않아 무현상법이라고 한다. 세척처리 후에 건조하는 것을 조건으로 시험품과 침투액을 열에 의해 팽창해서 지시모양을 형성하므로 매우 선명하고 습식 또는 속건식현상법과 같이 지시모양의 변화는 볼 수 없다. 또한 형광침투법에 적용하려면 형광휘도가 높은 침투액을 사용한 고감도 형광침투탐상과 조합해서 사용하는 경우가 많다.

## 10.4 침투탐상의 적용

침투탐상은 검사설비 및 검사재료가 간단하나 신뢰성 높은 시험을 위해서 우수한 성능을 갖는 탐상제를 사용하고 최적의 탐상절차로써 수행해야 한다. 각 탐상법의 선택은 제품의 중요성, 재질 및 크기, 처리 수량, 시험면의 거칠기와 함께 예측되는 결함 종류와 크기, 전원 유무, 탐상제의 성능, 작업성, 경제성을 고려해야 한다. 표 10-4는 침투탐상검사법의 일반적인 적용범위를 나타냈다.

**표 10-4 침투탐상의 적용 범위**

| 항목 \ 검사 방법 | FA | FB | FC | VA | VB | VC |
|---|---|---|---|---|---|---|
| 미세 균열, 폭이 넓은 균열 | | ○ | | | ○ | |
| 피로 균열, 연마 균열 폭이 매우 좁은 균열 | | ○ | ○ | | | |
| 소형의 양산 부품, 나사 등의 예각부 | ○ | | | | | |
| 면이 거친 시험편 | ○ | | | ○ | | |
| 대형부품, 구조물의 부분적 시험 | | | ○ | | | ○ |
| 시험장소를 어둡게 할 수 없는 장소 | | | | ○ | ○ | ○ |

### 10.4.1 침투탐상의 기본 절차

침투탐상은 사용할 침투액에 따라 검사방법과 적용할 현상방법으로 분류하며, 선정된 검사법과 그에 적용할 현상법에 따라 작업절차가 다르게 된다. 표 10-5는 KS규격에 명시된 침투탐상의 절차이며, 그림 10-2와 그림 10-3은 각각의 시험법 중 대표적인 선택절차를 나타낸 그림이다.

**표 10-5** 시험 절차(KS B 0816)

| 사용하는 침투액과 현상제의 종류 | 시험 방법 기호 | 시험의절차 | | | | | | | | | |
|---|---|---|---|---|---|---|---|---|---|---|---|
| | | 전처리 | 침투처리 | 유화처리 | 세척처리 | 제거처리 | 건조처리 | 현상처리 | 건조처리 | 관찰 | 후처리 |
| 수세성 형광침투액–건식현상제 | FA–D | ○ | ○ | | ○ | | ○ | ○ | | ○ | ○ |
| 수세성 형광침투액 또는<br>수세성 염색침투액–습식현상제 | FA–W<br>VA–W | ○ | ○ | | ○ | | | ○ | ○ | ○ | ○ |
| 수세성 형광침투액 또는<br>수세성 염색침투액–속건식현상제 | FA–S<br>VA–S | ○ | ○ | | ○ | | ○ | ○ | | ○ | ○ |
| 수세성 형광침투액–무현상법 | FA–N | ○ | ○ | | ○ | | ○ | | | ○ | ○ |
| 후유화성 형광침투액–건식현상제 | FB–D | ○ | ○ | ○ | ○ | | ○ | ○ | | ○ | ○ |
| 후유화성 형광침투액–습식현상제 | FB–W | ○ | ○ | ○ | ○ | | | ○ | ○ | ○ | ○ |
| 후유화성 형광침투액–속건식현상제 | FB–S | ○ | ○ | ○ | ○ | | ○ | ○ | | ○ | ○ |
| 용제제거성 형광침투액–건식현상제 | FC–D | ○ | ○ | | | ○ | | ○ | | ○ | ○ |
| 용제제거성 형광침투액 또는<br>용제제거성 염색침투액–습식현상제 | FC–W<br>VC–W | ○ | ○ | | | ○ | | ○ | ○ | ○ | ○ |
| 용제제거성 형광침투액 또는<br>용제제거성 염색침투액–속건식현상제 | FC–S<br>VC–S | ○ | ○ | | | ○ | | ○ | | ○ | ○ |
| 용제제거성 형광침투액–무현상법 | FC–N | ○ | ○ | | | ○ | | | | ○ | ○ |

## 10.4.2 침투탐상 방법

침투탐상의 순서에 따른 방법은 결함 검출능력에 있어서 탐상제의 성능과 시험절차의 적부로 결정된다. 우수한 탐상제를 사용해도 시험절차와 방법이 부적절하면 높은 결함검출 능력을 얻지 못한다. 침투탐상의 신뢰성은 시험자 능력에 좌우되므로 적정한 시험법과 기본절차를 숙지해야 한다. 기본절차는 전처리–침투처리–유화처리(후유화성탐상에 한정)–세척처리–현상처리–건조처리–관찰–재시험–후처리–시험결과의 기록과정으로 수행된다.

### (1) 전처리

전처리는 정확한 결과를 얻기 위해 실시하며 시험품에 페인트, 피막, 도금, 코팅 등 표면의 오염물질을 제거하여 침투제가 원활하게 침투하게 한다. 전처리가 완전하지 않으면 침투제가 결함 안에 있는 이물질과 반응하여 결함식별 능력을 잃거나, 결함의 주위에 결함지시를 방해하는 침투제가 남는 요인이 된다. 또한 열처리 및 용접부에 나타나는 스케일, 플럭스(Flux), 페인트의 잔유물로 의사지시를 나타낸다.

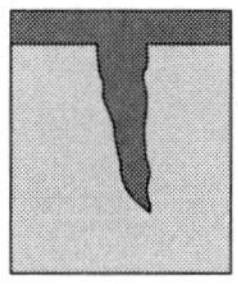

**① 세척 후 침투제 적용**
시험품 표면에 묻어 있는 오물, 기름 등을 세척한 후 전 표면에 침투제를 분무, 도포, 침적 등의 방법으로 적용시킨다.

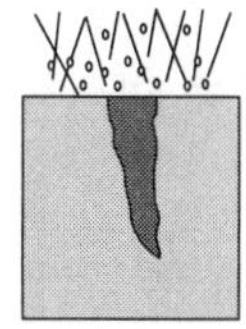

**② 과잉침투제의 제거**
일정시간의 침투시간이 지난 후 침투하고 남은 표면의 과잉침투제를 물 또는 용제 등으로 세척, 제거한다.

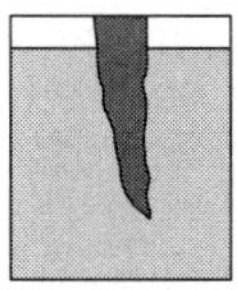

**③ 현상제 적용**
침투제가 제거된 시험품 표면에 현상제를 적용하여 지시모양을 형성시킨다.

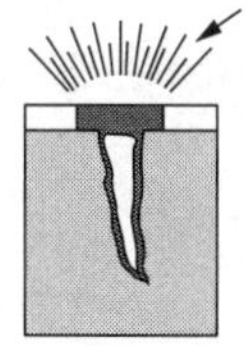

**④ 검사 및 후처리**
사용한 침투제의 종류에 따라 백색광 또는 자외선 등 아래서 나타난 지시모양을 관찰하고 판독하며 검사가 끝난 후 후처리를 실시한다.

**그림 10-2** 수세법 및 용제제거법의 기본 과정

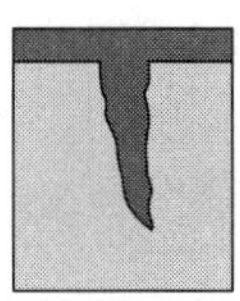

① 침투제 적용 : 전처리 된 표면에 침투제를 적용

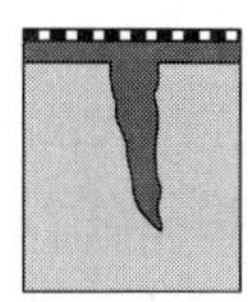

② 침투제 위에 후유화제 적용

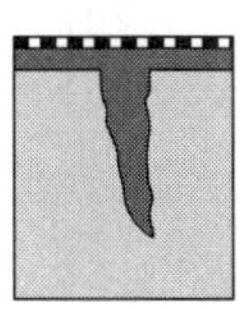

③ 침투제의 후유화 작용

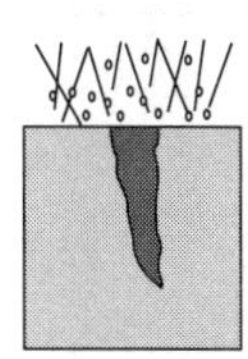

④ 유화된 침투제 제거(세척)

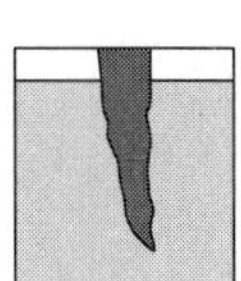

⑤ 현상제 적용

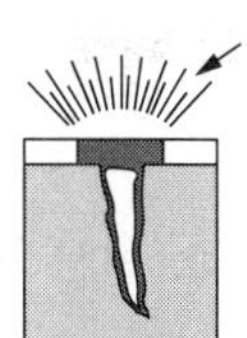

⑥ 검사

**그림 10-3** 후유화제법의 기본 과정

### (2) 전처리 방법의 분류

전처리 방법은 보통 화학적 방법, 기계적 방법 및 용제법 혹은 이들을 혼합한 방법으로 실시한다.

**표 10-6 침투탐상의 전처리 방법**

| 분류 | 방법 | 용도 |
|---|---|---|
| 기계적 방법 | 와이어 브러싱법 | – 스케일, 플럭스 또는 슬랙 등 이물질을 와이어 브러시로 문질러 제거 |
| | 고압용수 또는 증기세척 | – 절단유, 연마제, 그리스, 칩과 같은 대표적인 기계가공정중 오물을 제거. 표면가공처리가 유지되어야 하는 제품에 사용 |
| | 초음파 세척 | – 세척제와 물 또는 용제와 함께 사용<br>– 소형 다량 제품에 묻어 있는 오물을 제거 |
| | 브라스팅법 | – 스케일, 플럭스, 슬랙, 금속의 녹, 주강제품의 주형 등과 같은 이물질 제거 |
| | 텀블링법 | – 얇은 스케일, 용접 플럭스, 금속의 녹, 주강제품의 주형 등과 같은 이물질을 회전마찰에 의해 제거<br>– 표면이 연한 알루미늄, 마그네슘, 티타늄과 같은 재질에는 사용하지 말 것 |
| 화학적 방법 | 알카리세척 | – 금속의 녹, 스케일, 기름, 그리스, 연마제 등을 제거<br>– 수동식으로 어려운 대형품에 사용 |
| | 산세척 | – 두꺼운 스케일의 제거에는 강산성 용액, 가벼운 스케일 등 제거에는 약산성 용액을 사용 |
| | 염기성 세척 | – 두꺼운 스케일 등의 제거에 사용 |
| 용제법 방법 | 증기탈지 | – 대표적인 기계가공 오물, 기름, 그리스의 제거에 사용, 티타늄에는 적용하지 않음 |
| | 용제제거 | – 수동형으로 국부적 세척에 적용<br>– 증기탈지의 용도와 동일 |
| | 용제분무 | – 용제를 스프레이로 뿌려서 세척<br>– 증기탈지의 용도와 동일 |

## 10.5 침투처리

### 10.5.1 침투제 적용과 배액

침투액을 적용시킨 후 결함 안으로 침투액이 침투하는 과정을 침투처리라 한다. 침투제의 적용방법은 형광침투제, 염색침투제가 동일하며, 침적법(Dipping Method), 분무법(Spray Method), 붓칠법(Brushing Method)이 있다. 또한 침투제를 적용한 후 여분의 침투액을 배액처리하는 과정도 침투제 적용과정에 포함된다.

### (1) 침적법

시험품을 침투액 중에 침적시키는 방법으로 일반적으로 형광침투탐상에 적용되며, 침투액 조(槽)에 다량의 침투액을 사용함으로써 소형의 다량검사에는 적합하나 소량 부품과 대형품의 검사에는 부적당하다. 불필요한 침투액을 제거하기 위해 침투액 조에서 시험품을 꺼낸 후 여분의 침투액을 흘러내리게 하는 배액처리는 차기공정인 유화 및 세척처리의 효과를 얻기 위해 중요한 처리공정이다. 침투액을 장기간 사용할 경우 시험품에 부착된 이물질, 사용 중에 혼입된 먼지, 불순물이 침투액 성능을 감소시키므로 세심한 관리가 필요하다. 고 휘발성의 침투액은 용제가 증발하여 침투액의 특성을 변화시킴으로써 침투액조 자체의 밀봉 대책을 강구해야 한다.

### (2) 분무법

스프레이 노즐(Spray Nozzle)을 이용하여 압축공기, 에어졸 제품과 같이 내장된 가스압력에 의해 침투액을 분사시키는 방법이다. 다양한 종류의 침투액에 적용 가능하고 대형 부품이나 구조물의 부분탐상에 적용된다. 분무법은 스프레이 노즐의 끝부분을 가급적 시험면에 접근시켜 공기 중에 비산되어 소모되는 양이 적게 하거나, 실내를 환기시키는 방안을 강구해야 한다. 침투탐상법 중에서 가장 광범위하게 활용되는 용제제거성 염색침투탐상법은 거의 에어졸 방식으로 이러한 사항에 유의해야 한다.

### (3) 붓칠법

시험면에 침투액을 붓으로 칠하는 방법으로써 보통 대형부품 또는 대형 구조물의 부분탐상에 적당하나 다량의 제품, 구조물 등의 전면탐상에는 적합하지 않다. 이 방법의 특징은 부분탐상을 하는 시험면에 직접 침투액을 도포하지 않아 도포의 정도를 직접 조절하는 장점을 갖는다. 형광침투탐상의 부분탐상 또는 부분적인 재시험의 경우에 적용되며, 밀폐된 용기 또는 환기가 어려운 장소에서 효과적인 침투처리 방법이다.

### (4) 배액(Draining)

배액은 침투처리의 다음 단계인 유화처리 또는 세척처리를 용이하도록 시험품 표면의 과잉으로 도포된 침투액을 제거하는 과정이다. 보통 침투처리 한 시험품을 배액용 작업대 위에 놓고 필요 이상의 침투액을 자연적으로 흘러내리게 한다. 이 배액에 소요되는 시간은 침투시간에 포함되므로 배액을 동반하는 침투처리를 할 경우 배액시간을 고려하여 침투시간을 정해야 한다. 배액정도는 침투처리방법 및 시험품 형상, 크기 또는 시험면 거칠기에 따라 다르다. 시험품의 침투처리에 충분한 침투액의 도포면을 유지하고 시험면이 균일하도록 일정의 시간이 필요하다. 배액의 시간이 너무 길면 시험면의 침투액이 건조되어 침투효과가 저하되고 세척이 곤란하다.

### 10.5.2 침투제의 침투 시간

침투시간은 시험품의 재질, 예상결함, 크기, 시험품 및 침투액의 온도를 고려해서 결정한다. 시험품과 침투액의 온도가 15~40℃의 범위에서는 침투시간을 5~20분을 기준으로 한다. 피로균열, 연마균열과 같은 폭이 좁은 결함은 기준 침투시간의 2배 이상의 시간으로 처리할 필요가 있다. 3~15℃ 온도에서는 온도를 고려하여 침투시간을 증가시키고 40℃를 초과할 경우와 3℃ 이하의 경우는 침투액의 종류, 시험품의 온도 등을 고려한다. 즉 10℃ 이하의 온도에서는 침투액의 점성이 증가하면 침투능력이 저하되어 결함탐상 감도가 떨어져 별도의 절차서를

**표 10-7 수세법 및 후유화제법의 침투 시간(온도범위 16~25℃)**

| 재질 | 제품 형태 | 결함 종류 | 침투 시간(분) | | |
|---|---|---|---|---|---|
| | | | 후유화제법 | 수세법 | 용제제거법 |
| 알루미늄 | 주물제품 | 수축균열<br>기 공<br>콜 드 셧 | 10<br>5<br>5 | 30<br>5~15<br>5~15 | 5<br>3<br>3 |
| | 단조제품 | 균 열<br>겹 침 | 10<br>10 | 30<br>– | 5<br>7 |
| | 용접제품 | 균 열<br>융합불량<br>기 공 | 10<br>5<br>5 | 30<br>30<br>30 | 5<br>3<br>3 |
| | 전제품 | 피로균열 | 30 | – | 5 |
| 마그네슘 | 주물제품 | 수축균열<br>기 공<br>콜 드 셧 | 10<br>5<br>5 | 30<br>15<br>15 | 5<br>3<br>3 |
| | 단조제품 | 균 열<br>겹 침 | 10<br>10 | 30<br>– | 5<br>7 |
| | 용접제품 | 균 열<br>융합불량<br>기 공 | 10<br>10<br>10 | 30<br>30<br>30 | 5<br>5<br>5 |
| | 전제품 | 피로균열 | 30 | – | 7 |

| 재질 | 제품 형태 | 결함 종류 | 침투 시간(분) | | |
|---|---|---|---|---|---|
| | | | 후유화제법 | 수세법 | 용제제거법 |
| 강 | 주물제품 | 수축균열<br>기 공<br>콜 드 셧 | 20<br>10<br>10 | 30<br>30<br>30 | 7<br>5<br>7 |
| | 단조제품 | 균 열<br>겹 침 | 20<br>10 | 30<br>– | 7<br>7 |
| | 용접제품 | 균 열<br>융합불량<br>기 공 | 20<br>20<br>20 | 30<br>60<br>60 | 7<br>7<br>7 |
| | 전제품 | 피로균열 | 30 | – | 7 |
| 황동 및 청동 | 주물제품 | 균 열<br>기 공<br>콜 드 셧 | 10<br>5<br>5 | 30<br>10<br>10 | 3<br>3<br>3 |
| | 단조제품 | 균 열<br>겹 침 | 10<br>10 | 30<br>– | 3<br>7 |
| | 브레이징부품 | 균 열<br>융합불량<br>기 공 | 10<br>10<br>10 | 30<br>15<br>15 | 3<br>3<br>3 |
| 초경팁 공구 | 전제품 | 균 열<br>기 공<br>융합불량 | 20<br>5<br>5 | 30<br>30<br>30 | 5<br>3<br>3 |
| 티탄 | 전제품 | 모 든<br>결 함 | 20~30 | – | 15 |

[참고] 시험품의 온도는 일반적으로 15°~40℃이다.

작성하여 적용해야 한다. 40℃ 이상의 높은 온도에서는 침투제가 증발, 건조되므로 제한을 받는다. 특히 기준온도(15℃) 이하의 낮은 온도에서 시험할 경우에는 침투제를 적용하는 동안 침투제와 시험편이 모두 15℃ 이상을 유지하도록 가열시켜 주거나 분위기 온도를 맞추어 주는 것이 요구되기도 한다. 침투제 적용 후 모세관 현상에 의해 침투액이 충분히 침투되는 허용시간이 침투시간(Dwell Time)이다. ASTM E-165 규정에는 절차서에 침투시간이 달리 규정되지 않는 한 제조자가 권고한 침투시간을 따르도록 규정되어 있다.

## 10.5.3 유화처리

### (1) 유화처리의 목적

유화처리는 후유화성 침투탐상에 사용되는 침투액과 같이 수세성을 갖기 위하여 미리 유화제를 포함하지 않은 침투제를 시험면에 침투처리하고, 일정의 침투시간 경과한 후 수세성을 주도록 유화제를 도포하는 과정이다. 즉 유화처리를 통하여 세척처리를 할 때 안정된 유화현상을 촉진해서 물로 세척하기 용이하도록 하는 것이다. 따라서 유화처리 과정에서 시험품 표면의 침투액에 유화제를 적용시키고, 결함내의 침투액과 유화제가 작용하지 않게 처리해야만 세척처리 시 과잉 침투액만 제거할 수 있어 얕은 결함, 또는 폭이 넓은 결함 등을 검출할 수 있다.

### (2) 유화처리 방법

유화처리방법은 시험품을 유화제 중에 침적 또는 표면에 분무하는 방법을 적용한다. 붓칠하거나 유화제를 적용 후 유화제와 침투제가 잘 혼합되게 휘젓지 말아야 한다. 이들 방법은 유화제와 침투액의 혼합 불균일로 결함내의 침투액까지 유화제가 작용해서 후유화성 침투탐상의 특성을 잃게 한다. 침투처리에서 침투액 도막면을 균일하게 함과 동시에 유화처리에서도 유화제를 균일하게 적용시켜야 한다.

### (3) 유화 시간

유화제의 적용부터 세척처리까지 시간을 유화시간이라 하며, 유화시간의 결정은 유화제의 침투액 작용을 좌우하고 세척효과에 큰 영향을 준다. 침투액, 유화제의 도막 얼룩과 병행해서 후유화성 침투탐상에서 신뢰성이 확보된다. 유화시간은 10초부터 3분정도이며, 제조사의 제품특성에 따라 다르므로 유화시간을 결정하기가 곤란하다. 유화시간이 경과 후 세척처리를 신속히 해야만 유화처리의 효과가 증가된다.

## 10.5.4 세척처리

물 또는 용제를 사용해서 시험표면의 과잉 침투액을 제거하는 과정으로 수세성 및 후유화성 침투액을 사용한 시험은 수세척을 하고, 용제제거성 침투액을 사용한 시험은 용제세척을 수행해야 한다. 관찰시에는 결함에 의한 지시모양과 시험면에 잔존하는 침투액에 의한 배경의 식별성을 얻도록 세척해야 한다. 과도한 세척은 결함내의 침투액을 씻어내 결함의 검출도를 저하시킨다. 불충분한 세척은 의사지시 또는 강한 배경으로 결함지시 모양과의 식별성을 저하시킨다. 그림 10-4는 세척방법에 따른 세척효과를 비교한 것으로써, 헝겊으로 닦는 방법이 과도하게 세척되지 않는 이상적인 세척 방법임을 보여 준다.

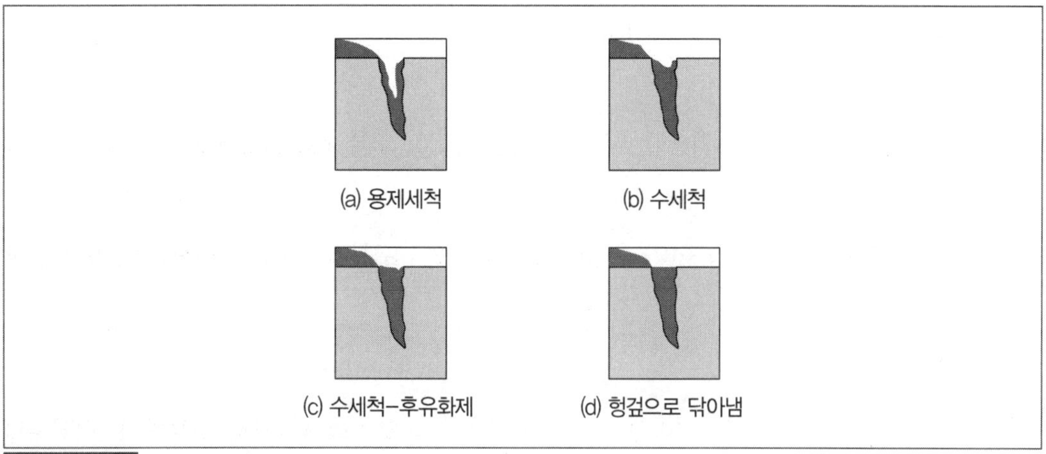


**그림 10-4** 세척방법에 따른 세척 효과

### (1) 수세척

수세척은 수세성 침투액 및 후유화성 경우의 세척처리로써 수돗물의 수압 또는 가압된 세척수가 분무 노즐을 통해 시험면에 분사되어 세척된다. 효과적인 세척을 위해서 침투액을 물방울에 의해 교반하여 유화현상을 일으키게 한다. 수압의 표준은 KS에 명시된 대로 $3.5kg_f/cm^3$(340kPa) 이하로 시험품에 45°로 경사지게 분무하고, 특히 규정 않는 경우는 보통 $1.5 \sim 3.0kg_f/cm^3$ 범위에서 한다. 물은 32~45℃ 온수가 좋으며, 45℃를 초과하지 않아야 한다. 형광 침투액은 자외선 조사장치를 설치하여 자외선을 조사시키면 세척 정도를 확인할 수 있다.

### (2) 용제세척

용제세척은 용제제거성의 침투액을 에어졸 형태 또는 적신 헝겊, 종이 수건으로 시험면의 침투액을 닦아내는 방법이다. 세척액은 침투성도 높아 다량으로 사용하면 결함 내에도 침투하여 결함내의 침투액을 씻어낼 수 있어 주의해야 한다. 과잉 침투액을 제거해야 할 필요가 없이 결함지시모양이 식별될 수 있는 정도의 세척처리가 바람직하므로 과세척이 되는 것보다 다소의 배경을 남기더라도 결함의 검출도를 저하시키지 않는 처리가 이상적이다.

## 10.5.5 현상처리

현상처리는 세척후 시험품의 표면에 백색 미분말 현상제를 도포하여 현상제의 입자간의 모세관 현상에 의해서 결함내부의 침투액을 표면으로 흡출시켜 지시모양을 형성하는 것으로써,

현상처리의 목적은 다음과 같이 두 가지가 있다.

① 시험면에 적용한 현상제의 미분말 중에 결함내부의 침투액을 흡출하여, 결함의 크기보다 확대시켜 결함의 식별성을 높인다.
② 염색침투탐상시험은 ①항 이외에 시험면에 백색 현상제를 도포하여, 결함으로 형성된 지시모양의 색체 차를 크게 하여 식별성을 높인다.

현상은 건식현상법, 습식현상법, 속건식현상법 및 무현상법의 4가지로 구분한다. 현상시간이 짧으면 명료한 지시모양을 얻으나 길면 지시모양의 결함이 확대되어 미세결함 및 인접한 미세결함과의 식별이 곤란하다. 현상시간은 현상제 적용 후 관찰이 끝날 때의 시간으로 KS규정은 15~50℃에서 7분 정도이다. 보통 침투시간의 1/2 또는 10분 중의 긴 쪽을 적용하고 미세결함 또는 큰 결함검출 시에는 그 상태에 따라 설정해야 한다.

### (1) 현상제의 종류 및 적용 방법

(가) 건식현상제

주로 산화규소의 초미립분말이 사용되며, 이 분말은 매우 비중이 가볍고 공기 분무기로써 현상처리하면 시험품의 구석구석까지 현상분말이 골고루 적용된다. 침적, 뿌림 등으로 적용할 경우는 시험품의 형상에 따라 시험면 전면에 적용되지 않을 수도 있어 주의가 필요하다. 적용방법은 현상처리 수행 전 건조처리가 필요하다. 시험품의 표면에 수분이 잔류하면 현상제가 부착하여 현상처리 할 수 없다. 또한 건조처리는 결함내에 침투된 침투액을 시험면으로 나오게 하여 현상제가 결함에 부착되도록 한다. 건식현상법의 특징은 현상제가 결함부위에만 부착하여 시간이 경과하여도 지시모양의 확대가 적고 결함지시 모양이 선명하므로 결함의 크기 및 근접한 결함 등의 판정이 용이하다. 건식현상법은 형광침투탐상에는 적용되나 염색침투탐상에는 적용하지 않는다.

(나) 속건식현상제

산화마그네슘, 산화칼슘, 산화티탄 등의 백색 미분말을 알콜에 현탁하고 분산제 등을 첨가한 것이다. 휘발성 용제에 현탁되어 있어 현상제를 시험품에 적용하면 즉시 건조하고 현상도막을 형성하여 결함에 침투된 침투액의 흡출작용이 빠르며, 현상작용을 촉진시킴으로써 결함

그림 10-5 속건식현상법(분무법)

검출의 농도가 높다. 에어졸 분무는 분사압력이 높아 도포면의 두께가 불균일한 경우가 많으며, 표준방법은 상온에서 분무할 경우 스프레이 노즐을 시험면에서 30cm 전후로하여 용기를 전후좌우로 이동하면서 분무해야 한다. 형광침투액은 염색침투액 보다는 얇게 도포해야 한다.

(다) 습식현상제

주로 벤토나이트(일종의 점토)활성백토 등에 습윤제, 수용성 계면활성제 등을 혼합한 분말재로 적당량의 물에 현탁하여 사용한다. 사용할 때는 적당한 일정 농도에서 사용하는 것이 중요하며, 적정 농도는 시험에 의해 확인하여 결정하는 것이 좋다. 적용방법은 시험면의 과잉 침투액을 세척처리한 직후 현상제에 침적 또는 분무법 등으로 처리한다. 침적법이 일반적이나 어느 경우도 처리 전에 현상제의 농도를 일정하게 혼합하고, 현상제의 도포면이 균일하게 처리해야 한다. 균일한 도포면이 형성되면 즉시 건조로 또는 온풍 건조기를 사용하여 건조시킨다. 표면의 요철이 심한 시험품은 부분적으로 현상제가 고이지 않도록 주의해야 한다.

(라) 무현상법

현상제를 사용하지 않고 지시모양을 형성시키는 방법으로 현상처리를 수행하지 않아 무현상법이라 한다. 무현상법은 종래 특수한 침투탐상에만 적용되었으나 최근에는 수세성 형광 침투액으로도 감도가 높게 제품화되어 있어 고감도가 요구되는 침투탐상에도 사용된다. 무현상법은 침투액의 성능, 시험품의 형상, 결함 형태 등을 충분히 고려해서 적용하며, 시험품의 표면이 매끄럽고 단순한 형상의 시험품에 적용한다.

### 10.5.6 건조처리

건조처리는 세척 후 현상처리 전후에 시험면에 남은 세척액 또는 습식현상제의 수분을 효과적으로 처리하는 것이지만, 건조처리의 여부 및 적용시기는 세척처리방법과 적용하는 현상법에 따라 다르다. 세척처리 및 현상법의 차이에 따른 건조처리 여부, 적용 시기는 표 10-8과 같다. 건조처리에서 중요한 것은 건조온도와 건조시간이며, 고온건조나 장시간 건조할 경우 침투액의 형광 밝기, 색채 둔화, 결함 내의 침투액의 급속한 증발로 인하여 지시모양의 식별도 및 지시모양을 저하시켜 결함의 검출능력이 저하된다. 최근의 고감도 수세성형광 침투액은 80℃전후에서 형광 밝기의 저하가 있어 건조시 사용할 침투액 특성을 고려해서 건조해야 한다. 습식현상법을 적용한 건조처리는 습식현상제를 적용 후 습식현상제의 수분을 건조하고 시험면에 균일한 두께의 현상제 도막을 형성하도록 해야 한다. 이때 건조 중 시험면의 온도는 KS에서는 최고 50℃ 이하로 규정하고 있다.

**표 10-8 세척방법 및 적용 시기**

| 현상법 | 세척방법 및 적용시기 | |
|---|---|---|
| | 수세법의 경우 | 용제세척의 경우 |
| 건식현상법 | 세척처리 후 건조 | 건조처리 하지 않음 |
| 습식현상법 | 현상처리 후 건조 | 현상처리 후 건조 |
| 속건식현상법 | 세척처리 후 건조 | 건조처리 하지 않음 |
| 무현상법 | 세척처리 후 건조 | 건조처리 하지 않음 |

### 10.5.7 관찰

정해진 현상시간이 지나면 즉시 결함지시 모양을 확인하여야 한다. 관찰은 결함지시 모양의 확인과정으로 등급분류와 결함평가를 통하여 최종적으로 제품을 합부판정하는 공정이다. 침투탐상은 현상처리에 따라 지시모양의 형성과정에서 시간경과와 함께 지시모양이 변하므로 현상처리 후 지시모양이 형성되는 시점에서 관찰해야 한다. 관찰 시 지시모양이 결함 또는 다른 요인인지를 판단해야 하며, 의사지시의 발생 원인은 다음과 같다.

① 전처리의 불충분함으로 인한 녹, 스케일 등의 고형 부착물이 남아 있는 경우

② 유화처리가 부적당하여 세척 후에도 시험품 표면에 침투액이 남아 있는 경우

③ 세척 부족으로 세척 후에도 시험품 표면에 침투액이 남아 있는 경우

④ 모서리 부분, 끼워 맞춤부, 키홈 및 나사부, 용접비드 경계 등 세척이 곤란한 부분

#### (1) 형광침투탐상에 의한 관찰

형광침투탐상은 암실 또는 어두운 장소에서 자외선을 조사하여 관찰한다. 대형부품은 휴대형의 자외선등(Black Light)을 사용하여 국부적으로 관찰하여 전면적을 관찰해야 한다. 소형부품은 고정된 자외선등을 이용하는 것이 좋다.

자외선을 조사해서 검출할 지시모양은 관찰할 장소가 어두울수록 형광의 밝기가 높으므로, 양호한 결과를 얻기 위해서는 어두운 장소에서 관찰해야 한다.

#### (2) 염색침투탐상에 의한 관찰

염색침투탐상은 결함지시모양을 충분히 확인할 수 있도록 밝은 가시광선에서 관찰해야 한다. 결함지시는 현상제가 균일하게 도포된 백색 배경에서 적색으로 나타나므로, 염색 침투탐상에서 지시모양은 적색을 갖는 가시광선에서 식별성이 나쁘므로 백색광에서 관찰해야 한다.

결함지시는 형광침투탐상과 같으며 결함이 선상 또는 점선상이며, 기포, 기공 등은 점 또는 점의 집합체로 나타난다.

## 10.6 재시험 및 후처리

#### (1) 재시험

시험과정에서 절차, 순서의 잘못 또는 등급분류의 평가를 수행하기 어려운 경우는 전면적, 또는 부분적으로 재검사하는 일이 많으며 이 절차를 재시험이라 한다. 재시험할 경우는 필히 전처리를 포함해서 처음부터 처리 순서를 정확한 방법으로 실시하며, 특히 전처리는 충분히 수행하고 시험면의 현상제는 물론 결함 내에 남아 있는 침투액도 잘 씻어내야 한다.

#### (2) 후처리

검사 후 시험품을 폐기할 경우를 제외하고 합격한 시험품, 수리가 가능한 시험품은 표면의

현상제, 침투액을 제거하고 적당한 표면처리를 해야 하며, 후처리는 다음과 같은 경우에 실시한다.

① 침투탐상을 하면 시험품 표면의 유지류가 제거되나 흡습성이 강한 현상제가 부착되므로, 시험 후 녹이 쓰는 재료는 표면에 현상제 등을 완전히 제거해서 방청처리해야 한다.
② 시험 후 시험품 가공 또는 사용할 때에 표면에 부착되어 남아 있는 현상제, 침투액 등이 유해할 경우에 완전히 제거해야 한다.

처리방법은 전처리와 같은 용제세척 및 기타 방법이 있으나 전처리 항을 참조한다. 현상제만을 제거할 경우, 프러싱(Flushing), 공기로 불어내거나 수세척 방법도 고려하지만 녹 발생이 염려되는 재료는 세척처리 방법에 따라 방청처리해야 한다.

## 10.7 시험결과의 기록

### 10.7.1 기록 항목

시험조건 및 관찰 후 언제, 누가, 어디서, 어떤 방법으로 시험편의 시험부분, 시험 목적, 시험조건으로 시험하여 그 결과를 얻었는가를 쉽게 이해하고 결과에 따라 보수상태 등이 파악되도록 다음 항목의 기록이 필요하다.

#### (1) 시험자의 성명 및 자격

시험성적서 또는 시험 보고서에는 필히 시험실시자의 성명 및 자격을 기록해야 한다. 시험자와 시험결과를 판독한 기술자가 다르면 별도로 기록하여 상호 업무의 중요성을 인식하고 수행한 업무에 대해 책임을 지며, 제3자에게 시험결과에 대한 신뢰성을 갖도록 한다. 시험자는 국가기량인정제도에 명시된 자격 또는 기업의 사내 인정규정에 의거 자격을 소유한 자도 가능하다.

#### (2) 시험 장소 및 시험 일자

시험 성적서 또는 시험 보고서가 언제, 어디에서 수행한 시험인가를 명확히 하기 위해 필요한 항목이다. 또한 동일한 대상물에 대해 동일한 시험이 시기를 바꾸어서 몇 차례 요구되는 경우도 있어, 그 경우 언제 시점에서 행한 시험에 대한 성적서인가를 명확히 하여, 그 시험결과를 이해하는데 참고가 되어야 한다.

### ⑶ 시험 목적

시험결과의 보고서 혹은 성적서는 어떤 목적으로 침투탐상 또는 자분탐상을 했는지 명확히 기록할 필요가 있다. 이것은 이후에 기록을 검토하거나 무슨 이유로 시험을 했는가를 명확하게 이해하기 위함이다. 특히 동일시험이 시간과 장소를 바꾸어 몇 회 실시할 때 혼란을 피하기 위해 필요하다.

### ⑷ 적용 규격, 기준, 사양서 또는 절차 설명

어떠한 비파괴검사에서도 시험기술자가 시험할 경우는 시험방법, 시험조건, 사용기기 및 시험재료 등은 그것이 상세히 규정되어 있는 규격, 기준, 사양서 또는 절차서 등에 따라야 한다. 따라서 시험내용은 적용문서가 다르면 당연히 내용도 달라 어떤 구조물의 용접부 검사는 올바른 방법 및 조건이 되지만, 다른 구조물의 용접부 검사에는 불충분한 경우가 있다.

### ⑸ 시험법

침투탐상 시험법중 어느 시험법을 사용하는가는 전술한 문서에 규정되어 있지만, 이것은 결과의 판정을 평가함에 있어 꼭 필요하므로 성적서에 반드시 기록되어야 한다. 이것은 시험법의 종류에 따라 결함의 검출능력이 다르거나 또한 어떤 시험법에서는 의사모양이 발생하기 쉬운 경우도 있다. 예로써 용제제거성 염색침투탐상은 명칭과 동시에 현상방법을 반드시 기입해야 한다.

### ⑹ 시험 조건

시험 조건은 시험법과 같이 규격, 기준 사양서, 절차서에 규정되어 있다. 그 조건은 결과에 대한 평가, 판단할 경우에는 중요한 정보로써 성적서에 기재된 결과가 얻어질 때까지 시험절차가 재현되도록 다음 사항을 기재해야 한다.

① 전처리 방법(다듬질 작업, 증기탈지, 산세척, 용제세척, 중화처리 등)
② 전처리 후 건조(상온건조, 열풍건조 등)　③ 사용 침투제의 명칭, 제조자
④ 제조 년월일 또는 제조 일련번호

⑤ 시험 성적서 번호 ⑥ 침투액의 적용 방법

⑦ 침투 시간 ⑧ 과잉 침투액의 제거법

⑨ 건조 온도, 건조 시간

⑩ 현상 시간, 시험체 온도, 외기 온도, 습도, 풍속 등

#### (7) 시험체 명칭

시험체 명칭은 검사대상과 검사위치, 시험결과를 명확히 기재한다.

#### (8) 시험 결과

시험체의 품질, 종류, 형상, 크기, 위치 및 수량, 적용기준에 대한 합부 여부, 등급 분류, 최후에 결함의 잔류성 여부, 보수 여부, 그라인더 작업 또는 보수용접 여부 등을 기록한다. 이러한 기록은 제품의 제조시점에서 품질평가 및 가동중 검사로써 기기, 구조물의 안전성을 확보하는데 필요하다.

#### (9) 지시모양의 기록

지시모양의 기록은 시험결과로써 취급된 결함별로 구분, 직접 눈으로 식별하고 시험결과를 평가하는 기술자에게는 기록의 신뢰성을 높여준다. 또한 누구라도 납득되도록 모두가 이해되는 기록방법이어야 한다.

### 10.7.2 기록 방법

결함지시 모양을 기록하는 방법으로는 사진기록, 접착테이프에 의한 전사, 스케치 기록이 있다.

#### (1) 사진에 의한 기록

결함의 지시모양을 잘 기록하는 방법이나 지시모양은 적색(염색침투탐상법)과 황록색(형광침투탐상법)으로 일반사진에서는 명암도의 재현이 어렵다. 올바른 기록을 위해 천연색 필름으로 촬영하므로 기록작성에 시간이 소요되고, 적정한 노출조건으로 선명한 사진촬영까지 숙련과 경험이 요구된다.

### (2) 접착테이프에 의한 전사

사진촬영법에 비해 기록 채취에 있어 소요시간, 비용, 전사의 실용성 등의 여러 측면에서 유리하다. 비교적 잘 전사되는 것은 염색 침투액을 사용한 속건식현상제이며, 기타 방법은 명료한 지시모양을 전사하는 것이 곤란하다. 최근에는 현상제 층을 고화시킨 후 전사하는 방법의 전사상(轉寫像)도 개량되고 있다. 접착테이프의 성질, 품질에 따라 경년변화가 일어나 장기보존이 불가능할 경우도 있다.

### (3) 스케치에 의한 기록

스케치에 의한 기록은 형상의 정확성은 상기의 두 가지 방법보다 미비하나 기록의 영구성, 비용 측면에서 장점이 있고, 주의를 기울이면 정밀도 높은 결함지시를 재현할 수 있다. 기록을 보고 결함의 위치와 크기, 형상 파악을 위해 위치 관계를 명확히 표현해야 한다.

## 10.8 탐상기구 및 시험편

### 10.8.1 탐상장치

침투탐상에 사용하는 장치는 탐상방법, 탐상제의 적용방법, 시험품의 형상, 크기, 처리 수량 및 검출결함의 종류 등에 따라 다르다. 장치에서 요구되는 중요한 기능은 침투탐상검사 절차서에 요구되는 결함을 확실히 검출하고 작업성이 우수하며 합리적이어야 한다. 침투탐상용 장치의 구비조건은 다음과 같다.

① 결함을 확실하게 검출할 수 있을 것　　② 조작이 간편하고 안전할 것

③ 시험을 신속하게 실시할 수 있을 것　　④ 장치의 관리가 용이 할 것

### (1) 전처리 장비

전처리는 시험부품의 표면에 존재하는 그리스, 페인트 녹, 스케일 등을 제거하는 것으로써 경우에 따라 적절한 장비를 선택해야 한다. 주요 장비는 증기탈지기, 샌드브라스터 수세장치, 용제 및 화학탱크 또는 증기분사장비 등이 있으며, 시험품의 취급, 운반의 최소화를 위하여

검사장소의 근처에 있어야 한다.

### (2) 침투처리 장비

침투처리 장비는 침투제를 시험편 전체 또는 부분 도포하는 것이며, 제품 크기에 따라 준비해야 한다. 과잉의 침투제를 제거시키는 배액처리 시설도 준비해야 한다. 소형부품은 침적법이 사용되고 침적탱크는 스테인리스강재로 제작된다. 대형부품은 분무법이 사용되며 고중량 제품은 콘베이어 장치가 필요하다.

### (3) 유화처리 장비

후유화성 침투탐상에 필요한 장비 또는 습식 침투처리 장비(침투액조)와 동일하며 분산장치는 필요하지 않다.

### (4) 세척 장비

소형제품은 수세척이 사용되어 세척탱크에서  분무법을 적용하며 수세척에서는 시험물을 고정 또는 회전시키는 작업대, 세척용 노즐, 세척정도를 확인할 자외선 조사장치와 필요에 따라 수압과 수온을 조정하는 장치가 필요하다. 수세척에서 스프레이 노즐은 세척효과에 영향을 줌으로 노즐 선택에 신중해야 한다.

### (5) 건조처리 장비

세척처리 후 또는 습식현상 처리 후 시험면의 건조를 위해서 건조온도가 90℃ 이하로 제어되는 열풍건조기가 있고 경우에 따라 헤어드라이어도 활용된다.

### (6) 현상처리 장비

현상처리 장비는 습식현상법과 건식현상법을 위한 장비들이 있다.

#### (가) 습식현상 처리 장비

침적법에는 시험품을 침적할 현상액 탱크, 배액대가 필요하며, 현상액을 균일하게 현탁하기 위한 기기가 탱크에 있어야 한다. 분무법에 의한 습식현상 처리에 있어 특수한 장비가 요구되지 않으나 분무기, 에어졸형 장비 및 자외선 조사장치가 필요하다.

(나) 건식현상 처리의 장비

시험품을 넣기 위한 현상탱크, 공기 중에 현상제 분말을 분산시키기 위한 분무장비가 필요하다. 필요에 따라 과잉 현상제를 공기로 제거하기 위한 작업대가 부가적으로 설치된다. 건식현상제는 미분말제의 비산을 막기 위한 대책과 집진장치 설치도 고려해야 한다.

### (7) 검사실

자외선 조사장치, 백색등, 환풍기, 검사대가 설치된 암실이 형광침투탐상의 경우에 필요한 장비이며, 검사실의 자외선 조사장치는 고정식 또는 휴대식이 사용된다.

(가) 자외선 조사 장치

형광침투탐상에는 파장 320~400nm를 이용하는 자외선조사등이 사용된다. 조사된 자외선 강도는 조사중심에서 횡방향으로 벗어난 위치는 필터의 렌즈효과로 급격히 감소된다. 필터 전면에서 떨어지면 거리의 자승에 반비례하여 감소되므로 위치, 시험면에서 거리에 주의해야 한다. 관찰을 위한 자외선 강도는 시험면에 대해 수직 38cm 거리에서 800~1,000$\mu W/cm^3$ 정도이다.

### (8) 장치의 실례

침투탐상 검사장치의 대표적인 거치식을 그림 10-6에 나타냈다. 이 장치는 침투처리탱크, 배액대, 유화처리탱크, 세척처리 및 현상처리, 건조장치 자외선 조사장치를 갖춘 검사실로 구성되며 열풍 건조기가 포함되어 있다.

그림 10-6 거치식 침투탐상장비

### 10.8.2 침투탐상 검사용 시험편

시험편은 KS B 0816에서 A형 비교시험편과 B형 비교시험편이 있다.

#### (1) 시험편의 사용·목적

시험편은 침투탐상제의 성능 비교 및 점검을 위해 사용되며, 탐상제의 성능은 탐상제가 갖는 결함검출의 특성을 나타낸다. 침투제의 성능은 액의 물리적, 화학적 성질로써 복잡하며, 특성을 수치화하기는 어렵다. 따라서 표면균열을 갖는 시험편으로 그 지시모양을 비교하여 결함검출 능력을 종합적으로 판단하며, 탐상제의 성능을 비교하고 점검한다. 탐상제의 성능 점검에는 다음의 두 가지 경우가 있다.

(가) 탐상제의 선정, 구입시 성능의 비교 점검

탐상제를 선정함에 있어 여러 탐상제의 성능을 비교하며, 또한 탐상제 보충을 위해 종전의 탐상제의 성능과 비교, 확인할 경우이다.

(나) 사용 중인 탐상제의 성능 점검

탐상제를 탱크에 넣어 반복 사용하면 수분, 기름, 광물질 등이 혼입되거나 용제가 휘발되어 성능이 저하된다. 이때 둔화의 정도를 점검할 경우, 기타 KS규격에서는 시험편의 사용목적으로 탐상조작의 적정성을 점검하는 경우로 규정하고 있다.

#### (2) 시험편의 종류

(가) A형 비교시험편

알루미늄합금판 표면에 인공균열로 만들어지며, 재료는 KS D 6701(알루미늄 및 알루미늄합금 판 및 띠)에 규정된 A2024P로 한다. 시험편의 제조는 판의 한쪽 중앙부를 가스버너로 520~530℃로 가열하여 냉수로 급랭시켜 터짐을 만든다. 또한 반대쪽에도 같은 방법으로 터짐을 만들어 중앙부에 홈을 가공한 것이다.

A형 비교시험편은 제작이 쉽고 자연균열에 가까운 미세균열을 얻을 수 있으며, 균열 깊이, 폭에 의해 성능차이를 구별할 수 있어 탐상제의 성능 파악에 적당하다. 그러나 가열, 급랭되므로 균열치수의 조절이 어렵고 알루미늄합금으로 반복 사용할 경우 균열 파면이 산화되어

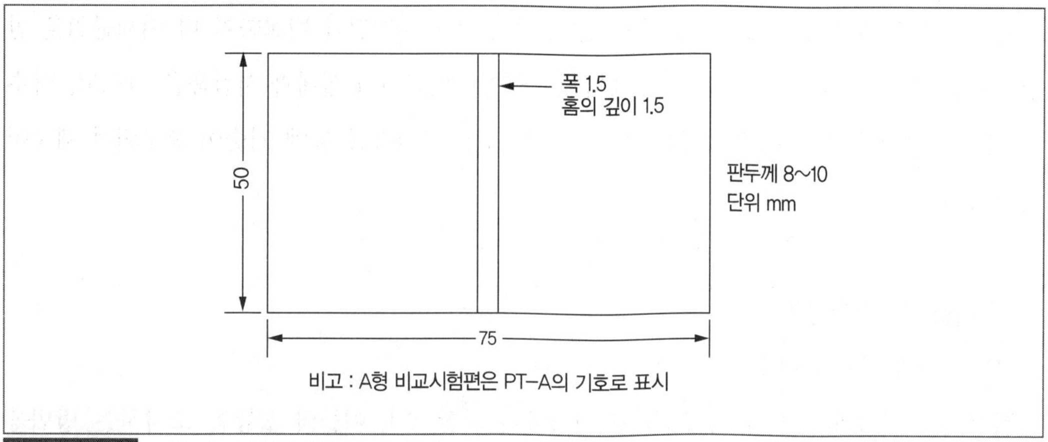


**그림 10-7** A형 비교시험편의 형상 및 치수(KS D 0816)

재현성이 저하된다.

(나) B형 비교 시험편

B형 비교시험편의 재료는 KS D 5201(구리 및 구리합금 판 및 띠)에 규정한 C2600P, C2720P, C2801P로 한다. 시험편은 길이 100mm, 폭 70mm의 황동판에 니켈도금과 크롬도금하여 도금면의 바깥쪽으로 굽혀, 도금층에 균열을 만들어 굽힌 면을 편평하게 한다. 탐상제의 성능시험은 1조의 비교시험편에서 각각 면에 비교할 탐상제를 적용하여 동일조건으로 시험하고 결함지시 모양을 비교한다.

B형 비교시험편의 장점은 균열 깊이가 도금층 두께와 동일하므로 도금층의 두께를 조정하여

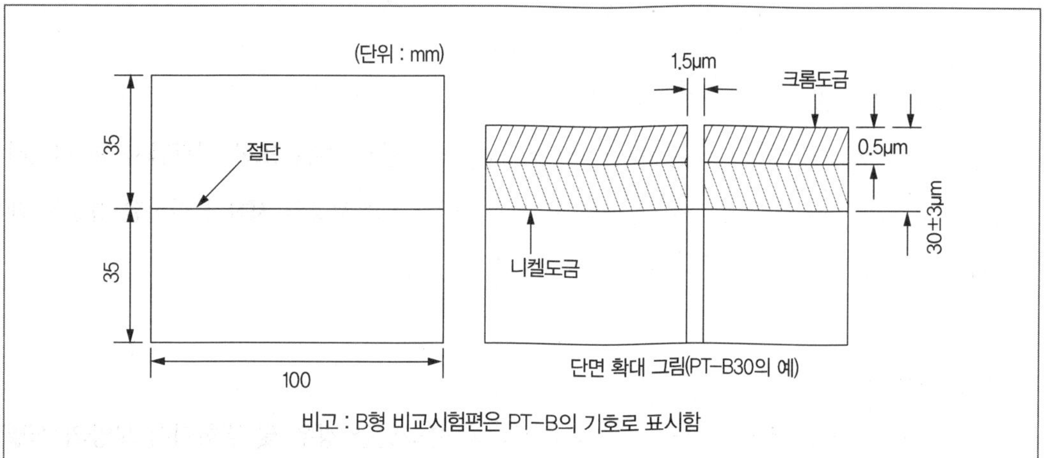


**그림 10-8** B형 비교시험편의 형상 및 치수

깊이가 일정한 균열로써 재현성을 좋게 한다. 또한 A형 시험편과 비교하여 더 미세균열을 만들 수 있으며 장기간 사용할 수 있다. 단점은 표면이 미끄러워 실제와 시험품은 다르고, 다수의 균열이 생겨 보기가 나쁜 경우가 있다. 또한 도금, 곡률가공 등에 기술이 요구되며 제작이 쉽지 않다.

### (3) 시험편의 사용 방법

(가) 탐상제 성능의 비교

탐상제는 세척제, 침투제, 유화제 및 현상제가 포함되며, 이들의 성능을 조사하는 방법을 시험편의 사용 목적에서 열거한 두 가지 경우는 다음과 같다.

① 선정 또는 구입시 탐상제의 성능 비교 확인
② 사용 중인 탐상제의 성능 점검

(나) 점검 방법

사용 중인 탐상제는 성능 및 외관시험을 하고 성능이 저하된 경우에는 폐기한다.

(a) 침투액의 점검 방법

사용 중인 침투액의 성능시험을 하고 결함검출 능력 및 결함지시 모양의 휘도 또는 색 농도가 저하된 것으로 인정된 경우이다. 또한 외관검사 후 현저한 오탁, 침전물이 있는 경우, 형광휘도의 저하, 색상의 변화 및 세척성의 저하 등이 인정된 경우는 폐기한다.

(b) 유화제의 점검 방법

사용 중인 유화제를 성능시험을 하고 성능의 저하가 인정된 경우, 또한 외관검사 후 현저히 오탁 되거나 침전물이 생긴 경우 및 점도의 상승으로 인한 유화성능의 저하가 인정된 경우는 폐기한다.

(c) 현상제의 점검방법

사용 중인 현상제의 성능시험을 하고 부착상태가 불균일한 경우 및 결함지시 모양의 식별곤란, 현상성능의 저하가 인정된 경우, 사용 중인 건식현상제의 외관검사 후 현저히 형광이 잔류된 경우, 응집입자가 생겨 현상 및 성능저하가 인정된 경우는 폐기한다.

사용 중인 습식현상제의 외관검사 후 현저히 형광의 잔류가 생긴 경우, 적정한 농도유지가 어려워 현상 성능의 저하가 인정된 경우에도 폐기한다.

(다) 시험편의 후처리

사용한 시험편의 균열부는 침투액, 현상제가 잔존하여 반복사용 할 경우에는 재현성이 저하된다. 잔류물은 용제, 화학반응, 가열로 제거하나 시험편의 재질이 변형된다면 가열, 산, 알카리 용액의 사용은 부적절하므로 수증기 세척, 유기용제를 사용한 증기세척, 침적, 초음파 세척 또는 이들의 조합방법이 효과적이다. B형 시험편은 균열면이 니켈, 크롬도금으로 표면상태가 좋아 잘 세척된다.

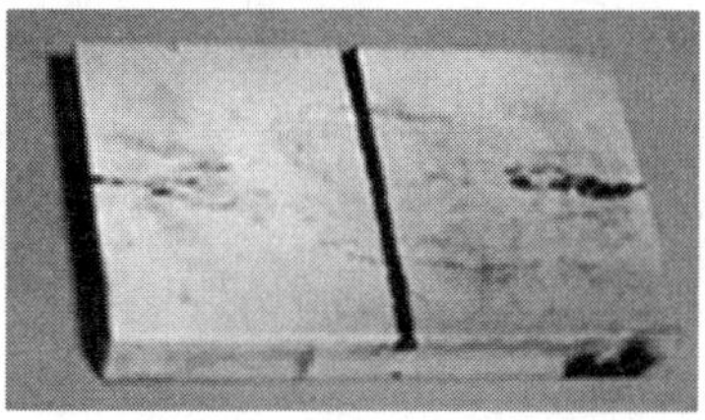

(A) 불량한 침투제 (B) 양호한 침투제

그림 10-9 탐상제의 점검 결과 비교

## 10.9 불연속부의 검출

### 10.9.1 불연속부의 분류

불연속부는 여러 관점과 용도에 따라 분류되며, 침투탐상의 대상은 표면에 열린 불연속부와 표면 직하의 불연속이다. 침투탐상에서 표면 개구결함은 탐상이 가능하나 표면 아래의 열리지 않은 결함은 탐상이 곤란하다.

#### (1) 표면 결함의 분류

표면결함을 검출하는 침투탐상은 철, 비철, 플라스틱, 세라믹, 유리 등 모든 재료가 가능하다. 결함의 분류는 형태, 크기 및 형상, 발생 요인, 발생 소재 및 제조공정 등 다양하게 분류된다.

### (2) 검사 방법의 선택

비파괴검사의 목적은 결함탐상과 더불어 제품의 사용 가능성, 수명에 지장을 주는 요소를 배제하거나 보충하는 것이다. 검사방법은 재료 및 기법의 적절성, 결함 종류, 검사부품의 종류, 제품의 제조형태와 공정, 예상결함의 형태, 검사부품의 크기와 수량, 용도, 검사 속도, 장비시설의 활용과 비용 등을 고려해야 한다.

### (3) 검출 결함의 종류

(가) 표면 균열

대부분의 표면균열은 매우 "가늘고 폭이 좁은 형상" 및 "폭이 넓고 벌어져 있는 형상"도 아닌 두 가지 특성을 공통으로 갖는 결함이 대부분이다. 침투탐상에서 나타내는 모든 결함은 치수상 크지 않으므로 높은 식별도를 갖는 수세법이나 미세균열의 탐지가 가능한 후유화법으로 한다.

(a) 기공

기공이 표면 아래에 넓게 퍼져 있는 경우라면 기계가공 없이 침투탐상을 적용하기 어려우며, 가끔 표면과 미세 통로를 갖는다. 이 기공은 알루미늄, 마그네슘의 사형주물에서 가끔 나타나며, 가늘거나 폭이 좁은 형태로써 폭이 좁은 균열보다 부피는 더 크다. 주조제품에서 이러한 결함은 쉽게 침투처리되나 마그네슘 사형주물에서의 기공은 산화물에 의해 방해를 받기도 한다.

(b) 표면하 결함

결함이 실제 완전히 표면하에 위치하면 침투탐상법은 적당하지 못하나 표면하 결함을 기계가공으로 표면에 노출시키면 침투탐상이 가능하다. 예로써 강봉의 터짐현상은 단조된 봉을 절단하여 내부 터짐을 침투탐상법으로 쉽게 탐지할 수 있다.

(나) 관통 균열 혹은 누설부

이 결함은 다른 표면 불연속에서는 한 표면으로부터 다른 반대 표면까지 완전히 이어진 균열 또는 개구부 등으로 분류한다. 이러한 결함은 표면결함과 동일하게 모든 면에서 나타나며 침투탐상법은 이것을 증명하는 수단으로 사용하며, 누설탐상은 침투탐상의 주요 역할중의 하나이다.

### 10.9.2 시험 결과의 판독

#### (1) 판독 및 평가

결함지시에 대한 "판독"과 "평가"는 구분되며, 판독은 결함지시의 원인을 파악하고 결함을 해석하는 것이다. 예로써 균열지시에 대하여 모양은 기공, 접착불량 또는 억지끼워맞춤 등 제품 조립상 발생되는 표면불연속의 요인을 해석하는 것이다. 평가는 판독의 다음 단계로써 결함크기와 방향을 갖는 균열 제품이 그 상태로써 사용 가능한 범위에서 허용되는 지를 판단하는 것이다. 즉, 보수, 폐기처리 이전에 제품 유용성에 미치는 영향을 해석하는 것이다.

#### (2) 판독에 필요한 경험

검사원은 지시모양의 정확한 판독을 위해 검사방법에 대해 숙련되어야 하며, 검사과정이 정확했는지를 알아야 한다. 지시모양에서 가능한 주요 정보를 찾아내고 균열, 기공 또는 비관련지시 사항을 밝히는 능력이 있어야 한다. 검사원의 검사능력에 대하여 충분한 지식이 있다면 판정은 신뢰할 수 있다. 재료, 제조공정 및 연속되는 공정의 이해와 재질의 결함특성, 제조공정 중에 개재되는 결함도 알아야 한다.

#### (3) 평가에 요구되는 경험

일정 크기나 방향을 갖는 균열, 기공, 기타 결함이 존재할 때 제품처리와 더불어 제품을 사용할 경우, 결함이 미치는 영향을 평가하고 판단해야 한다. 이것은 응력과 응력분포와 관련된 문제로써 제품성능을 책임지는 설계자와 엔지니어와의 충분한 지식을 공유해야 한다.

제품사용에 있어 방향성은 해롭지 않을 수 있으나 동일결함도 인장응력과 90°방향이라면 큰 문제가 야기될 수 있다. 또한 결함이 작은 응력은 허용되지만 고응력을 받는 부위라면 당연히 불합격되어야만 한다.

#### (4) 검사원의 중요성

정확한 평가는 올바른 판독을 기초로 하므로 검사과정에서 매우 중요한 요소이다. 자격을 인정받은 검사원이 판독함으로써 경험상 여러 결함지시에 익숙할 수 있다. 또한 직접 검사함으로써 검사과정의 적절성, 적용되는 조건 변동에 대해서 파악하고 있어 판독시 고려할 수 있다. 지시모양이 평소와 다를 때 원인을 규명하고 검사과정과 검사장비, 시험품, 검사기법을 점검하여 정상상태와 편차를 확인하여 생산관리자나 자재 담당자에게 알려야 한다.

### 10.9.3 지시 모양의 판독

모든 지시들은 기준코드의 허용표준에 의해 조사되며, 표면 불연속들은 침투액의 흡출에 의해 지시모양을 형성한다. 불연속의 지시모양들을 방해할 수 있는 넓은 영역의 형광 또는 색소는 허용되지 않고, 이 영역들은 세척하여 제조사해야 한다. 상세한 내용은 액체침투탐상 규격 KS B 0816 또는 ASTM E 165를 참고해야 한다. 실제로 침투탐상에 있어 판독은 간단하며, 표면 불연속을 제외하고는 검출되지 않는다. 표면에 위치한 실제 불연속이나 세척불량, 오염된 실제결함과 관계없는 표면에 잔존하는 침투제에 의한 것이다.

#### (1) 의사 지시

침투탐상은 의사지시(False Indication)가 생기기 쉬우며, 이것은 표면 불연속과는 무관한 부분에서 형광 또는 염색침투제가 남아 있는 경우이다.

(가) 부주의 한 세척

의사지시의 원인은 세척의 불완전과 침투처리 후, 과잉 침투제가 완전히 제거되지 않아 관찰에 혼란을 준다. 형광침투탐상시 세척 후에 자외선등을 사용하여 세척상태를 확인한다. 유화제와 세척수로 완전히 세척되지 않은 과잉의 형광침투제는 표면에 고착되기 쉬우며, 건식현상제는 과잉의 침투제로 형광성을 잃게 된다. 염색침투탐상은 솔벤트를 사용하면 세척은 문제가 없으나 현상제가 두껍게 도포된 후 침투제를 덮는 경우도 있다.

(나) 외부 오염

판독에 있어 실제 지시와 다른 침투제 자국으로 인하여 생기는 혼동을 피하기 위해서, 부품표면의 침투제에 이상으로 외적요인이 생기지 않도록 주의해야 한다. 오염요인은 검사대에 떨어진 침투제, 검사원의 손에 묻은 침투제, 현상제에 침투제가 오염된 침투제이다. 세척용 헝겊에서 떨어진 실 조각이 제품표면에 붙어 지시모양과 혼동되는 경우도 있으므로 주의해야 한다.

### (2) 무관련 지시

무관련지시(Nonrelevant Indication)는 표면불연속으로 인한 지시이나, 실제 존재하는 불연속결함은 아니다. 일반적인 원인은 끼워맞춤, 키홈, 리벳이음, 용접부 틈새에 의한 것으로 파악하기 쉽다.

### (3) 표면 조건

주물제품에 있어 주물사가 연소된 자국으로 인한 거친 표면이 생기거나, 녹이 달라붙는 경우는 침투된 후 판독할 때 나타나기도 한다. 이러한 지시는 주로 부적당한 전처리 및 표면처리에서 기인되며 판독을 방해하므로 주의해야 한다.

### (4) 결함 지시

실제 결함지시는 크기와 넓이가 다양하나 모든 지시는 "균열이나 균열과 유사한 불연속에 의한 선형지시 모양"과 "기공으로 인하여 반점 또는 불규칙한 모양으로 나타내는 원형지시 모양"으로 나타난다. 지시모양, 크기, 침투제 색의 강도 및 퍼지는 양 등은 결함평가에 유용한 정보이다.

미세균열과 작은 기공은 희미하게 나타나며, 균열이 넓고 깊거나 기공의 공동이 크면 침투제가 스민 후 지시되므로 크고 선명하며 빨리 퍼지는 지시모양이다. 침투제 색의 강도, 퍼짐성에서 결함크기 및 심각한 정도가 파악된다.

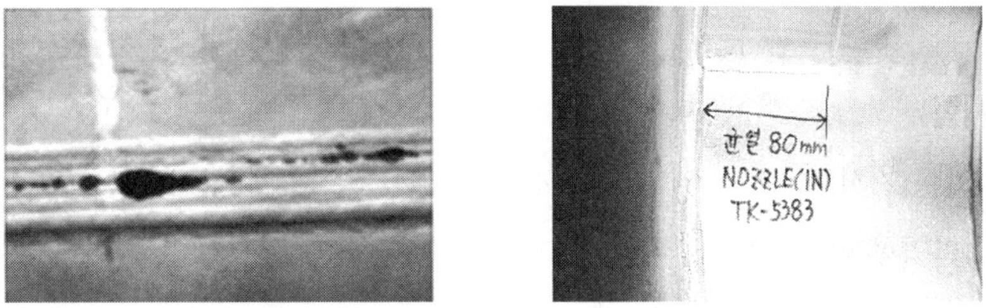


**그림 10-10** 용접제품의 침투탐상 사진

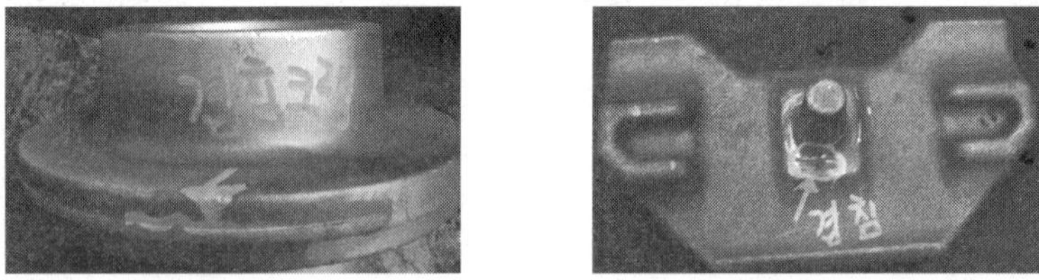


그림 10-11 단조제품의 침투탐상 사진

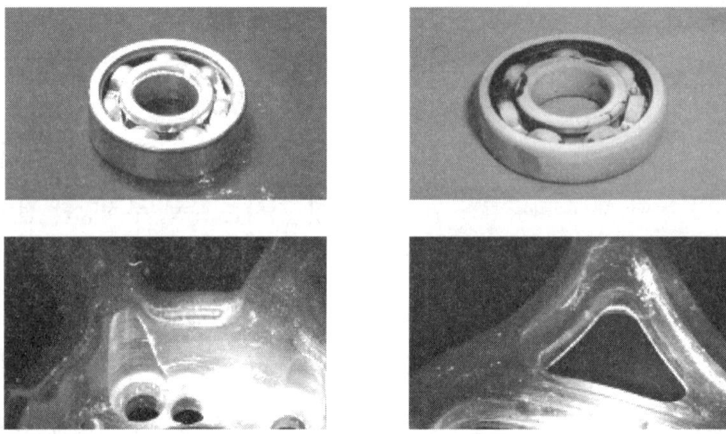

그림 10-12 기타 기계제품의 침투탐상 사진

### (5) 지시모양의 퍼짐 현상

모든 지시는 시간이 지나면서 퍼지나 양질의 침투제는 퍼짐속도에 한계를 두어 불연속부 평가를 용이하게 한다. 큰 균열은 빨리 퍼져 균열의 정확한 위치 파악이 힘들고 정확한 균열 형태도 관찰할 수 없다. 큰 불연속부는 명백하나 판독에는 방해가 된다. 지시모양의 형성과정을 관찰할 수 있다면 적은 양의 솔벤트로 닦고 재형성 상태를 관찰하며, 침투제가 많이 흡수된 불연속부는 지시가 빨리 재형성 된다.

### (6) 추가 시험

균열의 원인은 지시모양이나 기타 특성에 의하여 명확히 밝혀지며, 종종 추가시험에서 그 발생 원인을 파악할 수 있다. 고운 연마지로 표면연마 후 백색광에서 육안 또는 확대경으로 관찰하거나 표면을 부식시켜 자세한 균열정보를 얻을 수 있다.

# 제11장 와전류탐상기술

## 11.1 와전류탐상의 개요

### 11.1.1 와전류탐상의 기초

와전류탐상(ECT, Eddy Current Testing)은 도체에 와전류를 발생시켜 결함탐상, 금속의 합금성분, 열처리 상태, 재질검사, 도막두께 등의 검사에 이용된다. 또한, 형상검사 등 다양한 특성을 파악하는 방법으로 철강, 비철금속 및 흑연과 같은 전도체에 적용한다. 탐상의 특징은 결함크기, 변화, 재질의 동시검사가 가능하다. 따라서 산업현장에서는 관, 환봉, 선형제품을 고속자동화 및 온라인 전수검사에 사용되고 있다.

표면결함에 대한 검출도가 우수하며, 고온에서 가늘고 얇은 시험체의 구멍내부를 비파괴 및 비접촉으로 검사하여 지시가 전기적으로 얻어진다. 그러나 표피효과로 인하여 표면하 깊은 부분의 결함검출이 곤란하며, 검사지시가 직접 결함의 종류, 형상을 판별하기 어렵다. 또한, 검사대상 이외 재료인자의 영향으로 잡음이 생겨 검사에 방해가 되는 경우도 있다.

#### (1) 와전류 특성

전도도에 영향을 주는 인자는 화학성분, 합금성분, 불순물의 영향, 냉간가공, 온도, 재질강도와 경도, 잔류응력 등이 있다. 표피효과는 시험코일에 적용되는 교류주파수와 원주안의 와전류 분배와 관련되며, 주파수가 증가할수록 표면부근의 와전류가 집중되고 내부로 갈수록 감소된다. 즉, 주파수가 낮아지면 와전류는 중심으로 깊게 분배되고, 밀도가 표면값 37%의 저하깊이가 표준침투깊이가 되며, 표면침투깊이 $\delta$는 다음과 같다.

$$\delta = \frac{1}{\sqrt{\pi f \mu \sigma}} \tag{11.1}$$

여기서 $\delta$는 침투깊이($m$), $f$는 교류주파수($Hz$), $\sigma$는 도체의 전도율($v/m$), $\mu$는 투자율($H/m$)이다.

### (2) 임피던스 변화에 의한 검출

① 임피던스 시험(Impedance Testing) : 와전류코일로 시험편 탐촉시 재료변화(전도성, 투자율, 치수변화)가 임피던스 변화의 원인이 된다.

② 위상분석 시험(Phase Analysis Testing) : 위상분석방법은 CRT상에 나타나는 지시모양으로 시험정보를 얻는다.

③ 벡터법(Vector Point Method) : 시험코일로 부터 신호가 항상 점으로 나타나도록 회로가 설계되어 있다. 전도성, 치수 및 투자성이 변화하면 점의 위치도 변한다.

④ 타원법(Ellipse Method) : 차동코일을 사용하며 전압 $V_R$을 CRT의 수직판상에 나타나게 하고, 신호발생기에서 신호는 AC전압에 의해 수평판 상에 선을 형성한다.

⑤ 선형시간법(Linear Time Base Method) : 타원법과 유사하나 다른 신호의 모양이 수평판 상에 위치하게 된다. 파형은 평형이나 위상조정에 의해 모양과 위치를 조절할 수 있다.

## 11.1.2 와전류탐상의 원리

와전류탐상은 도체에 와전류를 유도시켜 표면에 존재하는 불연속을 검출하는 비파괴검사 방법이다. 즉, 임의코일에 전류를 통과시키면 코일에 자기장이 형성되고 주위에 금속물체가 근처에 있으면 그 금속의 표면과 내부에 전류가 유기된다. 이 전류에 의해 또 다른 약한 자기장이 형성되며, 약한 자기장 신호를 코일로 감지하여 프로세서에 넣어 와전류로 인한 자기장의 분포가 불균형할 때 CRT로 나타난다.

그림 11-1과 같이 코일에 교류전류 $I_1$이 흐르면 코일은 비오트-사버트(Biot-Savart)법칙

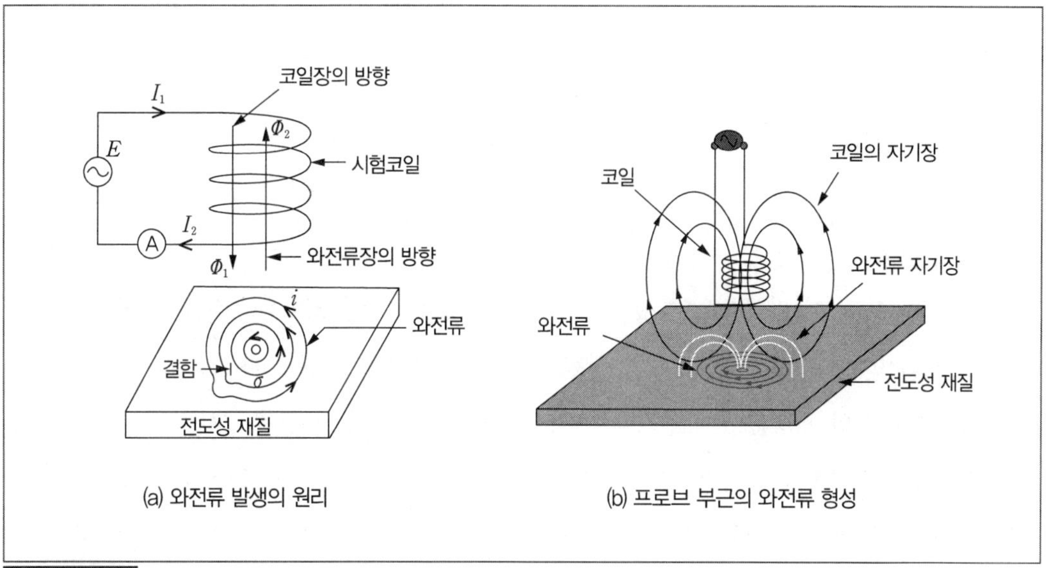


**그림 11-1 와류탐상의 시험 원리**

에 의하여 자속 $\Phi_1$이 생긴다. $\Phi_1$은 $I_1$이 교류이므로 $\Phi_1$이 역시 교번자장을 형성하며 $\Phi_1$은 순간적으로 변화한다. 그 변화하는 자장 내에 시험체를 접근시키면 시험체에 페러데이-로렌쯔(Faraday-Lentz)법칙에 의해 자속 $\Phi_2$를 만든다. $\Phi_2$는 역시 교번자장으로써 순간 변화하며, 본래 코일에 $I_2$의 전류가 페러데이-로렌쯔법칙에 의해 발생된다.

이 두 법칙을 적용하면 시험체에 시험코일이 접근함에 따라 전류 $I_1$은 $I_1+I_2$가 되며, $\Phi_1$은 $\Phi_1-\Phi_2$가 된다. 이것은 시험체가 결함이 없는 경우이고, 만일 시험체에 결함이 있다면 코일이 결함부에서 생긴 와전류 $I'$는 건전부의 와전류 $I$와 다르고, 와전류 $I'$에 의해서 생긴 $\Phi_2'$도 건전한 부위 $\Phi_2$와 다르게 된다. 따라서 $\Phi_2'$에 의해 생긴 $I_2'$도 결함부는 건전부에 의한 $I_2$와는 다르게 된다. 즉, 결함부의 코일 전류 $I_1+I_2'$는 건전부의 코일 전류 $I_1+I_2$와는 다르다. 코일에 생긴 전류 $I_1+I_2$는 시험체의 특성과 관련되는 전도도 $\sigma$, 투자율 $\mu$, 기하학적 구조 $D$에 따라 결정된다.

그 관계의 순서는 결함(Defect)→전도율($\sigma$)변화→와전류($I$)변화→2차자속($\Phi_2$)의 변화→2차전류($I_2$)로 변화된다. 이 변화는 시험코일의 임피던스 변화로 나타나며, 이 시험코일의 임피던스 변화는 시험기 회로의 전류와 전압위상의 관계에 변화를 준다. 임피던스 변화를 주는 와전류의 세기는 시험체의 재질, 결함 및 공극과 같은 특성에 좌우되므로 와전류의 변화량을 측정하면 시험체의 특성 변화의 예측이 가능하다.

## 11.2 와전류탐상의 적용

### 11.2.1 검사 적용

#### (1) 결함 검출

그림 11-2(a)와 같이 자기장을 형성하는 주 코일에 2개의 검출코일을 서로 반대방향으로 감아 두 신호를 받는다. 탐상코일 2개를 방향을 다르게 하면 한쪽은 그대로 놓고 다른 한쪽에는 코일 임피던스와 저항값이 가변되게 하여 평행을 맞추면, 두 코일의 고유값이 일치되지 않아도 전기적으로 평형을 유지한다. 한 쪽은 (+)신호로 다른 쪽은 (−)신호가 되게 하고, 크기는 동일시간에 입력되어 두 개의 신호를 더하면 영(Zero)이 되어 평형이 되도록 한다. 이때 두 신호 중에 한쪽이 시편통과 시 결함에 의해 평행상태를 벗어나며, 두 신호를 합하면 평형을 벗어나 표시기에는 +방향 혹은 −방향으로 치우쳐 결함이 검출된다.

한편 **그림** 11-2(b)와 같이 브리지회로로써 2개의 신호입력이 평형이 되게 대각선 방향에 마주보는 저항과 임피던스가 일치하면 전류미터의 전류는 0이 된다. 이 경우를 평형상태라 하고 만일 한쪽의 크기가 크거나 작으면 평형이 깨져 전류가 흘러, 미터지침이 중심에서 좌측 혹은 우측으로 치우쳐 불평형 상태에서 전류의 양이 파악된다.

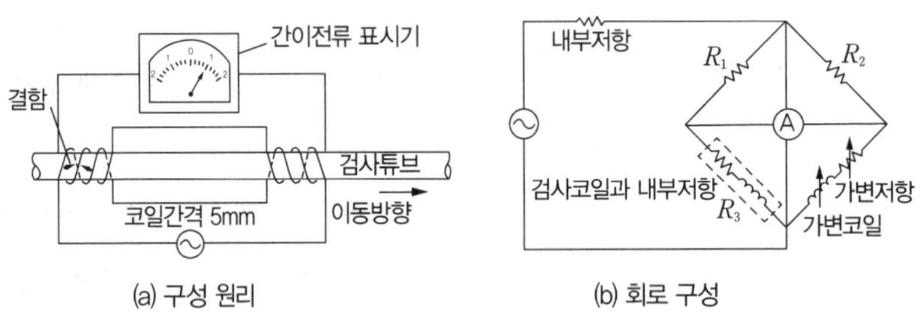


**그림 11-2** 결함 검출의 원리

#### (2) 주파수와 시편 두께

주파수는 저주파 일수록 자기장의 세기가 강해져 후판금속의 속까지 침투하고, 고주파일수록 그 자기장의 세기가 약해져서 표면근처에서 반사된다. 이 원리를 기본으로 시험편에 적정한 검사코일을 적용하여 최대의 이득이 되도록 한다.

### (3) 충진율과 탐상정도

검사대상의 시험편과 검사코일과 간격은 주요 인자이며 간격이 좁을수록 검사가 우수하고, 넓을수록 검사가 불투명한 요인이 작용된다. 즉, 선형제품을 검사하는 관통형 시험코일 직경($D_2$)과 시험편 직경($d_2$)의 사이에서 시험편 직경이 클수록 꼭 끼게 되며, 다음의 관계식을 갖는다.

$$\eta = (d_1/D_2)^2 \tag{11.2}$$

### (4) 필터 특성과 제작

(가) 검출신호에서 잡음의 발생 요인

검사라인 속도가 빠를수록 진동에 의한 잡음이 생기며, 기계 자체에서 발생하는 전기와 자력선의 불규칙한 잡음이 발생된다. 한편, 검사장비의 전원으로 투입되는 불규칙한 충격파에 의한 잡음이 발생되며, 검사코일과 장비사이에 발생 가능한 접촉 불량에 의한 잡음도 생긴다. 검사코일에 금속분진의 잔류로 인한 신호산란이나 검사재료의 표면거칠기와 성분의 불균일 현상도 잡음의 요인이 된다. 이러한 요인과 더불어 검사재료의 결함도 잡음과 혼재되어 나타난다.

(나) 효율적인 신호추출의 방안

유용한 신호추출을 위해서는 정확한 회로설계에 의한 시스템을 운용하거나 진동과 이상잔류 전류의 제거를 위한 접지시설을 설치해야 한다. 또한 검사코일에 대한 주기적인 청소 및 점검이 필요하며, 정격전원의 공급과정에서 잡음이 결함신호보다 작아야 한다.

이 잡음들로 신호가 중복되어 상승 또는 불규칙한 결함발생을 초래하므로 필터사용으로 불규칙 잡음을 감쇠시켜야 한다. 동일한 비율로 결함신호도 감소하는 것은 당연하나 크기가 매우 작아 차별성을 갖게 된다.

(다) 신호 표시

필터를 사용하지 않은 신호는 결함과 동일한 잡음이 발생하여 판독하기 어렵다. 필터를 약간 사용한 신호는 구분은 명확하나 큰 잡음이 결함으로 판독되기 쉽다. 따라서 적절한 필터를 사용한 신호는 잡음을 평활하게 하여 결함 판독이 용이하게 된다.

(라) 필터 제작

저항과 콘덴서로 적당한 계수가 되도록 만들어 신호를 통과시키며, 콘덴서가 크면 고주파 잡음이 감쇠하고, 적으면 저주파 잡음이 감쇠하여 흐른다. 따라서 검사라인 속도에 따라 필터의 크기를 증감하여 최적의 결함신호를 얻는 필터를 제작해야 한다.

### 11.2.2 임피던스 변화의 검출

임피던스 변화의 검출 방법은 임피던스 시험, 변조분석 시험 및 위상분석 시험으로 구분된다.

#### (1) 임피던스 시험(Impedance Testing)

재료 또는 시험면의 임피던스 변화를 측정하는 방법으로 기본 출력표시는 미터(Meter)기이다. 와전류 코일을 이용한 시험편 탐상에 있어 재료의 전도성, 투자율 및 치수변화 등의 재료의 특성 변화가 임피던스 변화의 원인으로 진폭이 되어 지침이 움직인다. 여러 가지 제반사항으로 인하여 임피던스의 변화만으로써 결함으로 인한 임피던스 변화의 원인을 정확히 파악하는 것은 매우 어렵다.

#### (2) 변조분석 시험(Modulation Analysis Testing)

시험코일에서 수신된 신호는 기록침에 전달되어 기록계에 저장된다. 불연속부 신호와 잡음신호의 구별이 어렵고 필터를 전자회로 내에 설치하여 원하는 신호만을 추출하는 것이 변조분석시험이다.

#### (3) 위상분석 시험(Phase Analysis Testing)

위상분석 시험은 가장 많이 사용하는 와전류탐상법으로 위상분석 모드를 적용한다. 위상분석 방법은 벡터법(Vector Point Method), 타원법(Ellipse Method), 선형시간축법(Linear Time Base Method)이 있으며, 각각 CRT 화면상에 나타나는 지시모양으로 시험 정보를 얻을 수 있다.

(a) 벡터법(Vector Point Method)

CRT 화면상에 점으로 나타나며, 시험코일로부터 신호가 항상 점으로 나타나도록 회로설계가 되어 있다. 전도성, 치수 및 투자성이 변화하면 점의 위치도 이동한다.

치수와 투자성이 변화하면 점은 수직이동 하고, 시험편 상에서 전도성이 변화하면 점이 수평이동 한다. 그러면 치수변화 만으로의 특성은 수직상으로 이동하는 점에 의해 파악된다.

(b) 타원법(Ellipse Method)

타원법은 차동코일을 사용하여 전압 $V_R$을 CRT 화면의 수직판 상에 나타나게 하고, 신호발생기로부터 신호는 AC전압에 의해 수평판 상에 선을 형성한다. 치수변화는 전압의 변화를 수반하므로 CRT상에 경사진 직선 형태로 나타난다. 그러나 균열 등의 불연속부가 시험편에 존재한다면 코일 전도성의 변화를 가져와 타원형의 신호가 나타난다.

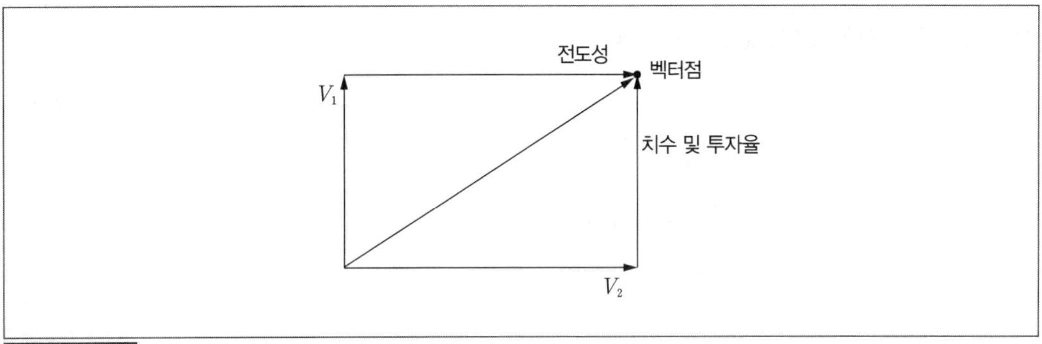


그림 11-3 재료 물성에 따른 벡터

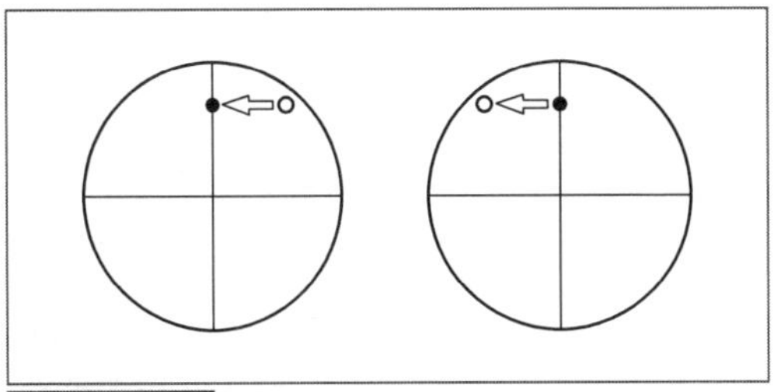

그림 11-4 전도성에 따른 수평이동

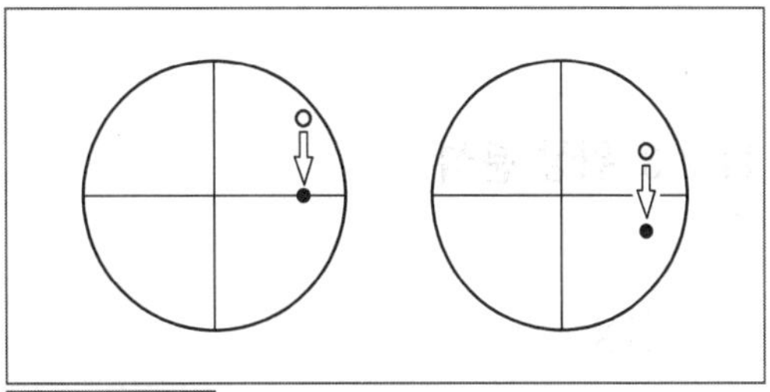

그림 11-5 치수변화에 따른 수직이동

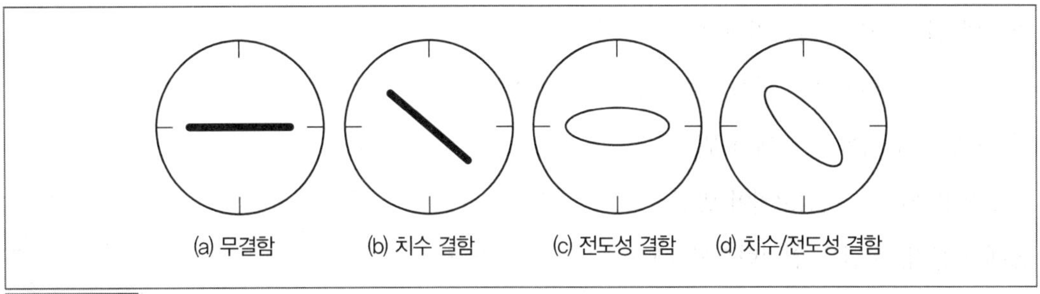


그림 11-6 각종 결함에 따른 상의 변화

또한 타원형이 기울어 있는 형태로 나타나면 치수변화와 전도성 변화가 동시에 존재함을 알게 된다. 기울기의 각도가 크면 큰 변화임을 의미하며, 타원형의 폭이 크면 역시 큰 변화임을 알 수 있다. 따라서 CRT상에 나타난 위치와 형태로부터 치수변화와 전도성의 변화를 구별할 수 있고, 불연속부의 대략적인 깊이와 길이를 측정할 수 있다.

(c) 선형시간축법(Linear Time Base Method)

이 방법은 타원법과 동일하게 차동코일을 사용하여 CRT의 수직판상에 신호를 넣는 방법이며, 다른 신호의 모양이 수평판상에 위치하게 되는 것과 차이가 있다. 그림 11-7과 같이 시험편상에 결함이 있으면, 이 방법에서는 AC파형이 나타남을 볼 수 있다. 이 파형은 평형(Balance)과 위상조정(Phase Control)에 의해 모양과 위치를 조절할 수 있다.

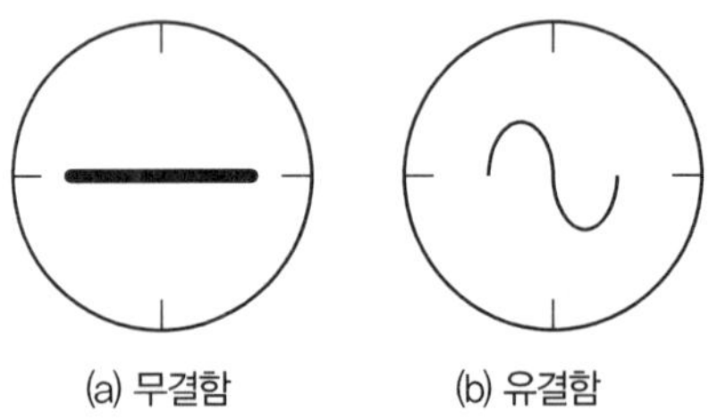


그림 11-7 각 결함 유무에 따른 파형변화

### 11.2.3 위상 분석

#### (1) 위상각

전류와 전압의 위상차를 나타내는 각도($\theta$)를 위상각(Phase Angle)라 하며, 이 각도는 임피던스 변화에 따라 변화한다. 주어진 값 $X_L$과 $R$에 대해 분명한 위상각이 존재하며, $X_L$이 증가하면 위상각도 증가하기 때문이다. 저항이 없을 경우 위상각은 90°가 되나 저항은 항상 조절될 수 있어 위상각은 항상 90°보다는 적은 값이 된다. 어떤 시험코일 $X_L$이 적다면 위상각도가 작게 되어 이를 회로에서 위상지연(Phase Lag)이 적다고 한다.

그림 11-8(a)는 시험코일이 발전기에 연결되고 전압은 발전기의 교류출력 전압이며 시험코일을 통해 흐른다. 코일은 인덕턴스를 가져 전류의 일정한 위상각을 갖는 발전기 전압을 지연시키며, 이 각도가 임피던스 위상각이다. 그림 11-8(b)에서 회로를 통해 흐르는 발전기 전압과 전류로써

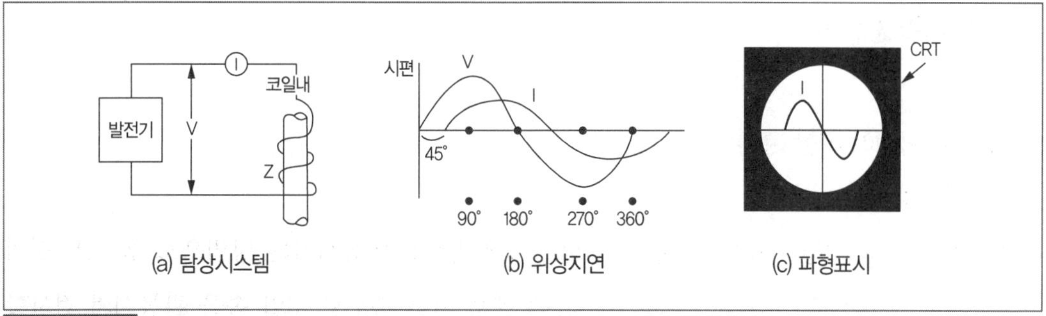


그림 11-8 임피던스 위상각 발생 및 파형(위상분석)

전류가 전압에 대해 45°지연되므로 임피던스의 위상각이 된다. 그림 11-8(c)는 그림 (b)에서 전류(I)를 CRT에 나타낸 것으로 파형은 CRT 화면 수직선의 양측에 각각 반쪽으로 놓여 있다. 만약 위상각이 변하면 이 파형은 좌우측 모두 이동이 가능하고, 시험편 특성이 변할 경우에도 측면으로 이동한다.

### (2) 위상분석법

위상분석법에서는 출력지시를 2차코일에서 주로 얻는다. 발전기에 연결된 1차코일은 시험튜브에 자장을 적용하는데 사용되고, 이 자장은 봉에 와전류를 유도하며 2차코일($S_1$)에 전류를 유도한다. 와전류 흐름은 1차 및 2차코일 모두 영향을 주는 자장을 발생시키고, 2차코일에서의 전류흐름은 1차코일의 자장, 와전류, 2차코일 임피던스를 얻는 결과가 된다.

CRT는 전자가 화면에 빛을 발생하는 파형이 생기는 장치로써 파형이 튜브 내에서 수평과 수직으로 변화함을 보여준다. 수직판이 상하로 움직이고 수평판은 좌우로 이동시키는 역할을 한다.

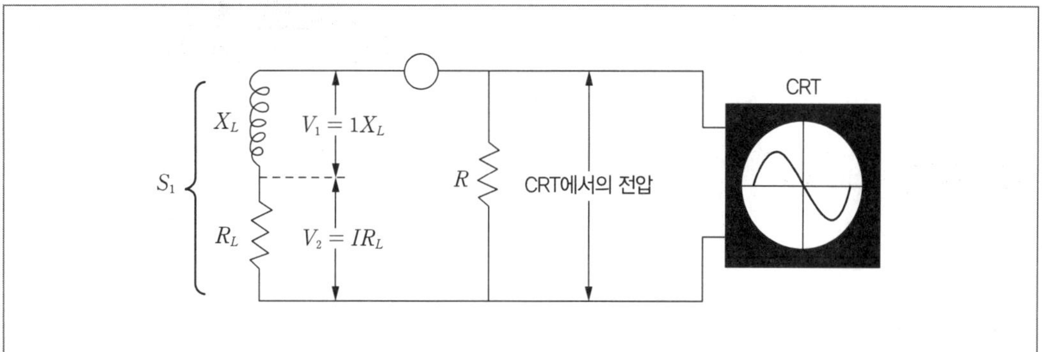


그림 11-9 2차코일의 전압관계

### 11.2.4 시험코일

#### (1) 적용 방식에 의한 분류

(가) 관통형 코일

관통형 코일은 그림 11-10와 같이 시험편을 코일내부로 이동시키는 방법으로 봉, 관, 선의 제품검사에 사용한다. 관통형 코일은 관, 봉에 매우 빠른 속도로 코일 속을 관통시켜 검사할 수 있다. 내삽형 코일과 비교하여 일명 외삽형 코일이라고도 한다.

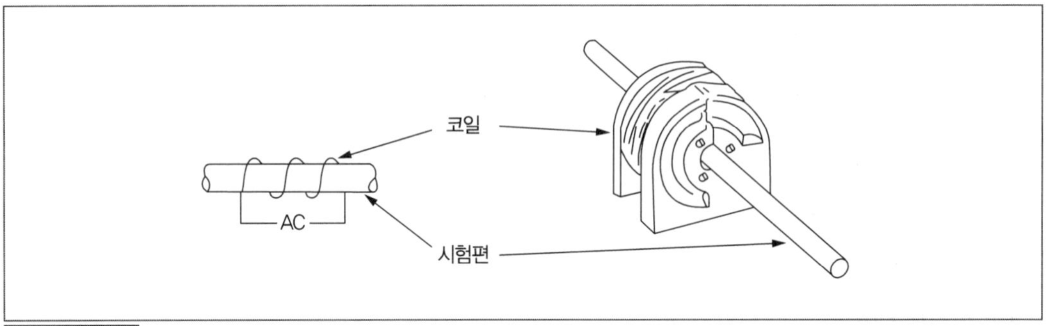


**그림 11-10** 관통형 코일

(나) 내삽형 코일

내삽형 코일은 인너프로브(Inner Prove) 또는 보빈코일(Bbobbin Coil)이라 하고, 그림 11-11과 같이 시험품 내부에 코일을 통과시키는 방법으로 관 내경 또는 볼트구멍의 검사에 사용한다.

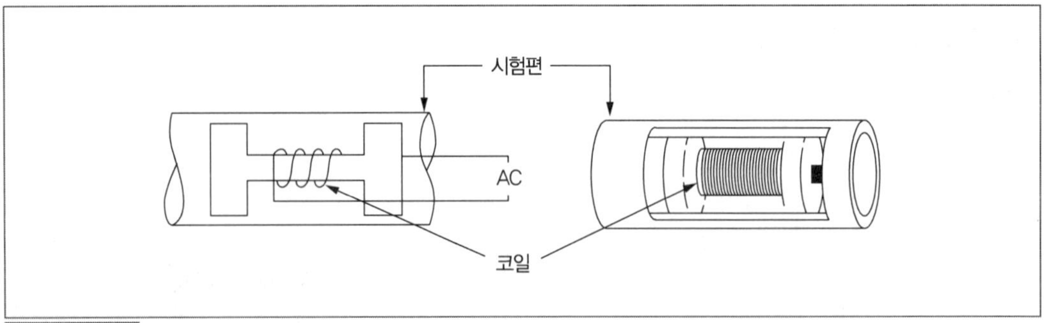


**그림 11-11** 내삽형 코일

(다) 표면형 코일

일명 프로브코일(Probe Coil)이라 하며, 판, 강괴, 환봉의 평면이나 곡면 검사에 사용한다.

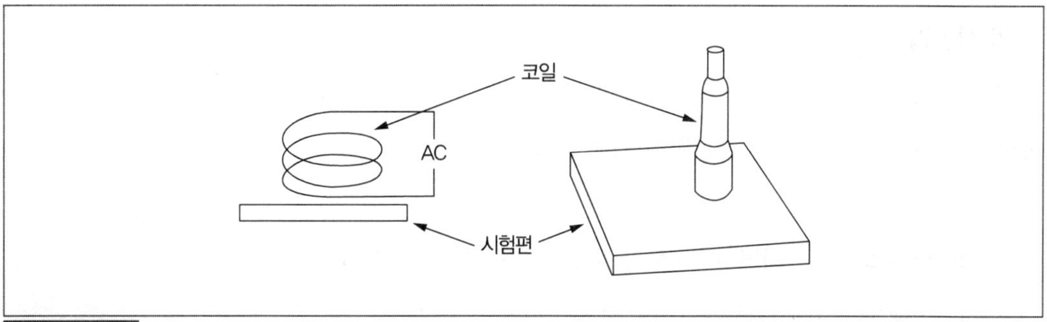


그림 11-12 표면형 코일

축에 자성체 코일을 사용해 자속을 집중시켜 검출감도를 향상시킨 것이 많다.(그림 11-12)

### 11.2.5 검출법에 따른 분류

코일이 전기적으로 연결되어 어떠한 결함을 검출함에 있어 절대법(Absolute Method)과 차동법(Differential Method)으로 구분한다.

#### (1) 절대법

코일배열은 시험편 또는 파악되고 있는 비교시험편의 일정부분과 서로 비교되지 않고, 시편을 검사하는 것으로 종종 사용된다. 출력지시계가 코일에 연결되어 교류전원에 직접 연결되어 있는 배열형태를 갖는 단일코일형과 두 개의 코일로 분류되어 제1코일은 교류전원, 제2코일은 지시계가 연결된 이중코일형이 있다.

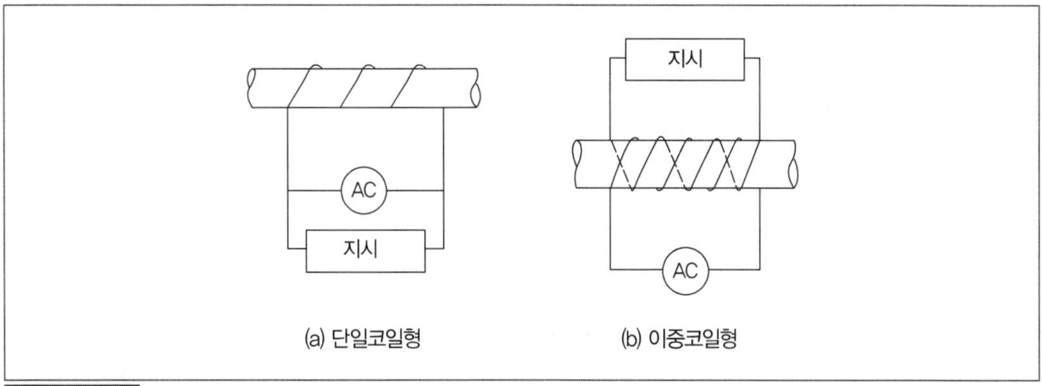


그림 11-13 절대법의 코일배열

### (2) 차동법

코일배열은 동일시편의 일부분과 또는 비교시험편과 상호 비교하는 시험방법으로, 다른 방향으로 한 개 또는 두 개의 코일이 감겨져 있다.

① 자기비교형 : 동일시편의 두 부분을 상호 비교하는 코일배열법

② 상호비교형 : 비교시험편과 시험할 시험편을 서로 비교하는 코일배열법

상호비교형은 표준재와 비교하는 재질검사에 사용되며, 한 쪽 코일은 결함이 없는 표준시험편에 고정시키고 다른 쪽 코일에서 시험할 시험편을 이동시키는 방법이다.

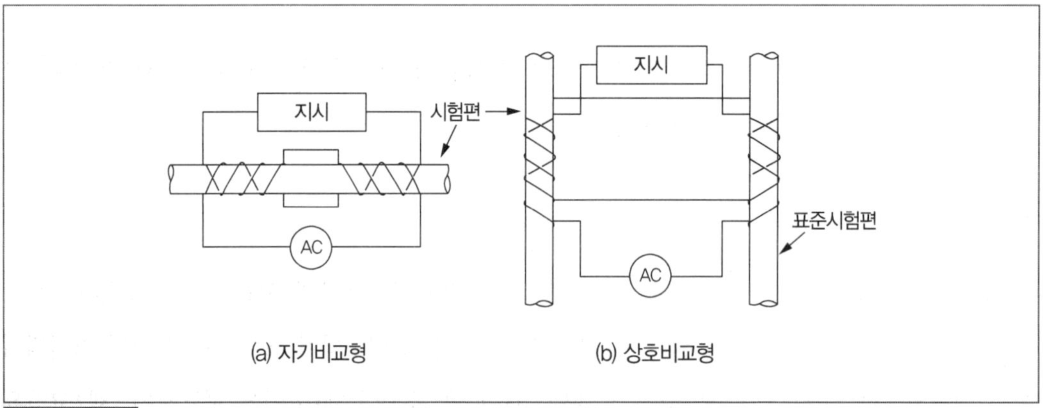


**그림 11-14** 차동법 코일의 배열

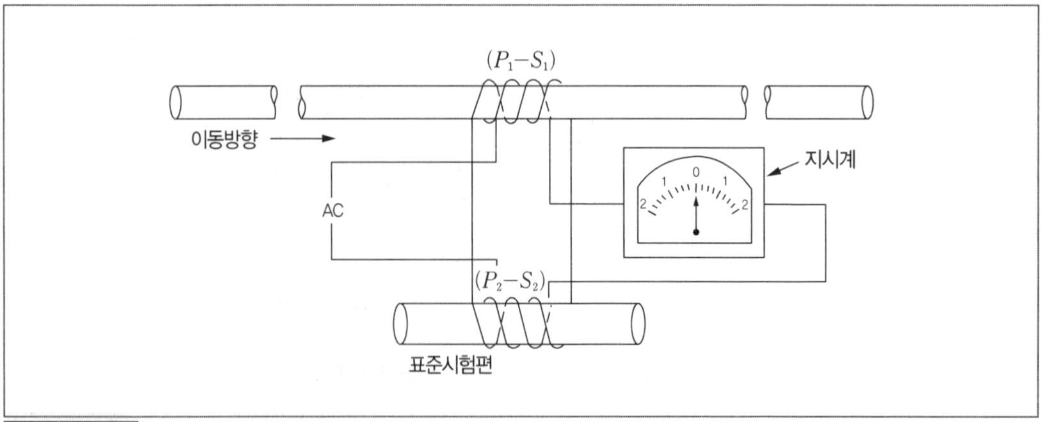


**그림 11-15** 상호비교형 시험법

### 11.2.6 시험코일의 특성

#### (1) 시험코일별 특성

환봉시험에 가장 적절한 방법은 관통형 코일을 사용하는 것으로 이것은 시험편이 코일의 중앙을 연속통과가 가능하기 때문이다. 시험편 전원주방향 판독에는 내삽형 코일도 가능하며, 대형 강관의 내부면 또는 내·외부표면도 시험할 수 있다. 관통형 및 내삽형 코일은 전원주방향을 일 회에 판독할 수 있으나 결함의 정확한 위치판별이 어렵다.

**표 11-1 코일의 종류별 장단점**

| 형태 | 장점 | 단점 |
|---|---|---|
| 관통형 | •일회에 전 부위 판독 가능<br>•고속작업 가능<br>•프로브 마모가 없음 | •원주방향 결함의 위치파악 난이<br>•치수변화에 예민하게 반응 |
| 내삽형 | •강관의 내부검사에 용이<br>•작업속도가 양호<br>•볼트구멍 시험 우수 | •프로브 마모<br>•충진율 문제 |
| 표면형 | •부분지역의 시험에 적합<br>•균열탐상에 적합<br>•균열측정, 분류 용이 | •리프트-오프 문제<br>•프로브 마모<br>•시험속도 문제 |

#### (2) 원거리장 와전류(RFEC, Remote Field Eddy Current) 코일

튜브내부에 코일 넣고 저주파 교류를 인가시 코일에서 일정거리 먼 영역에서는 원거리 자기장이 형성된다. 이 영역의 관 내부에 탐촉코일을 두고 관의 내·외부결함, 두께변화 등을 평가한다. 이 코일은 송유관, 원자력 발전소 피더관 및 상수도관의 검사에 적용된다. 관의 여자기에서 유기된 전자기가 관벽 투과 후 외벽을 따라 흐른다. 관 내부로 유입되는 관벽 투과의

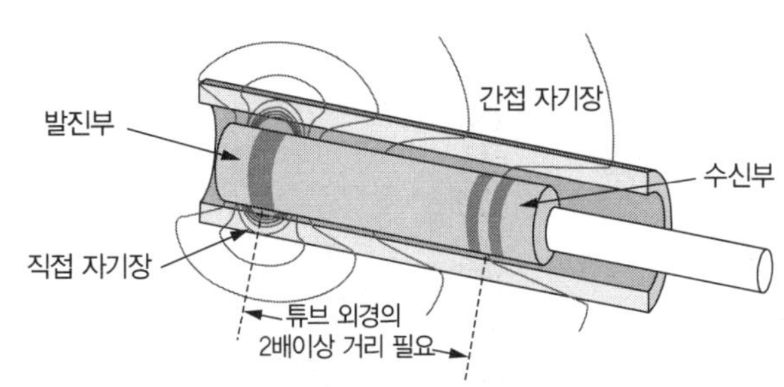


**그림 11-16 원거리장 코일의 구조**

특성을 이용한 것이다. 즉, 관 내부에서 관과 동일한 축을 갖는 여자코일에 저주파 교류전류를 통과시키면 자기장이 형성된다. 원거리장 부근의 관 내부에 탐상코일을 두고 간접 자기장이 벽체를 지날 때 표피효과로 나타나는 자기장의 세기와 위상변화를 측정하는 방법이다.

### 11.2.7 코일과 시험체

#### (1) 전기전도도

외부에서 전기를 공급하면 전도체 내에 자유전자가 이동되며, 재료내에 쉽게 전자가 이동하는 정도를 전기전도도라 한다. 단위는 모오(mho)이며, 모오는 전기저항 오옴(ohm)의 역수이다. 전기저항은 다음의 관계식을 갖는다.

$$R = \rho \frac{L}{A} \tag{11.3}$$

$$\text{전기전도도}(\sigma) \quad \therefore \sigma = \frac{1}{\rho}$$

여기서 $R$는 저항(μΩ·cm), $\sigma$는 전도도(%IACS), $\rho$는 비저항(μΩ·cm), $L$은 저항체 길이(cm), $A$는 단면적($cm^2$) 이다.

**표 11-2 일반금속 및 합금의 저항 및 전도도**

| 재료 | 저항(μΩ−cm) | 전도도(%IACS) |
|---|---|---|
| 금 | 2.44 | 70 |
| 은 | 1.62 | 105 |
| 구리(annealed) | 1.72 | 100 |
| 알루미늄 | 2.82 | 61 |
| 알루미늄합금<br>6061−T6<br>7075−T6<br>2024−T4 | <br>4.10<br>5.38<br>5.20 | <br>42<br>32<br>33 |
| 마그네슘 | 4.60 | 37 |
| 70−30 황동 | 38.31 | 4.5 |
| 티타늄(Ti) | 55.62 | 3.1 |
| 304스테인리스강 | 68.97 | 2.5 |

전도도는 국제전기협회에서 1913년 제정되었으며, 단면적이 $1mm^2$, 길이가 1m인 고순도 구리가 20℃에서 0.017241Ω으로 측정된 값을 100% 전도도로 정의한다. 전도도기호 $\sigma$, 단위는 %IACS(International Annealed Copper Standard)를 사용한다.

$$\%IACS = \frac{172.41}{\rho(\mu\Omega - cm)} \tag{11.4}$$

### (2) 자기투자율

재료의 자기투자율은 외부자장에 대응하여 재료 내 원자가 배열을 쉽게 하는 정도를 표시하는 물리량이다. 진공의 자기투자율을 1로 기준하여 상대적인 값을 많이 사용하고 있다.

$$\text{상대투자율}(\mu) = \frac{\text{코어재료를 사용할 경우 생성되는 자속의 숫자}}{\text{공기(진공)에서의 생성되는 자속의 숫자}} \tag{11.5}$$

### (3) 표피 효과(Skin Effect)

코일에서 가장 가까운 시험체 부분에 감도가 가장 높게 나타나는 현상이다. 검사주파수, 검사체의 전기전도도 및 자기투자율 등의 와전류에 대한 상호작용의 결과로 나타난다.

검사체내 와전류 밀도는 코일 근처가 가장 높고, 검사주파수, 전기전도도, 자기투자율의 증가에 따라 증가한다. 표준침투깊이 $\delta$는 밀도가 표면값의 37% 저하하는 곳의 깊이를 말한다.

$$\delta = \frac{1}{\sqrt{\pi f \mu \sigma}} \tag{11.6}$$

여기서 $\delta$는 침투깊이(m), $f$는 교류주파수(Hz), $\mu$는 투자율(H/m), $\sigma$는 도체의 전도율($\mu$/m)을 나타낸다.

### (4) 모서리 효과(Edge Effect)

코일이 모서리에 도달함에 따라 와전류신호가 왜곡현상이 발생한다. 검사코일에 의해 전자기장은 모든 방향으로 퍼져나가 코일이 검사체 모서리에 접근시킬 때 코일이 감지한다. 코일의 전자기장은 코일 상수, 검사 주파수, 검사체 특성에 따라 변화한다. 모서리 밖으로 와전류가 더 이상 흐르지 못하게 된다.

### (5) 단부 효과(End Effect)

단부 효과는 검사코일이 검사체의 끝에 접근함에 따라 큰 신호가 발생하는 현상이다. 모서리 효과와 동일한 현상으로 관통형 또는 내삽형 코일에서 발생한다. 코일을 차폐하거나 외삽형, 내삽형 코일의 길이를 줄여 단부 효과를 감소시킬 수 있다.

### (6) 리프트 오프(Lift Off) 현상

코일과 검사체간 전자기적 결합은 코일과 검사체 사이의 거리에 따라 좌우된다. 코일과 검사체 사이의 거리로써 거리가 증가되면 잡음이 증가되고, 검사체와 코일간 전자기적 특성을 감소시켜 와전류탐상시 원하지 않은 현상을 나타낸다.

### (7) 결함

정상적인 와전류 흐름에 변화를 미치는 결함은 와전류 신호로 나타난다. 균열 또는 피팅, 진동에 의한 손상, 부식 등의 결함은 검사체의 유효 전기전도도 변화의 원인이 된다. 표면결함은 광범위한 주파수 영역의 어떤 주파수에서도 탐지가 가능하다. 표면하 결함은 검사주파수 선정에 주의해야 하며, 표면에서 5mm 이하의 깊이결함은 탐지가 어렵게 된다.

### (8) 신호 대 잡음비(SN비)

신호 대 잡음비는 원하는 신호와 원치 않는 신호잡음의 비율로써 표면거칠기, 기하학적인 형태, 재질의 균질성 등에 변화가 일어날 때 잡음의 원인이 된다. 또한 전기적인 잡음으로써 용접기, 전기모터, 발전기 등에서 외부잡음을 유발한다. 측정부위의 원하는 신호 이외에 어떠한 방해 신호들도 잡음으로 간주한다. 비파괴검사에서 신호 대 잡음비(S/N)는 최소한 3대 1이상이 바람직하다.

### (9) 충진율(Fill Factor)

충진율은 외삽형 또는 내삽형 코일을 사용할 경우 검사체와 코일이 얼마나 전기적으로 잘 결합하는가를 나타내며, 프로브 코일에서 리프트 오프 현상과 동일하게 코일에서 가장 가까울수록 감도가 높다.

관통형 코일에서 충진율은 식 (11.7)와 같이 검사체 단면적(직경의 제곱)과 코일의 단면적(평균 직경의 제곱)의 비율로 표현된다.

$$충진율(\eta) = \frac{\pi d^2}{4} / \frac{\pi D^2}{4} = d^2 / D^2 \quad (11.7)$$

여기서 $d$는 시험편의 평균직경, $D$는 시험코일의 직경을 나타낸다.

충진율은 항상 1 보다 작아야 하며, 가장 이상적인 충진율은 1에 가까울수록 우수하다. 예로써 충진율 0.99는 0.75 보다 효과적인 검사를 수행할 수 있다.

## 11.3 와전류탐상 장치

### 11.3.1 탐상 장치의 구성

와전류탐상에서 얻고자 하는 시험체의 모든 정보는 시험코일에 가해진 교류전류에 의하여 시험체 주위의 자기장에 변화를 준 뒤, 시험코일에 다시 전달됨으로써 얻어진다. 와전류탐상기의 주요 구성은 그림 11-17과 같으며, 발진, 변조, 신호준비, 신호해석, 신호의 화면표시로 분류된다. 발진기는 발진된 신호를 코일에 가하는 장치이며, 코일의 전자기장 내에서 신호의

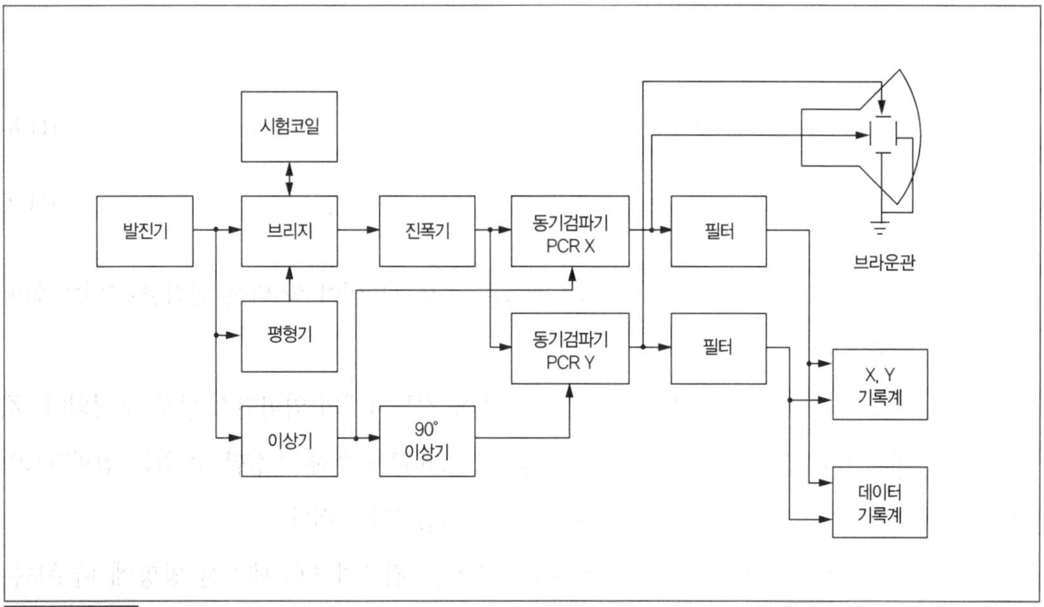


그림 11-17 와전류탐상기의 구성

변조가 발생한다.

다음 신호의 준비단계에서 회로의 평형을 맞추고 신호의 복조 및 분석에 들어가며, 이때 AC전류 신호는 정상상태에서의 균형, 즉 "NULL" 상태를 유지하도록 한다. 신호 대 잡음비(S/N비)를 높이고, 다음 단계에서 필요한 전압을 얻기 위해 증폭기와 필터를 사용한다. 분석 및 해석단계에서는 분석기, 분별기, 필터 및 샘플링회로로 구성된다. 또한 탐지기는 단순한 증폭기 형식 또는 최신의 위상/진폭 증폭기 또는 검파기 형식일 수도 있다.

신호표시 장치는 장비와 그 장비의 의도하는 목적을 연결하는 부분으로 다양한 방식으로 표현된다. 일반적인 표시방법은 음극선관(CRT) 또는 오실로스코프(Oscilloscopes), 미터(Meter), 기록계(Recorder), 시청각적인 경보장치, 컴퓨터 단말기 및 자동신호 장치가 이용된다.

### 11.3.2 탐상 브리지의 회로

와전류탐상장치의 기본회로는 브리지회로(평형회로)이며, 이 브리지회로는 시험체의 다양한 파라미터 변화에 따라 시험코일의 임피던스 변화를 전기적 신호로 바꾸어 주는 역할을 한다.

그림 11-18은 일반 브리지회로로써 와전류탐상기에서 사용하는 회로이다. 회로의 평형상태는 브리지아암(Bridge Arm)중의 하나 또는 그 이상의 가변저항기를 조절함으로써 수행된다. 여기서 평형상태라 함은 A와 C점의 전위가 동일하여 검출기의 반응이 "0"을 의미하며 다음과 같다.

$$I_1 \cdot Z_1 = I_2 \cdot Z_2,\ I_1 \cdot Z_3 = I_2 \cdot Z_4 \tag{11.8}$$

$$Z_1/Z_2 = Z_3/Z_4 \tag{11.9}$$

식 (11.9)식에서 인접한 한 쌍의 코일 임피던스는 평형이 되어야 할 다른 인접한 코일의 임피던스 비와 같아야 한다.

브리지아암(Bridge Arm)은 리액턴스와 저항성분을 갖는 4개의 임피던스 팔로 구성되며, $Z_1$과 $Z_2$는 고정된 회로 임피던스, $Z_3$는 회로의 평형(Balance)을 위해 조정할 수 있는 임피던스인 가변저항기이고, $Z_4$는 변경할 수 있는 임피던스 즉, 시험코일이 된다.

와전류탐상은 이러한 브리지회로를 이용하여 결함을 검출하므로 대각선 방향에 마주보는 저항(R)과 임피던스가 일치하면 흐르는 전류는 "0"이 되고, 검출기 반응도 "0"이 된다. 만일

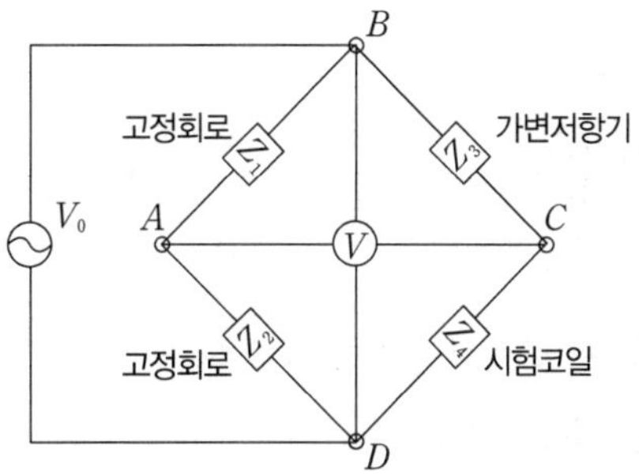


그림 11-18 일반 브리지 회로

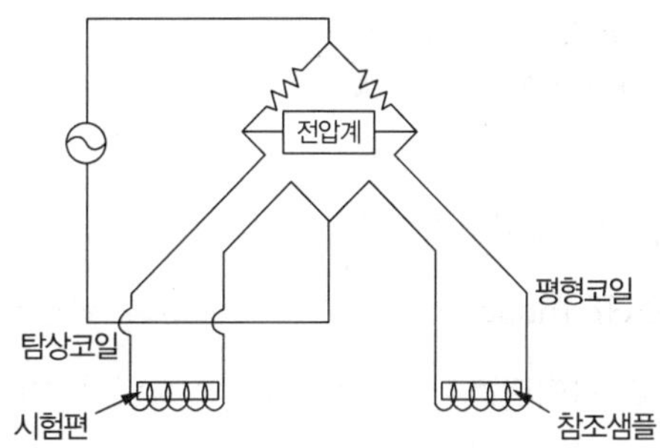


그림 11-19 와전류시험의 차동 브리지회로

한쪽의 크기가 크거나 작으면 평형상태에서 벗어나 전류가 흘러 전압강하로 인한 차이가 발생된다.

그림 11-19의 브리지회로는 차동형(Difference Type) 코일특성을 나타낸다. 2개의 시험코일은 방향이 서로 다르게 감겨지고 한 쪽은 시험코일 그대로 두고, 다른 시험코일에는 임피던스와 저항값이 가변되도록 회로구성을 한 후, 평형상태로 하여 전기적인 평형을 이루게 한다. 이때 시험체 또는 코일이 이동하면 두 시험코일 중 한쪽에 결함이 존재할 때, 시험코일에 임피던스 변화는 회로상 불평형으로 인한 출력전압으로 되어 결함이 검출된다.

## 11.3.3 탐촉자 설계

### (1) 코일 설계

코일의 저항은 코일을 감은 도선의 길이와 도선재료(구리, 은 등)의 비저항 및 단면적으로 식 (11.10)로 결정한다.

$$저항\ (R) = \rho\frac{l}{A} = \frac{\pi\rho dN}{A} \tag{11.10}$$

여기서 $d$는 코일직경, $N$은 코일의 감긴 수, $l$은 와이어의 총길이, $A$는 단면적이다.

저항 성분만을 포함한 교류전류에서는 전압과 전류가 동일한 위상을 갖는다. 그러나 동선을 코일형태로 감았을 때는 전기적 인덕턴스의 성질로 나타나며, 역학에서 물체의 속도변화에 반대하려는 관성과 유사한 개념으로써 그 단위는 헨리(H)이며, 식 (11.11)으로 구한다.

$$자기인덕턴스\ (L) = \frac{r^2N^2}{9r+10b} - \frac{CrN^2}{10\pi b} \tag{11.11}$$

여기서 $N$는 코일권선 수, $r$은 평균반경(인치), $l$은 코일의 길이(인치), $b$는 코일깊이, $c$는 두께(인치), $L$은 자기인덕턴스(Self Inductance)(Micro−Henry)이다.

교류는 전류가 변화하므로 인덕턴스는 항상 이러한 변화에 반대되는 방향으로 작용한다. 이를 유도리액턴스($X_L$)라고 하며, 식 (11.12)와 같으며 단위는 오옴(ohms)이다.

$$유도리액턴스(X_L) = 2\pi fL \tag{11.12}$$

여기서, $X_L$는 유도리액턴스(ohms), $f$는 주파수(Hz), $L$은 인덕턴스(헨리)를 나타낸다. 예로써 32마이크로 헨리의 코일을 100 kHz에서 작동한다면, 유도리액턴스는 $X_L$=2×$\pi$×100,000(Hz)×0.000032헨리=20.096Ω로 계산된다.

이 코일은 100 kHz 주파수로 작동될 때 리액턴스 성분으로 인하여 20.097Ω의 크기만큼 전류흐름을 방해하는 성분이 생긴다. 그러나 유도리액턴스는 저항성분과는 달리 전류와 전압의 최고치 및 최저치가 동시에 발생하지 않고, 순수한 유도리액턴스에서 전압이 전류를 90°만큼 앞서 간다. 즉 전류가 최고치에 도달할 때 전류는 "0"이다. 코일의 저항성분으로 인한 전류흐름을 방해하는 성분과 코일의 리액턴스로 인한 방해성분은 동시에 나타나지 않아 이들을 단순히 가감할 수 없다.

리액턴스 저항을 더하기 위해서 **그림 11-20**과 같이 벡터도형 또는 위상도형으로 설명된다. 위상도형은 Y축(허수축)에 유도리액턴스($X_L$), X축(실수축)에 저항($R$)을 표시하며, 이들을 벡

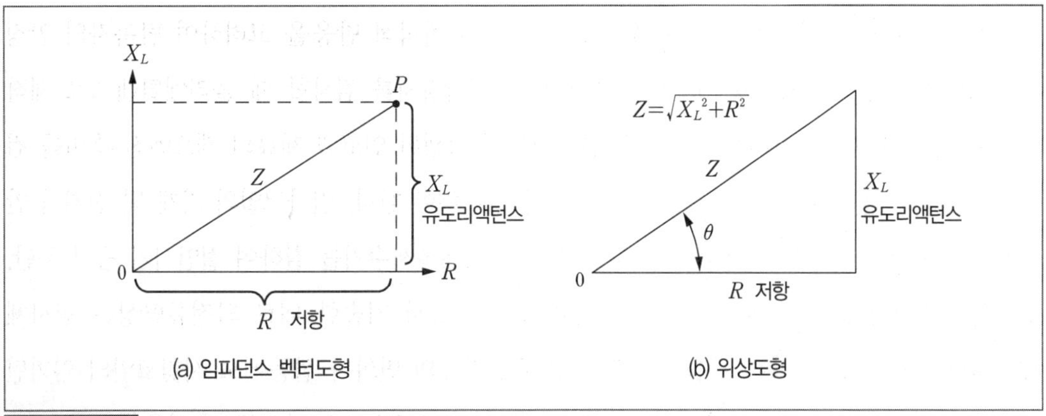


**그림 11-20 임피던스(Z) 도형**

터로 합성한다. 이때 벡터 합을 임피던스($Z$)라고 하며 식 (11.13)과 같이 계산된다.

$$Z^2 = X_L^2+R^2 \text{ 또는 } Z = (X_L^2+R^2)^{1/2} \quad (11.13)$$

예를 들어, 100$\mu$H(마이크로헨리)의 인덕턴스와 5Ω의 저항을 갖는 코일을 20kHz의 주파수로 작동할 때 코일의 임피던스는 다음과 같다.

$$X_L = 2\pi FL = 6.28\times200{,}000Hz\times0.0001H = 125.6\Omega$$

$$Z = (X_L^2+R^2)^{1/2} = (5^2+125.6^2)^{1/2} = 125.7\Omega \text{ 이다.}$$

코일 임피던스 값을 계산한 후에 검사환경, 마모, 온도, 기계적인 응력 및 안전성 등을 고려하여 코일을 크기 및 형태를 결정한다. 와전류 탐촉자의 마모에 대해서는 일반적으로 내마모성 플라스틱 재료를 사용하지만, 마모가 심한 경우에는 인공 또는 천연산 내마모성의 보석류를 사용하기도 한다. 일반적으로 내마모성 재료로 산화알루미늄 또는 세라믹 종류가 저렴하여 널리 사용된다.

코일 지지물은 온도에 대한 안전성 유지를 위해 열전달 특성이 좋지 않은 재료를 사용해야 한다. 열전달 특성이 좋은 코일 지지물을 사용시 손으로 탐촉자를 잡기만 해도 온도가 코일에 전달되어 코일특성이 달라진다. 따라서 동선은 검사체 온도섭씨 150°~200°C에 사용되고, 200° 이상은 알루미늄 또는 은으로 된 전선에 세라믹이나 고온용 실리콘 단열재를 사용한 탐촉자를 사용해야 한다.

탐촉자 재료의 선정에 있어 검사체와 탐촉자 간의 화학적 반응을 고려하여 탐촉자의 안정성을 유지해야 한다. 예로써 아세톤을 사용하는 냉각장치를 검사할 때 폴리에틸렌으로 제작된 탐촉자는 절대 사용해서는 안 된다. 응력균열이 발생된 인코넬 재료의 제트엔진 후미를 검사시는 납이나 탄소로 케이스를 만든 탐촉자를 사용해야 한다. 검사코일의 기계 및 전기적 안정성을 유지하기 위하여 코일권선 중에 코일층 마다 에폭시수지를 칠하여 절연시켜 습기 차단, 전기절연의 효과상승, 기계적 견고성도 증진시킨다. 앞서 기술한 대로 와전류탐상은 검사체 내에 유도 와전류로 결함을 검출하므로 작은 유도전류의 변화나 섭동에도 시험코일의 임피던스 변화로 나타난다. 또한 전기전도도, 자기투자율, 리프트오프(Lift Off), 충진율(Fill Factor),

그림 11-21 각종 와전류 탐촉자

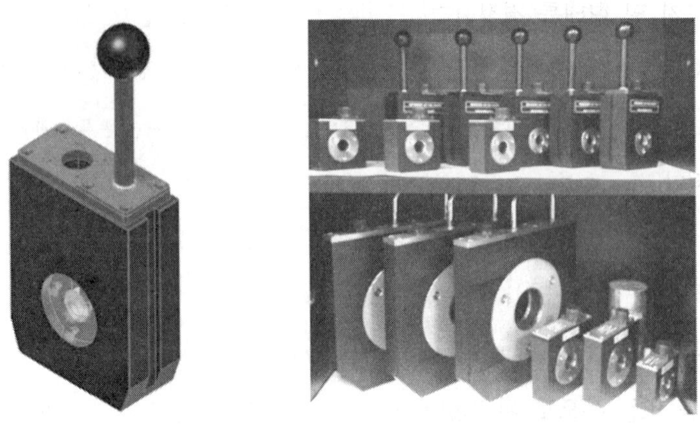

그림 11-22 외삽형 탐촉자

**그림 11-23** **원자력 발전소 핵 연료봉 검사 시스템**

모서리 효과(Edge Effect) 등도 임피던스에 영향을 주므로, 이들을 충분히 고려하여 사용목적에 따라 탐촉자를 설계 제작해야 한다.

**그림 11-21**과 같은 외삽형 탐촉자, 내삽형 탐촉자 또는 RFEC 탐촉자들 중에 하나를 선택하여 상세하게 설계하고 코일을 감아 완제품의 탐촉자를 제작한 후, 제작절차서 대로 검증해야 한다. 일련의 과정을 거친 외삽형 탐촉자는 **그림 11-22**와 같으며, 원자력발전소 핵 연료봉의 검사에 사용된다.

#### (2) 탐촉자 특성 시험

(가) 공명주파수(Resonant Frequency) 측정

공인 교정기관에서 교정된 임피던스 분석장치를 사용하여 표준시험편의 결함이 없는 건전부위에 탐촉자를 위치시킨 후, 공명주파수를 측정한다. 이때 측정주파수 범위는 검사대상 관의 조건에 따라 산출하여 해당 주파수 범위를 사용해야 한다.

측정된 공명주파수가 여러 개일 경우 첫 번째 발생하는 공명주파수를 기준으로 한다. 공명주파수는 검사대상 관의 형상 및 재질에 따라 결정된 공명주파수를 적용하며, 동일 종류의 관 검사에 사용될 탐촉자는 설계 공명주파수의 ±10% 이내 범위내로 유지해야 한다.

(나) 위상각 퍼짐(Phase Angle Spread) 측정

와전류신호의 위상각 퍼짐은 최적 주파수에서 차동형모드 및 절대형모드에 대해 측정한다. 이때 ASME 표준시험편의 100% 관통구멍과 20% 평저공(FBH) 신호사이의 위상각 차이를 측정하여 **그림 11-24**와 같이 50~120° 위상각이 분산되어야 한다.

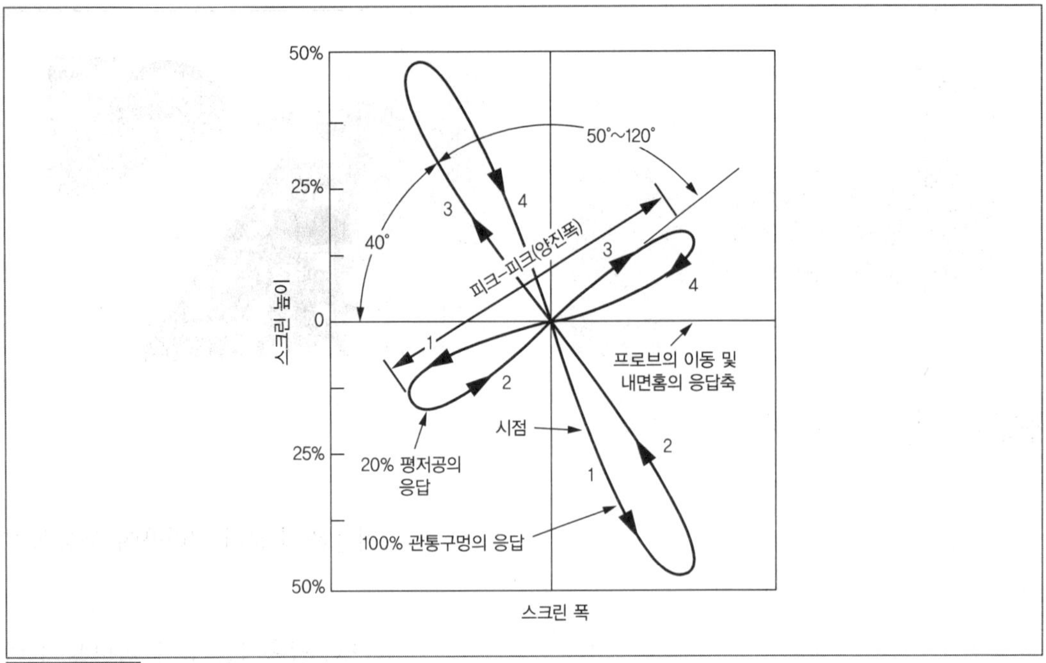


**그림 11-24** 위상각 분산

(다) 절대형 신호의 로브 크기 측정

절대형 모드의 모든 검사 주파수에서 신호의 로브 크기 측정을 수행해야 한다. 시험편 결함의 2차 로브진폭($A_s$)과 주요 로브진폭($A_m$)을 측정한다. 주요 로브진폭과 전체 신호진폭(주요 로브진폭 + 2차 로브진폭) 사이의 진폭 비($R_s$)는 식 (11.14)로 계산하며, 그림 11-25에 절대형 모드에서의 건전신호 및 불량신호의 형상을 나타냈다.

$$\text{로브의 진폭비(\%)}\ R_s = \frac{100 \times A_m}{A_m + A_s} \tag{11.14}$$

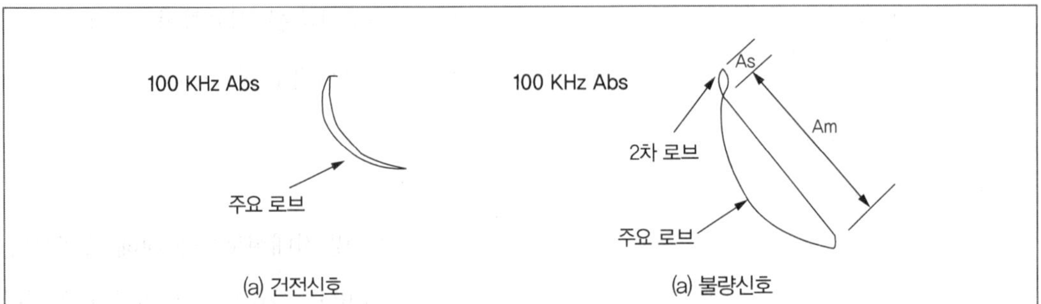


**그림 11-25** 절대형 모드에서의 건전 및 불량신호

여기서 $A_m$은 주요 로브의 원점 대 첨두진폭(Volts), $A_s$는 2차 로브의 원점 대 첨두진폭(Volts), $R_s$는 로브의 진폭 비(%)를 나타낸다.

내삽형(보빈) 탐촉자의 절대형 신호에서 2차 로브가 형성되지 않는 완벽한 신호는 로브의 진폭비가 100%가 되며, 합격기준은 90% 이상이 되어야 한다.

(라) 차동형 신호의 대칭성 측정

차동형 신호의 대칭성은 차동형 모드의 모든 검사주파수에서 측정한다. 그림 11-26의 차동형 모드에서 신호의 불균형(Ds)은 시험편 결함의 두개 신호로브(첫 번째 로브와 두 번째 로브)의 진폭에 대한 차이를 나타냈다. 한편 첫 번째 로브의 첨두진폭($A_1$) 및 두 번째 로브의 원점 대 첨두진폭($A_2$)을 측정해야 하며, 다음 식을 사용하여 계산한다.

$$\text{신호의 불균형}(\%)\ D_s = \frac{200\times(A_1 - A_2)}{(A_1 + A_2)} \tag{11.15}$$

여기서 $A_1$은 첫 번째 로브의 원점 대 첨두진폭(Volts), $A_2$는 두 번째 로브의 원점 대 첨두진폭(Volts), $D_s$는 신호 불균형(%)을 나타낸다.

두 개 로브의 진폭이 같으면 신호 불균형은 "0"이 되며, 합격기준은 20% 신호 불균형 이하가 되어야 한다. 그림 11-26에서 차동형 신호의 대칭성을 나타냈다.

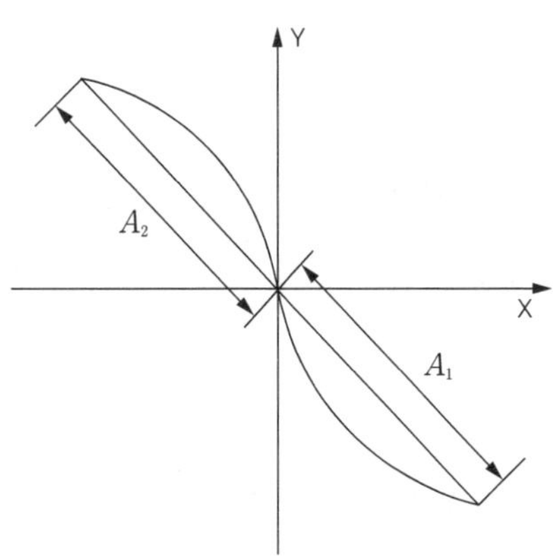


그림 11-26 차동형 신호의 대칭성

(마) 탐촉자 중심화 장치의 성능 측정

탐촉자 중심화 장치의 성능 측정은 차동모드의 기본 주파수에서 수행해야 한다. 측정은 시험편의 축 방향으로 일정한 간격과 90° 방향으로 각각 분리된 인공결함을 사용하여 수행한다. 네 개의 연속적인 결함에서 발생한 네 개 신호의 첨두 대 첨두진폭이 측정된다. 측정 분산도($D_1$)는 4개 신호의 평균진폭($M$)과 평균으로부터 최대편차($D_{vmax}$)에 의해 계산된다.

$$\text{측정분산도}(\%)\ D_i = \frac{|D_{vmax}|}{M} \times 100 \tag{11.16}$$

여기서 $M$은 4개 신호의 평균진폭(Volts), $D_v$은 평균으로부터의 편차, $D_i$은 측정분산도(%)를 나타낸다. 한편 $D_{vmax}$는 평균($D_v$)으로부터의 최대편차이다.

이상적인 중심화 장치는 측정 분산도가 0%이어야 하며, 합격기준은 15% 이하이어야 한다. 그림 11-27은 차동신호의 분산도 예이다.

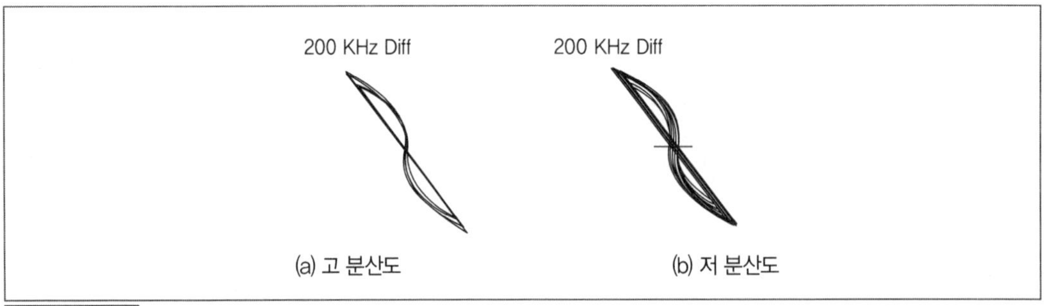


그림 11-27 차동신호의 분산도

(바) 탐촉자의 전기적 특성

보정된 임피던스 분석장치를 사용하여 각 코일의 인덕턴스, 임피던스를 측정한다. 각 탐촉자 코일의 임피던스 및 인덕턴스 특성은 제작사 설계치 ±10%를 벗어나지 않아야 한다.

(사) 탐촉자 내구성 시험

증기 발생기 목업(Mock Up)을 사용하여 탐촉자 내구성 시험을 수행할 수 있으며, 내구성 시험은 표준시험편 혹은 시험용 시험편을 설계 제작하여 신호의 재현성을 시험한다. 연속적인 신호취득 데이터를 검토하여 설정 위상각의 ±5° 변화 및 ±20% 진폭변화의 시점 전까지 신호

취득의 전열관 수를 해당 탐촉자의 내구성 한도로 규정한다.

### (3) 표준시험편의 설계

탐촉자 특성시험을 위한 표준시험편은 항상 검사할 검사체와 같은 재질, 등급 및 치수로 제작되어야 한다. 가공 표준시험편은 와전류탐상에 있어 인공결함에서 잡음신호가 포함되지 않게 건전한 재료로 제작해야 한다. 특성 시험용 표준시험편은 관련코드에서 요구하는 품질이 만족되도록 정확하게 가공·측정되어져야 한다. 이러한 과제는 ASTM 및 ASME 규격을 적용하여 표준시험편을 제작하고 있으며, 이 규격을 요약하면 다음과 같다.

#### (가) ASTM 표준시험편의 설계

ASTM 규격에 의한 표준시험편은 "ASTM Standards Volume 03.03 비파괴검사"에 의해 그림 11-28과 같이 설계제작 된다.

#### (나) ASME 표준시험편의 설계

#### (a) 튜브내측(ID) 및 외측(OD) 결함

ID 및 OD 가공결함은 취득신호가 탐촉자 중심화에 영향받지 않도록 그루브 형태로 제작

| 결함 위치 | A | B | C | D | E | F | G | H | I |
|---|---|---|---|---|---|---|---|---|---|
| 결함 깊이 | HOLE | HOLE | 1.14 | 0.87 | 0.60 | 0.32 | | 0.29 | 0.16 |
| 결함 깊이(%) | 100% | 100% | 83.2% | 63.5% | 43.8% | 23.4% | N/A | 20.9% | 11.7% |
| 결함 폭/지름 | 0.52 | 1.35 | 2.00 | 2.80 | 4.80 | 4.80 | 25.4/40.0 | 3.20 | 1.60 |
| 결함 종류 | TWH | TWH | FBH | FBH | FBH | FBH | TSP | OD GROOVE | ID GROOVE |

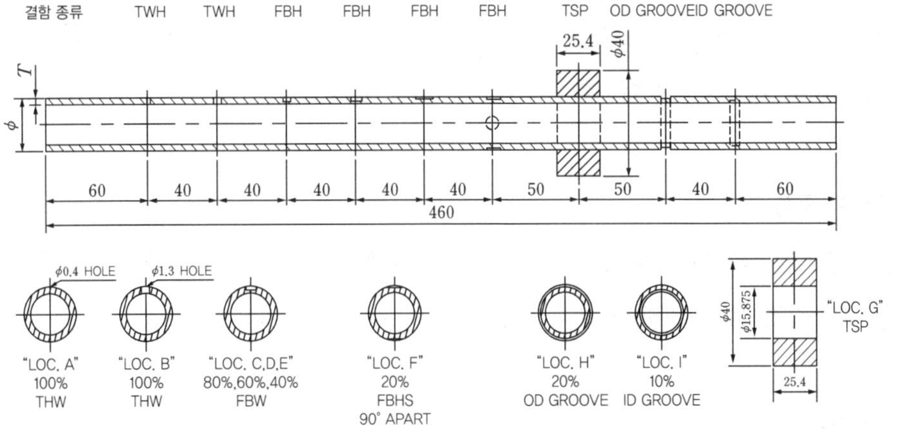


그림 11-28 ASTM 표준시험편

한다. 가공 깊이는 모든 주파수에서 위상각이 보다 잘 구별되도록 작아야 한다.

- ID : 10%
- OD : 20%

가공이 용이하도록 외측결함은 튜브의 끝단에 가깝게 위치시킨다.

(b) 절대형 신호측정을 위한 교정 시험편의 결함

신호교정에서 오차의 최소화를 위해 대비용 신호는 모든 주파수에서 정밀하게 측정되어야 한다. 4개의 20% 평저공 신호의 진폭은 동일 깊이로 가공한 그루브 신호의 진폭보다 항상 작아 절대형 채널의 참조신호로써 그루브 신호가 더욱 적절하다. 절대형 측정을 위한 인공결함은 외측 그루브로 0.5인치 넓이의 30% 깊이로 가공되어 진다. 그루브에 대한 보빈코일의 신호는 관내의 중심화에 영향 받지 않아 신호의 정확도를 높일 수 있다.

(c) 차동형 신호측정을 위한 교정 시험편의 결함

표준시험의 신호설정은 최적 주파수에서 4개의 20% 평저공 신호의 진폭을 4V로 정규화 하여 수행된다. 그러나 4×20% 평저공 신호가 적합한 참조결함이 아닌 것은 다음의 사항 때문이다. 즉, 교정오차의 최소화를 위해 정규화 진폭에 사용된 신호는 모든 주파수에서 정밀한 측정이 가능해야 한다. 4×20% 평저공 신호의 진폭은 항상 4×100% 관통구멍 신호의 진폭보다 작다. 따라서 차동형 채널에서 진폭 규정화에 사용될 신호는 관통구멍의 신호가 더 적절하다. 4×20% 평저공 결함을 가공시 고려해야 할 요소는 결함직경과 깊이의 재현성이다. 관통구멍 가공에는 관통구멍의 직경만 고려하면 된다. 따라서 진폭값의 분산 측면에서 4×100% 결함보다 4×20% 결함이 더욱 불안정하다. 차동형 채널에 대한 적합한 대비결함은 4×100% 관통구멍, 0.05인치 직경, 원주방향으로 90° 분리된 결함이다.

(d) 중심화 측정 결함

교정 시험편의 축 방향으로 일정한 간격과 원주방향으로 90°로 분리된 4개의 관통구멍 결함이 중심화 측정시험에 적합한 결함이다.

(e) 건전영역

시험편의 두개 건전영역은 양 끝단이며, 신호의 종료 효과가 나타나지 않도록 충분한 길이

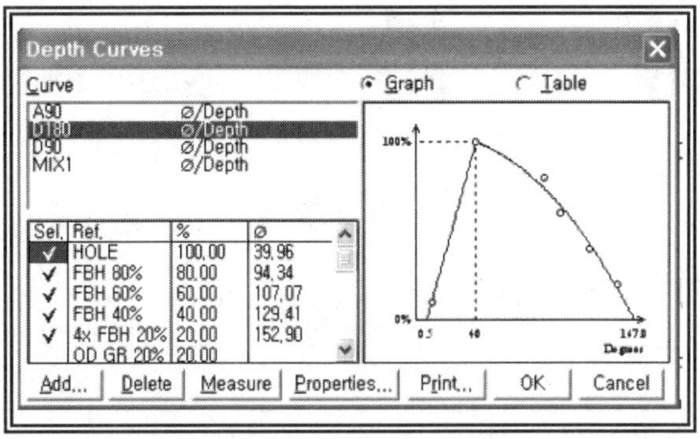


그림 11-29 ASME 시험용 표준시험편의 인공결함 깊이 별 위상곡선

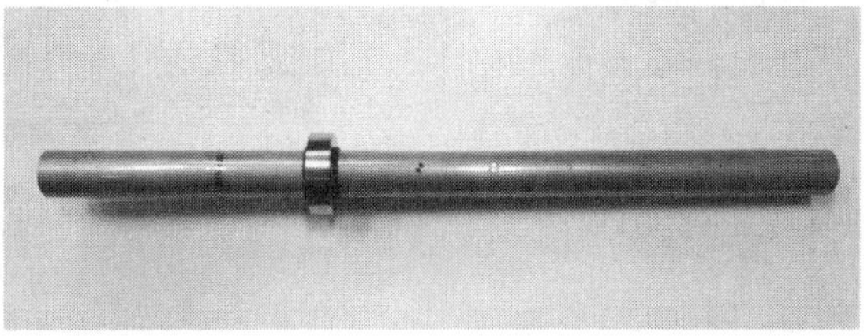

그림 11-30 ASME 시험편(교정 시험편)

그림 11-31 다양한 형태의 보빈형 표준시험편

로 제작해야 한다. 결함간격 및 건전영역의 길이도 인치로 나타내거나 계수화율 및 축 방향속도로 계산되는 데이터 포인트를 그림 11-29로 나타냈다.

재질이 스테인리스강(STS 316)로 제작된 표준시험편에서 탐촉자를 이용하여 와전류 탐촉자의 신호특성을 분석하면 그림 11-34와 같다. STS 316튜브의 침탄도 측정에 적용한 결과, 침탄의 진행과 함께 전압의 변화를 확인 후 침탄도를 분석한 결과 표 11-3과 같다.

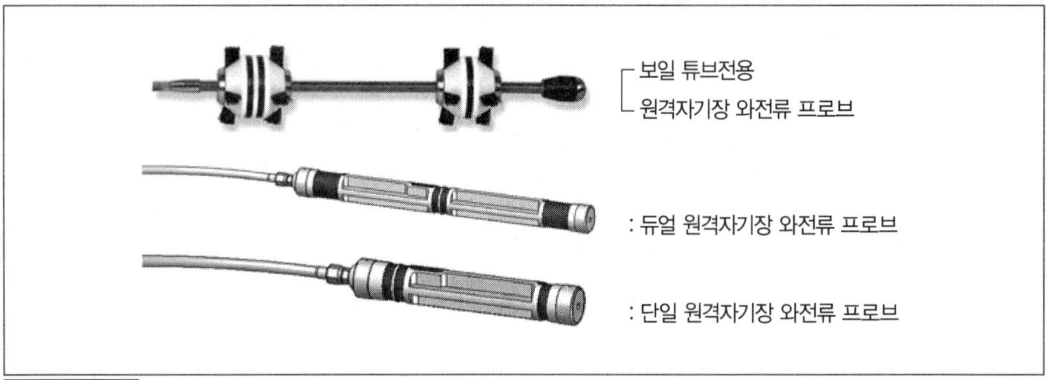


그림 11-32 단일, 분활형 원거리장 와전류 프로브

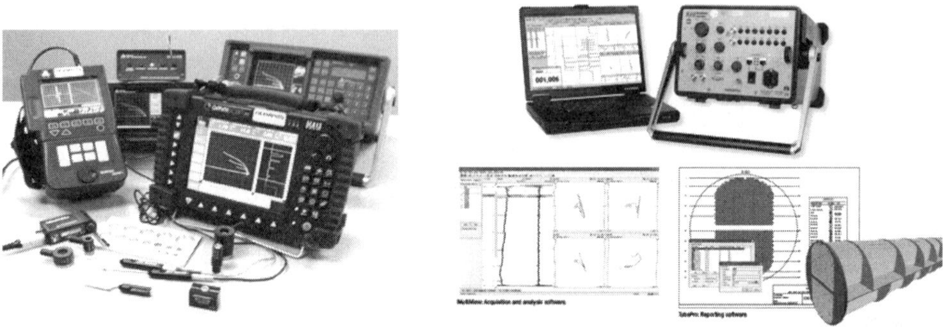

(a) 휴대용 와전류 장비

(b) 열교환기 튜브검사 전용장비 및 프로그램(MV+Tube Pro)

그림 11-33 와전류 장비 시스템

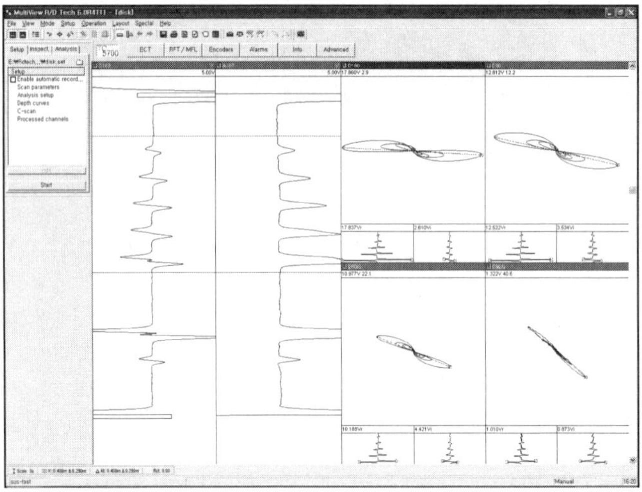

그림 11-34 STS 316의 외삽형 탐촉자 신호

**표 11-3 침탄도에 따른 전압의 변화**

| 침탄도(%) | 튜브의 상태 | 침탄에 따른 전압(V) 변화 |
|---|---|---|
| 0~40% | 양호 | 0.006 이하 |
| 40~50% | 침탄 초기 진행 | 0.006 이상 3.187 이하 |
| 50~80% | 침탄으로 인한 두께 감육 약 25~50% | 3.187 이상 5.012 이하 |
| 80~100% | 두께 감육 50% 이상 | 5.015 이상 |

Depth curves: D180, ϕ/Depth
Curve type: Best fit

| Sel. Ref. | % | ϕ | Sel. Ref. | % | ϕ |
|---|---|---|---|---|---|
| ✓ HOLE | 100.00 | 40.00 | ✓ ID40 | 40.00 | 6.91 |
| ✓ ODGROOVE | 10.00 | 129.07 | ✓ ID60 | 60.00 | 17.79 |
| ✓ ID20 | 20.00 | 2.10 | ✓ ID80 | 80.00 | 30.24 |

| Depth(%) | ϕ | In/Out | Depth(%) | ϕ | In/Out |
|---|---|---|---|---|---|
| 0.00 | 378.87 | In | 95.00 | 44.94 | Out |
| 5.00 | 351.42 | In | 90.00 | 49.87 | Out |
| 10.00 | 353.98 | In | 85.00 | 54.84 | Out |
| 15.00 | 356.54 | In | 80.00 | 59.79 | Out |
| 20.00 | 359.09 | In | 75.00 | 64.74 | Out |
| 25.00 | 1.65 | In | 70.00 | 69.69 | Out |
| 30.00 | 4.20 | In | 65.00 | 74.63 | Out |
| 35.00 | 6.76 | In | 60.00 | 79.58 | Out |
| 40.00 | 9.32 | In | 55.00 | 84.53 | Out |
| 45.00 | 11.87 | In | 50.00 | 89.48 | Out |
| 50.00 | 14.43 | In | 45.00 | 94.43 | Out |
| 55.00 | 16.99 | In | 40.00 | 99.38 | Out |
| 60.00 | 19.54 | In | 35.00 | 104.32 | Out |
| 65.00 | 22.10 | In | 30.00 | 109.22 | Out |
| 70.00 | 24.66 | In | 25.00 | 114.22 | Out |
| 75.00 | 27.21 | In | 20.00 | 119.17 | Out |
| 80.00 | 29.77 | In | 15.00 | 124.12 | Out |
| 85.00 | 32.33 | In | 10.00 | 129.07 | Out |
| 90.00 | 34.88 | In | 5.00 | 134.01 | Out |
| 95.00 | 37.44 | In | 0.00 | 138.96 | Out |
| 100.00 | 40.44 | In | | | |

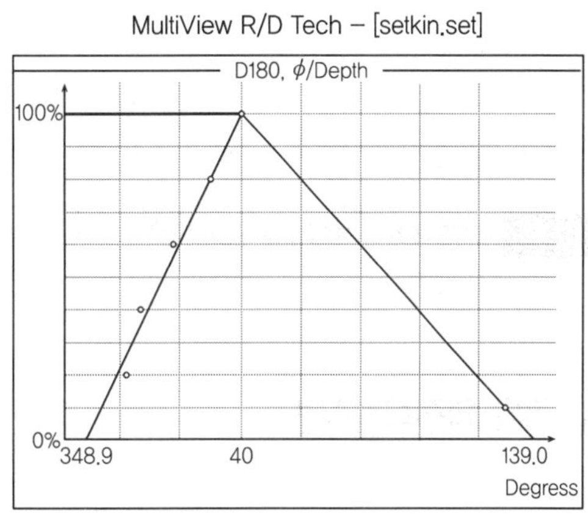


그림 11-35 STS 316의 외삽형 탐촉자 깊이 곡선

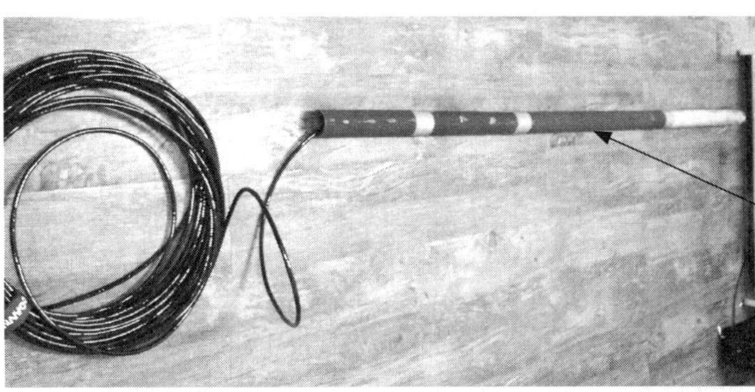


그림 11-36 와전류탐상을 이용한 튜브의 침탄두께 측정

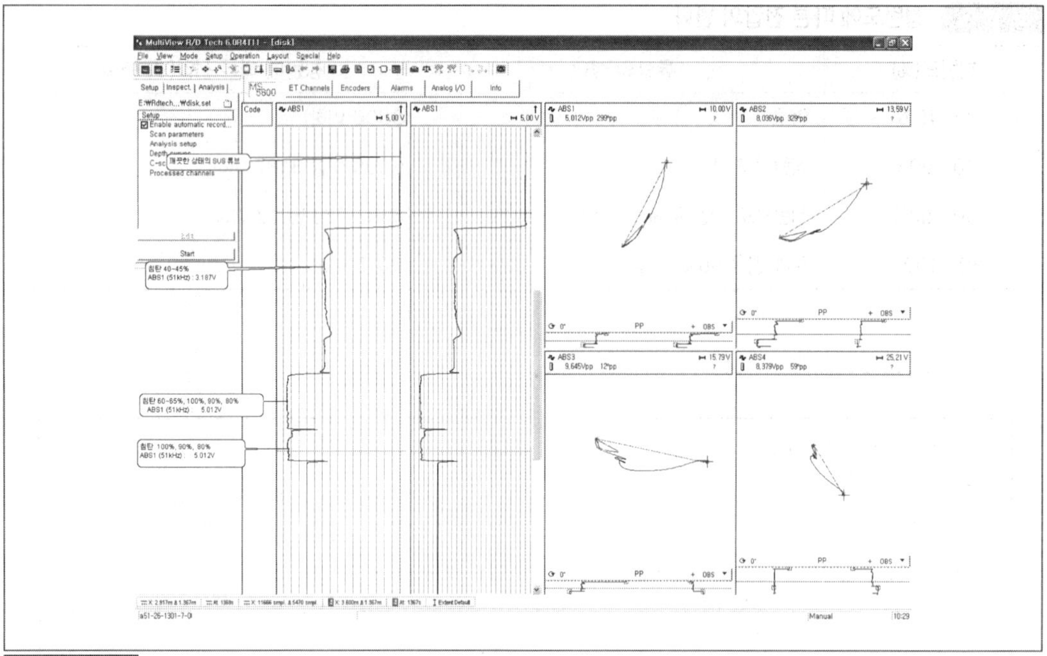

그림 11-37 STS 316 튜브의 침탄도에 따른 탐촉자 신호

## 11.4 기타 와전류탐상법

### (1) 배열형 와전류검사기

배열형 와전류검사기술(ECA)은 기존 와전류탐상(ECT)의 연장 기술로써 기본원리는 동일하며, 브리지회로로 구성된 T-R(Reflection)프로브로 DIF모드에서 사용된다. ECA기술은 검사시간의 단축, 손쉬운 사용법 및 동등한 게인값을 갖고 기존 ECT가 사용되는 영역에 모두 적용된다. 배열형 와전류 기술은 전자적으로 동일 프로브 어셈블리에 나란히 위치한 다수코일에 와전류를 유도하는 기능을 갖는다. 데이터의 수집은 각 코일 간의 상호인덕턴스를 피하기 위해 특수패턴의 와전류 코일을 다중화(Multi Plexing)하여 수행된다. 종래의 와전류검사에 의한 검출기술은 ECA검사로도 재현이 가능하다. 단일경로(Single Pass) 범위의 적용으로 고급화된 이미지 기능과 검사시간을 크게 단축할 수 있다. 배열형 와전류탐상의 장점은 다음과 같다.

① 고해상도를 유지하면서 넓은 면적을 단일프로브 패스로 스캔한다.

② 프로브 이동을 위해 복잡한 로봇에 대한 필요성을 줄일 수 있다.

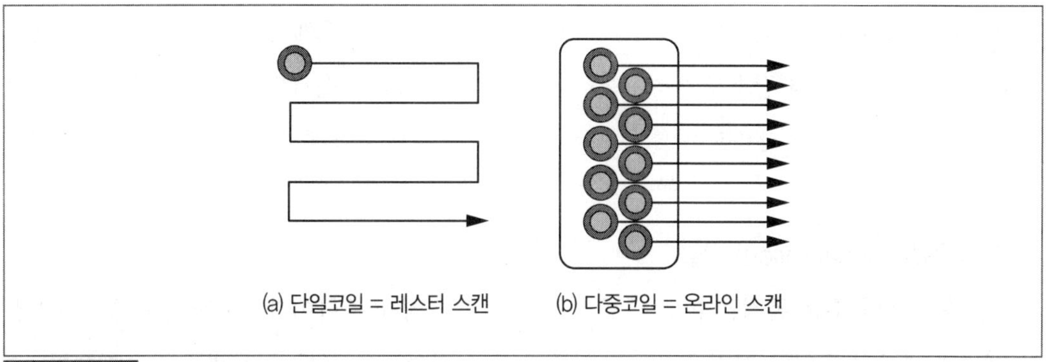


**그림 11-38** 단일코일과 다중코일의 스캔방식

③ 간단한 수동검사는 손쉽게 수행할 수 있다.

④ C-스캔 이미지로 결함검출과 크기 조절을 향상시킬 수 있다.

⑤ 외부형상에 맞춘 사용자 프로브를 사용하여 복잡한 형상의 제품을 검사할 수 있다.

### (2) 다중화 기술

다중화는 다양한 아날로그 전달신호를 공유하여 특정 매체에서 하나의 디지털신호로 결합하는 과정이다. 배열된 와전류 데이터가 다중화되면 각각의 와전류 코일은 동시에 2개의 인접한 코일의 여자 없이 프로브의 코일을 모두 여자할 수 있도록 시스템에서 지원한다.

인접코일 사이의 자기결합으로 인한 상호인덕턴스의 바람직 않은 효과는, 각 코일이 해당 와전류의 신호전달을 위해 여자되는 정확한 시간을 신중히 프로그램화 하는 것을 내부 다중화 시스템의 사용으로 최소화되며, 신호는 이미지로 표시되기 전에 재구성된다.

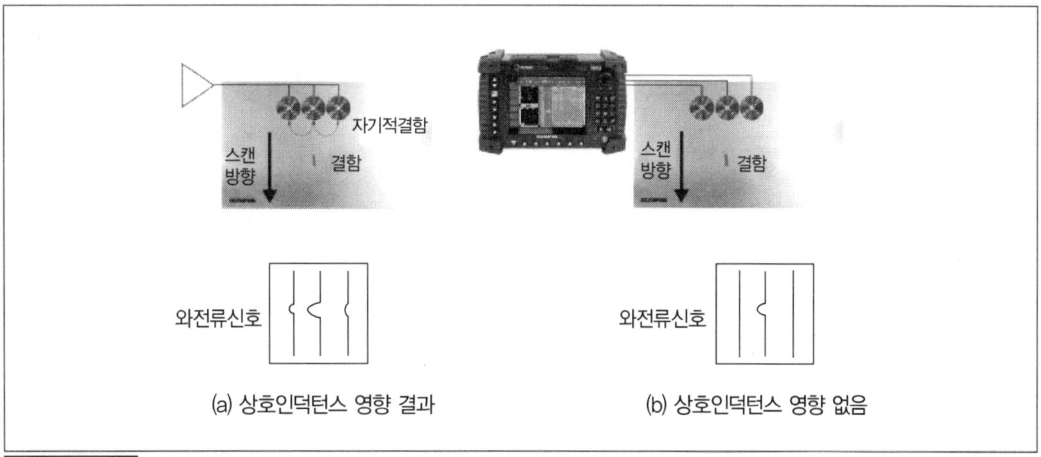


**그림 11-39** 다중코일과 다중화

다중화 데이터의 향상된 이미징 기능, 개별 코일채널을 검사 후에 분석된다. 다중화는 채널 분해능, 상호인덕턴스의 감소를 통해 코일 감도를 증가시키고 잡음레벨을 줄여준다. 이것은 결국 향상된 신호 대 잡음비율로 연결되며, 상호인덕턴스는 다중화에 의해 피할 수 있다.

### (3) 정규화(Normalization) 기술

정규화 수행의 주요 목적은 ECA프로브에 대한 감도의 표준화이다. 이 작업을 수행하려면 각 채널에 대하여 동일한 와전류 신호생성을 위해 보정결함을 포함하는 샘플을 스캔한다.

응용분야는 긴 횡단노치와 같은 결함이고 동일 위상, 진폭응답이 모든 채널의 게인 및 위상을 조절할 수 있다.

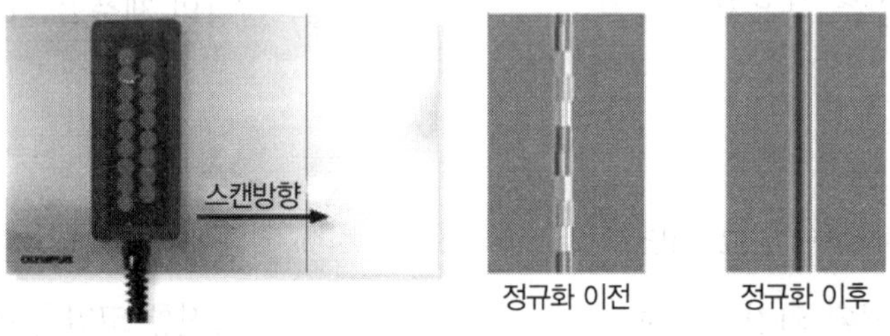


그림 11-40 정규화에 따른 ECA 신호차이

# 제12장 음향방출탐상기술

## 12.1 음향방출의 개요

### (1) 음향방출의 현상

음향방출(Acoustic Emission)은 물체가 파괴 및 변형할 때 생기는 음향을 외부로 방출하는 현상 즉, 물체에 축적된 에너지의 일부가 해방 과정에서 발생하는 탄성파동의 현상이다. 기계 시스템이나 구조물의 파괴예지에 적용함에 있어 실제현상은 미소한 수준의 파괴가 선행되고 점차 진행하여 파괴에 도달하는 현상을 이용한다. 물체 내를 전파하는 파동을 물체 표면에서 검출할 때 가장 감도가 좋게 나타난다.

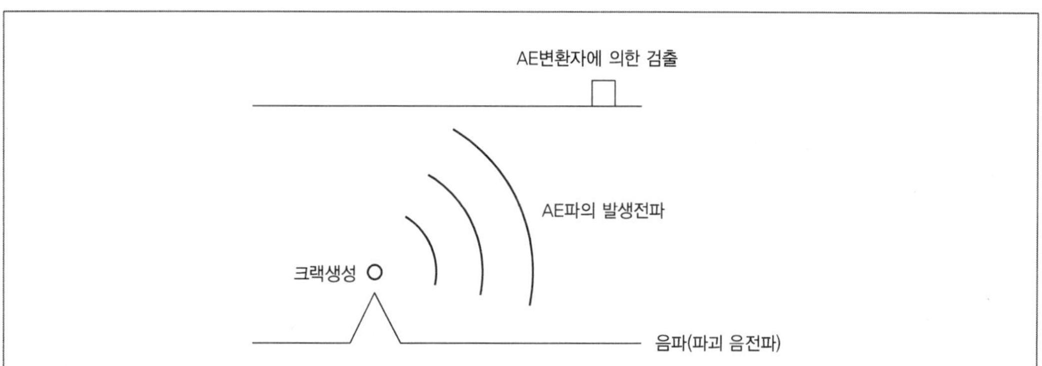


그림 12-1 AE파의 발생

고체재료 내부의 미소한 파괴 또는 그와 동일한 에너지 해방과정에서 발생하는 탄성파동 현상으로 고체재료에서는 탄성파라고 할 수 있다. 재료 내에서 방출되는 음향방출은 횡파, 종파, 표면파의 형태로 재료 내를 진행하며, 지진발생 시에도 동일하게 이들의 모든 파가 발생된다. 이 음향펄스는 재료 표면에 부착된 검출기(변환자)에서 전기신호로 변환하여 신호를 증폭, 정형, 계수하면 파괴예지는 물론 부재의 소성변형, 결함유무의 추정이 가능하다.

#### (2) 음향방출 기술의 발달

1936년에 Förster 마르텐사이트 변태에 대하여 AE에 대한 거동을 보고하였으며, 1953년 카이저(Kaiser)는 각종 재료의 인장시험에서 음향방출의 발생률 및 진폭과 하중의 관계에 대한 실험을 하였다. 1960년대 재료연구에서 AE 이용, 로켓·원자력분야에서 사용하는 고압용기 압력시험에 의한 파괴예지, 운전중 감시 및 피로균열, 용접균열, 응력부식균열 등 각종 균열의 발생과 진행탐지에 응용하였다.

## 12.2 음향방출의 계측

### 12.2.1 AE 신호처리

일정 에너지로써 어느 시간 동안 지속하는 음향방출 사상이 재료 중에 발생하면, 재료의 표면에 부착된 AE 검출기는 그 음향방출 사상과 재료 내에서 진행특성에 대응하는 신호파형을 관측할 수 있다. 음향방출 신호에서 얻을 수 있는 정보는 다음과 같다.

① 각각의 음향방출의 신호파형 및 최대진폭과 주파수 성분
② 단위시간당 음향방출 사상의 발생빈도 및 그의 진폭분포와 주파수 분포
③ 다수의 변환자를 사용하는 경우 음향방출 도착순서와 시간차

### 12.2.2 분석 파라미터

AE 파라미터로써 AE사상수(Event Count), AE계수(Count), AE파 첨두값(Amplitude), AE

실효값(RMS전압, Root Mean Square Value)으로 한다.

### (1) 발생 빈도

AE는 미소한 파괴에 대응하여 발생하는 것이므로 파괴과정을 연구하기 위해 발생 빈도의 특성 조사가 필요하다. AE계수라 하고 누계를 총 계수, 일정시간 간격에 있어서 카운트 수를 계수율(Count Rate)이라 한다.

### (2) 계수법

(가) 링다운(Ring Down)계수

소성변형 시험 등의 재료평가에 사용되며, 문턱값을 초과하는 진폭의 회수를 모두 계수한다.

(나) 이벤트(Event)계수

파괴나 위치표정에 사용되며 하나의 AE신호를 한 개로 계수한다.

### (3) AE파의 첨두값(최대 진폭값)

AE파형은 오직 계속시간이 수 ms이하의 과도적인 파동 현상으로 직접 구할 수 없고, 포락선 절대값의 최대값으로써 결정된다.

### (4) 상대 에너지

횡축에 AE파의 전파거리, 종축에 최대진폭 전압의 대수값를 취한 거리–감쇠곡선을 대상으로 재료마다 구하고, 그 곡선을 이용하여 얻어진 AE파 진폭을 발생원에서의 값으로 환산한다. 계산된 AE파 첨두값의 2승값을 상대에너지 값으로 한다.

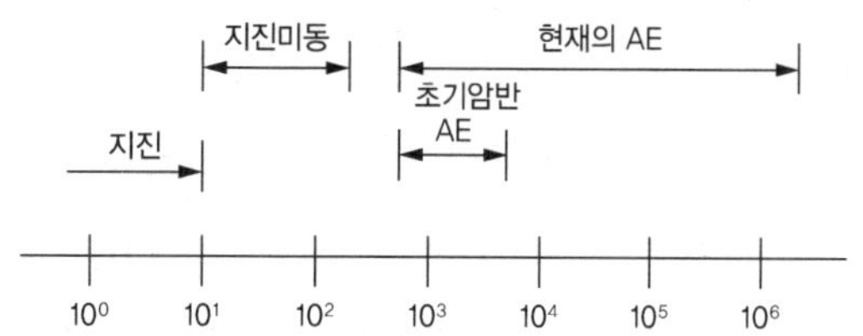


그림 12-2 AE파의 속도

### (5) 진폭분포

진폭 규모별의 빈도분포라고 하는 AE파 첨두값과 발생빈도를 합한 파라미터이다.

## 12.2.3 대상이 되는 AE현상

AE현상은 연구적으로 AE 계측장치에서 검출 가능한 것으로, 물체나 구조물이 파괴될 때의 가청음이 지진과 차이점이 된다.

① 매우 고감도의 장치에서 검출되는 미약한 탄성파동으로 0.1mm정도 균열에 의한 AE라면 검출 가능하다. 일반 시판용 변환자는 60~100dB의 증폭률(Gain), 변환효율이 우수한 PZT의 압전소자이다.

② AE를 특징짓는 주요 인자는 주파수 성분이며 지반, 암석을 대상으로 하는 AE는 매우 낮은 주파수 성분을 고려(kHz~MHz의 고주파 성분)해야 하고, 가청주파수는 20kHz까지이다. AE 주성분은 가청음(Acoustic)에는 없고, 탄성파이므로 음파(Sonic Wave)에도 없지만, 가청역 이상의 고주파 성분의 초음파에 속한다.

## 12.2.4 AE파형의 특성

파괴원 탐사에 있어서는 AE 변환자에 최초로 도달하는 것은 종파(P파), 횡파(S파), 표면파의 순서로 전달되며, 얇은 판재는 표면파의 레이리히이(Rayleigh)파나 판파로 알려진 램(Lamb)파가 우수하다. 이 음향펄스는 재료 표면에 압전재료로 된 검출기를 부착하여 검출한다. 검출신호는 전기신호로 변환하여 신호를 증폭정형, 장시간에 걸쳐 계수하면 소성변형, 결함유무의 추정이 가능하다. 변환자를 다수 설치하여 진원지 추정과 검출지점에 도달하는 음향방출 시간차로 음향방출의 발생지점 추정이 가능하다.

AE신호는 재료 내부의 다양한 음향방출 사상에 대응하여 개개의 음향방출 사상의 에너지, 발생 수, 지속시간, 진폭, 시간적 빈도, 상승시간, 쇠퇴시간 및 공간적 위치에 관한 정보를 나타낸다. 음향방출은 어떤 음향방출 사상으로 언제, 어디서, 어떤 빈도로 발생하는가를 조절하여 재료 및 그것을 구성하는 구조물의 건전성 판정, 재질 진단, 탐상 검사, 파손 검사 및 예지를 수행한다. 그러나 재료의 음향방출의 특성은 재료의 종류, 물성, 불안정한 결함의 종류,

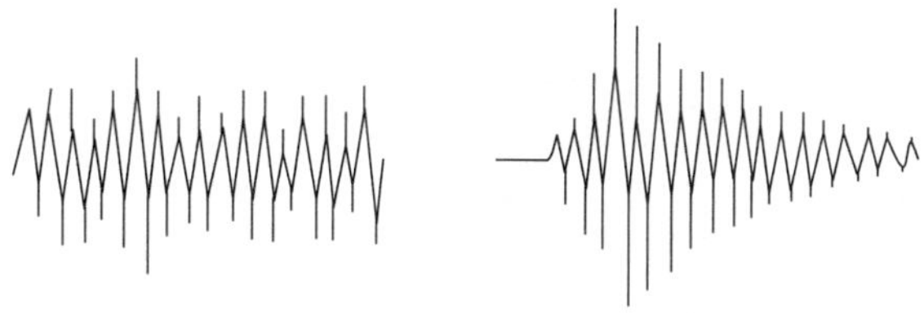


그림 12-3 AE 신호 형태

양, 내적조건, 하중이나 온도, 분위기 등 외적 조건에 의해 크게 영향을 받는다.

AE파형의 매개변수는 발생 수(Event Count), 에너지, 진폭, 지속시간, 상승시간, 쇠퇴시간이 된다. AE은 다른 바파괴검사와 다른 다음의 특성을 갖는다.

① 구조물의 넓은 면적을 대상으로 시험할 수 있다.
② 구조물상 다른 비파괴법으로 불가능한 영역까지 광역으로 시험한다.
③ 시험자의 경험과 판단에 다른 비파괴검사 방법처럼 크게 좌우되지 않는다.
④ 균열 발생의 원인을 규명할 수 있다.
⑤ 가동 중인 상태에서도 검사가 가능하다.

## 12.3 AE 계측 기술

### 12.3.1 파형 관찰

AE 변환자는 탄성파에서 전기신호로 변환된 시점에 수 $\mu$V~수100μV의 전압에서 수 kHz~수MHz의 주파수성분을 가진 파형으로 된다. 금속재료에는 돌발형과 연속형 두 종류의 AE가 존재한다. 이들은 하나의 AE파형 진폭이 감쇠하여 잡음레벨까지 작아지는 계속시간과 다음 발생하는 AE까지 시간과의 관계로 나타난다. 결국 각각의 AE 발생시간 간격이 길고 그 사이에 1파형이 감쇠한다면 AE는 돌발적으로 관찰된다. 한편 개개의 파형이 감쇠할 때까지 계속시간에 대해 다음 AE까지 AE발생의 시간간격이 짧다면 AE파형은 점차 중합되어 연속되어 관찰된다.

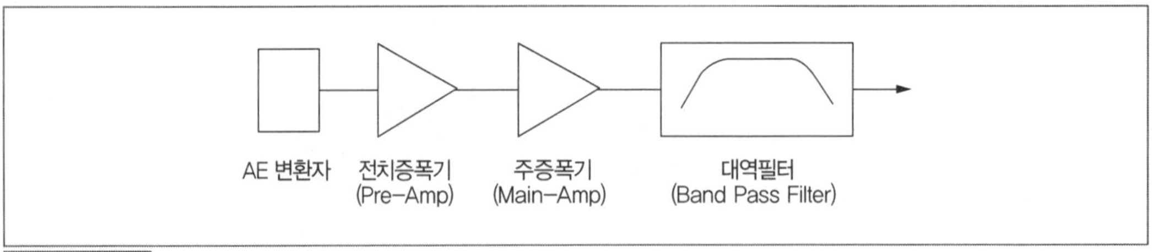


그림 12-4 AE의 기본원리

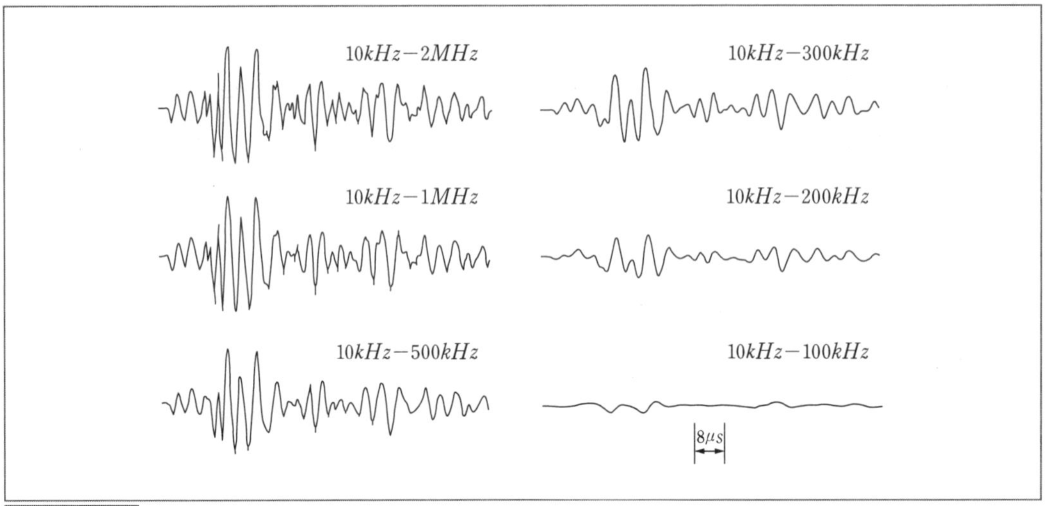


그림 12-5 AE파형에서 대역필터(Band Pass Filter) 영향

고역필터와 저역필터를 조합시켜 대역필터로 사용할 경우 선택된 주파수 대역에서 AE파형이 크게 변화하므로 주의해야 한다. 그림 12-5는 시험체가 1축 압축시험으로 검출된 동일 AE 파형을 필터 대역폭을 변화시킨 것이다. 고주파 성분차단에 있어 진폭은 작고 파장이 길어지는 모양이다.

### 12.3.2 증폭기와 필터 특성

AE현상 검출에 필요한 장치는 AE 변환자와 증폭기와 필터로써 음향기기에서 볼 수 있다. 전기신호로 변환된 신호를 변형 없이 처리하기 위해서는 AE에서도 똑같이 필요하다. 증폭기는 고 에너지 현상에 대해서도 포화되지 않도록 동적범위가 커야만 한다. 잡음이 적고 미소한 AE에도 감도 좋게 검출 가능한 S/N비(증폭신호의 진폭에 대하는 잡음레벨의 비)도 커야만 된다.

변환자로부터 변환된 전기신호가 회로영향에 따라 변형이 생기지 않도록 입력 임피던스가 큰 전치증폭기(Pre–Amp)에서 받아 주증폭기(Main–Amp)에서 증폭할 필요가 있다. 증폭기의 주파수응답과 필터대역이 AE특성을 나타내므로, 매우 고주파수역까지 포함한 광대역을 수용해야 한다. 필터의 사용목적은 주로 잡음제거이므로 기존 하중 재하장치(載荷裝置)에서 발생하는 잡음은 수 kHz이하의 진동잡음이므로써, 저주파수를 차단하는 적당한 고역필터(High Passed Filter)를 사용해야 한다.

### 12.3.3 AE 검출기의 특성

검출기는 기본적인 검출장치로써 에너지 해방과정에서 발생하는 탄성파를 지진계와 동일한 변환자로 검출하며, 검출기로써 요구되는 사항이 있다.

① 매우 미약하여 고감도가 요구된다.
② 넓은 광대역 주파수대를 대상으로 해야 한다.

특히 고주파 성분이 문제가 되며 지진에 관련된 분야에서 가장 고주파 성분까지 검출 가능한 변환자는 가속도계이지만 수 kHz가 상한이다. AE라는 것은 광산, 암반 파괴 관련의 현장계측에서는 가속도계가 변환자로서 사용된다. 고주파성분을 검출할 수 있는 변환자는 PZT, 전기용량형 검출기, 레이저광 간섭형 검출기도 있다. 그러나 고감도의 검출기는 변환자의 공진주파수를 이용하므로 주파수 영역의 응답은 평탄하지 않아, 결국 공진점 부근의 성분만을 검출하게 된다.

### 12.3.4 검출상의 주의

각국의 표준규격에는 AE시험장치의 성능표시 방법이 정해져 있으며, 장치는 전치증폭기(Pre–Amp), 주증폭기(Main–Amp), 진폭구별기의 세 가지이다. 전치증폭기, 주증폭기가 갖추어야할 성능은 진폭율을 나타내는 이득(Gain), 입출력 임피던스, 포화 전압, 입력 형식, 주파수 특성, S/N비, 동적범위와 필터에 대한 것이다. 증폭기의 입출력 임피던스는 일반 음향기기는 50Ω이나 전치증폭기의 입력 임피던스는 수 kΩ 이상으로 높고 출력 임피던스는 50Ω이다.

AE 검출기에서 전치증폭기까지 케이블 거리가 길면 전치증폭기의 높은 입력 임피던스에서 신호전압이 낮게 됨을 의미한다. AE 검출기에서 측정기기까지 거리를 길게 할 경우에도 전치증폭기만은 AE검출기 근처(1m 정도까지)에 설치해야 한다. 전치증폭기에서 주증폭기는 모두 50Ω로써 거리가 길어도 문제가 없다.

적당한 필터와 S/N비가 높은 기기를 사용해도 전치증폭기와 주증폭기에서 합하여 100dB(100,000배) 증폭하면 잡음도 증폭되어 상당한 레벨로 된다. 탄성파 중에 가장 빠른 종파의 전파속도는 금속재료에는 6,000m/s 정도, 암석이나 콘크리트에서도 4,000m/s이다. 주파수의 역수가 주기이므로 파장=전파속도×주기의 관계로써 즉, 5,000m/s로 가정하면 1kHz 성분에서 파장은 5m, 100kHz에서도 5cm, 1MHz에서 5mm로 된다.

금속재료의 AE검출에서 판상의 시험체가 사용될 때는 탄성파동의 전파에 상당히 복잡한 현상이 생긴다. 판재에서 발생한 AE는 1파장보다도 전파체의 두께가 얇아 전파 중에 복잡한

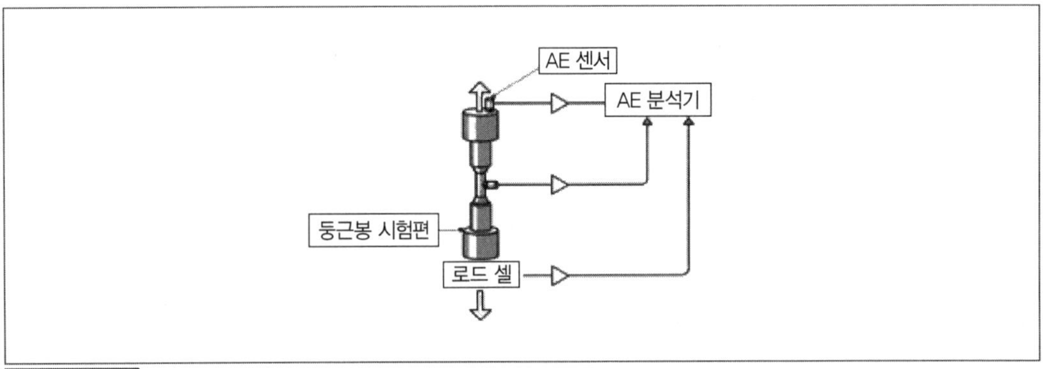

그림 12-6 웨이브가이드

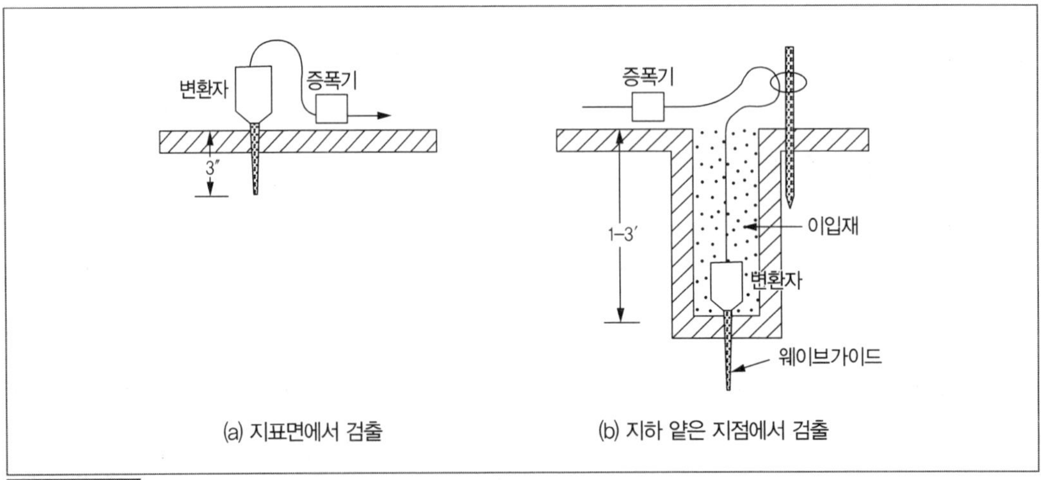

그림 12-7 AE의 검출방법

회절, 요동현상이 생긴다. AE검출기기 부착은 확실한 방법으로 변환자를 용기의 표면에 접촉시켜야 한다. 그리스, 왁스, 에폭시계 접착제, 순간접착제 등도 취급이 간단하고 확실한 접촉을 얻을 수 있다. AE 변환자의 부착은 시험체 표면에 접촉시키는 것이 기본이나 계측 개소의 조건에 따라 불가능할 경우도 있다. 이 경우 금속봉과 같은 탄성파를 감쇠하지 않고 잘 전파하는 물체의 금속봉에 변환자를 붙이며, 이 금속봉을 웨이브가이드(Waveguide)라고 한다.

그림 12-6은 지하에서 AE 검출을 위해 변환자 선단에 사용하는 웨이브가이드이다.

## 12.4 AE 계측 실무

### 12.4.1 AE 신호처리

신호처리에서는 진동과 파장이 다르며 진동현상은 어느 진동수(주파수)에서 반복, 요동되는 상태를 의미하지만 파동 현상은 그러한 요동이 물체 내를 전파하는 현상이다. 어느 장소에서 관찰하면 한 순간에 통과되며, AE도 이러한 파동 현상이고 경계에서 반사되어 에너지는 소비된다. 순시현상으로써 주파수 성분이 kHz 이상의 과도적인 파동을 직접 기록하는 것은 X-Y 프로터, 프린터, 전자 오실로그래프에서는 불가능하다. 데이터 기록계도 수백 kHz이면 기록이 불가능하여 동적범위 및 S/N비도 나쁘며 고속디지털 파형기억장치가 필요하다.

### 12.4.2 분석 파라미터

NDIS 2409에는 AE의 파라미터로써 AE사상수(Event Count), AE계수(Count), AE파 첨두값(Amplitude), AE실효값(RMS 전압, Root Mean Square Value) 등이 기재되어 있다. 이들은 AE신호에서 회로상 분석되는 파라미터이다.

#### (1) 발생 빈도

보통 재료의 파괴과정은 미소한 파괴(균열)가 집적되어 전체 파괴(주 파괴)에 이른다. AE파괴는 미소파괴에 대응하여 발생되며, 파괴과정의 연구를 위해 AE발생 빈도의 특성조사가 유익하다. 보통 발생 회수를 AE카운트(Count)라 하고, 누계를 총 카운트(Total Count), 어느 시간

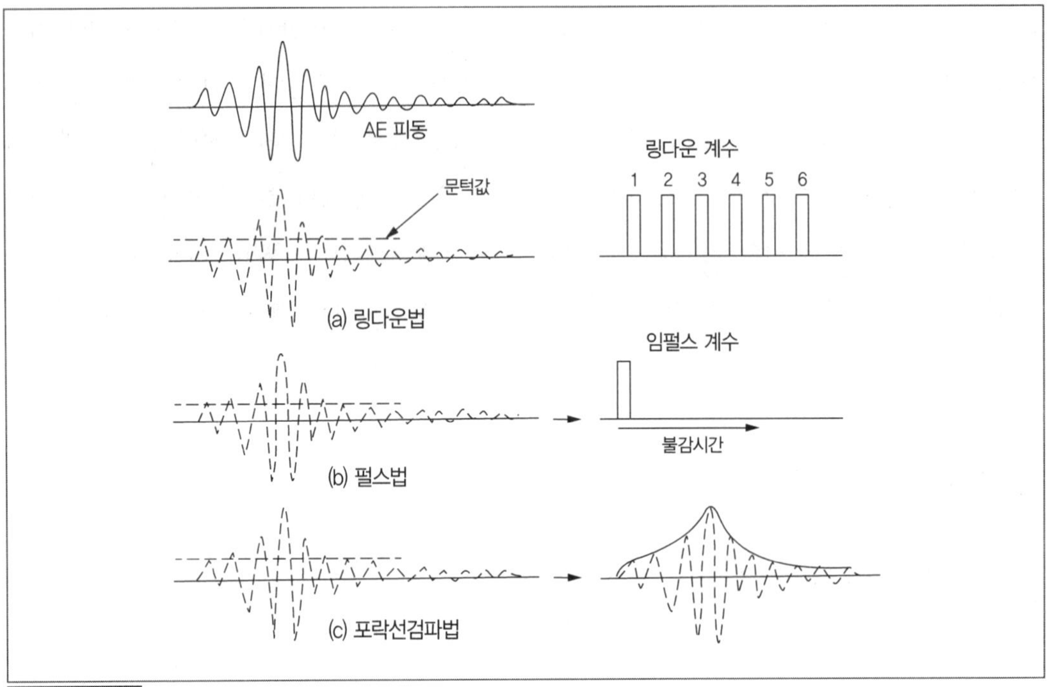


**그림 12-8** AE파의 발생 빈도의 계수

간격(1초간, 1분간 등)에서 카운트 수를 계수율(Count Rate)이라 한다.

계수법에는 링다운(Ring Down)계수와 사상(Event)계수의 두 종류이나, 그림 12-8과 같이 한 AE파형에 대해 문턱값 전압을 설정한다. 링다운 계수는 이 문턱값을 넘는 진폭에 대해 회수를 세는 것이다. 사상계수는 하나의 AE신호를 하나라고 계수하는 것이다. 이는 최초 문턱값을 초과하는 진폭은 1펄스를 카운터에 송신하여 신호감쇠에 필요한 불감시간(Dead Time)을 만드는 펄스방식과 포락선 검파를 한, 그 검파신호의 개수를 계수하는 방식이다. AE신호의 발생빈도는 물리적 의미에서 사상계수가 적절한 계산방식으로 생각하나 연속형 AE는 불가능하다. 금속재료의 소성변형에서 AE연구는 링다운계수가 이용된다.

### (2) AE파 첨두값(최대 진폭값)

AE파의 최대진폭값은 그림 12-9와 같은 파형에서 결정되는 값이며, AE파형은 계속시간이 수 ms 이하의 과도적 파동 현상으로 보통 직접 구할 수 없고 포락선 절대값의 최대값으로 결정된다. 파동전파 중의 감쇠영향을 받으며, 암석은 금속재료에 비하여 감쇠효과가 커서 전파거리에서 진폭은 상당히 감소한다. 그 결과 AE의 발생위치가 불분명할 경우에는, 검출점 근처에 미소현상과 일정거리 떨어진 점에서 큰 현상이 동일 크기의 진폭값으로 얻어질 수 있다.

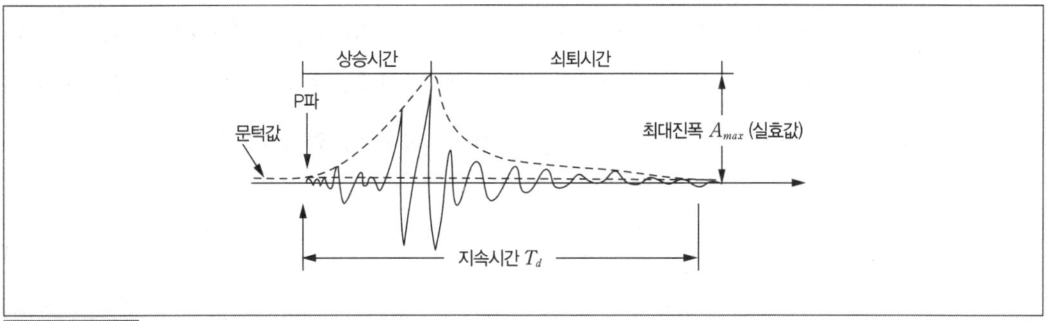


그림 12-9 AE파형

그림 12-9파형에서 최대 진폭값으로 얻어지는 파동성분은 탄성 파동론에서 해석되듯이 P파, S파와 같은 AE 발생원에서의 외란에 직접 관련된 파동은 없다. AE 변환자에서 검출된 신호파형은 발생원에서 전달된 P파, S파, 시험체 경계에서 반사파나 검출기의 공진이 혼입되어 복잡하다.

### (3) AE 실효값 전압(RMS 전압)

AE파형의 실효값은 그림 12-9와 같이 AE파형의 함수형으로 가정하면 다음과 같다.

$$RMS\text{값} = \sqrt{\int_{o}^{T_d} x^2(t)dt} \tag{12.1}$$

이는 파형이 갖는 에너지의 상대적인 값이라고 생각할 수 있다.

### (4) 상대에너지

실효값 전압에 의한 에너지 평가를 위해 NDIS 2412 "고장력강을 이용한 구형탱크의 AE시험방법과 시험결과의 등급분류 방법"에는 상대에너지 값을 제안하고 있다. AE파 첨두값, 발생원과 수신점까지 전파거리 및 전파에 따른 감쇠를 계산한다. 횡축에 AE파의 전파거리, 종축에 최대진폭 전압값 대 수치를 취한 거리감쇠곡선을 대상으로 재료마다 구한다. 그 곡선을 이용하여 얻어진 AE파 진폭을 발생원에서 환산하며, 계산된 AE파 첨두값의 2승값을 상대에너지값으로 한다.

### (5) 진폭분포

상세하게 기술하면 진폭 규모별 빈도분포라고 하는 AE파 첨두값과 발생빈도를 합한 파라미터이다. 지진학 분야에서 지진규모로 배율 $M$이 알려지고 있으며, 원래 Gutenburg와 Richter 정의에서는 진앙지에서 100km장소에 설치된 표준 지진계의 기록지상 지진의 최대진폭 $a$를 마이크로미터 단위($\mu m$)로 읽어 상용대수를 취하면, 식 (12.2)와 같다.

$$M = \log a \tag{12.2}$$

여기서 배율 $M$과 그 규모 이하의 지진의 누적빈도 $N$사이에 Gutenburg-Richter의 통계에서 다음의 식 (12.3)이 성립한다.

$$\log N = x - bM \tag{12.3}$$

$a$, $b$를 정수로 하고 AE 진폭분포도 식에 표현되며, 이 분포형과 재료특성 및 파괴 과정과의 관계가 있다. AE의 파라미터로써 발생원의 위치를 결정하는 파괴원의 탐사도 중요하다.

### 12.4.3 계측 시스템

문턱값의 설정과 횡단시의 펄스 출력, 포락선 검파, 첨두값을 검출할 수 있는 전기회로를 갖추어 주증폭기와 필터로 구성되는 계측기가 AE 계측시스템에는 변별기라고 한다. 계측시스템은 검출기, 증폭기, 변별기로 구성된다.

#### (1) 변환자(검출기, Sensor)

변환자는 신호 주파수가 높고 200℃정도의 고온까지 사용 가능한 지르콘티탄산납(PZT)이 많이 사용되고, 더 높은 고온에서는 보호막이 부착된 것을 사용한다. 기타 정전용량형, 차동형, 레이저 간섭형 변환자가 있다. AE검출을 위해서는 감도가 양호하면 좋고, 공진형 변환자는 공진주파수 부근이 감도가 가장 좋다. 또한 잡음을 제거할 목적으로 할 경우 차동형 변환자가 사용된다.

#### (2) 증폭기(전치증폭기, 주증폭기)

물체에서 발생한 미약한 AE 신호를 소멸되지 않도록 증폭하여 주증폭기로 보내는 것이 전치증폭기의 역할이다. 증폭기는 고에너지 현상에서 포화되지 않도록 증폭의 진폭역은 광대역까지 수용해야 한다. 또한 잡음이 적으며 미소 AE에도 감도를 양호하게 검출할 수 있도록 S/N비도 커야한다. 음향방출의 검출기 출력은 십수 μV~십수 mV 정도로써 신호처리를 위해서는 50~100dB 정도의 증폭이 필요하다. 시험체에서 발생되는 AE파는 작고 주증폭기(Main-Amp)까지 거리가 멀면  케이블의 용량감쇠가 커서 전치증폭기(Pre-Amp)를 설치하여 임피던스 변환을 수행한다면 주증폭기까지 수백 m 떨어져도 신호전달이 가능하게 된다.

### (3) 진폭 변별기

AE파의 신호 발생율, 누적수, 위치표정을 위한 시간차를 계측하는 등의 신호처리를 위해서는 원신호를 펄스로 변별할 필요가 있다. 변별기는 문턱값의 설정과 음파발생시 펄스 출력, 포락선 검파, 첨두값의 검출 등이 가능하도록 전기회로를 갖추어 주증폭기와 필터에서 수행된다. 진폭 변별기는 증폭기 출력의 진동파형을 일정한 문턱값으로 변별하여 펄스를 만든다. 펄스로의 변환은 문턱값을 넘는 파의 수를 전부 펄스로 변환하는 링다운계수(Ring Down Count)와 한 개의 파형에서 하나의 펄스를 만드는 이벤트계수(Event Count)가 있다. 단, 이벤트 계수는 위치 표정을 위한 시간차의 계측에는 적용할 수 없다.

### (4) 신호처리

시험체에서 AE파가 발생하면 어떤 에너지로 어느 시간 지속하는지의 검출기에서는, 그 음향방출 사상과 시험체의 특성에 대응하는 신호파형이 관측된다. 신호파형에서 관측 가능한 정보는 음향방출의 신호파형, 최대진폭과 주파수 성분, 단위시간당 방출사상의 발생빈도와 그의 진폭분포와 주파수 분포이다. 또한 다수의 변환자가 부착된 시험체일 경우 음향방출의 도착순서와 시간 등이다. 그러나 음향방출 파형은 검출기의 주파수 특성, 시험체의 형상 및 고유진동, 시험체 중의 진행특성에 따라 큰 영향을 받으므로 방출사상을 정확히 파악하기는 쉽지 않다.

### (5) 기록 장치

순간 변환장치(Transient Recorder)나 파형기록(Wave Memory)장치 등의 고속디지털 파형 기억장치가 필요하다. **그림 12-10**은 각종 분석 파라미터에 대응한 계측시스템으로써 **그림 (a)**에서 발생빈도의 계수에는 변별기에서 링다운 또는 사상에 맞게 출력되는 펄스수를 계수하는 카운터가 필요하다. 상대에너지는 **그림** (b)와 같이 변별기에서 얻어진 첨두값을 사용하여 처리하는 기기가 필요하다. 또한 진폭분포는 **그림** (c)와 같이 AE신호를 진폭크기에 따라 각 진폭 레벨마다 빈도를 계수하는 기기가 필요하다. **그림** (d)는 2차원 파괴원 탐사를 위한 4채널 자동

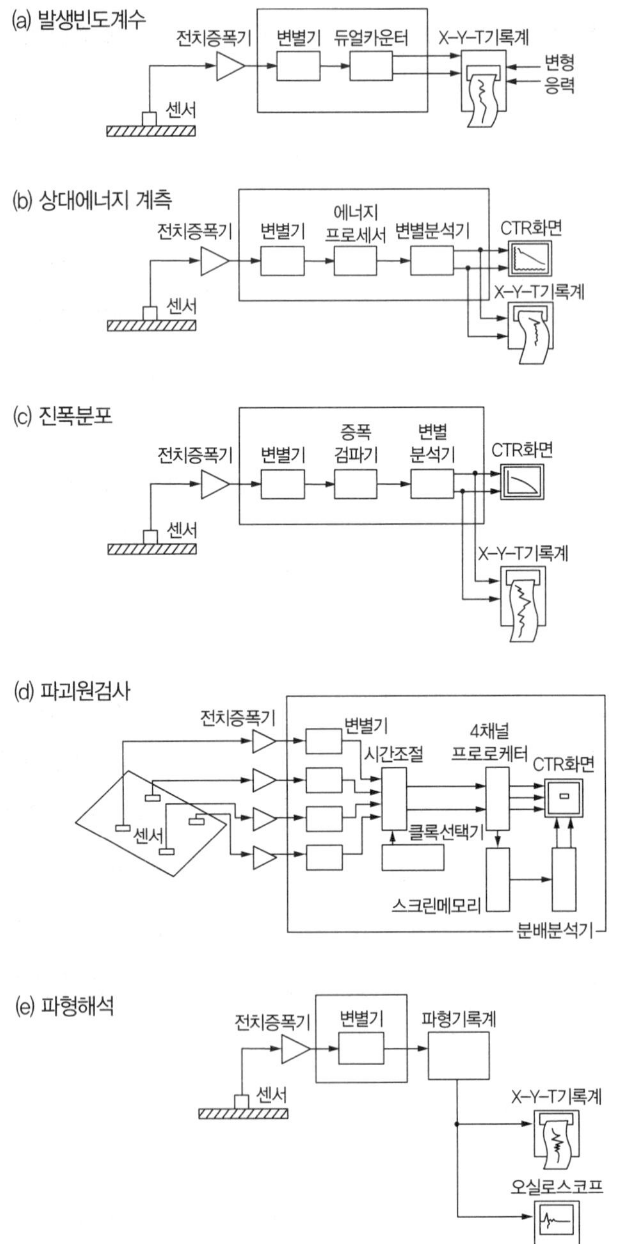


**그림 12-10** AE 계측시스템

계측 해석처리 시스템이다. 탐사위치까지 CRT화면상에 표시되며, 3차원 파괴원 탐사를 위해서는 그 이상 채널수가 필요하다. 그림 (e)는 파형해석을 위한 시스템이지만 파형기록을 위해서 웨이브메모리 밖에 나타내지 않는다.

## 12.5 재료의 파괴과정과 AE 특성

### 12.5.1 콘크리트의 AE 거동

AE 발생빈도는 미소파괴의 검출에 오래전부터 이용되어 왔으며, 금속, 암석, 콘크리트, 유리, 물, 얼음과 최근에는 신소재 분야까지 이용범위가 확대되고 있다. 그림 12-11은 콘크리트 1축 압축시험($\phi$10cm×20cm 원주체)에서 응력-변형곡선과 그 과정에서 20초마다 AE계수율의 결과이다. 재하초기에는 재하상태와 시험편 단면마찰의 영향으로 많은 AE가 발생한다. 응력-변형관계가 선형단계에서서는 AE는 정상적으로 낮은 율로 발생을 계속한다. 선형성을 형태를 벗어나면 체적변형의 최고점을 지나 체적이 팽창하는 부분에서 가속되어 AE가 발생하고 시험체는 파손된다.

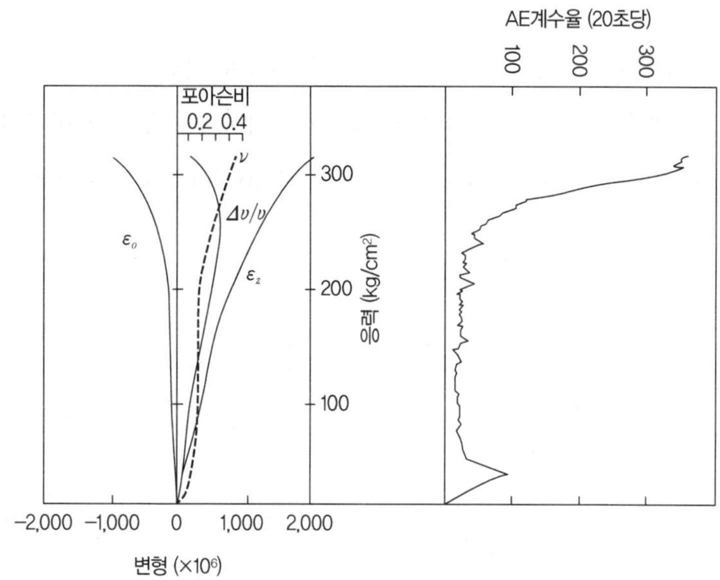


그림 12-11 콘크리트 시편의 압축시험에서 응력-변형곡선과 AE발생 빈도

### 12.5.2 진폭분포

#### (1) AE의 진폭 규모별 빈도분포

진폭분포는 AE 파라미터로써 고려할 수 있으며 다음의 식이 성립된다.

$$\log N = a - b \log a \tag{12.4}$$

식의 의미는 지진의 발생 총수 $N$과 진폭 $a$를 대수로 취하면 거의 일직선으로 도시되고, 기울기 $-b$로써 음인 것은 큰 진폭은 적게 발생하고 작은 진폭은 다수 발생한다.

$M = \log a$ 를 고려하여 상기의 식을 미분하면 다음과 같다.

$$-b = \frac{d}{dM}(\log N) \tag{12.5}$$

$b$를 배율 $M$의 함수로 생각해서 식 (12.5)은 식 (12.6)과 같이 쓸 수 있다.

$$-b(M)dM = \frac{dN}{N} \tag{12.6}$$

### 12.5.3 카이저 효과

Kaiser의 연구는 카이저 효과라고 명명된 AE발생 거동에 관한 현상이다. 즉, 그림 12-13과 같이 시험체가 이전에 받은 재하이력에 대해서는 그 선행하중을 넘어 재하하지 않으면 AE가 발생하지 않는 현상이다. 카이저 효과는 최근 FR(Felicity Ratio)값으로 표현되며, 선행하중

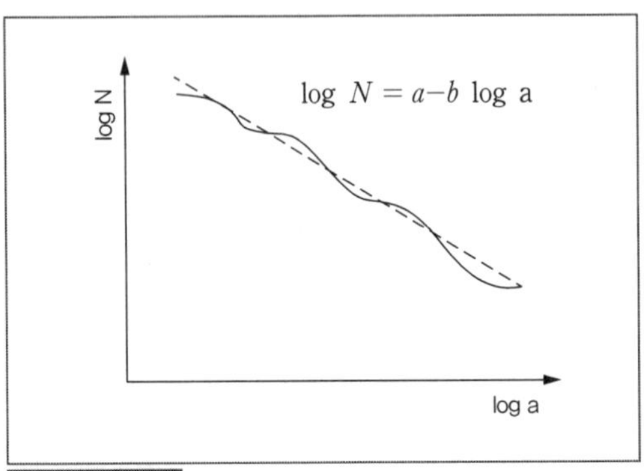

그림 12-12 AE 진폭분포의 개념도

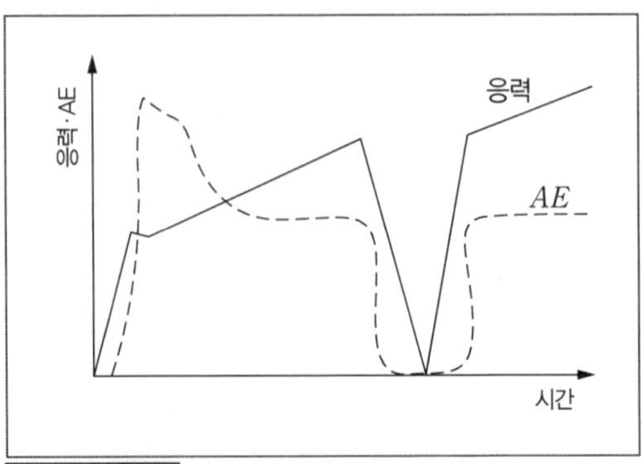

그림 12-13 응력-카이저효과의 관계

$P_{1st}$, 다음회의 재하과정에서 AE가 발생하기 시작한 하중을 $P_{AE}$라 할 때 식 (12.7)로 표시된다.

$$FR(Felicity\ Ratio) = \frac{P_{AE}}{P_{1st}} \tag{12.7}$$

카이저 효과가 존재하는 하중레벨은 $FR \fallingdotseq 1.0$이고, 내부의 불안정한 상태는 $FR<1$, 매우 안정한 상태는 $FR>1$로 되어 $FR<1$가 열화지표로써 사용된다.

### 12.5.4 파괴원의 위치 표정

AE가 탄성파동으로써 검출기까지 도달하는 과정에서 AE 검출기에 최초로 도달하는 것은 종파(P파, Longitudinal Wave)이고, 그 후에 횡파(S파, Transverse Wave), 표면파(Surface Wave)의 순서이다.

AE 변환자에 신호가 추출되면 AE가 발생됨을 알 수 있으며, 한 개의 AE 변환자로는 몇 시에 어느 정도 사상의 정보가 파악된다. 그러나 어디서 발생한다는 위치정보는 얻을 수 없다. 한 개의 시험체에 복수 개의 AE변환자를 배치하여 각각의 변환자(센서)에 도달한 시각, 도달 순서와 시간차 계측은 시험체의 음속이 파악될 경우, 지진의 진앙지 추정법과 동일하게 AE발생 위치를 알 수 있다. 길고 가는 시험편이나 긴 배관과 같은 1차원적 구조물은 2개의 변환자로 충분할 수도 있지만 기본적으로는 3개 이상이 필요하다.

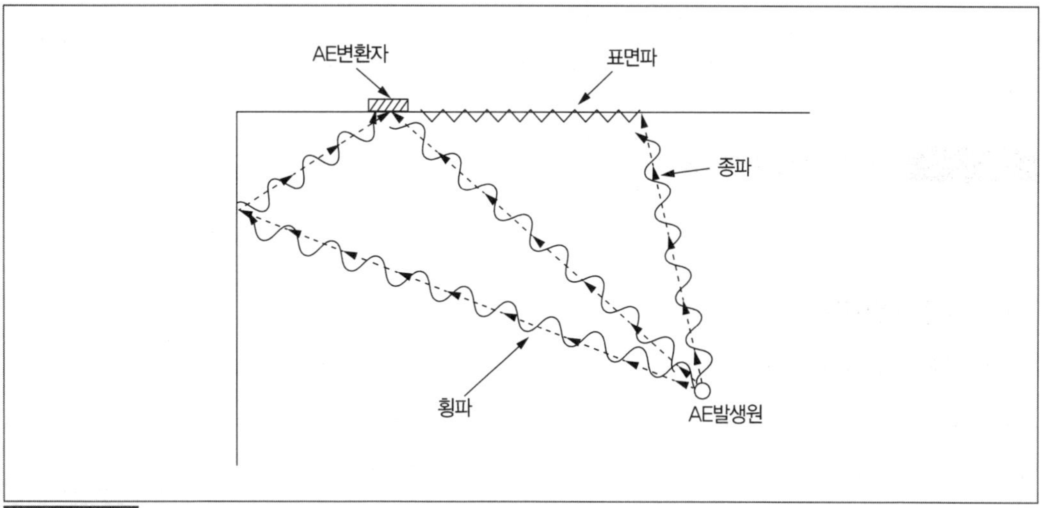


그림 12-14 AE파동 전파과정

도달 시간차로써는 AE표정은 AE계측에서 하나의 파라미터에 불과하나, 그것을 이용하는 목적은 압력용기와 같은 구조물에서 AE가 자주, 집중적으로 발생하는 개소의 검출이다. 또한 시간적으로 진행 추적, 추정, 위험도 판정 등의 AE 활동도의 평가, 계측범위 이외에서 외래잡음과 범위 내에서 발생한 AE 공간적인 식별이 필요하다.

### (1) 도달시간차

AE 표정에 시간적으로 다르게 발생하는 돌발형 AE에 대해 하나의 AE파가 복수개의 변환자에 도달하는 도달시간차 측정이 이용된다. 그것은 AE신호 또는 포락선 검파신호가 어느 설정된 AE 문턱값을 넘는 시각을 기준으로, 변환자 상호간의 도달시간차를 아나로그나 디지털량으로 계측한다. AE 발생점에서 변환자까지 거리에 따른 신호감쇠나 속도분산, AE파의 다양성으로 인하여 계측이 쉽지는 않다.

### (2) 1차원 AE표정

그림 12-15와 같이 AE원 Q에서 AE파가 2개의 변환자 $S_1$, $S_2$에 도달한 시간차를 $\Delta t$라고 하고 AE파의 전파속도를 $V$로 하면 $V \cdot \Delta t = |\overline{QS_1} - \overline{QS_2}|$ 이 된다. 또한 2개의 점에서 거리차가 일정한 궤적은 쌍곡선이 되고 AE원은 이 선의 어딘가에 존재하게 된다.

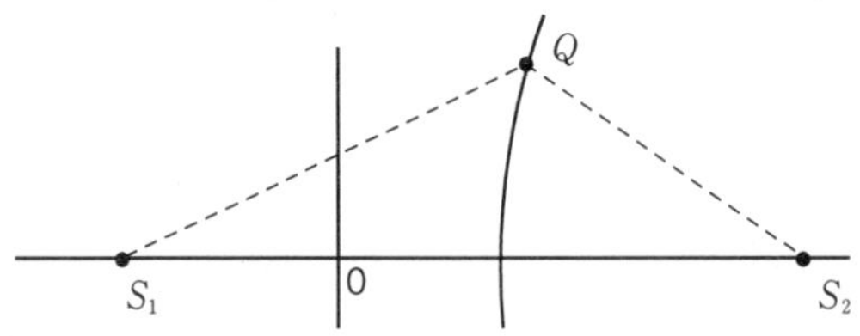


그림 12-15 AE원의 1차원 위치표정

### (3) 2차원 평면표정

AE 변환자를 3개, 4개를 이용하여 변환자를 규칙적으로 배치하면, 정보처리에 있어서 편리하다. 보통 2차원으로 전개되는 경우 정방형, 능형, 직각삼각형, 정삼각형으로 배치한다. 4개 또는 3개 변환자로 둘러싸인 이들의 기본 표정단위를 기본영역이라 하며, 어떠한 기본영역도 원리적으로는 AE원의 위치는 시간차에서 일종의 2개 쌍곡선의 교점으로 주어진다.

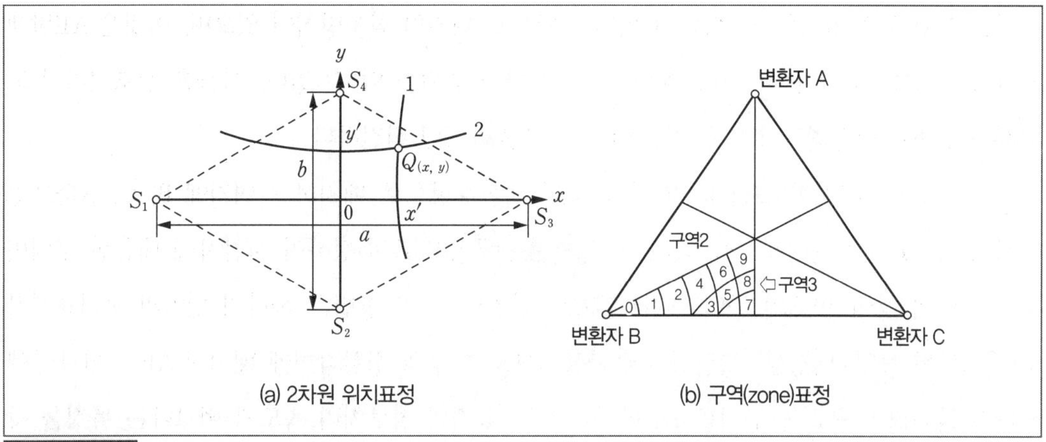


**그림 12-16 구조물 평면의 위치 표정**

그림 12-16(a)와 같이 $x-y$직교좌표에서 $S_1$, $S_2$, $S_3$, $S_4$ 4개의 변환자를 능형으로 배치한 경우, $x$축상의 변환자 $S_1$, $S_3$간의 도달시간차 $\Delta t_x$에서 쌍곡선 1이 구해지고 $y$축상의 변환자 $S_2$, $S_4$간의 도달시간차 $\Delta t_y$에서 쌍곡선 2가 구해지므로 AE원 $Q(x,y)$는 이들 쌍곡점의 교점으로 표정된다.

$$\begin{cases} \Delta l_x = \overline{QS_1} - \overline{QS_2} = \Delta t_x \cdot V \\ \Delta l_y = \overline{QS_2} - \overline{QS_4} = \Delta t_y \cdot V \end{cases} \tag{12.8}$$

AE원 $Q$에서 변환자 $S_1$, $S_3$ 및 $S_2$, $S_4$에서 각 거리의 차는 일정의 $\Delta l_x$, $\Delta l_y$이다. 단, $V$는 AE파의 전파속도이고 변환자 $S_1-S_2$, $S_2-S_4$간의 거리를 $a$, $b$라하면 AE원 좌표는 다음과 같다.

$$\begin{aligned} x &= \frac{l_x}{2a}\left\{l_x+2\sqrt{(x-\frac{a}{2})^2+y^2}\right\} \\ y &= \frac{l_y}{2b}\left\{l_y+2\sqrt{(y-\frac{b}{2})^2+x^2}\right\} \end{aligned} \tag{12.9}$$

### (4) 2차원 구역(Zone)표정

시간차의 계측에서 표정계산을 하고 AE원의 위치를 결정하는데, 고정도 시간차 계측과 복잡한 계산을 필요로 한다. 따라서 AE발생 빈도가 높을 때 AE를 누락하는 확률도 높다.

디지털식 AE표정처리를 고속화하기 위한 수단으로 디지털 참조방식이 있으며, 이것은 AE발생 때마다 표정계산과 더불어 미리 계산표를 참조하여 위치를 알 수 있다. 이들은 신호처리의 고속성과 광범위한 영역감시에 AE집중 개소를 추출하는데 적절하다.

A, B, C의 변환자를 **그림 12-16(b)**와 같이 정삼각형으로 배치하고 여기에 B, C, A순으로 도착하면, AE원은 정삼각형을 6등분한 영역 3중에 있다고 추정하여 시간차에 대응한 구역번호를 표에서 찾아 10개의 구역 어디서인가로 결정된다. 이 방법은 하나의 영역의 구역표시가 되어 있다면 능형, 대칭형 모든 영역에 사용되므로 다수의 정삼각형에 배치된 AE 변환자군에 의해서 둘러싸인 구조물 전체를 표정할 수 있고, 표정의 정보처리 속도가 빠르다는 특징을 갖는다. AE 변환자 간격 변경, 구역 크기 변경, 파의 속도가 다른 경우 등 소수의 파라미터 변경에 사용되고 표를 재작성 함으로써, 실험중 변경이 간단한 특성을 갖는다.

### (5) 3차원 공간의 위치 표정

외부에 접하고 있는 경계에서 반사 또는 공진 등이 가해져 파괴탐사에 유효한 정보는 최초의 종파라고 생각할 수 있다. **그림 12-17(a)**와 같이 AE발생원(파괴원)의 좌표를 $S(x,\ y,\ z)$, 검출기 $T_i$의 좌표가$(a_i,\ b_i,\ c_i)$라면, 좌표원점에 위치하는 검출기 $T_0$와 검출기 $T_i$쪽의 AE파동 P파 도달시간차 $t_i$와 거리 $R_i$에 관한 식을 구할 수 있다. **그림 12-17(b)**와 같이 다른 AE 검출기 $T_1$, $T_2 \cdots\cdots T_N$에서의 P파 최초 도달시각과 검출기 $T_0$쪽의 도달시각 $t_0$와의 시간차 $t_1,\ t_2 \cdots\cdots t_N$로 한다.

$$\begin{aligned} R_i &= \sqrt{(x-a_i)^2+(y-b_i)^2+(z-c_i)^2} \\ R_o &= \sqrt{x^2+y^2+z^2} \\ R_i - R_o &= v_p t_i \ (i=1, 2, 3 \cdots, N) \end{aligned} \tag{12.10}$$

식 (12.10)에서 파괴원의 해는 N개 쌍곡선의 교점으로 나타나며, 이것은 비선형연립방정식으로 직접 풀기에는 부적합하다. 따라서 식 (12.10)을 평방근을 취하여 $i$번째와 $j$번째 방정식에서 차를 구하여, 다음의 선형연립방정식을 구한다.

$$A_{ij}x + B_{ij}y + C_{ij}z + D_{ij}v_p = E_{ij} \tag{12.11}$$

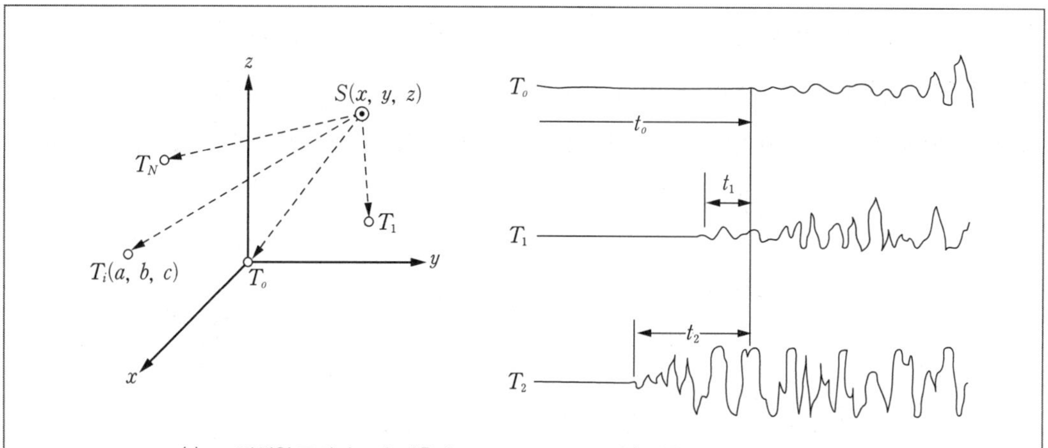


**그림 12-17** 구조물 평면의 위치 표정

여기서 $A_{ij} = 2(a_it_j - a_jt_i)$, $B_{ij} = 2(b_it_j - b_jt_i)$, $C_{ij} = 2(c_it_j - c_jt_i)$, $D_{ij} = t_it_j(t_i - t_i)$, $E_{ij} = t_j(a_i^2 + b_i^2 + c_i^2) - t_i(a_j^2 + b_j^2 + c_j^2)$ $(i, j = 1, \cdots\cdots N)$이다.

$t_i(i = 1, \cdots\cdots N)$가 어느 쪽도 0이 아니라면, 식 (12.11)에서 1차 독립적인 식은 $N-1$개 존재한다. AE 변환자의 수는 변환자 $T_0$를 더해 $N+1$개를 취해, 선형연립방정식에 의해 파괴원 탐사의 미지수($x, y, z$ 결정)를 정하는 것은 $N-1=3$이어야 하므로, $N+1=5$로 된 5채널 계측시스템이 필요하게 된다. 또한 파괴원(AE발생원)의 위치 결정은 기본적으로는, 식 (12.10)을 연립방정식으로 풀면 좋으며, 식 (12.11)를 행렬 표시하면 다음과 같다.

$$[A_{ij}, B_{ij}, C_{ij}] \begin{Bmatrix} x \\ y \\ z \end{Bmatrix} = \{E_{ij} - D_{ij}v_p^2\} \tag{12.12}$$

이 식의 풀이에 있어 좌변의 행렬식이 0으로 되어야 한다. 이 조건은 모든 변환자가 동일 평면상에 배치되는 경우도 포함된다. 6채널 이상의 계측시스템을 사용할 경우, 식 (12.12)에서 미지수보다 방정식이 많게 되어 최소자승법이 적용된다.

## 12.5.5 금속재료의 소성변형시 AE 특성

재료가 소성변형 될 때 AE파의 발생형태는 그림 12-18과 같으며, 그림 (a)같이 탄소강과 같은 재료는 45°방향으로 최대전단응력에 의해 파괴되는 형태이다. 그림 (b)와 같이 $\gamma$철 및 Al과 같이 항복점 부근에서 큰 AE파를 발생하는 면심입방의 순금속 소재의 형태이다. 그림 (c)은 AlMg, $\alpha$황동합금소재 및 고탄소강, 시효경화합금과 같은 고강도 합금은 그림 (d)와 같이 소성변형에 있어 AE파를 발생한다.

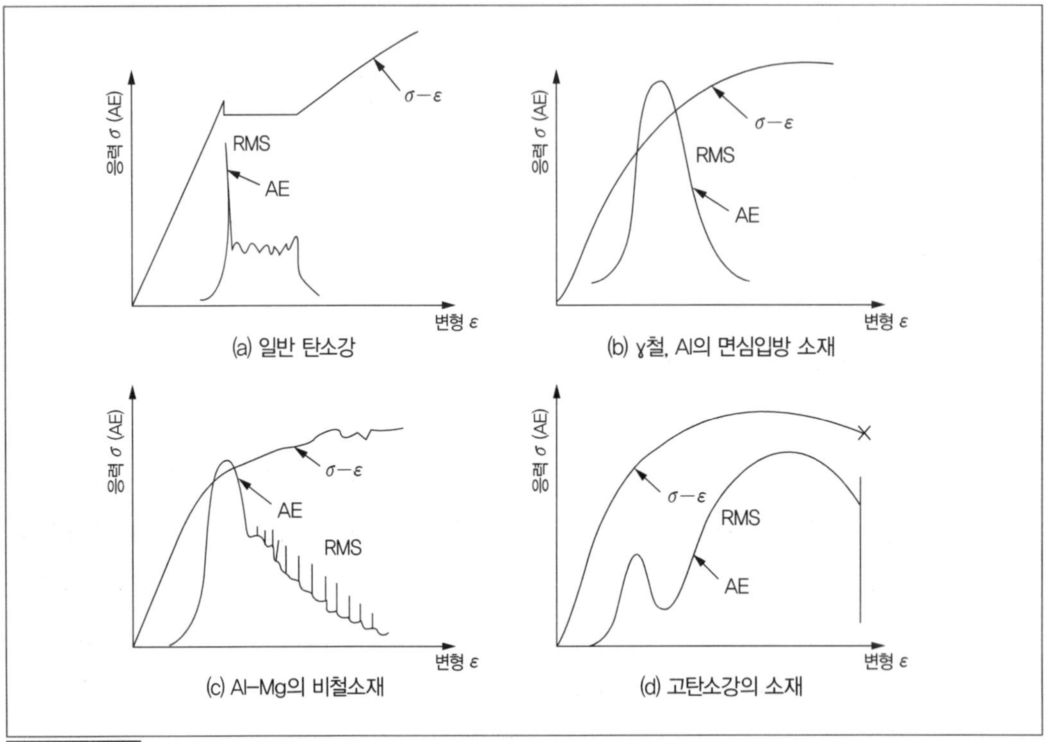


그림 12-18 금속의 소성변형에서 보이는 음향방출의 형태

# 제13장 누설탐상기술

## 13.1 누설시험의 개요

공기가 빠진 자동차의 타이어에 공기를 주입한 후 물속에 넣어 파손부위를 찾는 방법은 흔히 볼 수 있는 누설검사이다. 용기 외면에 비눗물을 바르고 용기내부에 약간의 공기압을 가하여 누설부에서 거품이 발생, 성장을 관찰하는 비눗물막법은 간단하면서도 감도가 높다. 누설검사는 검사제품에 일정 압력을 걸어 내압을 주어 파손여부 또는 누설되지 않음을 확인하는데 이용된다.

### 13.1.1 누설과 누설시험(Leak Test)

보일러에서 증기가 새거나 기밀장치에 공기 및 습기가 들어가는 경우, 화학공장의 배관 및 밸브에서 유해가스나 가연성 가스가 새는 것을 통틀어 누설(Leak)이라 한다. 즉, 누설은 한정된 공간에 있는 유체 및 고체가 그 공간 밖으로 유출되거나 공간 밖의 유체가 유입되는 현상이다.

누설시험은 누설시험방법과 누설검지방법으로 구분되며, 누설의 여부, 위치, 누설량을 검출하는 방법으로 기밀성 시험, 내압시험(수압/기압)도 포함된다. 누설검지란 누설되는 가스의 종류와 농도를 검출하는 것으로 용기에 헬륨가스를 넣고 외부에서 헬륨을 검출하는 헬륨누설검사는 고감도인 방법이다. 공기가 용기의 균열부 및 피팅부에서 누출할 때 미량의 공기류에 의하여 초음파가 발생하는 음향방출법도 있다. 한편 용기내부에 침투액을 도포하여, 이 액이 외부로 나오는 검사법은 수압을 받는 부품검사 등에 자주 이용된다.

### 13.1.2 내압시험

내압을 받는 용기는 사용상 안전성 확보를 위해 일정크기의 압력을 가하여 용기가 파손되

**표 13-1 가압 누설 검지기**

| 방법 | 현상 | 검출기 | 검출기 이외 도구 | 최소 검지량(1μs) | 비고 |
|---|---|---|---|---|---|
| 방치법 | 압력 저하 | 압력계 | 추적장치, 밸브 | – | 방치시간 길게하면 최소 검지량은 적음 |
| 독음법 | 누설음 | 청각 | 추적장치 | 50 | 청진기도 사용. 액체의 유동도 파악 |
| 초음파법 | 누설시 내는 초음파 | 초음파 증폭기 | 추적장치 | 10 | 미국에서 보급 |
| 수중 거품법 | 거품 발생 | 시각 | 수조, 추적장치 | 1 | 숙련된 경우 $1\times10^{-1}$μs |
| | 거품 축적 | 시각 | 투명용기 | 24h $1mm^3$ 축적시켜 $1\times10^{-3}$ | 간단하고 고감도 |
| 발색 시험법 | 용접 결함부 발색 | 시각 | 수정 | – | 발색되어도 반드시 누설되지 않음 |
| 비눗방울 거품법 | 거품 발생 | 시각 | 비눗방울액, 추적장치 | $5\times10^{-2}$ | 숙련 요함 |
| 수압 시험법 | 수압에 의한 물 누수 | 시각 | 수압에 의한 물 누설 | 10 | 용기 내압주의. 수분건조 주의, 물에 형광침투액을 첨가하기도 함 |
| 암모니아 가스법 | 흐름점의 발생 | 시각 | 브롬페놀페인트, 스프레이캔 | 30분이상 방치 $1\times10^{-3}$ | 누설개소가 확실하고 지연에 가까움 |
| | $CO_2$, HCL와 반응 | 시각 | $NH_3$가스통, $CO_2$HCl가스 | 0.1 | 역으로도 가능 |
| | 연소고지의 백화 | 시각 | $NH_3$가스통, 밸브, 연소도면 | 1일방치 $1\times10^{-3}$ | 장시간 방치하면 매우 작은 누설도 파악 |
| | 감광지 착색 | 시각 | $NH_3$가스통, 밸브, 감광지 | 1일방치 $1\times10^{-3}$ | 장시간 방치하면 매우 작은 누설도 파악 |
| 할로겐 가스법 | 누설부 할로겐가스열 백금선 이온화 | 할로겐 누설 검지기 | 할로겐가스통, 배관밸브, 추적장치 | $1\times10^{-2}$ | 충전가스는 공기와 혼합 가능, 그전 할로겐화합물 사용말 것 |
| 헬륨 가스법 | 가압헬륨의 누설량 검출 | 헬륨 누설 검지기 | 헬륨가스통, 배관밸브, 추적장치 | $1\times10^{-4}$ | 충전가스는 공기와 혼합하기 좋음 |

지 않고 누설되지 않음을 확인해야 한다. 이때 구조적으로 내압에 견딤을 확인하는 것이 내압시험이고, 결함 및 접속 불량부에서 누설여부를 검사하는 것이 누설시험이다. 압력시험(Pressure Test)은 밀폐 및 가압할 수 있는 압력용기, 탱크 구조물, 자동차 엔진블록과 같은 물체를 대상으로 한다. 공기를 이용할 경우, 압축기에서 압축공기를 밀폐된 시험체로 보내는 압축공기시험(Pneumatic Testing)과 압축시킨 물을 밀폐된 시험체로 보내는 수압시험(Hydrostatic Testing)이 있다.

### 13.1.3 시험 대상

최근에는 기밀성이 요구하는 분야가 많아져 누설시험은 각종 산업에서 폭 넓게 수행되고 있다. 예로써 라디에이터, 연료탱크, 냉동기류, 냉각기, 냉장고, 압력용기, 진공부품, 열교환기,

그림 13-1 누설시험 대상의 각종 자동차 부품

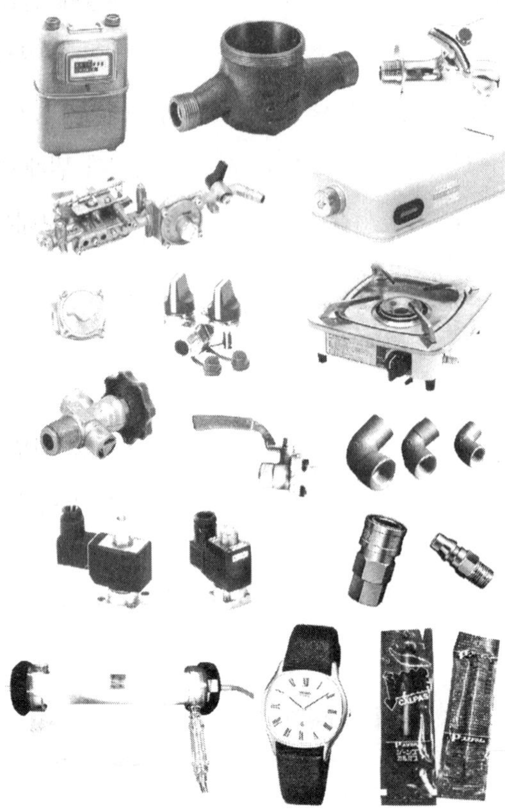

그림 13-2 누설시험 대상의 공업 제품

증기터빈, 원자로 연료봉, 시계, 인공장기, 가스관, 수도관 등이다. 일반 공업제품에서 신뢰성 및 안정성을 위하여 다음과 같이 다양한 제품을 대상으로 활용된다.

(가) 자동차 부품

엔진, 실린더블록, 실린더헤드, 라디에이터, 오일 필터, 카브레이터, 가솔린펌프, 오일펌프 등

(나) 가스, 수도, 냉난방기기

수도미터, 가스미터, 가스버너, 석유스토브, 가스기구밸브 등

(다) 전기 제품

수중펌프, 방수 쇼버, 전기포트 등

(라) 공유압 부품

전자밸브, 이음, 실린더, 필터, 각종 밸브 등

(마) 기타

손목시계, 인공 장기, 방수 카메라 등

### 13.1.4 시험 특성

시험체에 동작물질을 펌프작용에 의해 일정한 시간 간격으로 보내 압축시키면 압력 표시기는 용기 내의 누수를 표시한다. 시험체가 작으면 보통 공기로 충진시키며, 이때 용기내부는 관찰할 수 없고 탈출기포는 누출된다. 압력시험은 용접 결함부의 탐상에 다른 비파괴시험과 번갈아 실시해야 한다. 내압시험은 작은 조직의 흠, 일정크기의 잔류응력 및 용접부 취성 등으로 생긴 용접결함을 찾아낼 수 있다. 이러한 압력시험은 압력이 고압일 경우 용접 구조물에서는 폭발되는 경우가 있으므로 주의해야 한다. 내압시험은 안전을 위해 물을 사용하는 것이 원칙이다.

시험체의 지지구조와 기초가 안전할 경우는 공기나 기체를 이용하나, 이때 물을 사용할 때보다 낮은 압력으로 제어하는 경우가 많다. 이것은 액체는 비압축성으로써 시험체가 파괴될지라도 소량 누설되어 압력저하가 되어도 큰 폭발의 위험성이 없기 때문이다.

물을 이용하는 내압시험 즉, 수압시험에 있어서 저온취성 파괴를 일으킬 위험이 있을 경우, 재료의 충격시험값과 시험온도를 비교하여 시험온도를 결정하고 필요시 수온을 올려야 한다. 수압시험의 실시시기가 겨울철 한랭일 경우에는 필히 고려해야 한다. 공기를 이용할 경우에는

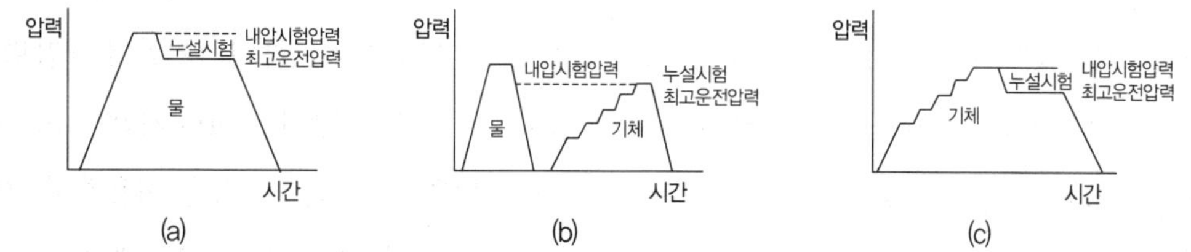


(a) 내압시험, 누설시험 양쪽 모두 수압인 경우

(b) 내압시험이 수압, 누설 시험이 기압인 경우

(c) 내압시험, 누설시험 모두 기압인 경우

**그림 13-3** 내압 및 누설시험에 있어 시험압력과 최고 운전압력

사용 공기의 온도를 올려야만 한다. 또한 수압시험용 수질에 대해서는 오스테나이트계 스테인리스강 재질에는 염소이온 500ppm 이하의 허용치를 넘지 않아야 한다. 내압시험의 위험성을 인식하고 내압시험 시에는 시험용기에서 떨어져 검사해야 한다.

### 13.1.5 시험 관련 규정

ASME 보일러 압력용기 규격 Sec V에는 누설시험방법으로써 할로겐 또는 헬륨을 이용하는 방법이 규정되어 있다. 고압가스 체결법에 있어서는 기밀시험이라는 명칭으로 누설시험을 규정하고 있고, 최대 사용압력의 1.0배 공기압으로 시험하고 누설이 있어서는 안 되는 것으로 하고 있다. 가스사업법에서는 "가스공작물의 기술상의 기준의 세목을 정하는 고시"중에 기밀시험이라고 하는 명칭으로 누설시험을 규정하고 있다.

저수조 등 매설된 도관 이외의 가스 시설물에 대해서는 시험가스를 봉입하고 12시간이 경과한 후에, 가스검지기 또는 할로겐검지기로 판정하는 방법이 있다. 또한 수은주게이지(3kg/$cm^2$ 미만), 액주게이지(저압), 압력계(저압, 중압, 고압) 등의 압력측정 기구를 이용하면서 압력을 가한 후, 압력과 일정 유지시간 후의 측정 압력차가 압력측정기구의 허용오차 내에 있음을 확인하여, 판정하는 방법은 모든 방법에서 채용되고 있다. 각각의 방법은 장단점이 있고 또한, 검출정도도 달라 시험체의 용도에 대응되는 적절한 방법을 선정해야 한다.

### 13.1.6 누설량과 허용 누설량

누설시험의 경우는 반드시 검출감도가 문제가 되나, 이 감도로 검출하려는 최소의 리크량으로 나타낸다. 리크량 L은 기체의 양 Q, 압력 P, 체적 V, 시간을 T라 할 때 L=Q/T=P·V/T의 관계를 갖는다. 단, 누설개소의 크기는 일정해도 온도 20℃, 압력 1기압(절대압력)의 건조공기의 유량으로 환산하여 나타낼 경우가 많다. 압력 P의 단위는 atm(기압), mmHg, Torr(=mmHg), kg/$cm^2$, g/$cm^2$를 사용하고, 체적 V의 단위는 ℓ, cc, cu-ft를 이용하며, 시간 T의 단위는 sec, hour, day, year 등이 이용되므로, 누설량의 단위는 그들을 조합해서 atm·cc/sec, mmHg·ℓ/sec, μHg·cuft/hour 등의 여러 단위가 이용된다. 특히 변화된 것으로써 체적 V를 ℓ, 압력 P를 μHg, 시간 T를 sec로 나타낸 1μsec(μ를 u로 간주하고 루세크라 읽음)이고, 또한 표준상태 즉 0℃, 1atm으로 환산하므로 Standard·cc/sec(또는 SCCS) 등이 있다.

### 13.1.7 누설검지법

누설검지법은 많은 방법이 있으나 진공법과 가압법으로 크게 구분된다. 대형 용기를 대상으로 할 경우, 진공법은 기술적으로는 가능하나 공업적으로는 구조 강도나 진공펌프 용량의 측면에서 실제로 문제가 많다. 또한 누설 개소의 검지 및 작업 효율의 측면에서도 비경제적이므로 보통 가압법이 유리하다.

## 13.2 누설시험 방법

#### (1) 발포 누설시험(Bubble Leak Test)

시험면의 한쪽을 가압 또는 진공으로 하고, 시험체의 시험면과 그의 반대측과의 압력차에 따라 생기는 기체누설로 인하여 시험면에 도포한 발포액의 기포형성을 관찰하여 누설개소를 검지하는 방법이다. 압력용기, 석유 탱크 등 용접부의 누설을 검사하는데 자주 이용되며 진공시험이라고도 한다.

#### (2) 방치법에 의한 누설시험

시험체를 가압 또는 감압하고 일정시간 경과 후, 전후의 압력변화에 따라 누설량을 측정하는 시험이며 가압법과 감압법이 있다. 시험압력은 가압법에서는 시험체의 최대허용압력의 25%를 초과하지 않도록 해야 한다. 감압법은 시험체의 압력이 외기압력보다 액주 200~1,000mm의 압력차 상태에서 시험한다. 방치시간은 10분 이상으로 하며 시험체 크기에 따라 24시간 방치하기도 한다.

#### (3) 암모니아 누설시험(Ammonia Leak Test)

시험체 내에 암모니아 가스를 넣고, 시험체 밖으로 누설된 미량의 암모니아 가스에 의해 시험체의 표면에 적용한 검사재가 화학반응하여 노란색에서 청자색으로 변화하므로, 그것을 관찰함에 따라 누설개소를 검출하는 방법이며, 가압법과 진공법이 있다. 보통 대형 압력용기의 누설을 비교적 짧은 시간과 광범위하게 검지할 수 있어 효과적이다. 주의사항은 검사재가 알카리성 물질과 쉽게 반응하므로 전처리가 필요하다. 암모니아에 의해 황동, 동합금과 부식되기 쉬우며, 목재, 토양, 콘크리트 등의 흡수성을 갖는 재질은 암모니아를 흡수하여, 시험체에 암모니아가 균일하게 공급되기 어려움이 있으므로 주의해야 한다.

안전상의 주의사항은 암모니아의 폭발한계는 공기 중 16~27%이므로 시험체의 파손, 폭발의 우려가 있으므로 필요 이상의 고압력을 가하거나, 가압상태에서 시험체 온도를 높이지 말아야 한다. 또한 대량으로 암모니아가스를 사용할 경우는 작업자의 산소결핍이나 악취에 노출될 수 있으므로 주의해야 한다. 시험 후 암모니아 가스를 대기 중으로 방출할 때는 중화제를 사용해야 한다.

### (4) 할로겐 누설시험(Halogen Leak Test)

추적가스로써 할로겐계 가스를 봉입하여 가압하고 할로겐 누설검출기로 검출하는 방법이다. 기포발생법이 적용되지 않는 경우나 고감도를 요구되는 경우에 이용된다. 실용상 $1\times10^{-5}$ Torr·1/sec 정도의 검지감도가 얻어진다. 프레온(Freon)이 오존층을 파괴한다는 환경문제로 프레온의 사용이 금지되고 있는 추세이다.

### (5) 헬륨 누설시험(Helium Leak Test)

헬륨가스와 질량분석계형 헬륨 누설검출기를 사용하여 누설량과 누설개소를 검출하는 누설시험이다. 미소한 $10^{-12}$Pa/m$^3$/s 정도의 누설까지 검출 가능하다. 또한 매우 손쉽고 정확하며 검사시간도 짧아 광범위하게 이용된다. 시험방법은 ① 진공분무법(Spray법) ② 진공외복법(진공Hood법) ③ 진공적분법 ④ 흡입법(Sniffer법) ⑤ 가압적분법 ⑥ 흡반법(Suction Cup법) ⑦ 진공용기법(Bell Jar법) ⑧ 침적법(Bombing법)이 있다. 추적가스로써 헬륨은 공기 중 약 5 ppm밖에 존재하지 않아 다른 가스와 구별이 쉽다. 진공재료 등으로부터의 방출가스에도 거의 포함되어 있지 않는다. 헬륨은 가벼운 기체로써 분자직경이 작아 미세구멍에서도 누설되기 쉬워 검출이 용이하다. 또한 화학적으로 불활성으로써 진공장치 내의 벽면에 잘 흡착되지 않아 반복측정 시에 이전의 결과가 남지 않는다.

### (6) 수침법

자동차 타이어가 구멍 난 부분을 찾기 위해 타이어에 공기를 넣은 후 물속에 침적시켜 기포발생 부위를 찾아내는 방법이다. 시험체가 수면으로부터 깊이에 따라 발포상황 및 검출정도가 달라지는 특성을 갖는다.

#### (7) 수압법

시험체에 물을 가압하여 넣고 일정압력까지 수압을 증가시킬 때, 물이 새거나 수압이 떨어지는 상태를 파악하여 누설 유무를 판단하는 방법이다. 가압에 의해 시험체가 파손되더라도 위험이 적어 내압시험을 겸해서 강관, 밸브 등의 최종검사로써 이용된다.

#### (8) 침투액법

염색 또는 형광침투액을 시험체의 안쪽 또는 바깥쪽에 도포하고, 반대쪽에서 현상제를 칠한 후, 가압 또는 감압(진공)하여 적색으로 변색되거나, 자외선 조사에 의해 황록색으로 발광함을 보고 누설개소를 검출하는 방법이다.

#### (9) 초음파 – AE에 의한 누설시험

일정압력으로 가압되는 시험체에 누설개소가 있으면 연속해서 가스가 누설될 때에 초음파를 발생한다. 이 초음파를 초음파센서 또는 AE센서로 누설개소를 검출하는 방법이다. 최근에는 휴대형 시험장치가 개발되어 항공기의 기체의 누설검사에 이용되고 있다.

#### (10) RI(Radioisotope)에 의한 누설시험

방사성가스($^{85}Kr$)를 소량 넣은 공기로 시험체를 가압하고 누설을 $\gamma$선용 신틸레이션 검출기(Scintillation Counter)로 검지하여, 그 누설개소나 대략적인 누설량을 검출하는 방법이다. 우리나라에서는 밀봉되지 않은 방사성 동위원소(RI)의 사용허가가 쉽지 않아 잘 이용되지 않고 있다.

## 13.3 할로겐 및 헬륨가스를 이용한 누설검사

### 13.3.1 할로겐 가스법

시험체에 염소, 비소, 요소 등 할로겐계 가스와 질소 등의 혼합가스로 된 추적가스로 가압하고, 누설가스를 할로겐 누설검지 탐촉자로 검지하여 누설개소를 검출한다. 추적용 할로겐계 가스로써 독성, 경제성 면에서 불온 12 및 불온 22가 이용된다. 시험원리는 가열된 금속

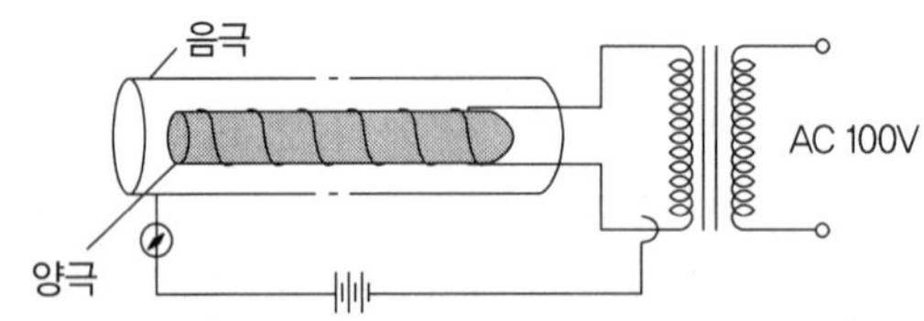

그림 13-4 할로겐 누설시험의 원리

표면에 할로겐계 가스가 닿으면, +이온방출이 매우 촉진되는 현상을 이용한다. 그림 13-4와 같이 양극은 가열이온의 전극으로 된 자기원통으로 표면은 800℃로 가열되어, 음양 극간에는 약 300V의 전압이 인가된다. 이 전극에 공기를 보내는 전동 팬과 탐촉자가 있으며, 탐촉자의 주사속도는 2.5~5cm/s이고, 작은 누설검지에는 1.5cm/s정도이다. 이 방법은 검사비용이 저렴하고 또한 소형 및 경량의 검출기를 사용함으로써 손쉽게 검사하는 장점이 있다. 그러나 검출감도가 높지 않고 폭발성, 인화성 가스의 분위기에서는 착화위험이 있어 가압법으로만 사용된다. 분위기 중의 할로겐계 가스의 영향을 받기 쉬워 시험 전에 충분한 환기가 필요하다.

### 13.3.2 헬륨 가스법

추적가스로써 헬륨이 사용하며 누설개소의 검출은 볼 수 없으나, 누설의 정량값이 파악된다. 누설검출에는 헬륨검출기가 사용되고 진공펌프가 있어, 누설된 헬륨을 흡입하여 분석

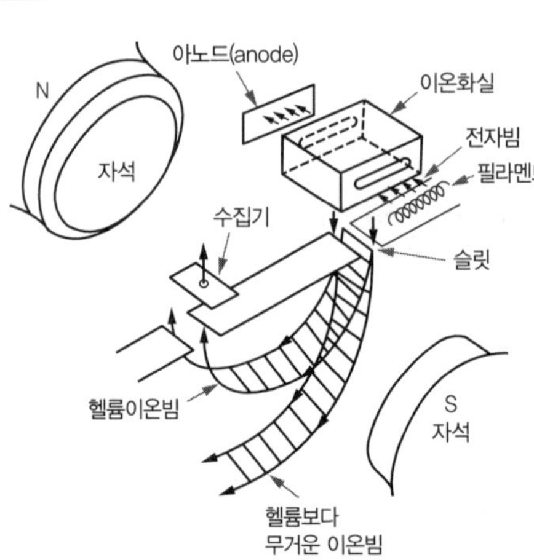

그림 13-5 헬륨질량 분석장치

장치로 보낸다. 분석장치는 **그림 13-5**와 같이 일종의 질량분석기로써, 진공펌프에 의해 보내진 가스는 이온화실의 필라멘트에서 조사되는 전자빔에 의해 충격을 받는다. 이 충격으로 가스분자는 전자를 잃는 +이온이 되며, 이 이온은 전기장에서 고속으로 가속되나 이온의 진행방향에 직각인 자장에 의해 이온흐름은 굽혀진다. 이온은 일정 궤도반경을 지나 이온수집기에 도달하면, 이온에 비례한 전류가 발생된다. 이 전류는 증폭해서 미터를 작동시키거나 경보를 발생시키며, 시험방법에 따라 다음과 같이 구분한다.

(가) 분무법

시험체를 진공상태로 만들고 헬륨을 분무기를 이용하여 시험체로 내뿜으면, 누설부위에서 헬륨이 들어가면서 누설 부위를 검출할 수 있다.

(나) 후드법

용기에 헬륨을 채우고 시험체를 진공상태로 하면, 시험체 전체의 누설 여부와 전체 누설량을 측정할 수 있다.

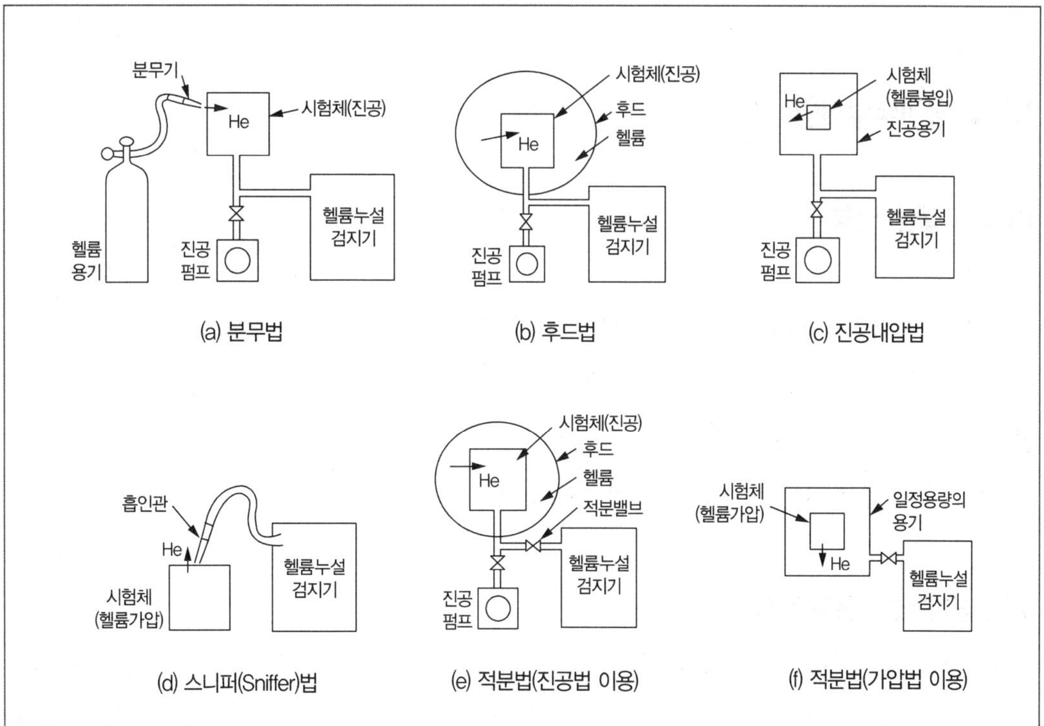


그림 13-6 **헬륨 누설 시험법**

(다) 진공내압법

부품 내부에 헬륨을 봉입하여 밀폐후 용기안에 넣고 진공으로 하여, 용기 안으로 누설하는 헬륨을 검출한다.

(라) 스니퍼법

시험체 내부에 헬륨을 가압 주입하여 외부로 누설하는 헬륨을 흡입관에 의해 흡입 검출하는 방법으로써, 가압력이 높을수록 감도가 높아진다.

(마) 적분법

미세한 누설을 검출하는 방법으로 두 가지가 있다. 진공법에 의한 적분법은 후드법과 유사하며 시험체 안으로 누설하는 헬륨을 일정시간 축적한 다음, 적분 밸브를 열어 누설량을 측정한다.

또한 가압법에 의한 적분법은 일정용량의 용기 내에 헬륨을 가압 주입한 시험체를 넣고, 용기에 헬륨 농도의 상승으로부터 누설량을 측정한다.

## 13.4 공기누설시험

### 13.4.1 일반 사항

공기누설시험은 대체로 기밀을 요구하는 부품 또는 완성된 제품에 대해 공기압을 가하거나, 또는 진공상태에서 시험한다. 검사제품에 공기를 가압 또는 배기하여 기준탱크와의 미세압력 변화로써 배출하거나, 합부판정이 용이하게 자동적으로 누설을 검사하는 기기를 이용한다. 일반적인 누설검사 기기는 차압센서, 검출회로, 전자장치로 구성된다.

#### (1) 공기누설시험의 장점

피검사물의 개구부를 클램프하는 전자동 또는 반자동 장치와 조합시켜 사용하며, 양산라인에서는 검사의 자동화, 조작의 단순화 및 검사시간의 단축을 도모할 수 있다. 대상 부품은 가스, 수도, 냉난방기구, 전기제품, 공유압 부품 등이 있다.

### (2) 품질의 향상

비교적 개인차에 의한 실수가 없고 검출감도가 높으며, 공작물을 건조 상태에서 시험하며 시험 후 건조공정이 필요 없다. 수침기포 육안시험과 비교하여 월등할 뿐만 아니라 정량적인 규격의 설정이 가능하다. 또한 시판되는 종래의 수주마노미터를 사용한 것과 비교하면 감도는 표 13-2와 같이 우수하다.

**표 13-2 공기누설시험과 액주이용 차압 검출의 비교**

| 구분 | 시험 내용적 Vr(cc) | 누설량 0.1cc(공작물 내용적100cc일 때)에 대응하는 발생 차압($mmH_2O$) | | |
|---|---|---|---|---|
| | | 시험압력($0.1kg/cm^2G$) | 시험압력($1kg/cm^2G$) | 시험압력($4kg/cm^2G$) |
| 공기누설시험 | 10 | 9.2 | 9.2 | 8.9 |
| 수주마노미터 차압검출식(내경 8mm) | 30 | 1.6 | 0.9 | 0.4 |

## 13.4.2 시험 원리 및 동작

### (1) 시험기의 구성

공기누설시험은 압력조절밸브, 전자밸브, 차압센서로 구성되는 공기회로와 차압 출력의 증폭회로, 차압 지시계와의 합부 판정회로, 설정 타이머를 포함하는 제어회로로 구성된다.

### (2) 측정 동작

공작물과 동일형상의 누설되지 않는 마스터를 준비하고, 이것과 공작물에 압력이 조절된

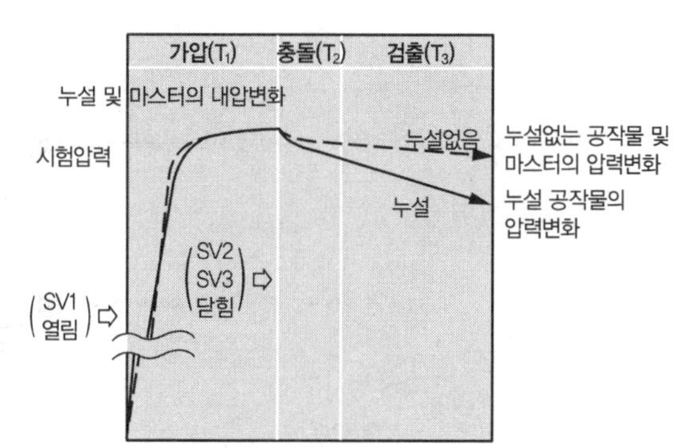


그림 13-7 누설과 차압 변화

동일압력의 공기를 공급(가압 $T_1$)한 후 전자밸브(SV3, SV2)를 닫는다. 일정의 안정시간(평형 $T_2$)을 경과하여 누설되는 일정시간(검출 $T_3$)에 생기는 미소압력의 변화를 공작물과 마스터의 차압으로 검출하고 합부를 자동판정 한다.

### (3) 마스터와 비교

마스터와 비교에 의한 방식은 가압할 때 생기는 단열변화나 압력누설의 영향을 효과적으로 제거할 수 있고, 누설에 의해 차압만을 고정도 및 단시간에 검출된다.

### (4) 자동영점 세팅

차압센서는 높은 내압을 가지며 미소한 차압을 검출할 수가 있다. 차압이 검출되어 입력되면 미터의 감도는 고감도로 절환되나 잔류차압이나 영점세팅 보정을 위하여 자동제로 동작이

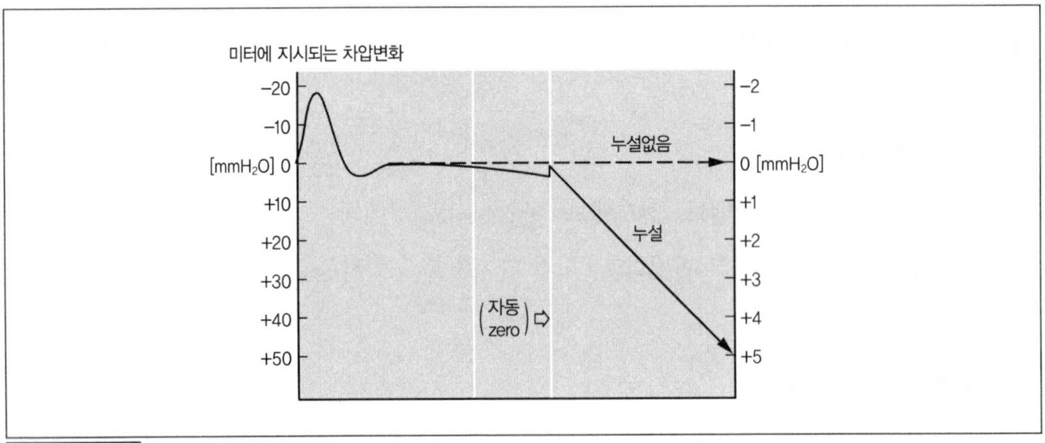


그림 13-8 미터에 지시되는 차압 변화

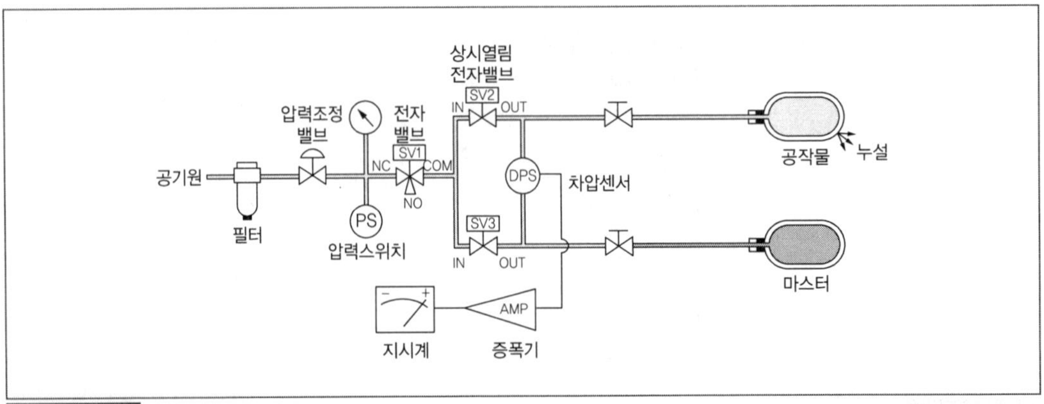


그림 13-9 상시 열림의 전자밸브

수행된다. 이에 따라 미터의 지시는 정확하게 영(Zero)에서 시작하여 누설량에 비례한 속도가 증가한다.

### (5) 동작 설명

판넬상의 기동누름 버턴을 누르거나 외부에서 기동신호를 받으면, 다음의 3공정에서 1사이클의 시험동작이 완료된다. 만일 자동자체체크 기능이 있으면 최초에 이 기능이 먼저 작동된다.

(가) 가압시간 $T_1$(그림 13–10 (a))

3방향전자밸브 SV1이 통전되어 2방향전자밸브 SV2, SV3를 통하여, 공작물과 마스터에

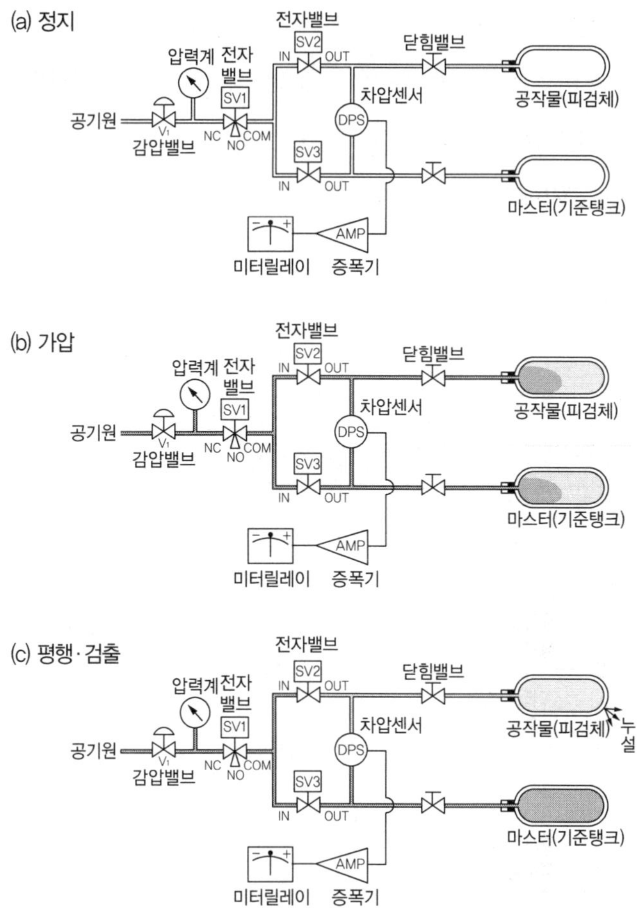


그림 13–10 장치의 동작 과정

동시에 공기가 공급된다. 시험압력이 충분히 가압되어 안정되는 시간을 T1타이머에서 설정한다.

(나) 평형시간 $T_2$(그림 13-10 (b))

항상 열려있는 전자밸브 SV2, SV3가 통전되어 닫히면, 누설에 의한 차압이 검출되나 미터 지시는 이 사이에 저감도로 유지되어 누설이 없거나, 작은 누설일 때는 차압이 안정 시까지 오경보되지 않도록 "시간대기"를 한다. 단 비교적 큰 누설은 이 사이에 검출 경보된다.

(다) 검출시간 $T_3$(그림 13-10 (c))

자동제로동작 후 미터가 고감도로 변경되어 작은 량의 누설검출이 이루어진다. 즉 $T_3$타이머에 누설에 의한 차압이 미터의 상한 설정값을 넘으면 "불량" 램프, 부저 "불량" 신호(a 접점)에서 경보동작이 이루어진다. 누설이 없거나 미터의 설정차압을 넘지 않는 미소누설의 경우 "양호" 램프가 점등 "양호"신호(a접점)를 발신한다. 판정표시와 신호는 다음 출발(시동)까지 유지된다. 단, "정지" 누름버튼을 누르면 임의로 정지될 수 있다. 또한 "양호" 또는 "불량"신호의 발생과 동시에 단시간에 "시험완료" 신호(T접점)가 발신된다. 시험이 완료됨과 동시에 공작물과 마스터 내의 공기는 SV1에서 대기로 배출된다.

### (6) 누설과 미터지시

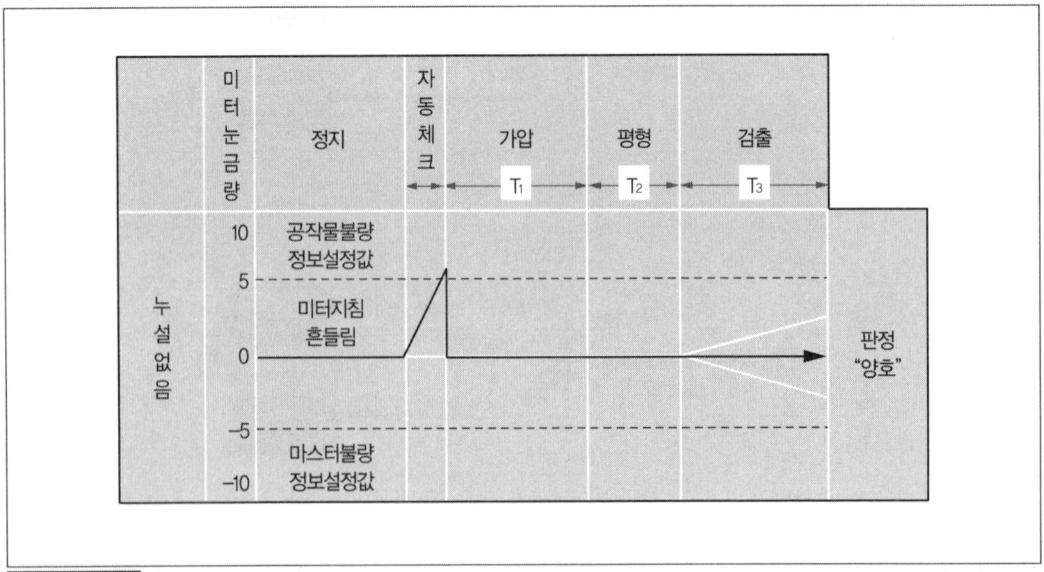


그림 13-11 기기동작의 순서

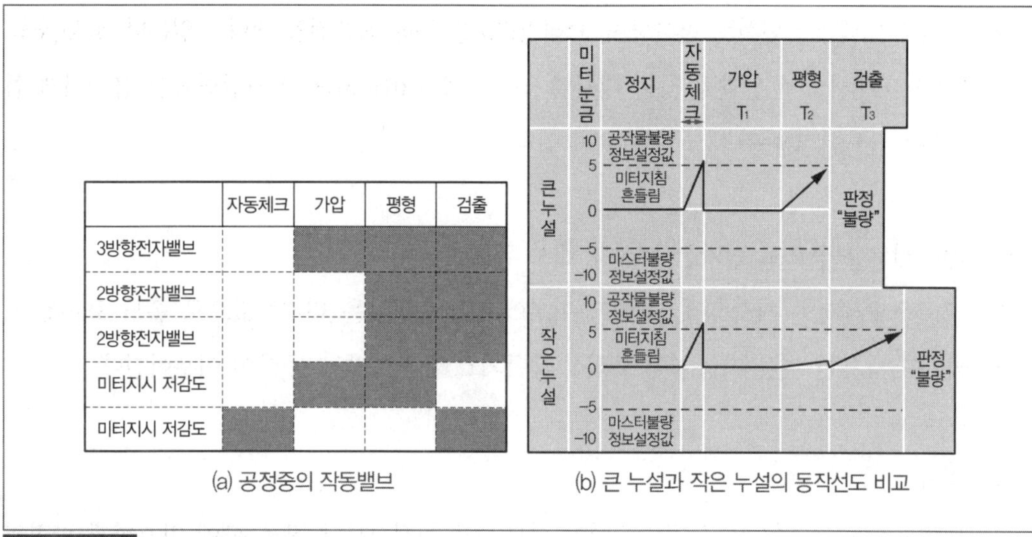


그림 13-12 밸브 작동과 누설량에 따른 동작 선도

### 13.4.3 공기누설시험의 특징

보통 물이나 기름보다는 훨씬 점성이 작은 공기가 일정 누설량 이하의 액압에서 누설 안 됨을 확인할 때 공기누설시험이며, 고감도이면서 시험에 있어 매우 유익하게 이용된다.

(가) 고감도, 고내압의 차압센서

중앙부에 있는 차압센서는 **그림 13-13**(a)와 같이 차압에 의한 자성판 다이어프램의 미소

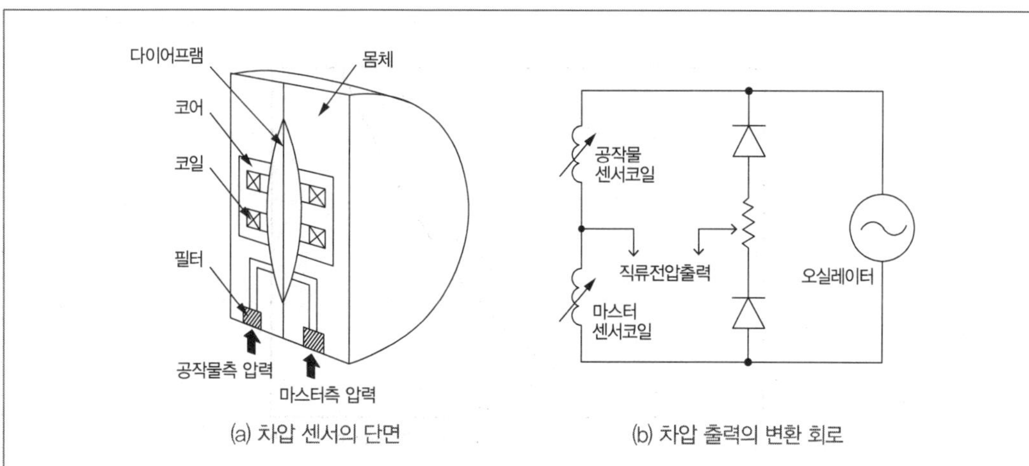


그림 13-13 누설시험 차압 센서의 원리

변위를 코일의 인덕턴스 변화로 변환하여, 브리지회로를 통해 직류전압 출력을 얻는다. 40kg/$cm^2$의 과차압에 대해서도 손상받지 않는 내차압 구조이며, 0.01mm$H_2O$ 차압변화를 용이하게 검출할 수 있는 감도를 갖는다.

(나) 자동제로 보정으로 정확한 누설량 표시

마이크로프로세서로 자동영점 동작이 이루어지고 측정값은 디지털값으로 홀드 표시된다. 미터릴레이를 사용한 것은 자동영점 보정식 증폭기로써 자동제로 동작이 이루어진다.

(다) 자기 진단

공기누설시험은 누설에 의한 차압출력이 경보차압 설정값보다 작을 때에 양호하게 판정된

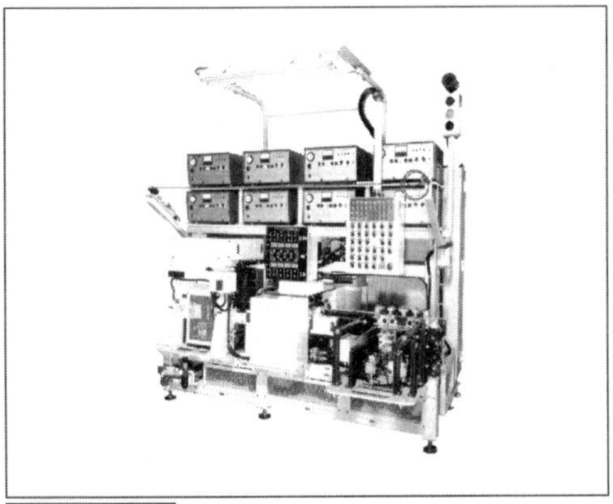

그림 13-14 실린더 헤드 누설시험 장치

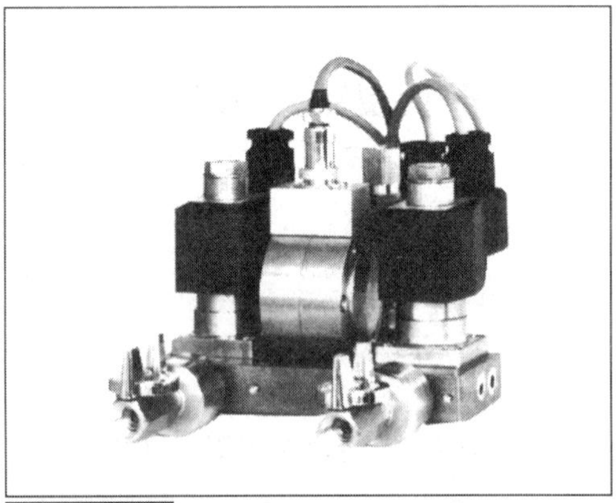

그림 13-15 진공시험 방식의 검출장치

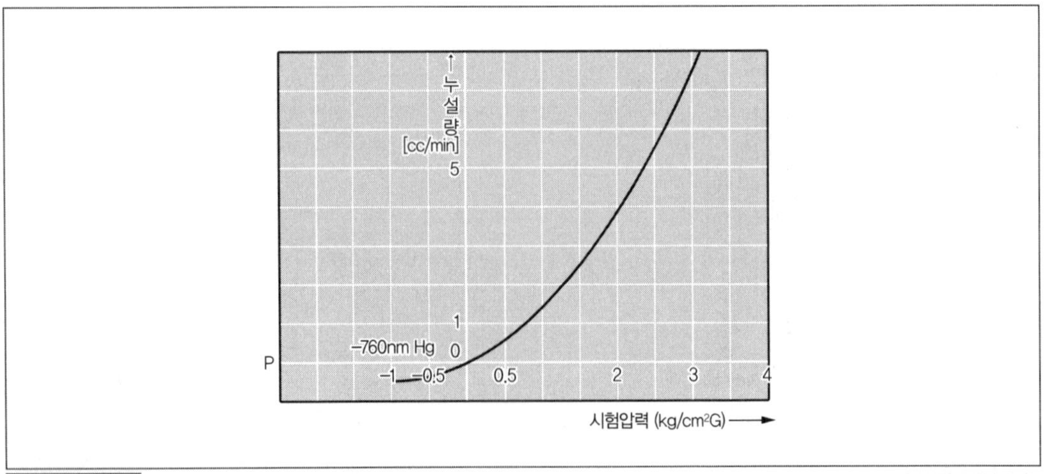


그림 13-16 시험압력에 의한 누설량의 변화

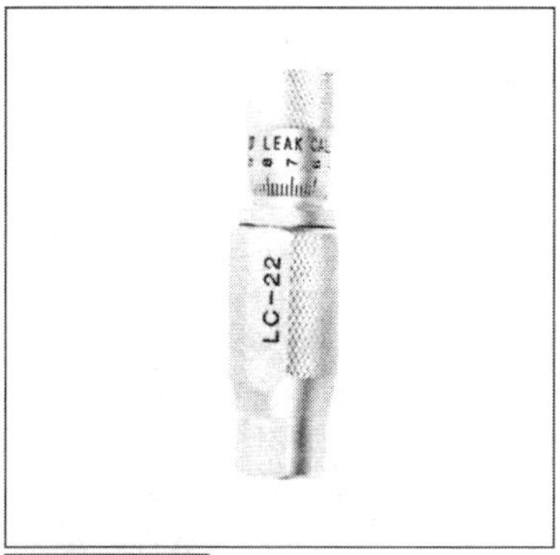


그림 13-17 누설 교정기

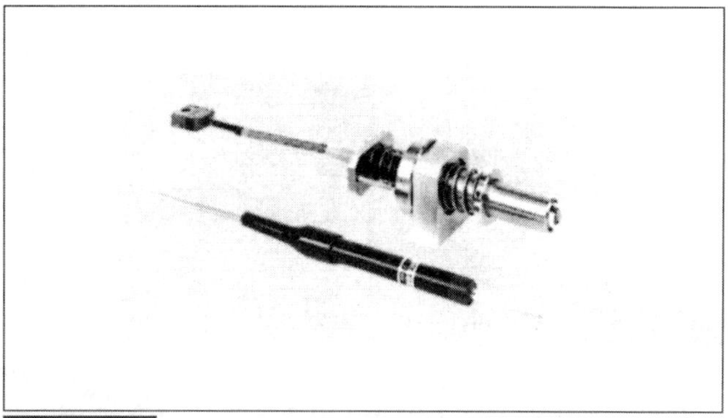

그림 13-18 온도 센서

다. 따라서 차압센서 및 증폭기, 경보회로에 이상이 생기거나 시험압이 저하될 때는 불량품이 양호로 판정될 위험이 있다. 이러한 계기고장이나 설정의 오류는 사전에 검지하여 지장이 없도록 해야 한다. 보통 진공시험 방식은 공작물의 온도나 변형의 영향을 받지 않으며, 누설량은 가압식에 비하여 작다. 기타 감도체크를 위한 누설교정기 및 온도센서를 이용하여 시험기를 고정도로 유지해야 한다. 주위온도나 공작물의 온도변화, 또는 계측시간의 부족, 실(Seal)의 변형 등은 고정도 누설검출에 큰 오차의 요인이 된다. 자동드리프트 보정은 시험 전 몇 개의 양호한 제품을 이용하여 합격범위를 추정하고, 잡음의 영향을 효과적으로 보정하여 고정도화와 고속화를 도모해야 한다.

### 13.4.4 공작물 형상에 대응한 시험

#### (1) 마스터 비교방식과 동시 비교방식

마스터 비교방식은 일반적인 방식으로 마스터와 공작물과 동일형상의 제품으로 큰 누설이 없는 것에 사용하며, 온도나 압력에 의한 변형의 영향을 보상한다. 한편, 동시 비교방식은

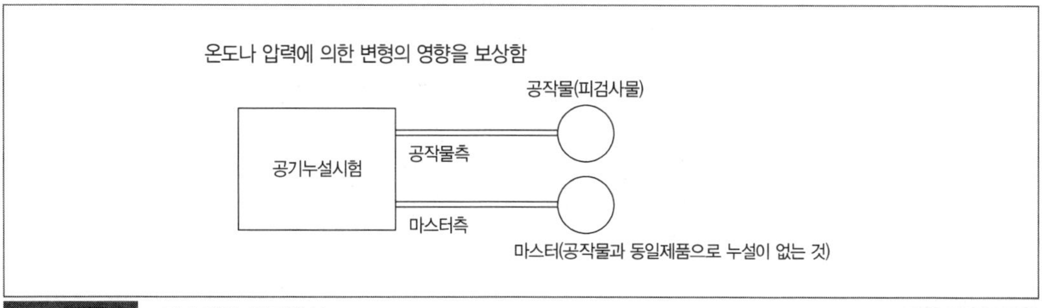


그림 13-19 마스터와 비교방식

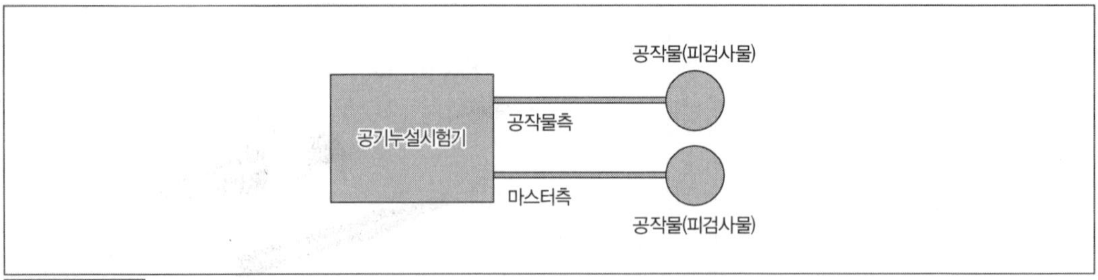


그림 13-20 동시 비교방식

검사되는 2개의 공작물을 마스터측과 공작물측에 부착하여 비교한다. 한 개당 시험시간은 단축되어 공작물의 온도, 변형 등의 영향이 적어 검출정도가 높으며, 단 불량률이 큰 경우에는 사용 될 수 없다.

### (2) 내압검출 방식과 캡슐 방식

내압검출 방식은 일반적인 방식으로 검출정도와 시험시간의 단축을 위하여 공작물의 내용적

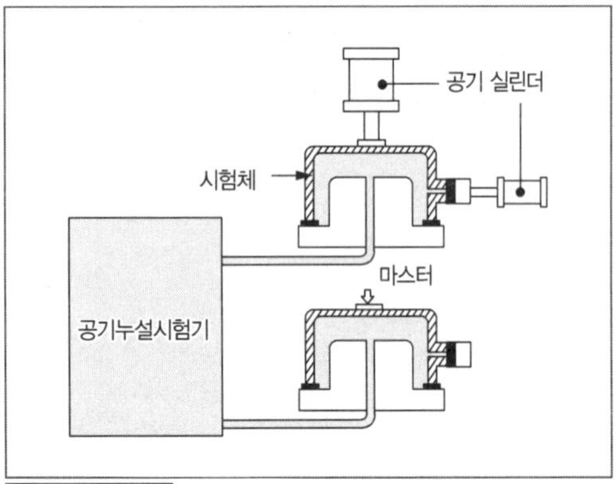


그림 13-21 내압 검출방식

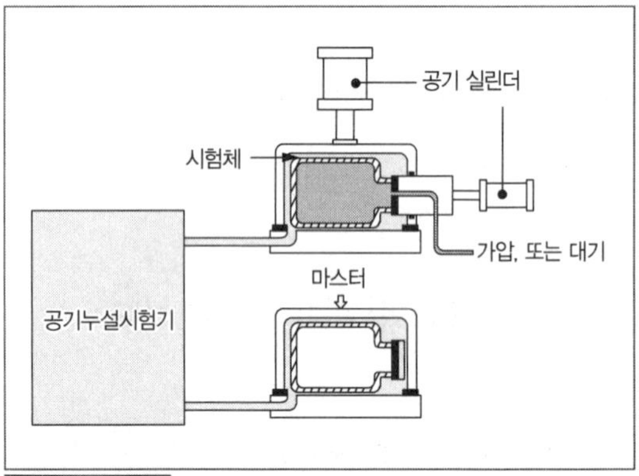


그림 13-22 외압검출 캡슐방식

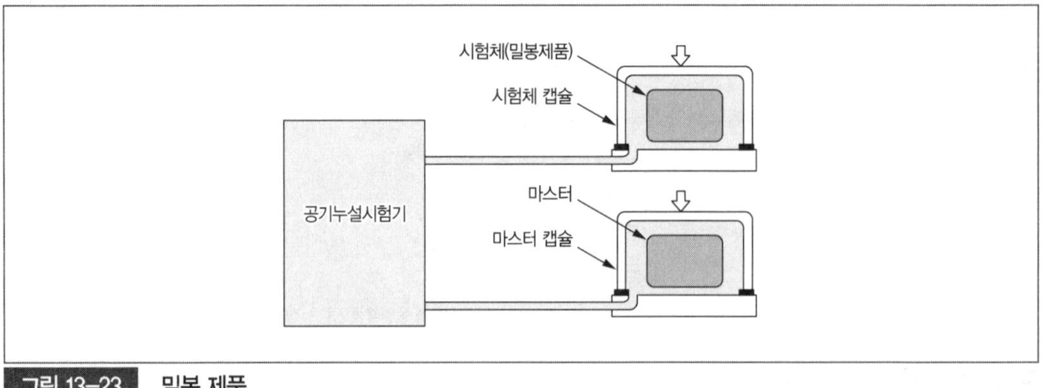


그림 13-23 밀봉 제품

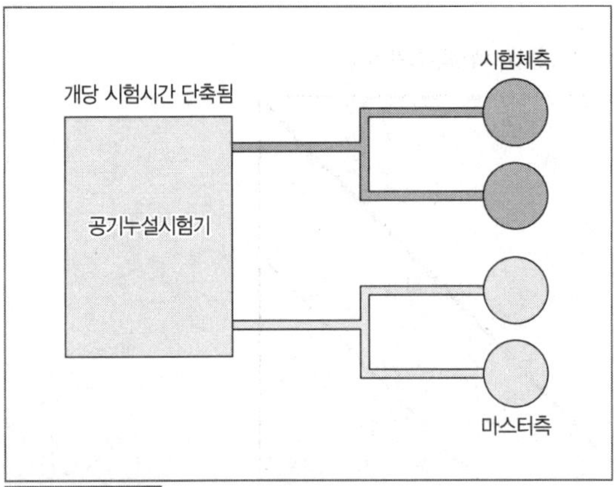


그림 13-24 다수 개 부착방식

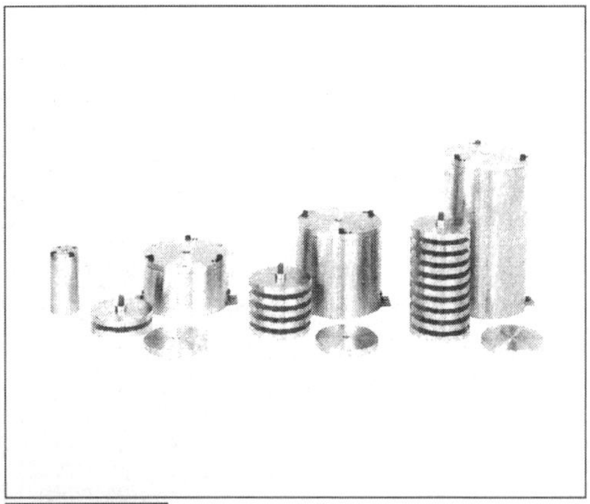

그림 13-25 마스터 챔버

이 작도록 코어를 삽입한다. 또한 용적검출 캡슐방식은 밀봉된 제품이 공작물로 사용된다. 이 방식은 공작물의 외주를 가압 또는 진공으로 하여 측정하는 것으로, 큰 누설을 검출하는 공정이 추가된다. 또한 외압검출 캡슐방식은 내용적이 큰 공작물이나 캡슐에 의한 밀봉이 확실한 공작물은 이 방식이 유리하다. 특히 누설되는 측을 대기압으로 측정하면 검사시간이 단축된다.

기타 시험에 있어서 공작물이 압력에 의해 변형되고 용적이 크며, 누설보증이 안될 경우에는 공작물을 마스터로 사용할 수 없으며, 이 경우 **그림 13-25**와 같은 마스터 챔버를 사용한

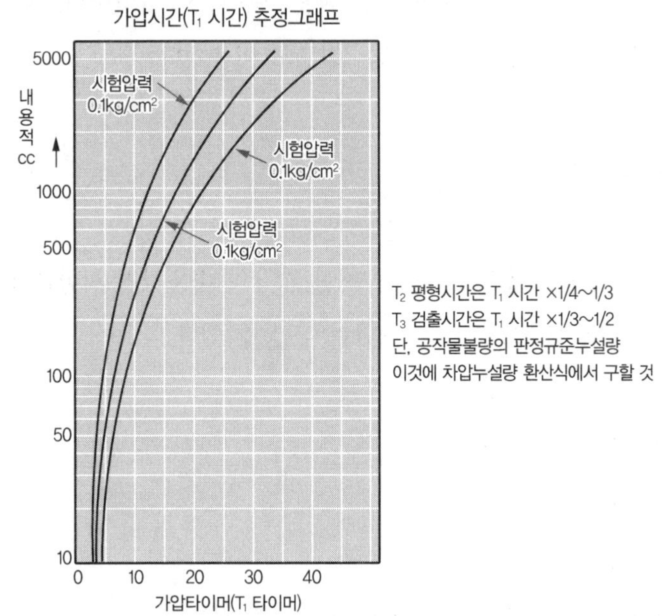


그림 13-26 공작물 내용적과 가압시간

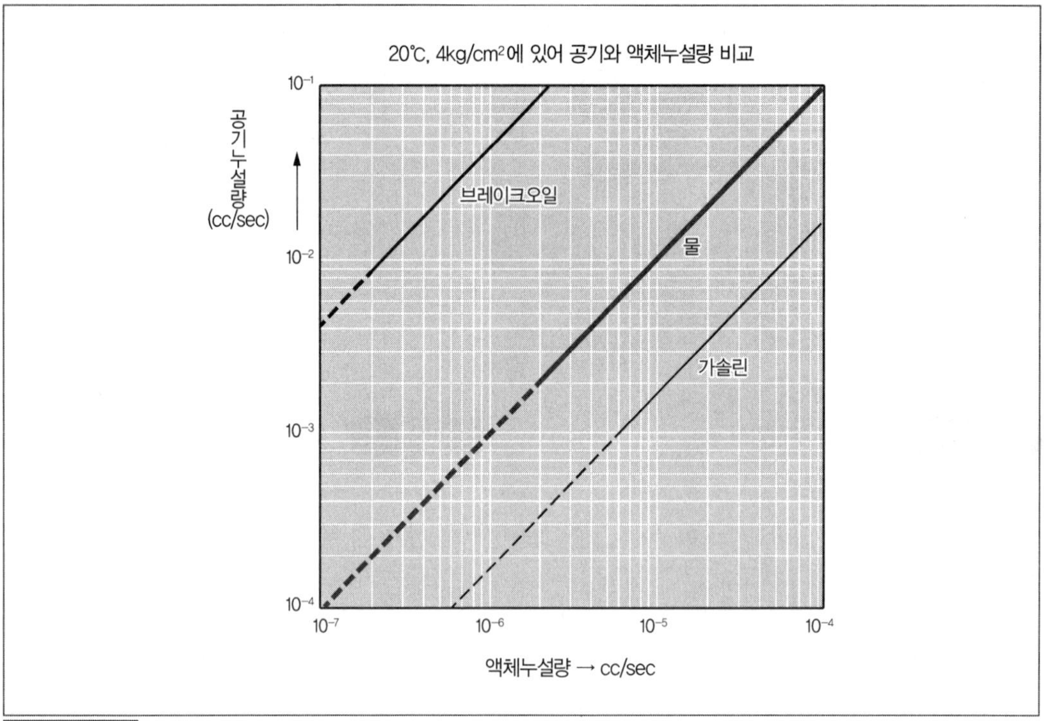


**그림 13-27** 누설량 비교

다. 마스터 챔버는 내부의 핀으로 공작물의 실제 특성에 맞추어 조정된다. 한편 높은 검출정도를 요구하는 경우, 공작물의 내용적과 가압되는 기준시간이 중요하다. 공작물의 재질, 형상에 의해서도 크게 변하므로 그림 13-26은 참고값으로 이용된다.

### 13.4.5 차압과 누설량의 환산

누설량과 미터에 지시된 차압의 관계는 공작물 각각의 내용적과 시험압력 등의 시험조건에 대응하여 환산 식 또는 환산 그래프에서 간단히 구할 수 있다.

#### (1) 기호

- Qt : 누설량(cc/min)
- $T_3$ : 검출시간 (sec)
- $\Delta P$ : 차압($mmH_2O$) 검출시간 $T_3$에 있어서 미터의 흔들림
- P : 시험압력($kg/cm^2G$)

- $V_W$ : 공작물 내용적(배관 포함)(cc)
- $V_E$ : 등가내용적(cc)
- $V_t$ : 시험내용적(cc)
- K : 시험의 고유계수(cc/kg/cm$^2$)

### (2) 환산 식

$$누설량 : Q_t = V_E \cdot \frac{\Delta P}{1.03 \times 10^4} \cdot \frac{60}{T_3}$$

$$등가내용적 : V_E = V_W + V_t + K(1.03 + P)$$

$$단,\ V_T = 10(cc),\ K = 1.29(cc/kg/cm^2)$$

예로써 시험압력이 $P$=3kg/cm$^2$G, 공작물 내용적 $V_W = 85cc$(배관 포함), 검출시간 $T_3 = 10$(sec), 미터 흔들림 $\Delta P = 5mm\mathrm{H_2O}$, 등가내용적 LSP−1200을 사용할 때 $V_E = 85 + 10 + 1.2(1.03+3) \fallingdotseq 100cc$이라면 누설량은 다음과 같다.

$$Q_L = 100 \times \frac{5}{1.03 \times 10^4} \times \frac{60}{10} = 0.3\ cc/min$$

손목시계 등 밀봉이 요구되는 제품의 공기누설시험은 가압기 또는 큰 누설이 있으면, 공작물은 단시간에 포화상태로 되어 일반방식의 장치에서는 이를 놓칠 수 있다. 용적검출 캡슐방식은 큰 누설검출 원리를 바탕으로 미소검출을 확실하게 검출하는 방식이다.

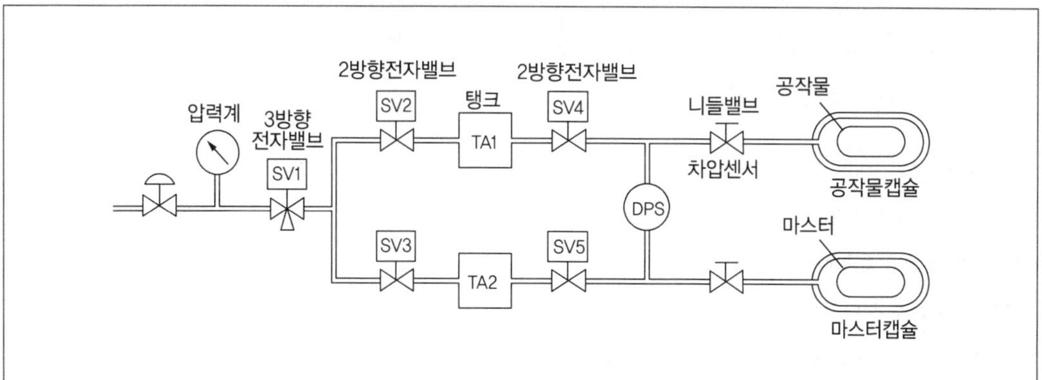


그림 13-28 용적검출 캡슐방식의 원리도

동작은 동일용적이 되는 탱크 TA1에 가압된 공기는 동시에 공작물 및 마스터캡슐에 가해진다. 이때 공작물에 큰 누설이 있으면 공작물 내에 들어간 공기에서 발생하는 압력차가 마스터 측과의 차압으로 미터에 지시된다. 큰 누설이 있으면 다시 가압되고 통상의 작은 누설만이 검출된다.

## 13.5 수압시험

물을 시험체 내부로 가압시켜 주입하여 누설 유무를 조사하는 시험으로 가스관용 대형 볼밸브, 내연기관의 주물 실린더 등의 검사에 주로 사용된다. 감도는 10Pa−L/s의 정도로써 내

**표 13-3 가스 배관용의 밸브에 대한 누설 시험 압력(예)**

| TEST PRESSURE VALVES(밸브 시험 압력) | | | |
|---|---|---|---|
| 밸브 압력 / 밸브크기(kg/cm²) | 최소 시험 압력 psi(kg/cm²) | | |
| | 수압시험 | | 공압시험(요구시) |
| | SHELL(1.5배) | SEAT(1.1배) | AIR SEAT |
| 150in (20) | 425 (30) | 314 (22) | 80 (6) |
| 300in (50) | 1110 (78) | 814 (57) | 80 (6) |
| 400 (64) | 1485 (104) | 1089 (76) | 80 (6) |
| 600 (100) | 2220 (155) | 1628 (114) | 80 (6) |
| 900 (150) | 3330 (233) | 2442 (171) | 80 (6) |
| 1500 (250) | 5558 (389) | 4076 (285) | 80 (6) |
| 2500 (420) | 9255 (648) | 6787 (475) | 80 (6) |

| MINIMUM DURATION OF TEST〈minutes〉 (최소 유지 시간〈분〉) | | | | |
|---|---|---|---|---|
| 구분 NPS(kg/cm²) | 수압시험(분) | | 공압시험(분) | |
| | SHELL | SEAT | SHELL | SEAT |
| 초과 4(15 초과 100) | 2 | 2 | − | 2 |
| 6 초과 10(150 초과 250) | 5 | 5 | − | 5 |
| 12 초과 18(300 초과 450) | 15 | 5 | − | 5 |
| 20보다 대형(500보다 대형) | 30 | 5 | − | 5 |

* API Spec. 6D : Acc.to ASME B16.34, testing pressure shell be selected per material & operating temperature.

[참고] : (1) 표시된 시험압력은 밸브 작동압력의 순위가 아님

(2) kg/cm²×14.2=psi

압시험의 대부분은 이 방법으로 실시한다. 즉, 밸브 몸체 및 엔진블록과 같은 주조제품은 제조공정에서 이물질, 기공 등의 결함이 발생되기 쉬우며, 결함은 제품이 고압상태로 사용될 때 문제를 야기할 수 있다. 표 13-3은 가스관용 밸브의 수압시험에 대하여 미국석유협회(API, American Petroleum Institute)에서 정한 규정을 나타냈다.

기타 수압시험은 용접된 용기 안에 수압을 가해 용접부의 건전도를 조사하거나, 수도 연관(鉛管)에 물을 채워 압력을 가하여 내압력의 크기를 조사한다. 또한 압력을 가한 채, 관을 구부려 파괴여부를 조사하는 시험의 형태로써 금속이외 고무관 시험에도 적용되고 있다.

그림 13-29 수압시험 중인 가스관용 대형 볼밸브

# 제14장 고온열화 구조물의 진단기술

## 14.1 고온열화 구조물의 개요

고온에서 열피로를 받는 소각로 및 보일러의 열교환기 등의 구조물은 사용 환경이 열악하여 재질열화가 급속도로 진행된다. 고온설비는 사용되는 연료재의 연소과정 또는 연료재의 성분에 따라 발생되는 가스 종류, 가동 시간, 발생 열에 의하여 구조물의 열화정도에 차이가 있다. 고온의 환경에서는 유산화합물, 유기화합물, 유황 등이 존재하며, 이로 인하여 고온열화에 의한 손상은 크리프, 고온피로, 고온부식, 크리프와 피로의 복합현상, 열피로 현상이 나타나 입계부식, 응력부식균열, 에로젼(Erosion) 등 여러 형태의 열화가 진행된다. 또한 짧은 시간에 따른 열 변형과 부하작용에 있어 균열발생과 전파, 장시간의 크리프 부하를 받는 재료는 기공생성, $\sigma$상 석출이 된다.

### 14.1.1 고온열화 구조물의 특성

고온부식은 각종 가스와 연료재가 연소시 고온 환경에서 발생하는 화학적 손상으로써 산화, 질화, 침탄, 황화현상이 단독 또는 공존상태에서 발생하는 재료에 대한 열화 침식의 부식손상이다. 특히 부식손상은 보일러 및 가스터빈과 같은 에너지의 발생기관, 화학 플랜트에서는 고온 고압화 과정에서 주 손상사고의 요인이 된다. 금속재료의 부식형태는 균일부식과 국부

부식으로 구분되며, 균일부식에서의 부식속도는 쉽게 결정되나 국부부식에서는 최고깊이로 진행된 침식부가 수명을 결정한다. 따라서 수명예측 및 성장속도의 정량화는 난해하여 경험에 많이 의존한다. 또한 고온부식 현상은 연소조건이 변화하면 부식 메카니즘이 다르고 재료에 침탄, 탈탄과 같은 조직변화가 생겨 2차적 손상을 야기한다.

### 14.1.2 고온부식 환경과 부식

금속 부재가 고온환경 하에서 사용될 경우 복잡한 열화환경을 나타낸다. 보일러, 가스터빈, 도시쓰레기, 산업폐기물의 연소시 연소가스에는 미연소분, 고융점 고형분 이외에 $O_2$, $N_2$, $NO_x$, CO, $CO_2$, $H_2O$, $SO_x$, HCl, $Cl_2$가스의 함유와 공기 및 산소분위기에서 가혹한 부식환경이 조성된다. 금속재료의 고온산화 및 고온부식의 특성은 소재가 가열되면, 표면에서 산화피막이 생성되고, 피막성장은 금속이온 또는 산소이온의 확산에 의해 급속히 진행된다.

**표 14-1 고온열화 구조물의 부하 종류와 손상 형태**

| 부하 종류 | 손상 형태 |
|---|---|
| 피로 | 헤어크랙, 피로변형 |
| 크리프 | 입계균열, 기공, 취화, 재질열화, 피로변형 |
| 크리프피로 | 변형, 열화 |

## 14.2 고온 구조물의 열화와 손상 평가

### 14.2.1 열화 정도 평가의 접근

고온 플랜트설비의 예방정비기간 중의 수행하는 검사 및 진단방법에는 거시균열을 검출하는 일반 비파괴결함검사와 균열발생 이전의 크리프손상, 블리스터(Blister), 미시균열과 같이 보통 비파괴검사로 검출되지 않는 전문화된 조기손상의 비파괴손상검사로 분류된다. 소각로, 보일러, 압력용기와 같은 고온설비에서 다수 발생되는 크리프손상의 비파괴적 검출방법은 고온에서 재질손상에 따른 물리적 성질변화와 금속조직학적 변화를 측정한다. 손상량 평가는 기기, 재료, 부하조건, 온도조건에 따른 손상량 평가와 더불어 수명예측이 매우 복잡하고 어렵다.

### 14.2.2 고온 구조물의 주요 열화 인자

#### (1) 크리프(Creep) 손상

소재가 고온상태에서 일정응력을 갖고 시간경과와 더불어 변형이 발생되어 파괴될 때 진전속도는 온도, 응력 및 재료의 강도에 따라 다르다. 석유화학플랜트에서 고온부재의 설계는 100,000시간에서 1% 크리프 변형을 일으켜 파손되는 응력을 기준으로 한다. 소각로와 같이 고온, 고압을 받는 부재가 장기간 노출시 부재는 결정입계에서 크리프 기공이 형성되면서 크리프손상을 받게 된다. 크리프 기공이 서로 연결되어 균열로 성장하여 최종적으로는 파손을 유발시킨다. 재질열화의 측면에서 고온 고압의 소각로 부재는 사용시간이 길어짐에 따라 미세조직이 변화된다. 결정립 조대화, 석출물 석출, 구상화, 조직의 분해 등이 발생되며, 보통 페라이트와 층상 펄라이트 조직에서 열화 된다.

#### (2) 구상화(Graphitization)

탄소강에서 탄소 화합물이나 탄소와 철분자로 분해되어 탄소가 강(鋼)의 내부에 존재하는 현상으로 구상화는 온도와 시간의 함수로써 450~620℃ 사이에서 발생한다. 설비의 정상가동을 위해서 펄라이트강이 370~590℃ 영역에서 장시간 유지해야 하는데, 이러한 환경에서 판상의 철탄화물은 표면응력이 커서 높은 표면에너지를 갖는다. 따라서 고온에서 장시간 사용할 경우, 표면에너지를 낮추기 위하여 판상의 철탄화물($Fe_3C$)이 구상으로 바뀌며, 미세하게 분산된 철탄화물($Fe_3C$)도 표면에너지를 낮추기 위해 서로 응집하여 조대화가 된다.

#### (3) 흑연화(Graphitization)

탄소강과 탄소-몰리브덴 합금에서 철 탄화물은 칼날형상에서 구형으로 변화하고, 철탄화물에서 페라이트와 흑연화가 진행된다. 탄소강은 455℃, 탄소 0.5-몰리브덴강은 470℃에서 흑연화 되며, 소량의 알루미늄이나 높은 응력을 받는 부재는 흑연화를 촉진시킨다. 특히 온도변화가 많은 용접 열영향부(HAZ)는 급속응고의 조직이 있어 흑연화가 정상적인 조직보다 빨리 진행된다.

#### (4) 열피로(Thermal Fatigue)

급격한 온도변화로 금속표면에 균열이 형성되면서 반복되는 온도변화에 이 균열들이 진전된다. 피로파괴의 형태로써 일반 피로파괴의 형태와 달리 응력집중부 보다는 온도가 급변하는 부분에 자주 발생되며, 평행 및 망상의 미세균열을 갖는다.

### 14.2.3 손상량의 평가

고온금속 부재의 손상량 평가에 있어서 파괴시험은 시험편 채취 후 인장시험, 충격시험, 크리프시험, 피로시험을 통하여 인장강도, 연성, 잔존 크리프강도를 평가한다. 비파괴시험법은 크리프 변형을 계측하여 결정립 측정, 초음파검사 및 와전류검사를 통하여 균열과 같은 내부결함을 검출할 수 있다. 레플리카법, 초음파법, 밀도법을 이용하여 기공 및 캐비티를 검출하거나 X선, 경도, 초음파법에 의한 전위조직의 연화 또는 경화검출법이 있다. 전기저항 및 전기화학법을 이용한 방법은 시효에 의하여 열화 된 재질변화의 검출이 가능하다.

**표 14-2 비파괴시험법에 따른 계측 가능한 손상**

| 손상량 | 평가법 | 방법 |
|---|---|---|
| 크리프 변형 | 변형계측법 | 결정립 측정 |
| 연화, 경화, 변형저항 | 경도시험법 | 각종 경도시험 이용 |
| 균열 | 와전류탐상법 | 검사부 형상에 맞는 프로브 이용 |
| 기공, 캐비티, 균열, 석출물 | 레플리카법 | 전자주사현미경 이용 |
| 전위조직변화, 기공, 헤어크랙 | 초음파 탐상법 | 음속계측법, 감쇠계측법, 산란계측법, 주파수분석법, 노이즈분석법 |
| 핀홀, 기공 | 밀도법 | 밀도측정 |
| 격자변형, 전위밀도 변화 | X선탐상법 | 잔류응력측정, 반가폭 측정 |
| 석출물, $\sigma$상, 전위조직변화 | 전기저항법 | 전기저항측정 |

### 14.2.4 고온설비의 비파괴검사

소각로 및 보일러의 열교환기와 같은 검사대상 소재에 초음파를 입사시켜 반사되는 음파만을 수신하여 검사하는 방법으로, 결함검출 감도가 양호하여 정밀검사에 유용하나 고온설비의 적용에는 한계가 있다. 튜브의 내면부식으로 인한 두께 감육상태를 파악하는 두께측정에 많이 이용된다. 또한 초음파 경도계를 이용하여 튜브의 경도를 수치로 표시되는 디지털식이 많이 이용된다. 자분탐상(MT), 침투탐상(PT)도 표면하 및 표면 개구부를 대상으로 한다. 금속조직학적 방법은 손상을 직접 육안검출을 통하여 실용성과 높은 정확도를 갖게 한다. 금속조직의

그림 14-1 대형 소각로 열교환기 튜브의 육안 검사

그림 14-2 대형 소각로 열교환기 튜브의 경도 측정

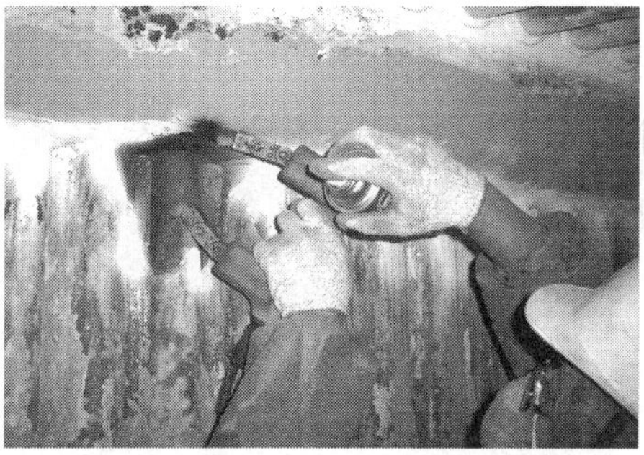

그림 14-3 대형 소각로 열교환기 튜브의 자분탐상

관찰은 시험편 채취와 직접 조직의 관찰에 해상도의 저하로 불가능한 경우가 많다. 따라서 금속조직을 고분자 필름에 전사시켜 복제한 후, 실험실에서 분석하는 표면복제법이 이용된다.

### (1) 육안 검사

육안검사(VT)는 용접게이지, 캘리퍼스, 자(Scale), 확대경 등을 이용하여 외견상 특출한 결함과 이상상태를 관찰하며, 특히 미세한 용접균열, 용접구조물의 변형, 뒤틀림 등을 확인한다. 또한 구조물의 변형상태를 확인하며, 부식에 의한 튜브의 변형, 부식상태, 침식, 균열, 마모, 피팅, 팽창, 변색과 부풀어 오른 팽출유무 등을 관찰한다.

### (2) 경도 측정법(Hardness Test)

경도는 변형에 대한 저항력을 나타내는 척도로써 크리프 수명비와 경도변화의 관계로써 손상량 평가에 유효한 척도가 된다. 경도측정법을 이용한 수명진단을 위해 정상적인 상태와 다른 비정상적인 부위인 과열부, 비정상적으로 열처리된 부위 등의 평가시에 사용한다. 또한 잔여수명에 대한 해석적 평가나 크리프손상에 대한 정량적 평가와 병행하여 예측의 정확도나 통계적 신뢰도를 향상시킬 때 사용한다. 모재 및 용접부에 있어 크리프모델의 입력 데이터에 필요한 미세 조직적 열화도 표시의 척도로 사용한다. 현재 경도측정을 이용한 방법은 평균사용온도 예측, 기구론적 크리프모델(Mechanistic Creep Model)에 근거한 크리프 강도예측, 경도와 잔여수명과의 경험적 관계를 갖는다. 경도측정은 보통 기계적 특성의 파악보다는 부재의 강도변화를 통해 간접적으로 열화변화의 정도를 파악할 목적으로 하므로, 보통 표면복제를 실시하는 부위에서 수행한다.

### (3) 자분 및 침투탐상법

자분탐상 결과 용접부위 미세 핀홀 등을 관찰하여 검사부위에서 특출하게 표시되는 결함 여부를 파악한다. 자분탐상(MT)의 적용은 용접부 표면 및 표면하의 결함을 누설자장에 의해 자분의 집적되는 모양으로 파악한다. 침투탐상(PT)도 표면에 개구를 갖는 균열부위를 대상으로 이용한다.

### (4) 초음파법

초음파를 이용한 손상량 평가는 많이 사용되며, 음속계측, 감쇠계측, 임계각 반사, 주파수 분석, 노이즈 분석법이 있으나 그중 음속법과 감쇠계측이 많이 이용된다. 음속법은 초음파의 음속변화와 손상량을 대응시키는 것으로 종파, 횡파를 이용한다. 초음파의 감쇠계측에는 초음파의 1차 반사와 2차 반사를 계측하여 그들의 면적율을 계산함으로써 감쇠율이 구해진다. 초음파 감쇠율을 이용한 기공의 측정에는 기공의 체적밀도가 큰 경우 검출감도가 양호하나, 체적밀도가 작은 경우는 주파수를 올려야 한다. 또한 초음파 잡음을 정량화하여 손상계측에 이용할 경우, 결함에서 산란된 잡음에너지를 구하여 손상량과 대응시켜 구한다. 초음파를 이용하여 두께 및 경도를 측정하여 두께측정 후 감육상태를 파악한다.

### (5) X선 탐상법

재료의 전위조직과 격자변형의 변화를 계측하는 것으로 손상량과 대응될 경우 유효한 손상량 평가법이다. 보통 계측이 간단하여 안정도에 따라 반가폭과 적분폭이 이용되는 경우가 많다. 최근 X선 프로파일의 형상변화를 검출하는 프리에해석(Fourier Analysis)을 이용한 입자 크기와 미소변형 평가법이 제안되고 있다. 잔여수명 평가에는 시험편을 채취하여 크리프시험과 저싸이클 시험을 통하여 잔여수명을 구하거나, 비파괴적 수법이나 파괴역학적 수법에 의해 잔여수명을 예측한다.

### (6) 표면복제법(Replication)

조직관찰 대상체의 표면을 연마하고 부식시켜 미세조직을 전사시킨 후, 기공에 의한 손상량 평가에 이용되지만, 정량화에는 어려우나 소재가 받는 손상이 충실히 반영되어 있어 비교적 널리 사용된다. 레플리카법에 의한 크리프 기공계측은 시험편의 연마법과 부식액 종류, 에칭(Etching)시간, 측정배율과 측정면적이 계측결과에 큰 영향을 준다.

### (7) 부하 계산

고온설비의 침식, 두께감육에 의한 평가는 설비압력, 사용온도를 고려하여 이상여부 및 교체시기를 판단해야 한다. 한편 예전에 측정한 부분과 두께감육의 진전상태와 열화상태를 파악해야 한다. 또한 현재의 상태에서 ASME Code의 응력에 의한 최소두께를 계산한 결과의 상태를 판단해야 한다. 두께 감육은 시스템 파손의 원인으로써 현재의 두께가 부하에 지탱할 수 있는 내압을 계산하여 수명계산에 이용한다. 부하를 받는 구조물이 큰 원통이라면 응력은 원주응력이 튜브단면의 주응력으로써 원주응력이 취급된다. 내부 증기압력에 의해 원주응력이 재료강도와 같게 되면 보일러 튜브는 파손되는 것으로 볼 수 있다. 만일 보일러 튜브라면 계산식은 증기발생 장치의 운전응력설계(ASME의 보일러 및 압력용기 코드)에 적용하며, 최소튜브 벽 두께는 다음과 같이 나타낸다.

$$T_{min} = \frac{PD}{2S+P} + 0.005D + e \tag{14.1}$$

여기서 $T_{min}$는 최소튜브 벽 두께($in$), $P$는 설계압력($psi$), $D$는 튜브외경($in$), $S$는 보일러와 압력용기코드 허용응력, $e$는 공칭허용값으로써 산화, 부식, 마모에 의한 재료손실은 고려된 상태이다. 얇은 실린더에서 계산식이 원주응력 계산보다 약간 안전하다.

$$S = \frac{PD_M}{2T} \tag{14.2}$$

$D_M$은 평균 튜브직경으로 다음과 같다.

$$D_M = D - T \tag{14.3}$$

식 (14.2)과 식 (14.3)을 정리하면 다음과 같다.

$$T = \frac{PD}{2S+P} \tag{14.4}$$

ASME 보일러 및 압력용기 코드는 0.005$D$만큼 더하며, 튜브에서 응력은 파손 전에 산출한다. 식은 두께 대 반경비가 1/10 이상 부재에 보일러 튜브의 파손해석에 적용된다. 이들 식은 10% 이내 $D/T>4$일 때 수학적 식과 유사한 계산값 $S$를 가지며, 보일러 튜브는 이에 해당한다. 산화되어 감육된 튜브를 제외하고 계산응력은 설계식 응력보다 낮다. 보통 설계압력이 운전압력보다 5%정도 높으며, 운전응력이 설계시점 응력보다 15% 이상 낮게 된다.

## 14.3 고온설비의 수명평가

### 14.3.1 고온설비의 손상

고온고압 하에서 장시간 사용하는 발전설비의 수명평가법은 대형사고로 연계되므로 체계적인 연구에 의해 잔여수명 및 교체주기의 설정이 확립되어 있다. 이들 설비는 재료열화로 특성이

| – | 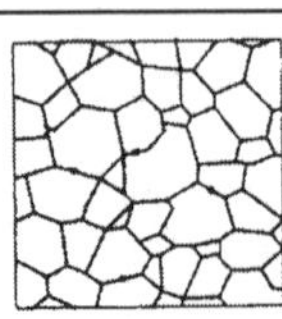 | 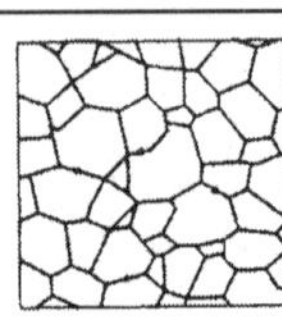 | 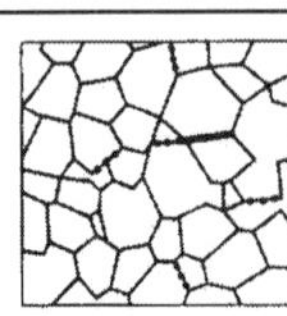 | 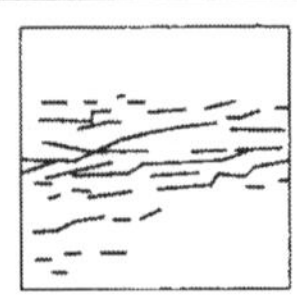 |
|---|---|---|---|---|
| 0, 1단계 | 2단계 | 3단계 | 4단계 | 5단계 |
| 가열에 의한 조직변화 없음, 크리프응력이 작용하나 기공 없음 | 독립 기공존재, 크리프 응력이 작용하는 조직 존재 | 연결된 기공 존재, 크리프손상 시작조직 존재 | 미시균열존재, 크리프 손상 진행(자분탐상) | 미시균열로 손상 초래 |

그림 14-4 기공의 정성적 평가

상실되므로 금속조직의 변화추이를 파악하여 수명을 예측한다. 일반 저온상태의 구조물은 크리프 파손과 같이 복잡한 파손경과를 거치지 않고, 최초 약간의 변형이 상승한 후 지속적인 변화를 보이지 않는다.

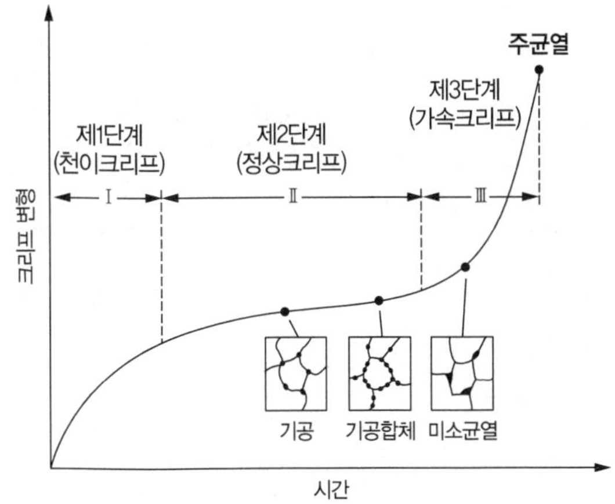


**그림 14-5** 응력을 받는 부재의 크리프손상의 진행과정

| 미세 조직 | 등급 | 세부 내용 |
|---|---|---|
| 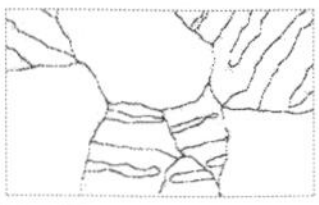 | A | **초기단계**<br>(페라이트 및 층상 펄라이트 조직) |
| 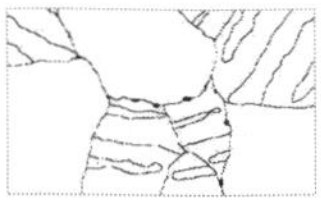 | B | **구상화 초기단계**<br>(탄화물의 입계석출) |
| 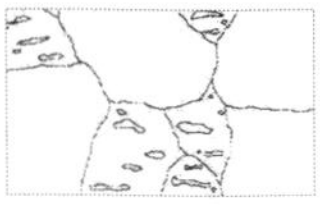 | C | **구상화 중간단계**<br>(펄라이트내 세멘타이트의 구상화가 진행되나 층상구조는 잔존) |
|  | D | **구상화 완료단계**<br>(탄화물은 이전 펄라이트에 잔존) |
| 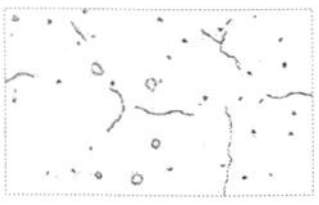 | E | **구상화 탄화물의 분산단계**<br>(이전 페라이트– 펄라이트 구조 상실) |
| 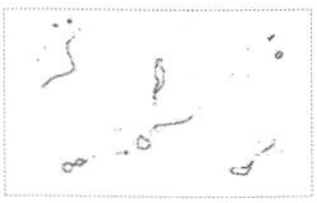 | F | **구상화 탄화물의 성장단계**<br>(탄화물 합체로 탄화물 성장) |

**그림 14-6** 금속학적 재질열화 등급 분류표 예시

| 조직 양상 | 등급 | 세부 내용 |
|---|---|---|
| 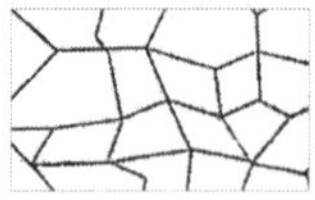 | A | **손상유형 :** 없음 |
| 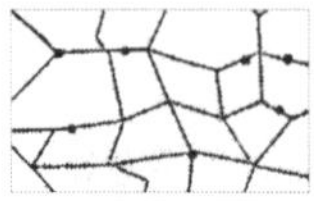 | B | **손상유형 :**<br>불균일 입계기공(Isolated) |
| 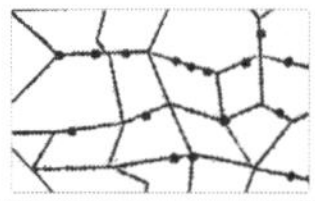 | C | **손상유형 :** 입계따라 형성된 그립기공<br>– 최대주응력방향에 수직으로 기공 존재 |
| 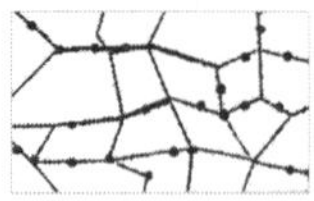 | D | **손상유형 :** 미소균열(Microcrack)<br>– 2mm, NDT 검출가능<br>– 다수 연결된 크립기공으로 입계분리 |
|  | E | **손상유형 :** 미소균열(Microcrack)<br>– 2mm, NDT 검출가능<br>– 미소균열이 큰 균열로 상호 연결 |

**그림 14–7** **크리프손상의 평가 분류표**

그러나 고온상태의 구조물은 수명의 영향인자인 크리프 곡선에서 크리프는 시간의 경과에 따라 변형률이 그림 14–5와 같이 3단계과정의 변화를 보인다. 즉, 1단계(구조적 변형단계)는 거의 소성변형의 단계, 2단계(안정화 단계)는 비교적 변형이 발생되지 않는 단계를 거쳐, 마지막 3단계(급속한 변형 전파단계)에 이르러 파단된다. 2단계이후 시스템은 체계적인 검사와 수명평가를 통해 보수 및 교체시기를 결정해야 한다. 크리프기공에 의한 손상 5단계는 등급 0~1에서는 관찰되지 않고, 2에서 독립된 기공, 3에서 연결된 기공이 관찰되며, 4~5에서 다양한 균열이 관찰되어 위험상태로 분류된다.

## 14.3.2 소각로 열화기구 및 손상 예측

소각로의 폐열보일러는 발전설비와 같은 고온고압 상태에서 사용되는 시스템과는 사용온도 및 압력에서 큰 차이를 보여, 동일한 수명평가법의 적용은 맞지 않는다. 소각로용 폐열 보일러의 사용 환경은 연소효율 향상을 위해 유동층 소각로를 사용으로 유동하는 모래, 미분재가 튜브의 바깥표면에서 침식현상을 보인다. 마모는 굴곡부나 유동공간이 좁은 부분에서는 빠른 유속으로 마모속도는 유속에 비례하여 증가한다. 내부는 용접 백비드 부에 유동방해로 침식되어 감육정도를 파악해야 한다.

소각로는 다양한 연료를 혼합사용함으로써 고온에서 복합 유기화합물이 발생되며, 이들은 노점이하가 되면 튜브에 증착되어 부식을 유발한다. 이러한 부식은 한 점만 집중 침식하는 피팅(Pitting)으로 외부에서는 미세한 구멍 상태로써 발견하기 어렵다. 따라서 세심한 육안검사를 통하여 튜브의 변색, 부식여부의 관찰이 필요하며, 주요 부위는 두께측정에 의한 검사가 필요하다.

### 14.3.3 튜브 감육

보일러 운전중 일정량의 튜브가 감육되는 것은 유동재, 연소 후 고체 미립자의 충돌, 블로워 마모와 부식성 재(Ash)의 산화에 기인된다. 감육은 피할 수 없고 파손과 시스템 정지방지를 위해 튜브의 교체나 정비가 필요하다. 튜브 감육발생시 원주응력도 재 분포되며 파손도 가장 취약한 결함부나 얇은 부분에서 발생된다. 튜브교체를 위한 최소두께($T_{min}$)는 압력 P값과 안전응력 S값이 지정되어야 한다. 보일러는 실제 설계압력 보다 낮은 압력에서 운전되므로 설계압력보다 낮은 과열기의 출구압력을 사용한다. 크리프 영역이하 코드에서 허용응력은 안전계수 4로 나눈 일정온도에서의 기준강도이다. 보일러 튜브는 파손전 큰 감육이 일어나 안전계수는 4보다 $2\frac{1}{2}$ 사용이 바람직하며, 교체대상은 원래 두께의 43%로써 크리프영역 이하에서 운전되는 튜브는 원래 두께의 40% 감육까지 안전하다고 볼 수 있다.

### 14.3.4 노 내부의 손상

노 내부는 직접 화염이 튜브에 전달되는 영역으로 금속표면의 온도가 다른 부위에 비해 높아, 고온 구조물에 적용되는 검사기법을 적용해야 한다. 노 내의 튜브에는 마모, 부식, 크리프 손상, 조직의 열화상태의 파악을 위해 육안검사를 통하여 변색, 변형, 부풀음(팽출), 용접부 변화를 점검하고, 경도시험을 통하여 연화 및 경화정도의 파악이 필요하다. 또한 표면복제법을 이용하여 크리프손상의 발생여부와 금속조직의 열화상태를 점검해야 한다. 보일러, 소각로 등 설비에서 저합금강은 주로 내열강, 고장력강의 사용이 많고 용접부가 많다. 열영향부는 용착금속이 응고시 기공의 요인이 되는 수소, 산소, 질소의 원자가 용착강에서 이동되어 불완전한 결함을 갖는다.

### 14.3.5 부재의 구상화 및 흑연화

보일러의 열교환기를 구성하는 주요 부재인 SPPS38E와 STBG340E강의 미세조직으로써 펄라이트(Pearlite)는 탄화철 $Fe_3C$ 와 페라이트(Ferrite)가 판상의 적층구조를 나타낸다. 또한, 시간경과에 따라 펄라이트(Pearite)가 분해되어 구상화(球狀化)되며, 분산된 탄화물이 집적되어 구상화를 촉진한다. 소각로는 펄라이트강이 400~650℃영역에서 장시간 가동될 때 탄화철이 큰 표면적을 가져 높은 표면에너지를 갖는다. 따라서 고온에서 장시간 가동함으로써 판상의 탄화철($Fe_3C$)이 구상으로 변하며, 미세한 탄화철($Fe_3C$)이 조대화 된다.

한편 내열합금부재인 탄소강과 탄소-몰리브덴 합금에서 철 탄화물은 칼날모양에서 구형으로 형상변화 및 탄화철에서 페라이트와 흑연으로 변화과정에서 변태가 진행되면서, 정상조직보다 빠르게 흑연화 된다.

## 14.4 표면복제법

표면복제의 원리는 조직관찰 대상체의 표면을 연마하고 부식시켜 미세조직을 전사시킨 후, 그 막을 떼어내 금속현미경이나 전자현미경으로 관찰하는 것으로 떼어낸 막을 레플리카(Replica)라고 한다. 레플리카(Replica)의 채취 및 관찰요령에 대한 규격은 ASTM E1351에 명시되어 있다.

#### (1) 원리

시편의 석출물 같은 미량의 함유물을 추출하여 미지의 상, 개재물을 분석하는데 부식액으로 기지(Matrix)를 상당량 녹여 석출물, 개재물이 돌출하게 한 후 레플리카 필름을 부착시킨다. 탈착 전에 부식액의 침투로 기지만 더 부식시켜, 석출물, 개재물이 레플리카 필름에 붙은 상태에서 탈착하여 석출물의 분석, 분포상황을 평가한다.

#### (2) 준비물

현장에서 레플리카 채취작업을 원활히 수행하기 위해서는 장비 및 준비물은 다음과 같으며, 그림 14-8은 레플리카 채취 장비키트와 복재공정, 관련 장비들을 나타냈고, 그림 14-9는 표면복제표를 나타냈다.

① 광택연마기(Polisher), 휴대용

② 금속현미경(Microscope), 휴대용

③ 앵글 그라인더(Angle Grinder), 연마석 포함

④ 플레퍼그라인더(Flapper Grinder), 연마지 포함

⑤ 다이아몬드입자(Diamond Paste), (6$\mu$m, 1$\mu$m)

⑥ 광택연마용천(Polishing Cloth), (6$\mu$m용, 1$\mu$m용)

(a) 레플리카 채취 현장작업 키트

(b) 레플리카 복제 공정 및 작업기기

**그림 14-8** 레플리카 작업기기 및 관련 공정

| 표면복제표(Replication sheet) | |
|---|---|
| 날짜 : 2016. 3 | 레플리카 번호 : ○○○○ |
| Plant명 : ○○○○ | |
| 보일러 설비명 : FSIH(Final Super heater Inlet Header) | |
| 채취위치 : Branch 10<br>부식조건 : Light<br>비고 : | 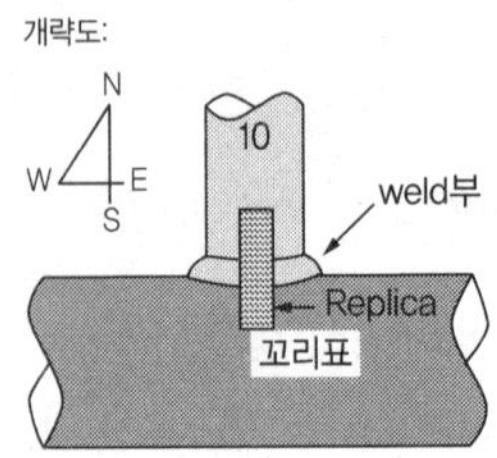 |



그림 14-9 표면복제표

⑦ 광택연마 윤활유(Polishing Lubricant)

⑧ 연마지(Sand Paper) P50, P120, P220, P400, P800, P1200

⑨ 레플리카 필름(0.034mm, 0.08mm)

⑩ 시약(알콜, 아세톤), 부식용액(나이탈), 세척수(Washing Water)

⑪ 현장 작업에 필요한 개인용 안전장비 : 작업복, 안전모, 안전화, 방진 마스크, 귀마개, 장갑 등

⑫ 기타 핀셋, 가위, 칼, 수첩, 필기도구, 견출지, 청테이프, 비닐백, 두꺼운 책, 탈지면, 작업등 등이 있다.

한편, 레플리카 꼬리표는 메모지 이용, 레플리카 탈착전 모든 검사면과 접촉 않는 면의 끝에 붙여 혼돈되지 않도록 하며, 꼬리표의 기입내용은 다음과 같다.

① 요소명 예 : Final Superheater Inlet Header

② 용접부 예 : Branch No. 10

③ 위치 예 : South

④ 방향 예 : Branch ↔ Header

⑤ 레플리카번호 예 : Kim-1

⑥ 부식정도 예 : Light

### (3) 레플리카 작업

검사 현장에서 수행하는 레플리카 채취작업은 열악한 작업환경으로 많은 제약이 따른다. 레플리카필름은 아세틸셀룰로스필름(Acetyl Cellulose Film)으로 0.034mm와 0.08mm가 있다. 시험면의 심한 요철, 고온상태로 필름 손상 및 연화되기 쉬운 경우에 0.08mm 필름을 사용하며, 용제는 메틸아세테이트(Methyl Acetate), 아세톤(Acetone)이 사용되고, 작업과정은 그림 14-10과 같다.

(가) 연마

거친연마(Rough Grinding)는 검사부위를 그라인더로 0.3~2.0mm의 깊이로 탈탄층과 가공층의 변질층, 오염물질 등을 제거한다. 표면의 산화나 탈탄의 영향을 제거하기 위해 후판 용접부는 1~1.5mm정도, 박판은 두께의 5%이내에서 연마를 한다. 또한 미세연마(Fine Grinding)는 거친 연마 후 P220, P400, P800 연마지로 전 단계의 연마자국이 제거될 때 까지 연마하고, 광택연마(Polishing)를 통하여 6$\mu$m와 1$\mu$m의 다이아몬드 입자(Diamond Paste) 연마지를 사용하여 잔여물을 완전히 제거한다.

(나) 부식 및 건조

부식액은 나이탈부식액(Nital Etchant)을 사용하여 탈지면에 적셔 부식시키며, 상태가 좋지

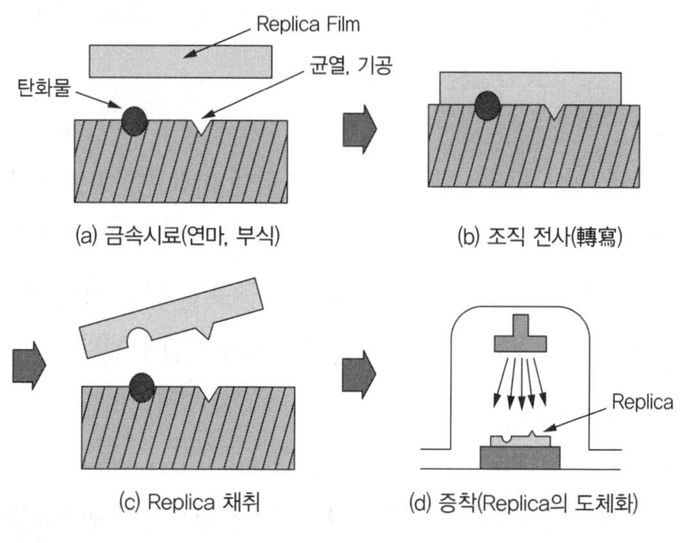


그림 14-10 레플리카의 작업과정

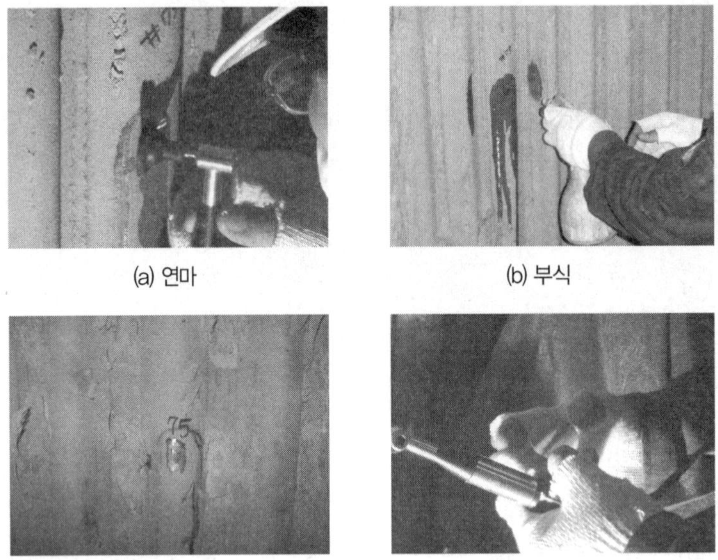

(a) 연마 (b) 부식

(c) 시험시료 표면 (d) 복제

**그림 14-11 대형 열교환기 내부의 레플리카 복제 과정**

않을 경우를 대비하여 검사부위마다 부식정도를 달리한 약한 부식(Light Etching), 중간부식(Medium Etching), 과부식(Heavy Etching)을 3개씩 채취한다. 부식시에는 주위의 온도나 부식액 온도, 검사부위의 온도에 따라 부식시간을 적절히 변화시켜 일정한 부식상태가 되도록 한다. 부식시간 차이는 약 5~10초 정도, 부식이 불충분할 때는 재부식 시킨다. 건조는 부식액을 아세톤, 에탄올, 메탄올로 씻어내고 건조기로 열풍을 쬐어 건조시킨다.

(다) 레플리카 채취

레플리카 필름특성에 맞는 용제(메틸아세테이트나 아세톤)를 검사표면에 뿌린 후, 레플리카 필름을 표면에 접촉·밀착시켜 복제한다. 필름과 검사표면 사이에 공기혼입이 없게 하며, 용제를 많이 사용하면 필름이 너무 연화되어 기포가 생긴다. 또한 너무 적게 사용하면 필름이 연화되지 않아 검사표면과 밀착성이 저하되어 정확한 복제가 어렵게 된다.

(라) 레플리카의 관찰

채취된 레플리카는 광학현미경(OM)으로 관찰하기 전 입사광의 반사효율을 높여, 요철의 대비를 향상시키기 위해 표면증착처리를 한다. 광학현미경 관찰시의 증착재료는 알루미늄(Al)

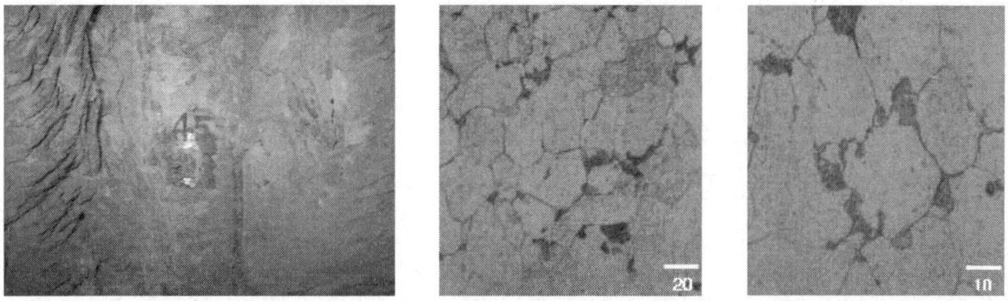


(가) 검사부위 #45의 사진 (나) 검사부위 #45의 ×500배 (다) 검사부위 #45의 ×1000배

(a) 검사부위(#45)와 표면복제 사진

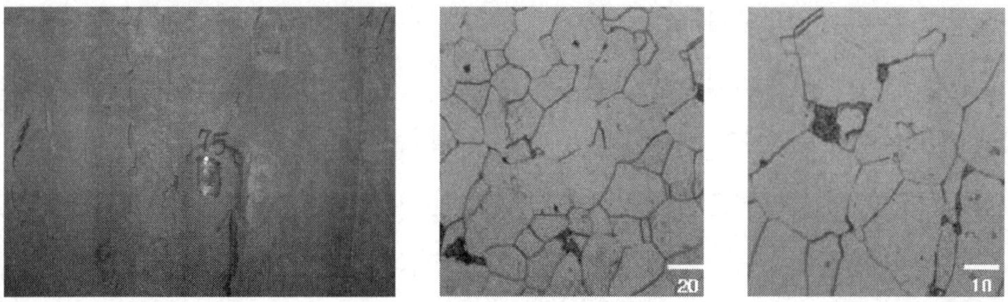


(가) 검사부위(#75) (나)검사부위 #75의 ×500배 (다)검사부위 #75의×1000배

(b) 검사부위(#75)와 표면복제 사진

**그림 14-12 대형 보일러 열교환기 검사부위와 표면복제의 사진**

이나 크롬(Cr)이 적당하다. 한편 주사전자현미경(SEM)을 이용하여 관찰할 때 도전성, 2차전자의 반사효율을 고려하여 금(Au)을 사용하며 광학현미경은 500배, 1000배로 관찰한다.

그림 14-12는 금속조직(검사부위 #45, #75)의 흰색 페라이트(Ferrite)와 검은색의 펄라이트(Pearlite)로 구성되어 있는 기본 조직으로 탄화물이 입내와 입계에 석출된 상태이다. 펄라이트의 경우 각각 구상화 및 분해정도는 미미하나 크리프에 의한 열화거동은 관찰되지 않아 크리프의 평가등급은 B~C로 판정한다. 또한 결정입내, 입계 탄화물석출 및 펄라이트 구상화의 초기단계로써 금속조직열화의 평가등급은 또한 B~C로 판정된다.

과거 년도 표면복제한 자료와 비교 분석하여 입계에 기공이 독립적인지 여부, 결정입계 탄화물의 석출, 구상화 단계여부를 판단하여 전년도 보다 금속조직상의 열화의 진전상태를 파악해야 한다. 만일 독립기공이 존재하는 정도의 'A'등급과 달리 페라이트 + 펄라이트, 라멜라구조이면 B~C등급에 해당하는 조직으로 입계와 입내에 미세한 탄화물이 석출, 검정색의 펄라이트는 점차 분해가 진행되는 초기단계로 펄라이트의 구조를 유지하게 된다.

즉, 결정립이 구상화, 흑연화가 진전되면서 독립기공이 집적되어 방향성 기공으로 존재하고,

미미하나 크리프손상이 개시되는 조직, 좀더 심한상태의 부분에서는 미시균열이 개시되는 시점으로 판단해야 한다.

### (3) 표면복제법에 의한 손상평가

재료가 크리프 파단에 이르는 과정에서 미세조직, 탄화물 형태나 종류의 변화와 함께 결정립 형상이 변화하기도 하고, 미소기공이 입계에 발생·증식되어 균열이 되기도 한다. 재질내부에서 일어나는 이러한 현상들은 재질의 손상 정도와 밀접한 관계가 있다. 이 현상들을 관찰하여 손상 또는 잔여수명 평가가 가능하다.

보일러 몸체 및 배관계(압력용기용 탄소강 또는 Cr-Mo저합금강)의 용접부는 크리프손상이 발생되기 쉬워 레플리카의 관찰결과를 기계적 손상상태에 따라 수단계로 분류하여, 재검사 기간 및 조치사항 등을 결정한다. 기타 미세조직이나 석출물의 분포상황에 따라 분류된 표준조직이나 석출물의 조성, 기공발생 현황과 손상과의 상관관계를 나타내는 기준데이터를 준비해 두고 레플리카 관찰결과와 비교 평가한다.

Cr-Mo 저합금강 용접부, Cr-Mo-V강과 같은 저연성 재료에서는 실제 사용조건에서 기공이 발생하여 균열까지 도달하므로, 기공발생의 현황을 이용하여 손상을 평가할 수 있다.

**표 14-3 크리프손상 분류법**

| 등급 | 레플리카 조직 | 평가 |
|---|---|---|
| 0 | | 가열에 의한 조직 변화가 없는 상태 |
| 1 | | 크리프 응력이 작용하는 조직이나 기공은 부재 |
| 2(A) | 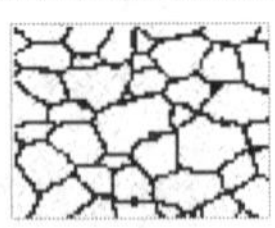 | 독립 기공 존재 |
| 3(B) | 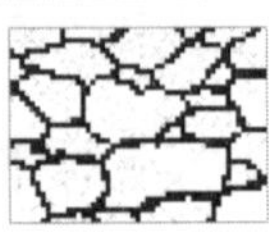 | 방향성 기공 존재<br>크리프손상개시 조직 |
| 4(C) | 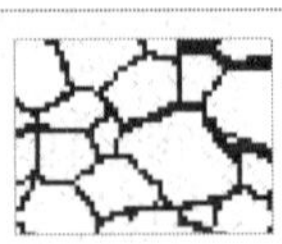 | 미시균열 존재<br>크리프손상이 진행되는 조직으로 MT, SEM으로 검출 가능 |
| 5(D) |  | 균열(수 mm의 길이 포함) 발생<br>MT로 명확히 검출 가능 |

Cr–Mo강 모재는 연성이 커서 기공발생이 어려워 기공발생 현황을 이용한 손상평가는 불가능하고, 결정립 형태를 관찰하여 손상을 평가해야 한다.

### (4) 조직대비법

레플리카를 이용하여 관찰된 조직과 표준손상 조직을 비교하여 손상정도를 판단하며, 주로 손상도가 큰 용접부나 응력집중부의 손상평가에 사용된다.

Cr–Mo 저합금강 열영향부에서 크리프손상 진전과 조직변화의 관계를 크리프시험 대상의 중간재와 실제 장시간 사용한 부재를 이용하고 조사하여, **그림 14-13**과 같이 손상인자를 구분한다. 기계적 손상은 크리프손상과정 중에서 발생되는 크리프기공, 미시균열, 거시균열의 유무에 따라 4단계, 현미경 조직은 마르텐사이트라스(Martensite Lath), 석출물의 석출상황 변화에 따라 3단계로 석출물 분포는 초기 봉상탄화물($M_{23}C_6$)의 응집조대화 및 괴상탄화물($M_6C$)로 분류한다.

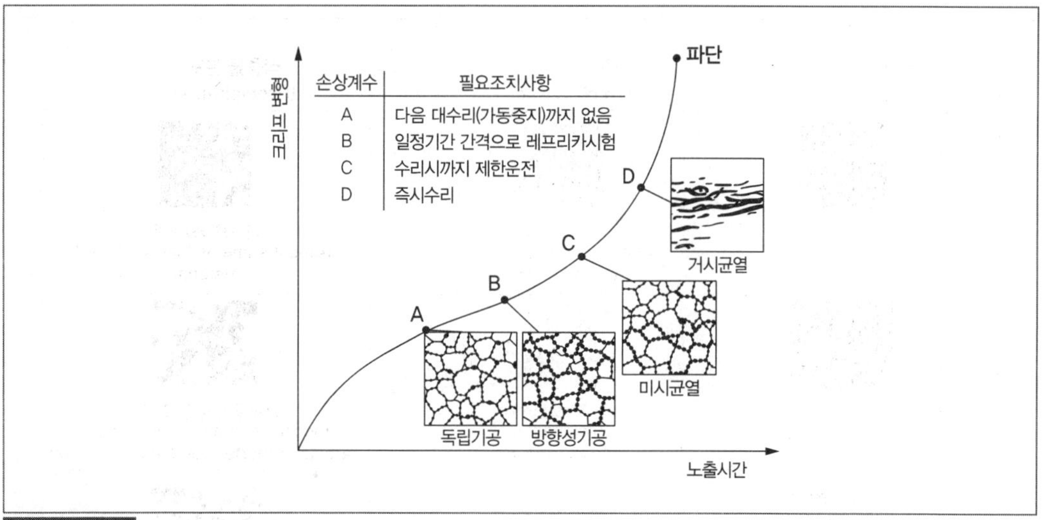


**그림 14-13** **레플리카를 이용한 수명 평가법**

채취한 레플리카를 광학현미경으로 관찰하여, 미리 작성된 표준조직을 **그림 14-14**와 같이 비교한 후 조직이 가장 유사한 표준조직의 시간온도계수(Tim Temperature Parameter)로 부터 누적 운전시간에 대응하는 온도를 추정한다. 그 후 미사용 재료의 크리프파단 데이터를 이용하여 추정온도와 사용응력에서 파단시간을 구한 뒤, 누적운전시간과의 비로부터 진단부의 수명소비량을 구한다.

| 기계적 | 미세조직 | 석출물 | 손상 분류 |
|---|---|---|---|
| 손상 없음 I | 미사용재와 거의 동일 (IM) | 미사용재와 거의 동일 (Ip) | A |
| | 입내 탄화물 석출 (IIM) | | B |
| | | 마르텐사이트의 응집 및 조대화 (IIp) | C |
| 기공 II | 마르텐사이트 및 탄화물 석출 (IIIM) | | D |
| | | 재용해 및 구상화 (IIIp) | E |
| 미소균열 III | | | F |
| 가시균열 IV | | | G |

그리프 수명 소비율: 0, 10, 20, 30, 40, 50, 60, 70, 80, 90, 100

그림 14-14 손상 구분과 크리프 파단수명 소비율과의 관계

| 기계식 손상 (Physical damage) | | 기계적 조직 (Micro structure) | | 석출물 분포 (Precipitates) | |
|---|---|---|---|---|---|
| $I_D$ |  기계적 손상 없음 | $I_M$ |  미사용재와 동등 (Almost same as that of unused material) | $I_P$ |  미사용재와 동등 (Almost same as that of unused material) |
| $II_D$ |  크리프 기공 (Creep cavities) | $II_M$ | 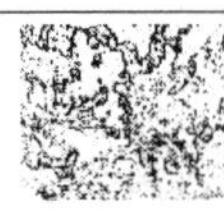 입내탄화물석출 (Precipitation of carbide in grain) | $II_P$ |  탄화물의 응집·조대화 (Flocculation and coarsening of carbide at martensite lath boundaries) |
| $III_D$ |  미시균열 (Micro cracks) | $III_M$ | 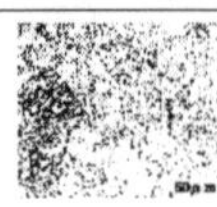 마르텐사이트 라스의 소실 및 분산 (Decomposition of martensite lath and dispersion of carbides) | $III_P$ |  탄화물의 분산·구상화 (Resolve and spheroidizing of carbide) |
| $IV_D$ | 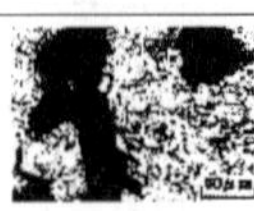 거시균열 (Macro cracks) | | | | |

그림 14-15 Cr-Mo강 열영향부의 손상인자 구분

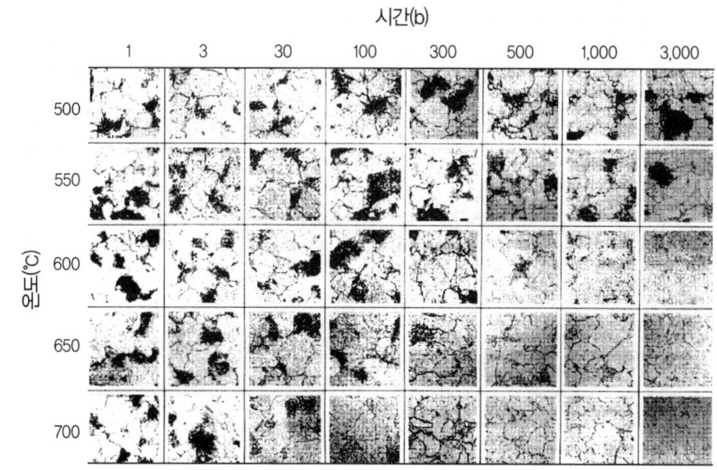


그림 14-16 온도 및 시간에 따른 $2\frac{1}{2}$ Cr-1Mo강의 미세조직

(가) A-파라미터(A-Parameter)법

A-파라미터법은 그림 4-17과 같이, 평가 대상재의 광학현미경 조직에 최대 주응력방향으로 직선을 그어 그 직선과 입계와의 교차점($n_D+n_U$)에서 점유하고 있는 크리프기공의 발생입계 즉, 손상입계의 비율을 A-파라미터법으로 정의한다.

$$A = \frac{n_D}{n_D+n_U} \tag{14.5}$$

여기서 $n_D$와 $n_U$는 각각 손상받은 입계와 손상 받지 않은 입계의 갯수이다.

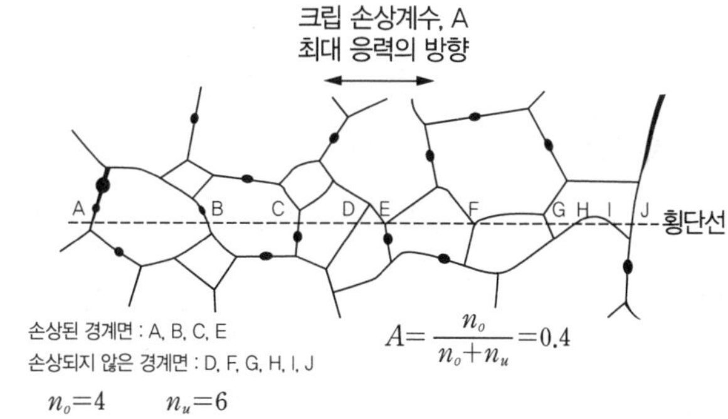


그림 14-17 A-파라미터법 측정법

**표 14-4 크리프 기공의 정성적 평가**

| 손상등급 (Neubauer) | 조직 | 평가 | 필요 조치 |
|---|---|---|---|
| 1 | 미손상 | 크리프손상 미검출 | – 차기 점검시까지 필요조치 사항 없음 |
| 2 | 독립기공 | 조직에서 최대 주응력 방향결정 불가 | – 차기 점검시까지 필요조치 사항 없음 |
| 3 | 방향성기공 | 결정입계에 다수 기공 보임. 손상 받은 입계의 방향성에서 최대 주응력방향 예측 | 일정주기로 표면복제검사 필요 |
| 4 | 연결기공 (미시균열) | 최대 주응력방향에 수직한 입계에 기공관찰, 기공연결로 입계분리되는 미시균열발생 | 보수시까지 제한적 사용 |
| 5 | 거시균열 | 기공 및 미시균열 관찰, 미시균열이 연결되고 폭 넓어진 거시균열 관찰 | 즉시 교체 |

측정법은 A–파라미터를 측정할 때 탄화물이나 비금속개재물과 기공을 구별하며, 크기가 0.5$\mu$m~0.1$\mu$m보다 작으면 탄화물인지 기공인지 구별이 어렵다. 정확한 결과를 얻으려면 최소한 400개 이상의 교차점을 관찰하고 판정은 판정 규칙에 따른다.

(a) 정성적/정량적 접근 방법

정성적인 손상분류, A–파라미터–수명소비율 관계의 상관관계를 이용한 잔여수명 예측법에는  다양한 방법이 있으며, 이러한 정성적 방법은 다음 경우에 사용된다.

① 굴곡부, 구멍하부와 같이 양질의 레플리카 채취가 불가능 할 경우
② 평편 또는 충분한 크기의 레플리카 채취가 불가능 할 경우
③ 정량적 평가에 고비용이 소요될 경우
④ 결정립 수가 부족하여 정확한 A–파라미터 측정이 곤란 할 경우

(b) 접근 방법의 비교

이 방법은 손상등급을 정성적 평가한 후, 미리 준비된 A–파라미터와 Neubauer 등급관계와 비교하여 A의 상한값을 결정하고, 여기서 A값–수명소비율 관계를 이용하여 잔여수명을 구한다. 손상등급과 수명소비율과의 관계에서 직접 잔여수명을 구하는 방법이다. 시간 $t$ 동안 사용시 수명소비율 추정값을 $X$(즉 $t/t_r$ : $t_r$은 크리프 파단수명)라 하면 잔여수명($t_{rem}$)은 다음과 같다.

$$t_{rem} = t \cdot (1/X - 1) \tag{14.6}$$

**표 14-5 손상등급과 수명소비율 및 수명잔여율과의 관계**

| 손상 등급 | 최대 "A" | 수명소비율 범위 | 잔여수명계수(1/X-1) | |
|---|---|---|---|---|
| | | | 최소 | 최대 |
| A | 0 | 0.00 - 0.27 | 2.70 | 모름 |
| B | 0.12 | 0.04 - 0.46 | 1.17 | 2.40 |
| C | 0.30 | 0.3 - 0.65 | 0.54 | 2.33 |
| D | 0.48 | 0.3 - 0.84 | 0.19 | 2.33 |
| E | 0.60 | 0.72 - 1.00 | 0(파손) | 0.39 |

$1\frac{1}{4}$ Cr − $\frac{1}{2}$ Mo의 손상등급과 수명소비율 범위, 최소 및 최대수명 잔여율($1/X-1$)은 표 14-5와 같고, 표에서 최소잔여수명은 손상등급에 따라, 각각 2.7 $t$, 1.17 $t$, 0.54 $t$, 0.19 $t$가 된다. 이 값에 안전계수 3을 적용시키면 손상등급에 따라 각각 0.9 $t$, 0.39 $t$, 0.18 $t$, 0.06 $t$의 재검사 주기가 설정된다. 이 정성적/정량적 방법은 정성적 방법에 비해 장점이 많으며, 예측된 최소 잔여수명은 상당한 안전성을 보장한다. 또한 최대 잔여수명 예측도 가능하여 사용계획 년수내에 보수가 필요여부를 판정과 향후 보수 및 교체시기에 대한 계획수립에도 반영시킬 수 있다.

(c) A-파라미터 측정 - 예측 잔여수명에 대한 해석

기공 발생은 응력장(Stress Field)이나 구동력 존재를 의미하나 응력의 원인, 본질은 파악하기 어려우며, 흔히 발생되는 응력원과 미세조직 내에서 기공분포를 고려하면 응력모드 파악이 가능하다. 열교환기 헤더와 증기관 계통에서 주로 발생되는 응력원은 증기압, 열피로, 시스템응력, 용접 후 응고/냉각시 발생되는 열영향부(HAZ)나 용착금속에서의 잔류응력 등이다. 이들은 복합적으로 작용되어 기공이 성장하므로 거동예측을 위해, 응력상태의 파악과 과거 및 추후의 사용조건에 따라 영향요인도 파악해야 한다.

(나) 석출물에 의한 수명평가

저합금강은 고온 장시간 사용할 때 기공발생의 이전에도 탄화물 크기, 분포, 조성 등의 미세조직 변화가 선행되어 크리프에 대한 저항성을 감소시키므로 석출물 검사법은 수명평가를 위한 방법으로 사용된다. 석출물간 거리, $\lambda$로는 최인접거리나 평균 자유경로를 측정하는데 중심간 최인접거리($\lambda_{NA}$)가 가장 재현성이 좋다. 또한 석출물간 거리는 단위면적당의 수에서

다음 식을 이용한다.

$$\lambda_{NA} = \frac{1}{2}\left(\frac{1}{N_A}\right)^{1/2} \tag{14.7}$$

## 14.5 고온 플랜트의 열화 진단

### (1) 기공 정량화법

조직대비법 등은 기공유무, 균열발생 상황을 고려하여 손상등급을 분류하는 정성적 또는 반정량적 방법이다. 기공의 정량적 평가법은 시료를 채취하여 광학현미경을 이용한 직접관찰법과 채취한 레플리카를 이용한 밀도변화를 측정하는 간접계측법이 있다.

밀도변화 측정법은 기공이 생성되면 부피가 증가하여 밀도가 감소됨을 이용하여, 미사용재 등 건전재의 밀도($D$)에 대한 손상재의 상대적 밀도변화량($\Delta D$), 즉 $\Delta D/D$를 계측하여 기공생성량을 구하는 방법으로써 손상재, 미사용재, 무응력 하의 동일한 사용이력을 갖는 단순가열재를 필요로 한다.

**표 14-6 기공의 정량적 평가법**

| 평가인자 | 평가 방법 | 비고 |
|---|---|---|
| 면적율 | 생성된 기공의 비율 = $\frac{\text{전 격자점 중심의 수}}{\text{총 격자점 수} \times \text{시야수}}$ | 격자(20×20사용)를 시야 상에 놓고 측정 |
| 면밀도 | 단위 면적당의 기공 수 = $\frac{\text{기공의 총수}}{\text{1 시야의 면적} \times \text{시야수}}$ | 단위 입계길이 당의 기공 수 |
| 크기 | 평균 크기 = $\frac{\text{기공 직경의 총합}}{\text{기공의 총수}}$ | 최대 크기 구함 |
| 생성 입계율 | 기공이 생성된 입계의 비율 = $\frac{\text{기공을 포함한 입계의 수}}{\text{전 입계의 수}}$ | A 파라미터법 |

### (2) A-파라미터를 이용한 잔여수명 평가

측정된 "A" 값에서 잔여수명 평가는 계산모델에 의한 접근방법, 경험적 접근방법, 손상등급 분류 방법이 통용된다. 분석한 결과로부터 계속적인 모니터링 여부나 보수여부를 결정할 수 있고, 보수 필요시에는 보수시기도 결정할 수 있다.

① 경험적 접근 방법

② 손상등급 분류에 의한 접근 방법

③ 정성적 접근 방법 : 크리프기공의 정성적 평가법은 Neubauer가 제안하였다. 기공의 평가는 요소의 수명을 평가보다는 차기 정기점검까지 안전운전을 보장한 것으로 지나치게 안전할 수 있다.

### (3) 결정립 변형법

크리프 거동은 강종마다 특성 차이로 이를 염두에 둔 손상진단이 필요하다. 용접부 같이 결정립 강도가 높아 입내변형 발생이 어려운 저 연성을 갖는 재료는 입계에 변형이 집중되어 수명의 약 절반시점부터 기공이 발생하므로, 대부분의 기간을 기공을 관찰하여 진단한다. 보일러 재료의 대부분인 Cr–Mo강 모재와 같이 결정립 변형이 쉬운 고 연성재료는 기공이 수명 말기에 처음 발생되어, 손상과정을 광범위하게 진단하는 방법으로는 부적당하다.

### (4) 평균 사용온도의 예측기술

저합금강의 강도는 사용온도와 사용시간에 따라 변화하므로 사용중 강도의 변화측정으로 기기의 "평균사용온도"를 예측이 가능하다. 이 접근방법은 강도변화가 주로 탄화물석출 및 조대화에 기인하고, 보통 플랜트와 같이 저 변형률일 경우 변형유기연화(Strain Induced Softening)를 무시할 때 적합하다. 이 일정 사용온도에서 보이는 뜨임거동은 Larson–Miller 변수 $P[P=T(^{\circ}R)(20+\log\ t)]$로 표시된다. 경도($H$)와 Larson–Miller 변수($P$)관계는 초기 경도 $H_0$($t=0$일 때)인 재료를 온도 $T$(단위 °R)에서 시효시켜 경도변화를 시간 $t$의 함수, 즉 $H=f(P)$로 측정하여 구한다.

### (5) 입계부식법에 의한 수명 및 열화도 평가법

보통 고온에서 사용되는 구조용 재료의 인성은 시간이 지남에 따라서 감소하게 된다. 이러한 인성열화는 취화, 연화, 경화 등의 형태로 나타나며, 이것은 설비의 안전성 및 신뢰도에 영향을 준다. 뜨임취화(Temper Brittleness)는 합금강이 345~540℃의 온도범위에서 노출되어 가열되거나, 또는 이 온도범위에서 서냉할 경우에 발생하고, 강의 인성감소를 가져오며 주로 Cr–Mo 또는 Cr–Mo–V 계열의 합금강에서 나타난다. 장기간 가동된 고온설비 열화의 주된 원인인 뜨임취화는 저온 취성파괴와 같이 예고 없이 구조물에 취성파괴를 야기한다.

뜨임취화의 주된 원인은 강의 오스테나이트계 입계에서의 부정기화합물(Tramp) 원소(Sb, As, P, Sn)의 편석현상이다. 편석은 뜨임취성이 일어나는 임계온도의 구간에서 확산기구에 의해 불순물의 활발한 운동으로 강의 입계에 달라붙는 현상이다. 임계온도에서 강의 거동이 주요 관심사가 되며, 이때 뜨임취화가 최대로 발생한다. 합금원소(Ni, Cr, Mo, V)와 부정기화합물원소(Sb, As, P, Sn)는 두 가지 모두 입계에 편석하며, 편석은 가역현상이고 임계온도 구간보다 높은 온도에서 역반응이 가능하다.

## 14.6 고온부식 손상과 수명 예측

### (1) 금속재료의 고온부식과 속도인자

금속재료의 산화가 가속산화와 더불어 고온부식으로써 문제는 환경온도가 그 재료 특유의 내산화 한계온도 이하에서 산화피막의 보호성이 손상되어, 물리화학적 작용이 강한 환경에 노출되는 경우이다.

가속작용으로 성장 중에 있는 ① 산화피막 중에 조직변화(균열, 박리) ② 산화피막/금속계면에 열팽창에 의해 공공발생, 접촉면 감소에 따른 산화피막 밀착불량에 따른 박리 ③ 생성하는 산화물이 저융점에서 고증기압을 갖는 불안정 요인 ④ 환경의 고온변화가 심하고 산화피막/금속계면에 열팽창 차이에 따른 응력발생으로 박리 ⑤ 강한 진동, 충격, 에로젼에 의해 산화피막 손상이 되어 박리가 된다.

### (2) 고온산화 및 고온부식의 수명예측

고온부식 손상은 온도, 압력, 분위기 중의 화학성분, 환경조건, 금속재료, 가공이력, 응력부하 조건에 따라 영향을 받으며, 상온에서 발생하는 부식손상과 동일하다. 고온에서는 야금학적 변화발생과 국부적 성분변화, 부식성분과 반응생성물이 부식속도에 영향을 주므로 수명예측에는 실험적으로 산화현상의 파악이 필요하다.

#### (가) 연료의 부식성조사

사용온도의 조건이 높고 고온부식의 발생이 예상되는 환경에서는 연료중의 부식성분량에 의해 환경부식성의 추정이 가능하다.

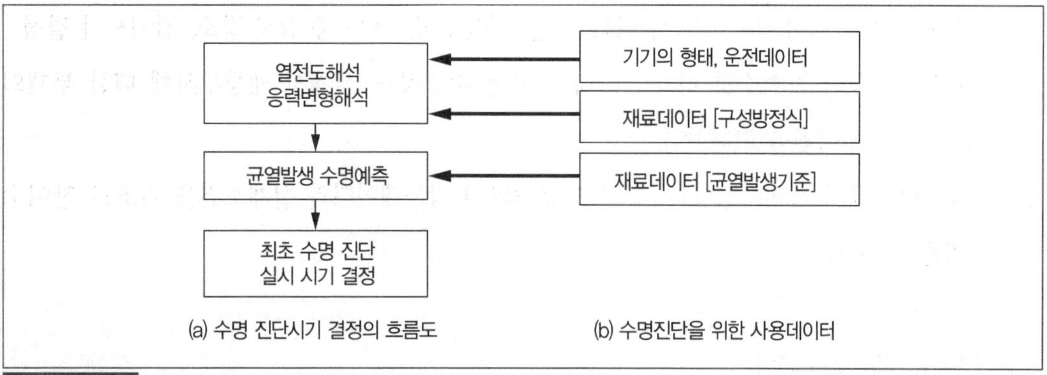


그림 14-18 고온열화 구조물의 수명진단 시기 결정

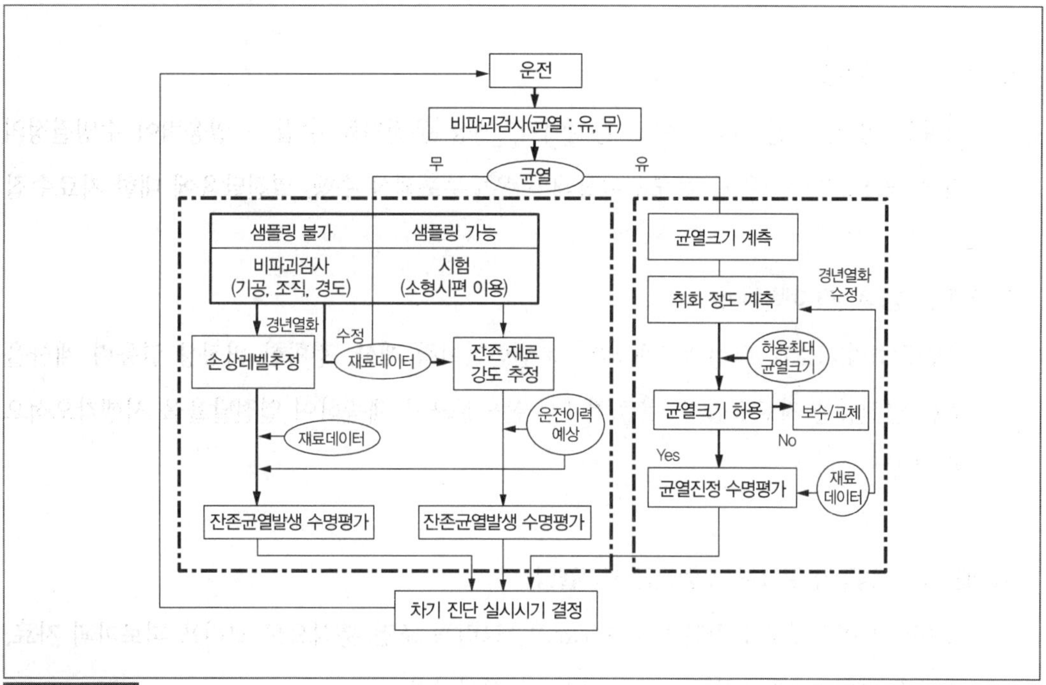


그림 14-19 고온열화 구조물의 수명진단 시기 결정

(나) 산화속도식 설정

수증기, 천연가스에서 부식성분이 적은 환경에서 손상은 보통 산화막의 성장속도가 지배한다. 실험적으로 재료의 산화속도를 온도와 시간을 변화시킨 조건에서 수명추정이 가능하다. 고온피로에서는 결함과 슬립밴드에서 균열발생 이외에 결정립계에서 균열발생, 결정립계를 따른 균열전파가 관찰된다. 이것은 고온에서 입계가 입내보다 변형저항이 작기 때문이다. 고온에서 또 다른 변형기구는 부위표면의 산화스케일 균열이다. 한편 잔여수명의 평가는 고온 열피로수명 해석에서 순서를 크게 구분하면 다음과 같다.

① 설계단계에서 수명평가 : 각 부위의 재질, 형상결정, 사용 중 감시 장소, 감시시기 결정

② 사용기간 중의 잔여수명 평가 : 고정도 잔존 수명평가, 설계시 예상부하에 대한 부재의 안전성 확보 측면을 고려한다.

- 설계단계에서 잔여수명 평가 : 미 사용재료의 강도데이터와 설계조건을 기초로 잔여수명을 추정한다.

(a) 단계 1 : 평가부위 선정

- 평가대상 부위를 선정하여 과거의 사고이력, 탄성응력 해석결과를 바탕으로 수행

(b) 2단계 : 자료수집

- 정확한 형상, 재질 자료, 온도, 운전이력, 예상 운전자료 수집 – 열응력이 수명결정의 지배요인으로 금속온도, 온도천이상태의 온도분포해석 수행, 열전달율에 대한 자료수집

(c) 3단계 : 응력변형 이력해석

- 유한요소법(FEM), 탄성해석에 의한 운전변형이력 계산, 정확한 비정상 열응력 계산을 위한 열전달율 자료수집, 사용조건에서 온도분포를 계측하여 열전달율을 시행착오적으로 계산

(d) 4단계 : 수명평가 및 최초 수명진단 시기결정

- 응력변형 이력에서 응력진폭과 빈도분포, 크리프 조건 분석으로 크리프 피로파괴 자료, 파괴조건에서 수명추정, 최초의 수명진단 시기결정

## 14.7 사용기간 중의 잔여수명 추정

### (1) 과거 부하이력 기록이 있는 경우

잔여수명 추정에 있어 운전이력에 있어 재료에 가해지는 1차응력, 열응력 및 온도가 있는 경우 순서에 따라 받은 손상을 계산하여, 추후 운전조건을 예상하면 잔여수명 추정이 가능하다.

### (2) 과거 부하이력 기록이 없는 경우

고온기기로써 크리프손상, 피로손상, 가열취화, 수소침식, 침탄을 고려하며 크리프손상인 경우 기공의 양, 조직변화, 연화, 크리프 변형량 측정이 가능하다. 샘플채취가 가능한 부위에서 시험을 통하여 잔존 크리프 강도를 구하며, 연화 및 전위구조의 변화, 미소균열 측정이 가능하다. 가열취화, 수소침식, 침탄은 현미경분석기기 이용법, 전기화학적 이용법, 초음파법을 이용한다. 손상계측을 고려한 사용기간 중의 잔여수명 추정순서는 다음과 같다.

- 단계 1 : 균열유무의 판정
- 단계 2 : 비파괴검사에 의한 손상계측
- 단계 3 : 추정운전이력에 의한 손상계측
- 단계 4 : 샘플 채취에 의한 재료의 파괴시험
- 단계 5 : 종합평가
- 단계 6 : 추후 진단 시기 결정

## 14.8 파괴역학적 방법에 의한 잔여수명 추정

파괴역학은 균열을 갖는 기기에 부하가 가해진 경우의 균열거동을 평가하는 편리한 방법이

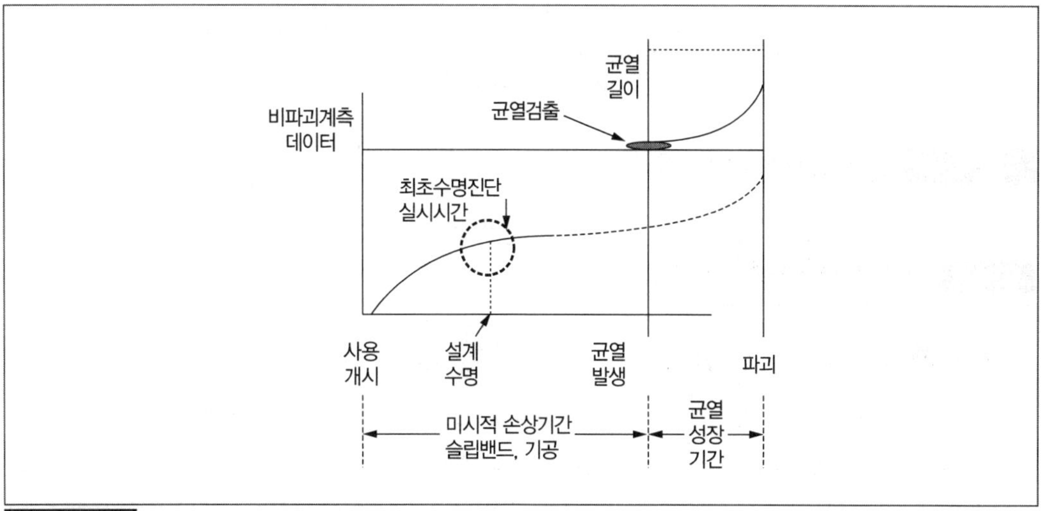


그림 14-20 손상과정과 비파괴검사와의 관계

다. 발생된 균열은 피로부하와 크리프 부하에 의해 서서히 진전되고, 균열로 성장되거나 취성 파괴를 일으킨다. 균열진전의 정량적 해석은 파괴역학 파라미터(응력확대계수 범위: ⊿K, J적분범위: ⊿J, ⊿Jf, ⊿Jc, 수정 J적분: C 등)와 피로균열전파특성선도와 크리프균열전파특성선도에서 평가할 수 있다. 균열이 발견된 후의 수명평가의 순서는 다음과 같다.

- 단계 1 : 비파괴검사에 의한 균열크기, 형태측정
- 단계 2 : 허용 최대균열 크기와 비교
- 단계 3 : 파괴역학 파라미터 계산
- 단계 4 : 균열진전 평가

### (1) 열교환기 내의 공식(孔食) 수명예측

공식(孔食, Pitting)이 열교환기의 관 누설원인이 되는 경우, 누설수명을 결정하는 것은 공식의 최대깊이이다. 이를 바탕으로 추정되는 최대깊이의 시간적 증대경향에서 공식수명이 예측된다.

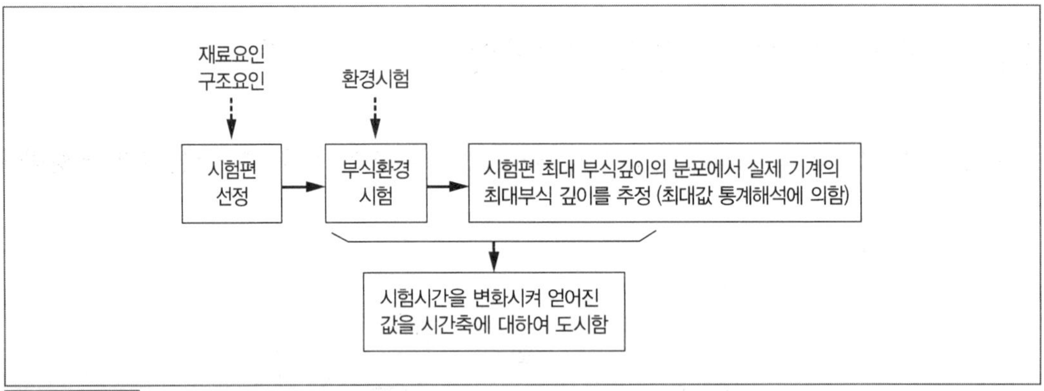


그림 14-21 공식수명 예측의 실시순서

표 14-7 기기의 손상형태와 재질변화

| 손상 형태 | 재질 변화 | | |
|---|---|---|---|
| | 기계적 | 형상적 | 금속 조직적 |
| 피로 | 연성저하, 연화 | 마이크로균열 | 전위, 석출물 |
| 크리프 | 연화, 연성저하 | 미소 기공(스웰링) | 전위, 석출물 |
| 취성파괴 | 취화 | 미소 균열 | P, Sn 등의 불순물 |

# 제15장 특수 비파괴탐상 및 응력 측정

## 15.1 특수 비파괴탐상기술

### 15.1.1 중성자 래디오그래피 이용 탐상

#### (1) 이론 및 검사 원리

중성자래디오그래피는 X선이나 감마선에는 탐상이 곤란한 원자연료, 고무, 플라스틱, 방사

**표 15-1** 물질에 따른 중성자의 선형 흡수 계수

| 시료 | 선형흡수계수 μ($cm^{-1}$) | 시료 | 선형흡수계수 μ($cm^{-1}$) | 시료 | 선형흡수계수 μ($cm^{-1}$) |
|---|---|---|---|---|---|
| 가돌리늄(Gd) | 1354.00 | 물 | 2.51 | 우라늄(U) | .541 |
| 카드뮴(Cd) | 136.00 | 페놀 | 2.43 | 티타늄(Ti) | .463 |
| 붕소(B) | 60.00 | 폴리스틸렌 | 2.31 | 크롬(Cr) | .447 |
| 수은(Hg) | 13.70 | 니켈(Ni) | 1.60 | 탄소(고밀도) | .369 |
| 인듐(In) | 5.63 | 탄탈륨(Ta) | 1.33 | 납(Pb) | .286 |
| 금(Au) | 4.65 | PETN | 1.27 | 아연(Zn) | .220 |
| 폴리플로필렌 | 3.43 | 백금(Pt) | 1.08 | 유리 | .206 |
| 나일론 | 3.14 | 텅스텐(W) | 1.07 | 지르코늄(Zr) | .175 |
| 은(Ag) | 2.95 | 철(Fe) | 1.02 | 마그네슘(Mg) | .135 |
| 코발트(Co) | 2.77 | 스테인리스강 | .900 | 주석(Sn) | .128 |
| 인코넬600 | 2.75 | 구리(Cu) | .811 | 알루미늄(Al) | .087 |
| 아크릴 | 2.61 | 베릴륨(Be) | .624 | 규소(Si) | .083 |

• 50%중성자 투과두께 H.V.T(cm) = 0.693/μ  • 20%중성자 투과두께 T.V.T(cm) = 3.32×0.693/μ

• 계산 : 예)알루미늄, 티타늄 H.V.T(cm) = $\frac{0.693}{0.087}$ = 8, 티타늄 H.V.T(cm) = 3.32× $\frac{0.693}{0.468}$ = 4.9

성물질, 고형 추진재, 화약, 항공기 부품 등의 특수탐상에 이용된다. 예로써 가스라이터를 X선이나 감마선으로 촬영하면, 투과사진은 금속부분의 투과상은 얻어지나 연료인 부탄의 투과상은 얻지 못한다. 이것은 X선, 감마선은 저원자번호의 재료에 의해 흡수되어 충분한 사진의 명암도를 얻지 못하나, 중성자선을 이용하면 부탄의 투과상이 얻을 수 있다. 중성자선의 흡수계수는 저원자번호의 수소나 탄소 등에는 크고, 또한 사마륨(Sm), 유럽피움(Eu), 가돌리늄(Gd), 디스프로슘(Dy) 등의 희토류 원소에서도 크다. 그러나 고 원자번호의 납, 우라늄, 토리움 등에는 흡수계수가 작다.

### (2) 비파괴탐상에 적용

촬영방법에 있어 열중성자(고속 중성자보다 에너지가 낮은 중성자)의 사진작용이 작아, 다음의 직접법 및 간접법에 따른다.

① 직접법 : $^{10}B$ 또는 $^{6}Li$의 화합물과 형광체를 혼합하여 도포한 증감지를 이용한다. 앞서의 화합물과 중성자가 반응하여 발생한 $\alpha$선보다 우수한 형광체를 발광시켜, 그의 빛으로 X선 필름을 흑화 시킨다.

② 간접법(전사법) : 중성자에 의해서 핵반응을 일으키기 쉬운 금속원소의 박판, 또는 그러한 원소의 화합물을 도포한 스크린만을 이용하여 조사하여 방사시킨다. 그후 방사능을 가진 판 또는 스크린을 X선 필름에 밀착시키면, 판 또는 스크린에서 방사되는 $\beta$선 및 $\gamma$선으로 흑화시킨다. 중성자원으로써는 종래 거의 원자로가 이용되고, 수평상태의 조사

**표 15-2 칼리오니늄($^{252}Cf$)의 성질**

| | |
|---|---|
| 붕괴 양식 | $\alpha$ 붕괴 : 96.9%<br>자발성 핵분열 : 3.1% |
| 반감기 | $\alpha$붕괴 : 2.731±0.007년<br>실효 반감기($\alpha$ 및 SF) : 2.646±0.004년<br>중성자 방출률 : 2.31×10$^{12}$n/sec/g<br>중성자 평균에너지 : 2.34MeV<br>$\alpha$입자 평균에너지 : 6.117MeV<br>$\gamma$선 방출률(내부전환 X선을 제외) 1.3×10$^{13}$광자/sec/g |
| 공기중 1미터의 거리떨어진 선량율 | 중성자 : 2.2×10$^{3}$램/hr/g<br>$\gamma$선 : 1.6×10$^{3}$램/hr/g |
| 붕괴열 | $\alpha$붕괴에 의한 것 : 18.8와트/g<br>핵분열에 의한 것 : 19.7와트/g<br>선원의 크기(He때문에 공극을 제외) < 1cm$^{3}$/g |

구 출구에 붙여진 조사관을 이용하여 촬영한다. 최근에는 우라늄 방사성동위원소의 하나인 칼리오니늄($^{252}Cf$)가 이용되고 10~100mg정도가 이용되며, 표 15-2에 칼리오니늄의 성질을 나타냈다.

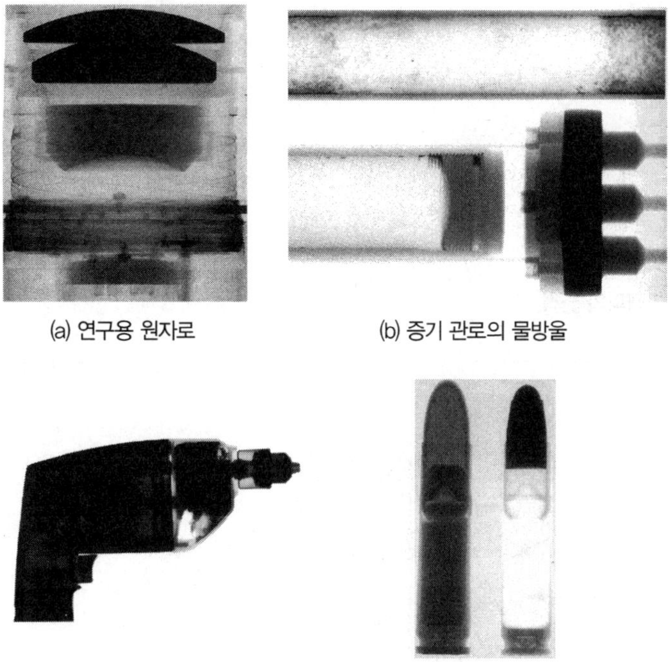

(a) 연구용 원자로 (b) 증기 관로의 물방울

(c) 전기 핸드드릴 (d) 소총탄환

**그림 15-1** 중성자래디오그래피를 이용한 촬영 사진

## 15.1.2 홀로그래피(Hologram) 이용 탐상

### (1) 이론 및 검사 원리

보통 사진은 렌즈로부터 필름상까지 물체를 결상시켜 빛의 강도인 명암과 파장(색)을 결상면에 놓인 필름에 기록한다. 빛의 강도는 간섭무늬의 농담으로 기록되며, 이들의 두 개를 동시에 감광재료로 기록시킨 것이 홀로그램이다. 홀로그램에 물체의 정보를 신호광에 진동수가 동일한 가간섭(Coherent)의 참조광을 입사시키면 간섭에 의해 회절이 일어난다. 이때 공간적인 반송파가 빛의 반송파에 복조되어 물체상을 재생하는 현상을 홀로그래피라고 하며, 그림 15-2에 홀로그래피의 원리를 나타냈다. 고밀도의 레이저 광선이 발생되어 근래에 급속히 발달

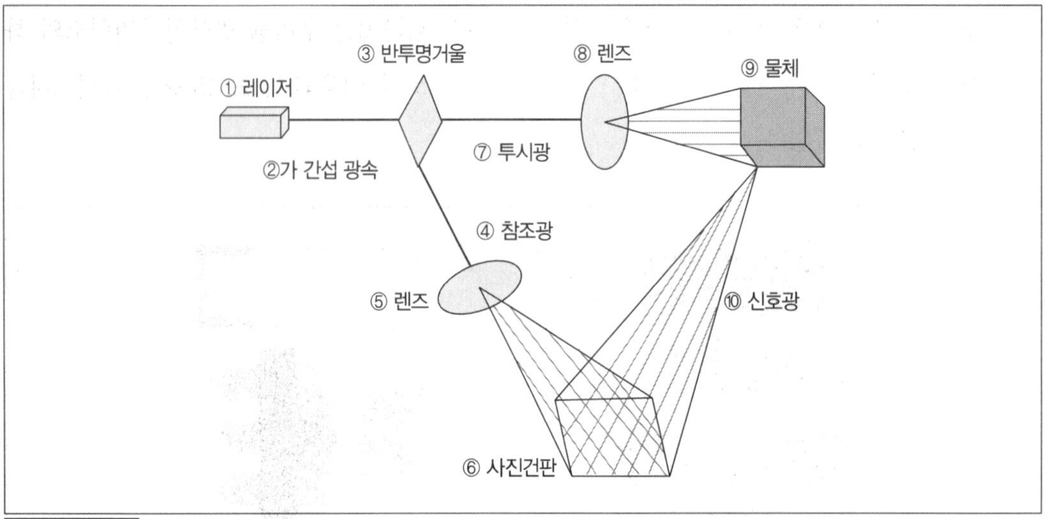


그림 15-2 홀로그래피의 원리

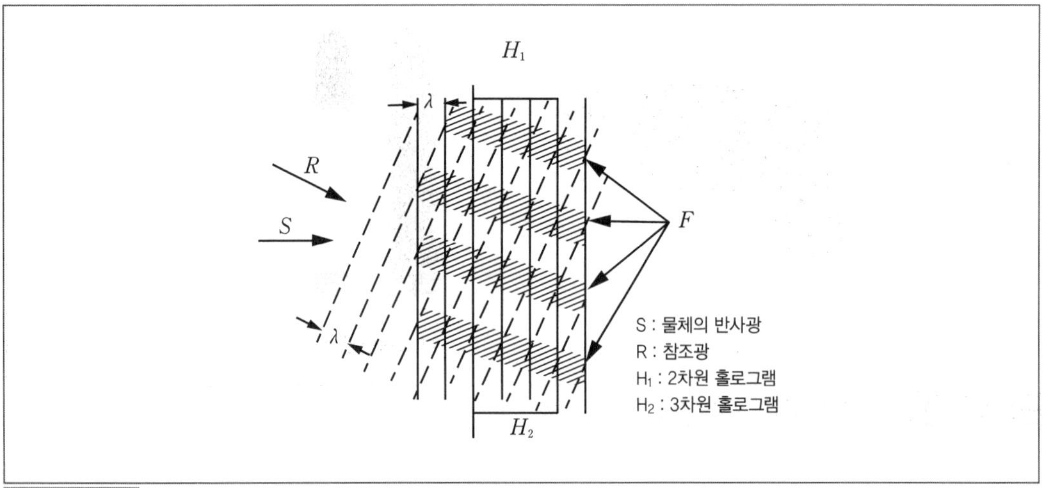


그림 15-3 홀로그램

하였으며, 홀로그램은 일반사진과 같이 결상에 의해 기록되지 않으므로, 현미경에 의해서 간섭무늬를 관찰해야 한다.

그림 15-3에서 간섭무늬 $F$의 모양이 보이며, $F$의 $H_1$면으로부터 단면이 기록된 것을 2차원 홀로그램이라 하며, 이것은 재생하기 위한 빛의 방향이나 파장에는 제한이 없으나 단색광을 필요로 한다. 재생을 위한 빛은 참조광과 동일한 입사방향과 파장을 필요로 하는 입체적으로 기록된 것이 3차원홀로그램이다.

홀로그램에서 간섭무늬의 명암에 의해 빛의 강도, 공간주파수에 의해 빛의 진행방향을 기록한다. 홀로그램은 물체의 정보를 그의 반송파에 포함시켜 기록하므로 그림 15-4와 같이

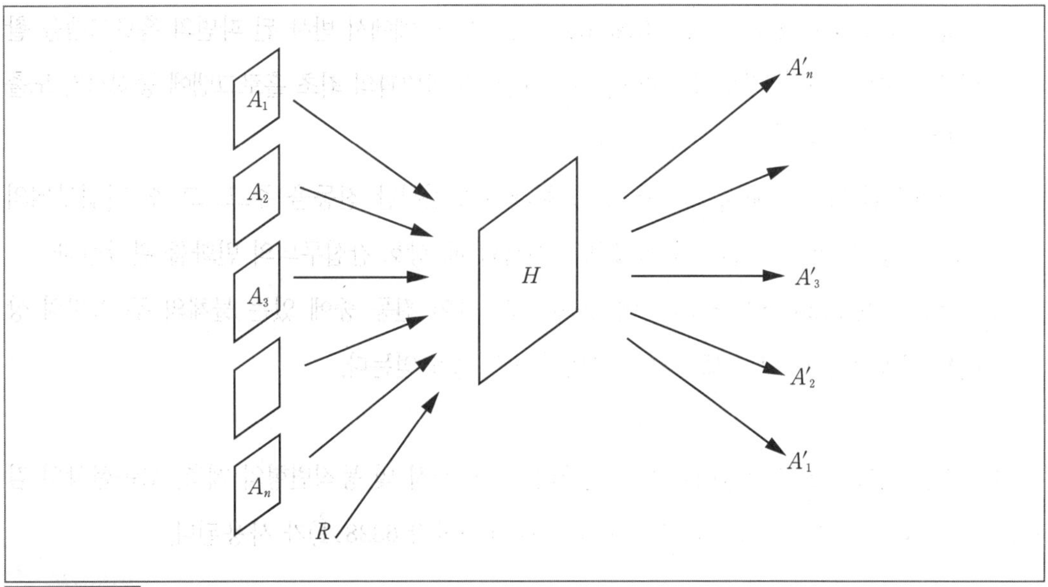


그림 15-4 홀로그램의 다중기록

반송파의 진행방향이 서로 다른 정보 $A_1'$, $A_2'$ ⋯ $A_N'$ 는 서로 진행방향과 달라 분리된다. 즉, $H$위에 중복 기록되며, 홀로그래피에서는 홀로그램을 만들 때와 같이 파장을 재생에 이용하지 않는다. 재생할 때 파장이나 광원의 위치를 바꾸면 영상위치와 배율이 달라 영상에 왜곡이 생기며, 촬영할 때 파장보다 재생할 때의 파장을 길게 하면 영상배율이 크게 된다.

### (2) 비파괴탐상에 적용

내부에 결함을 갖는 물체에 열, 외력, 진동을 가해 변형을 주면 표면형상에도 영향을 주며, 건전한 부위와 결함부위가 미소한 차이를 보인다. 홀로그램 상에 변형전과 변형후의 영상을 2중으로 노출하면 변화를 일으킨 부분은 위상변화가 커서 간섭상태가 다르고, 이 모양을 조사하여 내부의 상태를 파악할 수 있다. 변형이 빛의 입사방향으로 일어날 때는 민감하고 직각방향일 때는 둔감하여 이용할 수 없게 된다. 기록 및 재생법에 따라 다음과 같이 네 가지로 분류한다.

① 실시간법(Real Time Method) : 결함이 없는 물체에서 반사하는 파면의 홀로그램을 촬영하여 현상한다. 그 후 물체에 변형을 주어서 반사하는 파면과 먼저 찍은 홀로그램에 참조광을 보내, 재생한 파면을 서로 간섭시켜 물체의 변화에 따른 시시각각의 변화된 간섭무늬를 관측한다.

② 이중노출법(Double Exposure Method) : 건전한 물체에서 반사 된 파면의 홀로그램을 촬영하여 현상하지 않고 둔 후, 변형을 주어 반사된 파면과의 최초 홀로그램에 중첩시켜 노출시킨다.

③ 시간평균법(Time Average Method) : 물체에 일정시간 진동을 주고, 그 후 간섭무늬의 변화를 홀로그램에 노출시켜 현상하고 재생할 때 상호 간섭무늬의 변화를 관찰한다.

④ 스트로보법(Strobo Method) : 이중노출법과 같이 진동 중에 있는 물체의 두 가지의 상태를 진동과 동기 된 스트로보로 조명하여 정보를 얻는다.

이와 같은 방법으로 홀로그램은 내부결함의 검출, 정적 및 동적변형의 계측, 고속현상의 감시로 이용된다. 레이저 광으로써 He–Ne 가스레이저(파장 6328 Å)가 사용된다.

### 15.1.3 초음파홀로그래피 이용 탐상

#### (1) 이론 및 검사 원리

초음파홀로그래피는 종파 및 횡파 모두 적용이 가능하고, 투과법과 반사법의 두 형식으로 구분된다. 투과법은 1964년에 미국의 바텔노스웨스트연구소(브란틴 박사)에 의해서 액체표면을 이용한 실시간의 영상이 얻는 방식을 실용화하였고, 반사법은 주사형 펄스에코 C스케일의 발전방식이 실용화 되어 있다. 초음파의 투과상을 눈으로 관찰하는 방법으로써 초음파홀로그래피이다. 레이저 광선을 이용하는 광학홀로그래피의 원리와 동일하게 간섭성이 큰 파동을 갖는 초음파(1~10MHz)를 이용하고 불투명한 물체의 영상을 관찰 가능하게 한다. 즉, 초음파를 시험체에 전파하고, 결함정보를 포함한 물체파와 참조파인 초음파와의 간섭을 일으켜서 간섭파의 홀로그램을 얻으며, 이것을 레이저광선에 의해 재생시켜 초음파에 의한 영상을 얻는다. 이 방식은 초음파의 진폭을 보지 않고 위상정보도 이용할 수 있으며, 종래 얻기 곤란한 두꺼운 시험체의 깊은 부위의 분해능을 크게 향상시켰다.

#### (2) 비파괴탐상에 적용

물 등의 액체를 넣은 탱크 안에 초음파 발진기를 **그림 15-5**와 같이 A, B로 세트하며, 이때 A, B는 동일 전원으로 여기하고 빔은 구면파를 사용하므로 소형 진동자가 사용된다. **그림 15-6(a)**와 같이 직접 정보를 갖지 않은 반사광의 양쪽 a 및 b에 회절상이 생기는데 위상이 반대이다. 이것을 관찰하기 위해 a 및 b에 생기는 상중의 어느 한쪽을 소형 망원경으로 관찰하면 물체의 상이 보인다. 그림에서 기름위 물탱크내의 빔 통로에 검사물체를 놓고 변조된 음파를

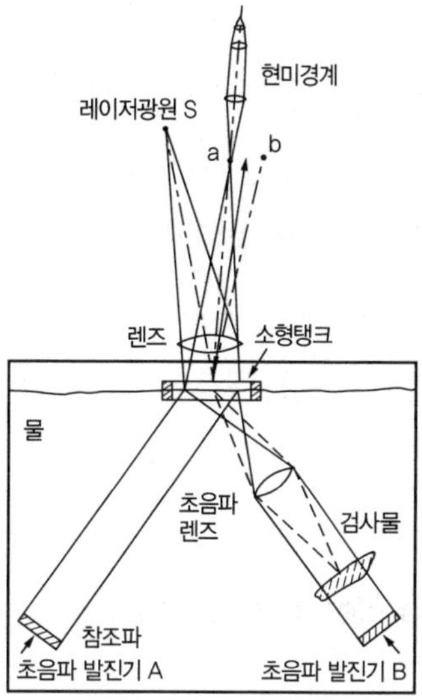


그림 15-5 초음파 홀로그래피

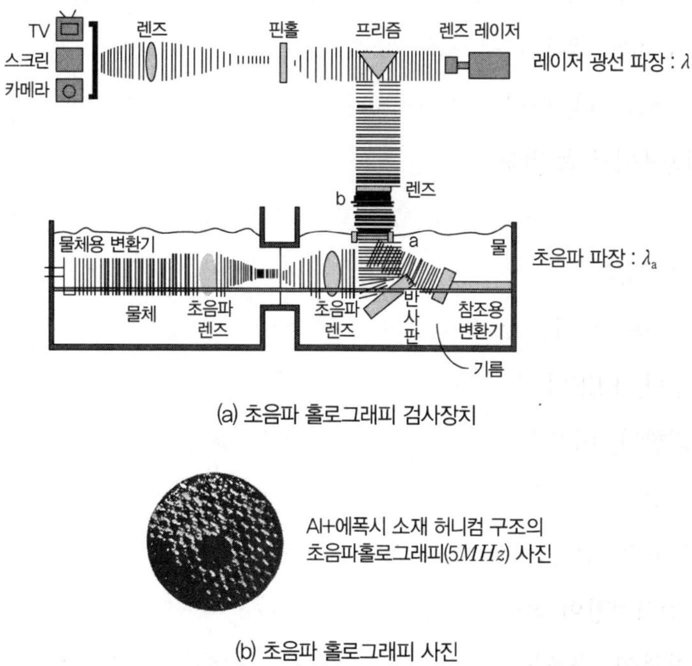


그림 15-6 초음파 홀로그래피 사진과 검사장치

투과하면, 그의 상이 수면근처에 설치된 소형탱크의 액면에 결상되어 물체를 투과한 음파와 A에서 발생한 동일 주파수의 참조빔이 기름 속에서 간섭하여, 정재파로 인한 요철이 된다. 정재파가 생긴 액면에 S인 레이저 선원에서 빛을 조사하면 요철에 의해 회절된다. 한편 **그림 15-16(b)**는 Al+에폭시 소재의 허니컴구조의 초음파 홀로그래피의 사진이다.

레이저 광선의 파장을 $\lambda_1$로하고 초음파 파장을 $\lambda_a$로 하면 $\lambda_1 \ll \lambda_a$이므로 빛으로 재생되는 상은 멀리 생겨 입체감을 얻을 수 없다. 능동적인 방법은 허니컴 및 적층재의 접착상황의 검사에 주로 응용되고 있다. 수동적인 방법은 송배전선의 절연물, 전기공사의 접속점, 초집적 회로, 회전 중인 타이어 검사에도 응용되고 있다. 초음파 홀로그래피상은 C스코프의 반사 평면상에 대해 투과 평면상이 되어 방사선 투과사진과 흡사하며, 방사선 장해가 없어 의학분야에서도 이용된다.

### 15.1.4 자연전자방사(EEE, Exo Electron Emission) 이용 탐상

#### (1) 이론 및 검사 원리

기계운동에서 마찰, 소성변형 및 피로 등 기계적 자극을 받은 금속표면으로 부터 소리나 열의 방출 이외에도 금속중의 전자가 외부로 나가는 현상이 있으며, 광전자방사, 열전자방사, 2차전자방사 등이 이에 해당된다. 자연전자방사(EEE)는 금속표면의 결함이나 변형의 크기, 산화정도에 따라 민감하다. 따라서 방사에너지 레벨이 낮아 이러한 방출을 자극하기 위하여 조사환경이나 진공계에서 측정해야 한다.

#### (2) 비파괴탐상에 적용

비파괴검사의 응용으로써는 볼 베어링의 강구체의 피로시험 및 시험시스템, 탄소강의 비틀림시험 등이 있다. EEE의 발생율은 소성변형, 연마담금질, 산화, 부식, 피로 등 다양한 현상에 따라 변화한다. 이것은 표면산화 또는 공공(孔空)이 표면에서 이동함에 따라 포텐셜 장벽이 변화하고 일함수가 감소함으로써 발생된다. 예로써 담금질한 재료와 풀림처리한 재료를 동시에 가열하면, 전자는 내부에 포함된 공동이 표면으로 나와 EEE가 후자보다 많아져 이로 인하여 전기저항이 작아지는 현상이 관찰된다. 또한 피로과정에서도 변화하므로 이러한 양상을 관찰하여, 구조물의 잔여수명을 추정하는 비파괴검사분야로 이용된다. EEE는 피로증가에 따라 점차 증가하고 균열이 발생하면 급격히 증가하며, 그것이 성장하면 더욱

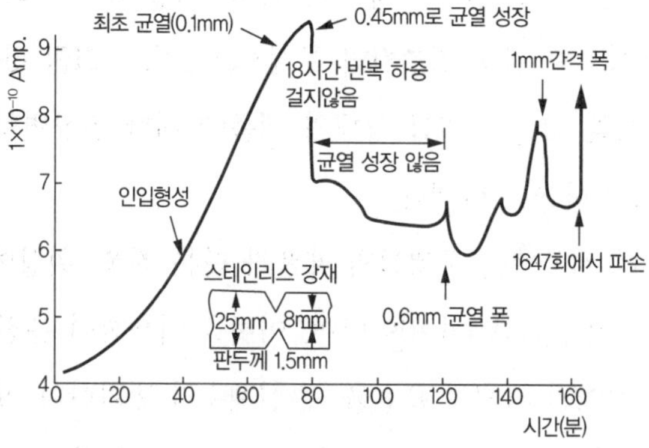


그림 15-7 균열 성장과 EEE 변화

크게 된다. 그림 15-7은 균열의 진전과 EEE의 변화를 보여준다.

## 15.1.5 마이크로파(Micro-Wave) 이용 탐상

### (1) 이론 및 검사 원리

마이크로파는 전자파인 방송파와 적외선의 중간영역에 있고, 주파수 범위는 300MHz에서 300GHz이다. 마이크로파는 TV의 현지중계를 전송하는 전파로써 경찰이 사용하는 스피드 미터 또는 가정용 및 업무용의 전자레인지 등에 이용된다. 재료 내부의 균열, 이물질 혼입 등의 결함에 의해서 마이크로파는 반사, 산란 및 흡수에 의해 감쇠하고 경계면에서 위상속도가

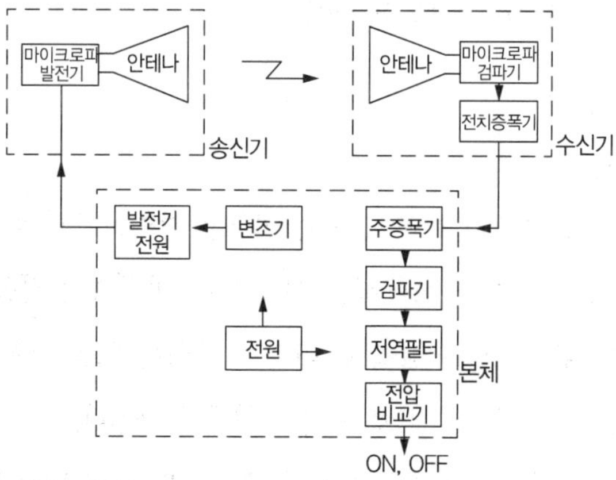


그림 15-8 마이크로파의 검출기 구성

크게 변화하며, 기공에서는 반사, 산란은 없으나 감쇠, 위상속도가 크게 변화하는 특성을 갖는다. **그림 15-8**은 마이크로파 물체 검출기의 구성시스템이고, **그림 15-9**는 로켓추진의 고체연료를 검사한 것으로 **그림 (a)**는 무결함 상태의 제품에 대한 위상변화이고, **그림 (b)**는 금속성 이물질이 혼입된 위상변화를 나타낸다.

이와 같이 결함을 갖는 경우에는 무결함의 제품과 다른 진폭, 위상이 크게 변화한다. 마이크로파는 수분에 의해서 흡수, 산란이 일어나며, 이것을 이용하여 유전체의 수분측정도 가능하다. 또한 화학성분의 차이에 의해서 유전율, 손실계수가 변화한다. 또한 건조, 산화된 정도 및 복합재의 섬유와 수지배합에 의해서도 유전율, 손실계수가 변화함을 이용하여 이들의 검사에 적용된다.

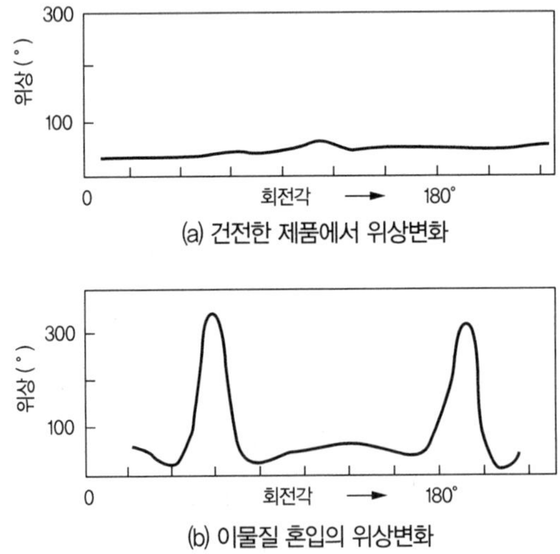


**그림 15-9** 무결함 제품과 결함 갖는 제품의 위상변화

### (2) 비파괴탐상에 적용

비파괴시험으로써 마이크로파법은 연속 또는 변조된 마이크로파를 시험체에 방사하면, 전파 상황이 내부상태나 구조에 따라 변화됨을 이용하여, 비금속의 결함이나 조성변화를 조사할 수 있다. 즉, 마이크로웨이브의 비금속에 대한 투과력은 초음파나 적외선보다 높고, 비금속 표면에서는 약간 반사하나 감쇠도 비교적 작고 쉽게 투과된다.

따라서 플라스틱, 유리, 세라믹, 섬유강화프라스틱(FRP) 등의 비금속중의 결함, 이물질 검출에 이용된다. 그러나 금속표면에서는 전반사되어 내부에는 투과되지 않아 내부결함의 검출에는 한계가 있으나 금속표면의 위치검출, 치수측정은 가능하다. 비전도성 물체에서 전자기 물성의 변화를 보이는 결함의 검출이 가능하다. 고온의 프레임 또는 빌렛의 속도계측에 마이크로웨이브를 사용하여 도플러 효과를 이용함으로써 계측 시스템에 적용된다. 또는 금속판 두께 0.17~0.23mm)의 이동 중 두께측정이 위치 변동에 영향 받지 않아 계측이 가능하다.

### 15.1.6 정전현상 이용 탐상

#### (1) 이론 및 검사 원리

정전탐상시험은 육안으로 확인할 수 없는 작은 가스누설 및 가스병의 균열 검지법으로 개발되었다. 즉, 정전현상을 이용하여 절연체 표면에 존재하는 미세한 균열을 검지하는 것으로 법랑철기, 유리와 금속실(Metal Seal), 유리나 도자기 등 전기절연체 등의 결함검출에 이용된다. 금속 도금층에 양(+)으로 대전한 분말을 뿌리면 금속의 전하에는 이동하나, 도금층 전하는 분극하여 이동하지 않는다.

도금층 균열부분이 존재하면 표면전하 때문에 전장(電場)의 영향이 다른 부분보다 강하여, 균열하단의 금속에 음(−)의 전하가 모이며, 그의 영향이 표면까지 미친다. 따라서 양(+)으로 대전한 분말을 뿌리면 균열부에서 많이 부착되어 쉽게 관찰된다. 금속표면의 절연체의 두께가 얇은 경우에는 지시모양의 판별이 상당히 곤란하게 된다.

금속이 아닌 전체가 절연물일 경우 특수 침투액을 붙여 이를 제거하고 건조시키며, 균열 내부에는 극히 미량으로 잔류한다. 이것에 양(+)으로 대전한 분말을 뿌리면 침투액이 분극하여 균열부분에서 분말이 많이 부착한다. 이것은 수분이 균열표면에 부착한 것이 요인으로 생각되나, 이 현상을 결함부의 유전율의 불연속적인 변화에 의한 감응현상이라고 할 수 있다. 또한 균열이 있는 면과 반대면에 분말을 뿌리면 투명액이 분극한다.

#### (2) 비파괴탐상에 적용

분말은 마찰현상에 의하여 대전하며 그의 분말은 대전량이 크고, 흡습성이 없고 인체에 해가 없으며 쉽게 식별되는 특징을 갖는다. 실제에는 탄산칼슘의 분말이 주로 이용되고 백·쥐·흑색의 3가지 색이 있다. 백색 이외에는 흑연이 포함되어 있어 백색이 가장 감도가 좋고 흑색이 가장 감도가 나쁘다.

분말은 스프레이로 뿌리면 출구부분이 고무로 되어 있어 분말은 고무의 마찰에 의해 양(+)

으로 대전한다. 습도가 62%이하가 되지 않으면 결과가 얻어지지 않아 적외선 램프를 이용하여 시험체 표면을 가열하면 좋으며, 결함은 0.2~0.3$\mu$m 정도의 균열을 검출할 수 있다. 응력도료에 의한 응력분포 측정과 병용하면 더욱 검출효율을 높일 수 있다.

### 15.1.7 서모그래피(Thermo Graphy) 이용 탐상

#### (1) 이론 및 검사 원리

일반적으로 물체는 절대온도(0°K, Kelvin)를 제외하고 열을 가져 적외선 에너지를 방사한다. 적외선의 영역은 마이크로파와 가시광선의 사이이고, 비파괴시험의 적용은 근적외선(0.75~10$\mu$m) 및 이들을 약간 넘는 범위(15$\mu$m)까지 이용되나, 8~14$\mu$m 영역은 상온 물체에서의 열방사가 최대강도를 나타낸다. 서모그래피법은 가열되는 능동적인 방법과 가열하지 않는 수동적인 방법으로 구분되고 적외선시험법이라고도 하며, 열분포 패턴을 서모그래피라고 한다.

#### (2) 비파괴탐상에 적용

결함을 갖는 제품에 열에너지를 가하면 결함으로 인하여 온도장이 변동하는 것을 화상으로 나타내 결함검출이 가능하다. 탐상은 결함에 따라 발열 또는 흡열하는 온도장을 탐상하

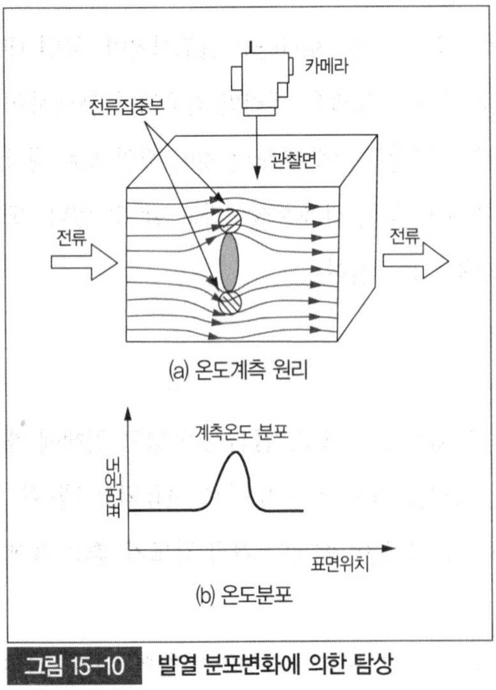


그림 15-10 발열 분포변화에 의한 탐상

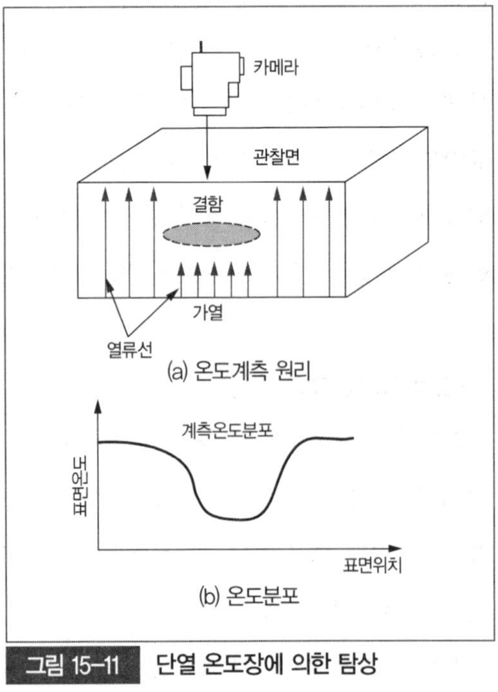


그림 15-11 단열 온도장에 의한 탐상

는 기술과 외부에서 열에너지를 부가할 때, 결함부근에서 단열 온도장을 탐상하는 기술로 구분된다. 그림 15-10과 같이 도체에 전류를 통전시키면 주울 열에 의해 발열하며, 만일 결함이 존재할 때 발열온도의 분포는 변화한다. 특히 균열의 단부에서는 전류밀도가 높아 발열이 집중하여 균열검출이 가능하고 표면근처의 내부결함의 검출에 우수하다.

그림 15-11은 시험체에 열에너지를 가할 때, 가열하거나 냉각조작을 하면 결함으로 인하여 열확산이 방해를 받아 시험체 표면에 국소적인 온도차가 생긴다. 이러한 온도변화에서 나타내는 분포, 형상, 위치를 파악하여 결함의 형상, 위치 및 크기를 파악할 수 있다.

### 15.1.8 기타 열적현상 이용 탐상

#### (1) 이론 및 검사 원리

비파괴탐상에 열적현상을 이용하는 방법에는 열전도도를 이용한 방법과 열복사를 이용하는 방법이 많이 사용된다. 열전도도를 이용하는 방법은 결함의 존재에 의해 열전도도가 국부적으로 변화하는 것을 눈에 보이도록 하여 검사하는 방법으로, ① 시험편 표면에 서리를 만들어서 없어지는 모양으로 보는 방법 ② 형광물질의 휘도가 온도에 의해 변화하는 것을 이용하는 방법 ③ 특수한 액체를 시험체 표면에 도포해 놓고 한쪽에서 차게 하거나 뜨겁게 하면, 온도구배가 생기고 그로 인하여 표면장력에 차가 생겨 눈에 보이도록 하는 방법이다.

#### (2) 비파괴탐상에 적용

(가) 열전도도를 이용하는 방법

① 서리법 : 시험품의 표면에 적당한 액체, 예를 들면 아세나프렌 14% 또는 디페닐 40%를 사염화탄소나 트리크롤에틸렌에 녹인 액체를 분무하면 표면에 서리가 덮인다. 이를 유도가열 코일에 넣으면 표면에 와전류가 흘러 열이 발생한다. 결함부위는 열이 없어지지 않으므로 온도는 상승하고 결함부위는 매끄럽게 되며, 이 상태를 수 일 동안 유지할 수 있다. 그러나 열 입력이 평균적이지 않아 너무 많거나 적어도 안 된다. 검출도는 우수하다고 할 수 없으나 수 mm정도는 검출 가능하다.

② 형광 서모그래피법 : 형광체는 천이온도 부근의 온도변화에는 매우 민감하다. 부분적 온도 상승으로 검은 부분이 나타난다. ZnCdS를 Ag로 활성화하고 Ni를 지연제로써 첨가한 형광체는 5~50℃에서 최대감도를 나타내 자외선을 비쳤을 때, 온도가 1℃ 변화하면

약 20%나 방사율이 바뀐다. 이 현상을 이용하여 따뜻하거나 차게 하여 휘도가 변화하는 모양으로 접착불량 등의 결함을 파악할 수 있다.

③ 표면장력을 이용하는 방법 : 대부분의 액체의 표면장력은 온도의 상승과 함께 감소한다. 그의 정도는 0.1dyne/cm℃이다. 따라서 만약 온도가 다른 곳에 액체의 막을 만들면 액체는 따뜻한 곳에서 차가운 곳으로 곧 끌린다. 이 원리를 이용하여 판의 한쪽을 가열하거나 차게하면 다른면의 온도분포에 변화가 생기고, 이에 도포한 착색액체와 형광액체의 얇은 막에 표면장력 변화를 발생시켜서 검사한다.

(나) 열복사를 이용한 방법

어느 물체도 절대영(Zero)도에서는 적외선을 방사한다. 만일 적외선에 충분히 높은 감도를 가진 카메라로 그의 물체의 표면온도의 양적변화를 기록하는 방법이다. 방사선량의 검출기는 서미스터를 사용해서 서미스터에 모인 에너지와 서미스터 자체의 방사에너지 레벨과의 차에 의한 직류전압으로 검출되는 DC형이 있다.

또 하나는 방사선 초퍼에 의해 주기적으로 단속되고 서미스터는 교대로 물체와 표준흑체로부터 방사선을 받아서 온도변화를 이들의 차로써 표시하는 AC형이 있다. 전기설비에서 고전압의 경우, 도체 및 전기접합부의 부식 등에 의해 저항이 높아지고 또 양 극사이에 방해물이 퇴적하거나 절연부분에 전류를 흐르게 한다. 이러한 부분은 온도가 상승하며 온도상승 할 때 거기서 열선이 방사된다.

## 15.2 응력 측정

응력은 제품이나 구조물에 작용하는 외력 및 제조공정에서 발생하는 잔류응력으로 남아 균열 발생과 진전에 영향을 준다. 응력은 일반적으로 부재에 작용하는 평균응력을 구하여 설계에서 정한 허용응력과 비교하여 강도상의 안전성의 판단자료로 이용된다.

응력측정은 부재의 형상변형이나 물성변화를 측정하고, 이것과 상관관계를 비교하여 응력변화의 크기를 추정한다. 비파괴검사 대부분의 이용은 잔류응력 측정으로써 외적으로 형태가 없는 결함이다. 응력측정에 많이 사용되는 몇 가지 사항에 대해 알아본다.

### 15.2.1 스트레인게이지 이용 응력 측정

구조물이 외적부하를 받고 재료내부에 생기는 응력은 이론적인 계산이나 실험을 통하여 그의 크기를 파악할 수 있다. 후크의 법칙에서 응력은 변형에 비례하며, 일반 소재에서는 크기와 응력을 받는 부위를 외관상으로 확인하기가 어렵다. 저항선 스트레인게이지는 미소한 금속선을 시험체에 부착하여 인장하중을 가할 때, 금속선의 길이는 늘어나고 단면적은 감소함을 이용하여 전기저항 변화를 얻는 원리이다. 따라서 시험체는 인장을 받게 될 때 전기 저항값이 변하며 스트레인을 알 수 있다.

1856년 Lord Kelvin이 발견한 이론으로 금속 저항체를 길이방향으로 당기면, 길이는 신장됨과 동시에 단면적은 가늘어지고 전기저항은 증가하는 원리를 이용한 것이 변형게이지이다. 변형게이지의 저항변화를 측정하기 위한 전원, 증폭기, 지시계, 기록계 등이 필요하다. 전기저항은 금속에 따라 다르며 동일한 재질이면 보통 가는 것이나 얇은 것일수록 저항값이 크다. 저항체는 외력을 가해서 당기면, 가늘고 길어지며 저항값이 증가한다. 압축을 받아 수축시키면 굵고 짧게 되며 저항값이 감소한다. 따라서 변형률을 측정하려는 물체에 금속 저항체를 접착시켜 물체가 외력을 받아 신축에 비례하여 저항체도 신축하여 저항값이 변화하며, 금속선의 저항 $R$은 다음과 같이 나타난다.

$$R = \rho \frac{L}{A} \tag{15.1}$$

여기서 $L$은 저항선의 길이, $A$는 단면적, $\rho$는 비저항을 나타낸다. 저항 $R$은 온도와 변형 $\varepsilon$에 따라 변화하며 온도를 일정하게 유지하면 외적하중을 받아 시험체가 신장될 때 금속선의 길이가 $\Delta L$만큼 변화하고 저항값도 $\Delta R$로 변화한다. 즉 상기의 식 (15.1)은 다음과 같이 정리된다.

$$\frac{\Delta R}{R} = \frac{\Delta L}{L} - \frac{\Delta A}{A} + \frac{\Delta \rho}{\rho} \tag{15.2}$$

변형률의 정의에서 변형률 $\varepsilon = \dfrac{\Delta L}{L}$ 이므로 식 (15.2)은 다음과 같다.

$$\frac{\Delta R}{R} = \varepsilon - \frac{\Delta A}{A} + \frac{\Delta \rho}{\rho} \tag{15.3}$$

저항체의 전체 체적은 $V = A \times L$ 이므로 변화에 따라 단면적과 길이가 변화할 때 체적의 변화율은 다음과 같다.

$$\frac{\Delta V}{V} = \frac{\Delta A}{A} + \frac{\Delta L}{L} \tag{15.4}$$

저항체의 체적변화가 생기면 당연히 밀도변화가 있으며, 비저항도 변화하게 된다. 여기서 체적변화율과 비저항 변화율이 같다고 가정하면 다음과 같다.

$$\frac{\Delta \rho}{\rho} = \frac{\Delta V}{V} = \frac{\Delta A}{A} + \varepsilon \tag{15.5}$$

여기서 식 (15.3)과 식 (15.5)에 따라 저항의 변화율은 다음과 같다.

$$\frac{\Delta R}{R} = 2\varepsilon \tag{15.6}$$

즉, 저항 변화율은 변형률의 2배가 된다. 그러나 실제의 변형게이지는 식 (15.6)과 되지 않고 다음과 같이 된다.

$$\frac{\Delta R}{R} = K\varepsilon \tag{15.7}$$

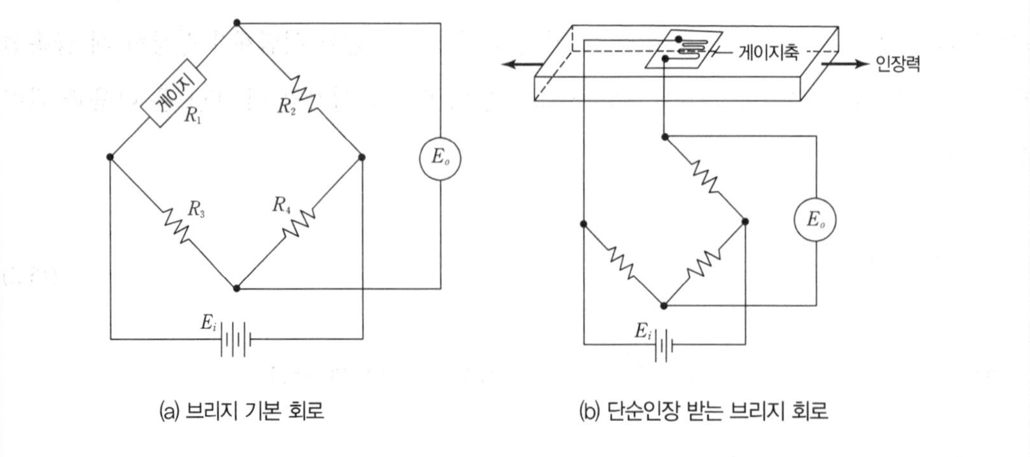


**그림 15-12** 휘스톤브리지 회로

$K$를 변형게이지의 게이지율(Gauge Factor)이라 하며, 변형을 측정할 경우 변형게이지의 저항변화에서 변형률을 산출하기 위한 계수가 된다. 변형게이지용 저항재료는 변형감도 및 비저항이 크며, 저항 온도계수가 작고 물리 화학적으로 안정성이 있으며, 재료의 탄성범위가 넓어야 한다. 따라서 저항선의 스트레인 감도 $K$는 다음과 같다.

$$K = \left(\frac{\Delta R}{R}\right)/\varepsilon = 1+2\nu+\left(\frac{\Delta\rho/\rho}{\varepsilon}\right) \tag{15.8}$$

검사체에 스트레인게이지를 부착하여 휘스톤브리지 회로에 연결하여 사용된다.

### 15.2.2 광탄성시험 이용 응력 측정

자연광은 모든 방향으로 진동하면서 직진하는 횡파이며, 한 개의 평면에서만 진동하는 빛을 평면편광(Plane Polarized Light)이라 한다. 에폭시수지와 같은 등방성(等方性) 재질에 하중을 가하면, 일시적으로 이방성을 띠어 빛을 입사시키면 복굴절 현상이 생긴다. 이러한 광탄성 효과를 이용하여 물체에서 발생하는 응력의 위치를 확인하는 것이 광탄성해석이다. 평면 2차원 광탄성시험은 빛의 입사방향에 대해 수직한 면내에서 주응력이 생긴다.

그림 15-13과 같이 편광자와 검광자의 주축방향을 직각으로 위치시키고 그 사이에 시험편을

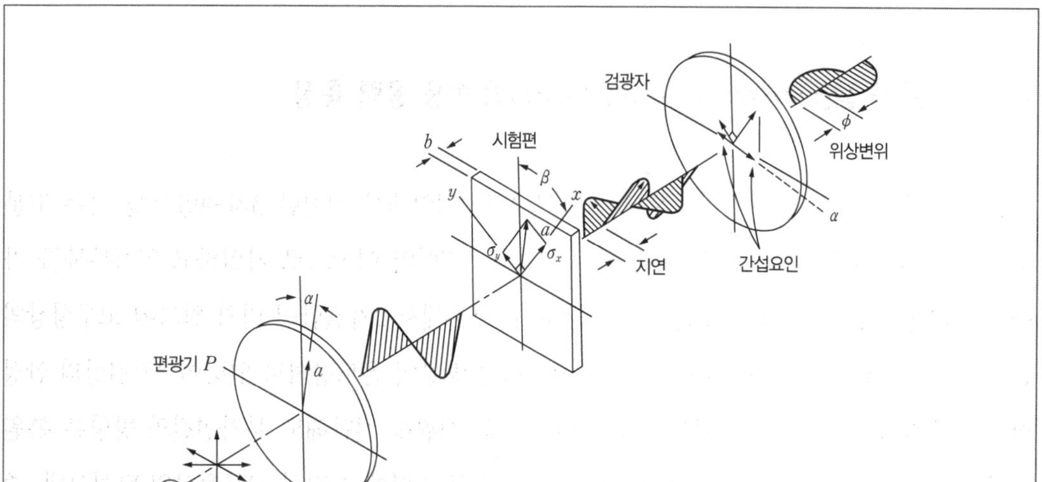


**그림 15-13 평면 편광기와 빛의 상태**

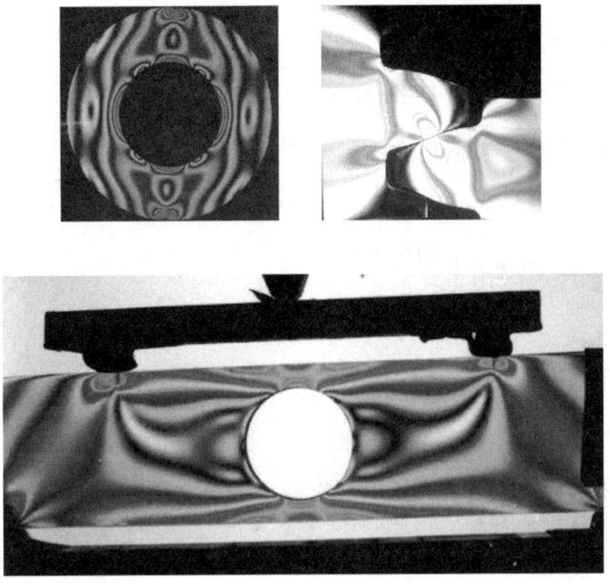

그림 15-14 광탄성을 이용한 응력분포 사진

장착한다. 광원으로 단색광을 사용하며 평면편광에서 무하중 상태는 편광검광자와 주축방향이 직교하고 있어 빛은 검광자를 통과하지 못한다. 시험편에 하중을 가하면 편광기 $P$에 의해 편광된 빛은 시험체로 입사되고, 직교하는 두 개의 주응력 방향으로 분리되어 둘 사이에는 상대적인 빛의 경로 차가 생긴다. 이들 빛이 검광자를 통과하면 1개의 진동면에서 합성된다.

### 15.2.3 응력동결법(Stress Freezing Method) 이용 응력 측정

응력동결법의 기본이론은 상온보다 고온인 2차전이역에서 적절한 3차원망상을 갖는 고분자 재료를 대상으로 한다. 시험편을 광탄성 모델을 전이역 이상으로 가열하고 일정부하를 가한 후 2차전이역에서 온도를 상온까지 냉각하면, 고온에서 2차결합이 마치 완화된 고무형상의 탄성상태를 갖는다. 이에 응력에 비례한 분자연결의 방향이 온도강하로 인하여 2차결합의 안정화에서 동결된다. 이것은 부하를 제거한 후 적당히 시편을 절단해도 분자연결의 방향은 복원되지 않고 그대로 남는다. 이 방향에 따라 무늬차수의 변화에 따라서 고무형상의 탄성상태, 즉 응력동결시의 응력을 알 수 있다. 응력을 동결할 때 구체적인 방법은 우선 부하장치가 내장되어 200℃정도까지 승온 및 감온 할 수 있는 온도를 자유로 조절하는 제어장치가 필요하다.

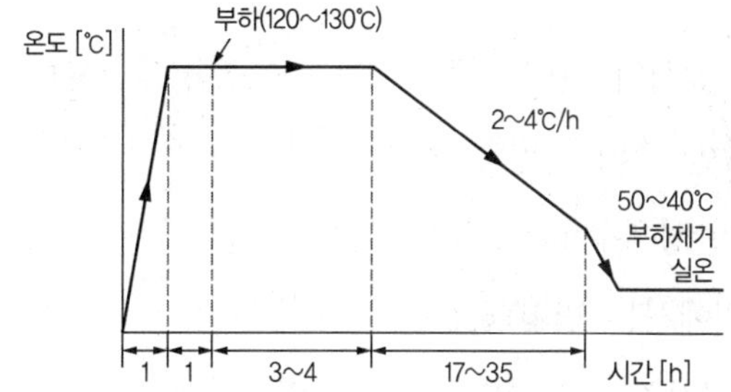


**그림 15-15 응력동결 싸이클**

또한 3차원 응력해석에서도 광탄성 모델을 재료의 유리전이역(遊離轉移域) 이상의 부근온도까지 올려 부하를 가한 상태로 수 시간 유지시킨다. 그 후 상온까지 서랭하면 고온에서 역학적 변형과 복굴절 효과는 3차원 모델로써 동결되며, 부하제거 후 시험편을 절단해도 이 효과는 그대로 남아 동결온도에서의 엔트로피의 탄성역에서 응력상태가 파악된다. 이 절단상태를 연속적으로 취함으로써 3차원 응력분포의 해석이 가능하다. 응력동결 싸이클은 **그림 15-15**와 같고 응력동결에 있어 중요한 것은, 로(爐)내 온도가 일정해도 모형크기에 따라 그 표면과 내부사이는 온도차가 있다. 따라서 동일한 동결 온도에 도달할 때 까지는 상당한 시간을 필요로 하고 완전히 동결해야 함을 주의해야 한다.

### (1) 부하 산정법

2차원 광탄성 경우에는 직접하중을 부가하면서 광탄성 무늬를 보며 직접 하중을 확인할 수 있지만, 3차원 광탄성 모델에서는 보통 응력동결 후 얇게 절단할 때 까지는 명확히 광탄성 무늬를 볼 수 없다. 또한 과대한 하중을 부하했을 경우에는 변형이 크게 되거나 또한 너무 광탄성무늬가 밀집해서 변경되는 응력측정 상태가 나쁘게 된다. 응력동결에 필요하고 충분한 부하를 계산해 두어야만 하며, 대략 무늬차수의 산정은 다음과 같다.

$$n = \alpha \sigma t \tag{15.9}$$

여기서 $n$은 무늬 차수, $\sigma$는 응력(kg/mm$^2$), $\alpha$는 동결온도까지 광탄성 감도(mm/kg), $t$는 잘라낸 두께(mm)이다. 보통 얇게 잘라낸 두께 $t = 3 \sim 4\ mm$, $n = 4 \sim 5$개를 목표로 부하를 산정한다.

### (2) 부하 방법

필요한 하중의 크기는 앞서와 같이 결정하지만 부하방법에 대해서는 단순한 단축인장, 압축과 같은 경우에도 상당한 주의를 필요로 한다. 광탄성 모델은 동결온도 120℃근방에서 고무성상으로 되어 뚜렷이 탄성계수 E는 내려가고, 광탄성감도 $\alpha$는 역으로 상온의 40배 정도로 증가한다. 따라서 이 영역에서는 변형되기 쉽고 포아슨 비 $\nu =$ 0.5이므로 변형이 큰 경우는 응력해석에 있어서 거의 근사적으로 나타나므로 주의해야 한다.

### (3) 얇은 조각 취급방법

동결법에 응력해석은 채취한 얇은 조각 면내에 존재하는 2차 주응력차를 다음과 같이 나타낸다.

$$n = \alpha\, t(\sigma_1' - \sigma_2') \tag{15.10}$$

여기서 $\alpha$는 에폭시 수지 120℃에서 약 40mm/kg이다. 응력을 동력한 모델에서 얇은 조각을 취하는 방향은 무수히 많지만 실제로 문제가 되며, 주응력면의 얇은 조각을 얻게 되면 해석은 간단하고 정도도 우수하다. 모델의 기하학적 형상이나 하중상태에서 주응력 방향을 파악하고 있는 것이 많아 얇은 조각 면을 얻는 것은 큰 문제가 되지 않는다.

## 15.2.4 X선 회절 이용 응력 측정

공업용 금속재료는 모두 일정한 결정구조를 가지며, 이러한 결정체의 표면에서 깊이 수 $\mu$m ~수 10$\mu$m 정도까지 평균응력을 구할 수 있다. 부재가 외력을 받으면 결정체는 원자가 배열을 하고 있는 격자면 거리도 힘의 방향으로 신장되고, 이와 직각방향으로는 줄어든다.

X선에 의한 응력측정의 원리는 이 격자면간 거리의 방향에 따른 신축차이를 측정하여 응력을 구한다. 이 방법은 파장 2$\mathring{A}$ 정도의 전자파인 X선을 이용하며, X선을 결정체에 입사시키면 격자면에 반사되는데 입사 X선이 브래그(Bragg)의 조건을 만족할 때 강하게 반사됨을 이용한다.

$$2d \sin\theta = n\lambda \tag{15.11}$$

여기서 $d$는 회절에 영향을 미치는 격자면간의 거리, $\theta$는 입사 X선과 격자면이 이루는 각도, $\lambda$는 X선 파장, $n$은 양의 정수이다. 식에서 $\theta$의 변화량을 측정하면 격자면 거리 $d$의 값을 알 수 있어 응력과 변형의 계산이 가능하며, 그림 15-16에서 회절의 원리를 나타냈다.

응력이 가해지지 않으면 동일 격자면을 이루고 있어 시료표면에 대한 기울기에 따라 변화가 없지만, 응력이 작용하면 상대적으로 변화하여 $\theta$의 상대적 변화 $\Delta\theta$를 구할 수 있어, $\theta$가 80°

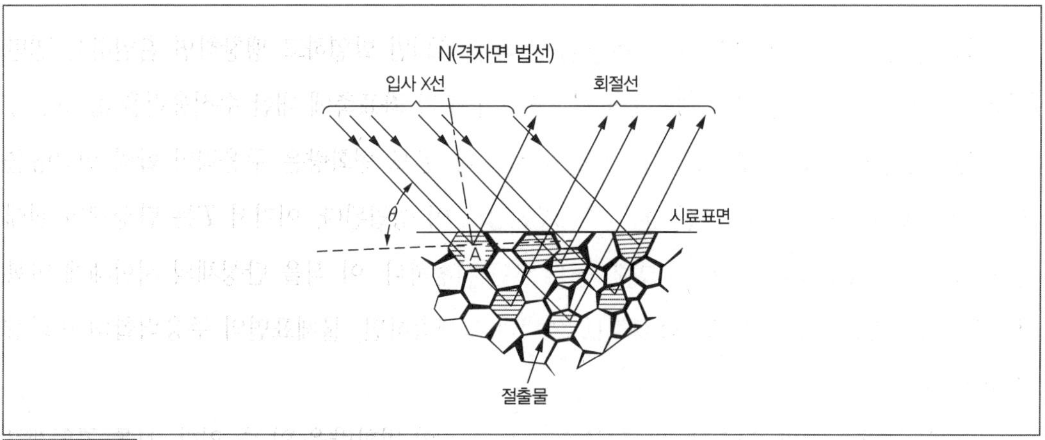


**그림 15-16** 다결정에 의한 X선 회절

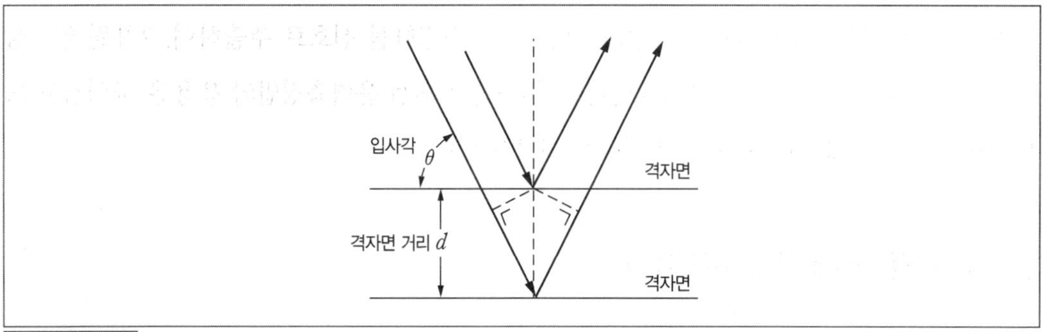


**그림 15-17** X선의 회절 경로

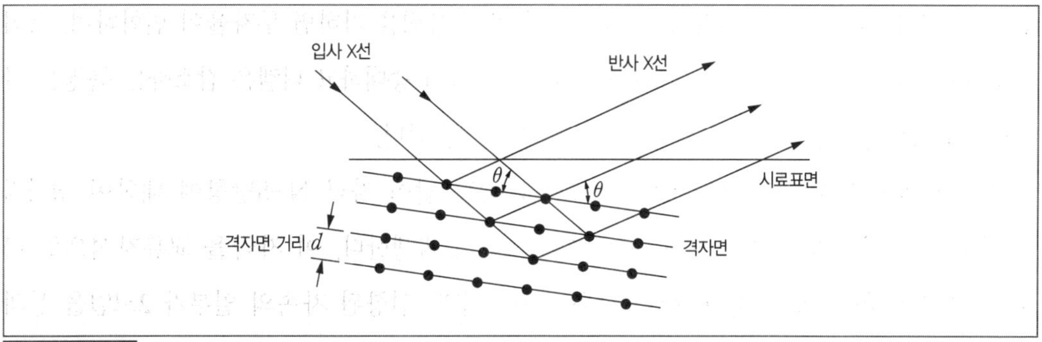


**그림 15-18** 결정면에서 X선의 회절

전후의 격자면의 회절을 이용한다. 시료가 녹슨 상태라면 회절선이 얻어지지 않아 녹슨 부위의 제거를 위해 기계가공을 한다면, 가공에 의한 잔류응력이 남으므로 가공층은 반드시 전해연마를 해야 한다.

### 15.2.5 적외선 이용 응력 측정

단열된 등방성 탄성체는 외부에서 하중을 주어 압축되면 발열하고 팽창하면 흡열하는 열탄성 효과를 갖는다. 외력을 받는 재료에서 직교좌표계의 각 좌표축에 대한 수직응력을 $\sigma_x$, $\sigma_y$, $\sigma_z$라고 하고 주응력의 합 $\sigma_m$은 $\sigma_m = \sigma_x + \sigma_y + \sigma_z$이다. 온도 변화량은 주응력의 합의 변화량을 $\Delta\sigma_m$, 온도 변화량을 $\Delta T$라 하면 $\Delta T = -KT\ \Delta\sigma_m$이 성립된다. 여기서 $T$는 탄성체의 절대온도이고, $K$는 열탄성계수로써 재료에 따라 거의 일정하다. 이 식을 탄성체의 시험체에 반복하중을 주고 재료 표면의 온도변화를 서모그래피로 계측하면, 물체표면의 주응력합의 변화량이 파악된다.

시험체의 표면은 평면 응력장이므로 실제는 $\sigma_x + \sigma_y$의 변화량을 알 수 있다. 보통 공업재료의 응력변화에 대한 온도 변화량은 극히 작아 하중의 반복으로 주기 파형과 동기를 취한다. 그리고 온도변화의 적산이 많아 중복하여 미소한 온도변화를 신호로 추출하여, 2차원 열화상으로 나타내는 것이 적외선 응력측정법이다. 이러한 적외선 응력측정법의 응용은 균열검출 또는 균열의 응력확대계수 폭($\Delta K$)의 정량적 평가가 있다.

### 15.2.6 응력지시계 이용 응력 측정

응력을 받는 강자성체를 자화시키면 응력장의 직각방향으로 변형이 생기는 자왜효과(磁歪效果)인 빌라리효과(Villari Effect)를 갖는다. 물체에 응력을 가하면 투자율이 변화하며, 특히 **그림 15-19**와 같이 철, 동은 인장응력에 대해 투자율이 증대하고 니켈은 감소하는 특징을 가지며, 이러한 물리적 성질을 이용하여 응력측정이 가능하다.

응력에 대해 투자율이 변화하므로 **그림 15-20**과 같이 자극 N-S방향에 대하여 경사지게 응력 $\sigma$를 가하면 자속은 그 방향으로 기울어져 발생한다. 이 자극을 교류자석으로 하고 이와 직각방향으로 검출용 2차코일을 위치시키면, 편향된 자속의 일부가 2코일을 통과하여 유도기전력을 발생시킨다. 이러한 자속의 치우침은 응력크기에 비례하므로 2차코일의

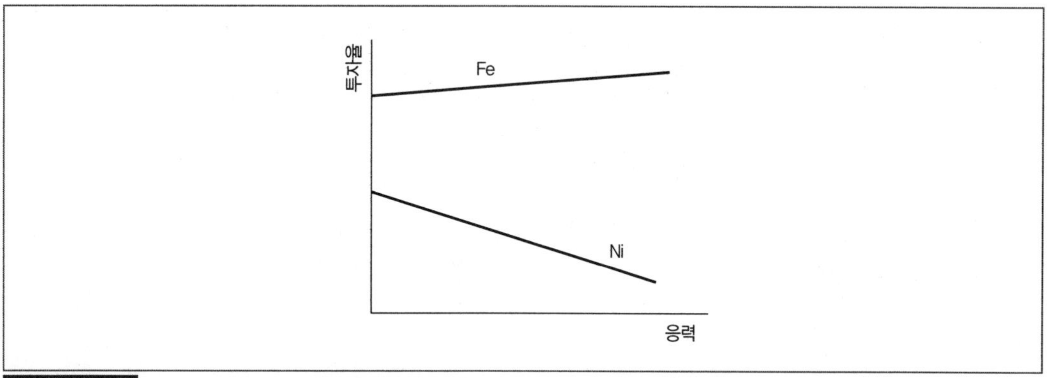


**그림 15-19** Fe, Ni의 응력에 따른 투자율

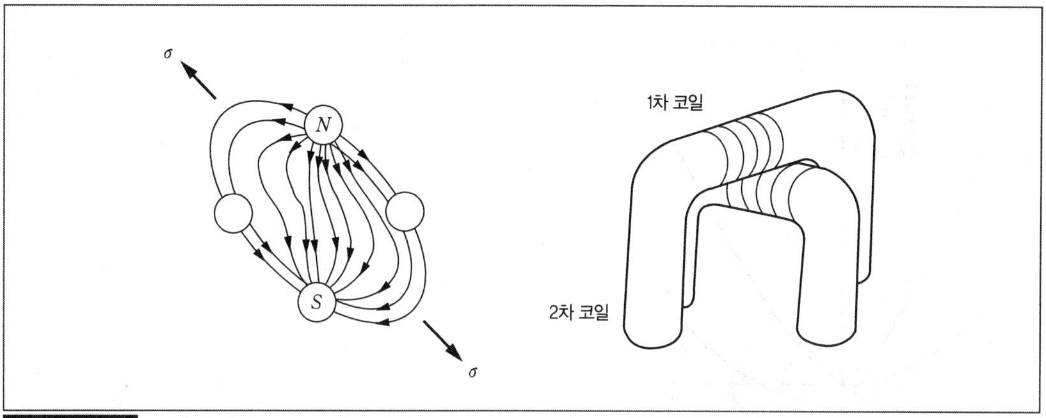


**그림 15-20** 자속편향과 프로브 탐상 원리

기전력(起電力)도 응력에 비례하여 변화한다.

### 15.2.7 자기적 성질 이용 응력 측정

강자성체에 힘이 작용되면 자기적 성질인 투자율이 변화하며, 이 자기적 변형률을 이용하여 응력, 힘, 피로에 의한 손상이 계측된다. 피검사체의 투자율과 응력변화의 관계에 대한 교정곡선을 사전에 구하여, 브리지 회로에 세팅하여 교정재료를 사용하면 응력을 알 수 있다. 응력측정에 있어서 보통의 변형측정과는 다르게 변형게이지를 응력방향으로 대면, 인장과 압축에 대한 출력전류가 동일방향으로 발생하고 압축이 인장의 약 3배의 감도를 갖는다.

그림 15-22와 같이 인장과 압축의 $I_x$과 $I_y$의 감도의 비가 약 1/3로써 역수가 되어 단축인장일 경우 인장방향과 직각의 두 방향으로 시험기를 설치하여 두 방향의 출력전류를 구한다.

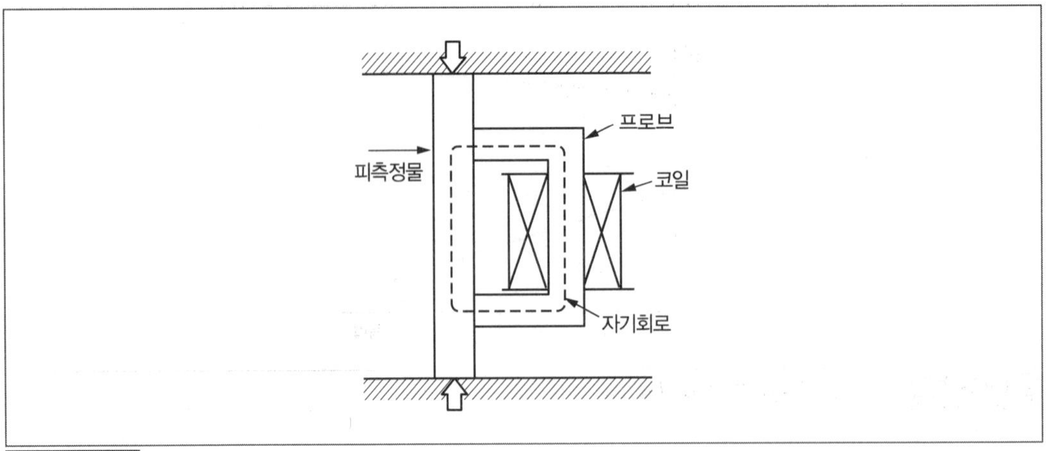


그림 15-21 응력 시험기

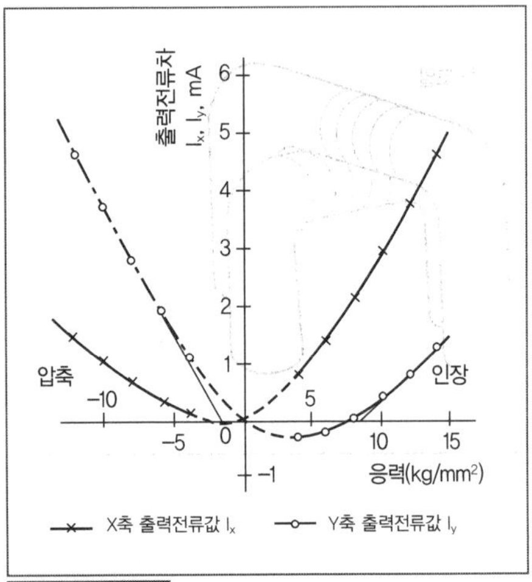


그림 15-22 인장·압축응력과 출력 전류

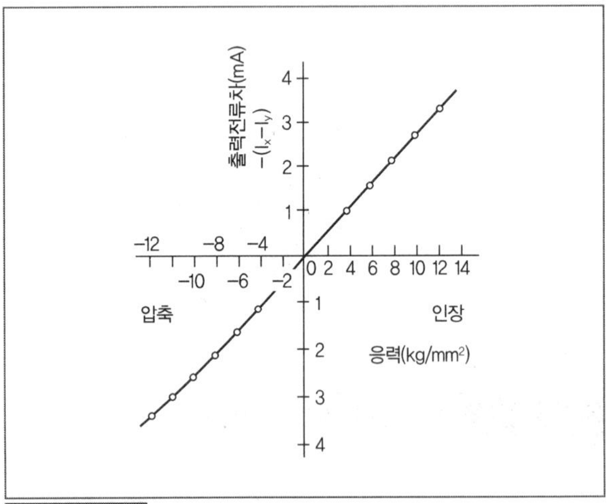


그림 15-23 피검체의 종·횡방향의 출력 전류차-응력 곡선

그 차의 응력선도를 만들면 그림 15-23과 같이 인장과 압축에서 부호가 반대로 된다.

### 15.2.8 바켄하우젠(Barkhausen)법 이용 응력 측정

바켄하우젠 효과는 강자성체를 자화시키면 자벽이 불연속적으로 이동하므로 자극의 중간에 배치한 이중코일에서 잡음으로 검지되는 현상이다. 이때 불규칙적인 진동의 진폭 및 간격을 미소의 전압펄스로 검출한다. 이 잡음이 급증하는 부위에서의 순간 최대에너지에 관련되는 진폭은 그 자성체에 걸린 응력에 관계되므로 응력이 구해진다.

이들 값은 재료의 고유특성에 의존하는 교정곡선을 미리 구해 놓아야만 한다. 자극으로써

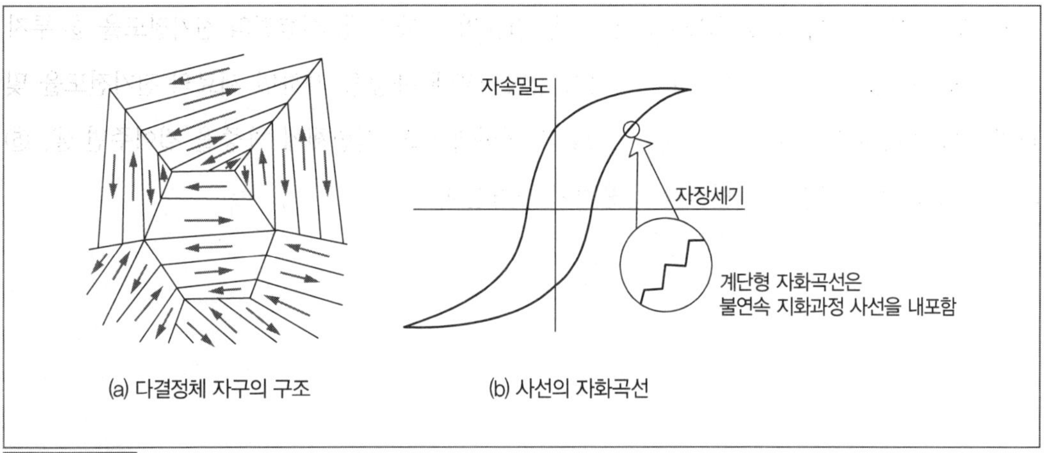


그림 15-24 자구의 구조 및 자화곡선 특성

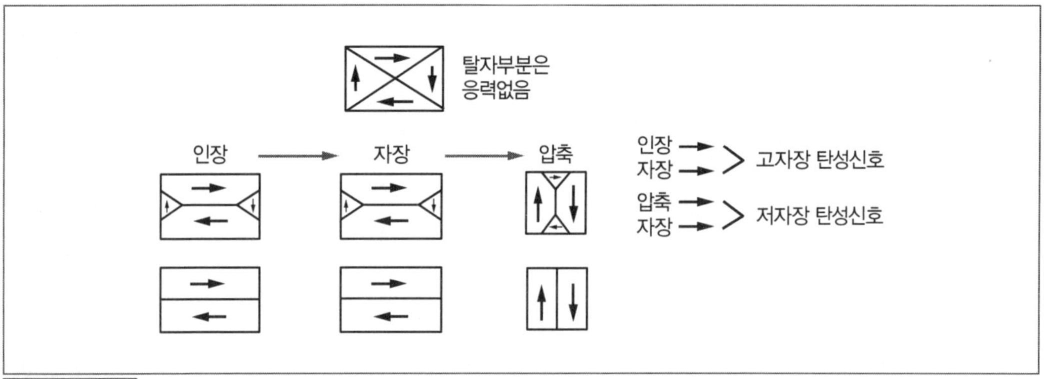


그림 15-25 인장과 압축에 따른 자장의 탄성신호 변화

U자형 전자기를 이용할 때 그 전류를 증가시켜 가면 진폭은 증대하여 극대점에 도달했다가 감소하는 특성을 가지므로 극대전압과 응력과의 관계를 구해 두어야 한다.

### 15.2.9 응력도료 이용 응력 측정

시험체 표면에 매우 큰 취성을 갖는 도료를 살포한 후 시험체에 힘을 가하면 시험체에 발생한 응력, 변형에 의해 도료막에 균열이 생기는 현상을 이용한다. 이 균열의 모양으로부터 응력과 스트레인을 해석하는 방법이다. 응력도료법에서는 주응력과 수직한 방향으로 균열이 발생하므로 주응력 방향을 파악할 수 있으며, 균열의 밀도로부터 대략적인 응력값을 알 수 있다.

기타 제11장 와전류탐상에서 대략 기술하였듯이, 금속재료의 표면에 유도전류를 흘려 수신코일에 시험편의 임피던스에 따라 변화함을 이용하여 응력을 구할 수 있다. 즉 ① 코일의 기하학적 형상 ② 코일과 물체사이의 간격 ③ 전류의 주파수 ④ 시험편의 전기전도율 ⑤ 투자율에 따라 임피던스가 다르게 된다. 따라서 강자성체에 하중을 가하면 재료의 전기전도율 및 투자율이 변화하므로, 위의 ①, ②, ③항을 일정하게 하고 시험체에 하중을 걸어주면 ④, ⑤의 인자에 의해 임피던스가 변화하여 응력이 구해진다.

# 찾아보기

ㄴ



ㄷ



ㄹ

ㅁ



ㅂ

ㅅ

ㅈ

### ㅊ

ㅋ



ㅌ



ㅍ

## ㅎ



## F



## G



## H



## R

## 기타